安徽省高等学校"十三五"省级规划教材

高职土建类精品教材

建筑构造与识图

第2版

主　编　胡　敏　刘会慧
副主编　储晓路　王洪玉
编写人员（以姓氏笔画为序）
王宏浩　王洪玉　刘会慧
时　鸣　张逸飞　胡　敏
储晓路

中国科学技术大学出版社

内 容 简 介

本书根据教育部关于高职高专人才的培养目标，为满足建筑企业对卓越技能型人才的需求，依据国家现行的规范、规程及技术标准编写而成。本书充分展示"情境教学""任务驱动"的特点，合理整合知识点、技能点，突出对学生实际操作能力和解决问题能力的培养，体现内容新颖、图文并茂、微课辅学的特点。

全书共设10个学习情境，包括23个工作任务、3个实训项目。主要内容包括基础、墙体、楼板层与地面、楼梯、屋顶、门与窗、变形缝、装配式建筑构造、建筑施工图设计与识读、设计实例。为帮助学生更好地掌握建筑构造与识图，全书各学习情境还配备了慕课和技能微课，读者可用手机扫码观看教学资源。

本书可作为高职高专院校建筑工程类专业或土建类相关专业的教材，同时也可供施工现场的工程技术人员使用。

图书在版编目(CIP)数据

建筑构造与识图/胡敏，刘会慧主编.—2版.—合肥：中国科学技术大学出版社，2021.5
ISBN 978-7-312-05171-5

Ⅰ.建… Ⅱ.①胡… ②刘… Ⅲ.①建筑构造 ②建筑制图—识图 Ⅳ.①TU22
②TU204.21

中国版本图书馆CIP数据核字(2021)第033467号

建筑构造与识图
JIANZHU GOUZAO YU SHITU

出版 中国科学技术大学出版社
安徽省合肥市金寨路96号，230026
http://press.ustc.edu.cn
http://zgkxjsdxcbs.tmall.com
印刷 安徽瑞隆印务有限公司
发行 中国科学技术大学出版社
经销 全国新华书店
开本 787 mm×1092 mm 1/16
印张 19.5
字数 500千
版次 2016年2月第1版 2021年5月第2版
印次 2021年5月第2次印刷
定价 45.00元

前　言

本书是安徽省省级质量工程“建筑类卓越技能型人才培养模式创新实验区”立项课题成果之一，同时也是普通高等学校“十三五”省级规划教材。

本书根据教育部关于高职高专人才的培养目标及建筑企业对卓越技能型人才的需求，依据国家现行的规范、规程及技术标准编写而成。本书主要介绍民用建筑构造、装配式建筑构造、建筑施工图的识读方法等。

本书的主要特点是：

(1) 本书结合高职教育的特点，强调以学生为中心、以工作过程为引领、以工作任务为导向、以工程项目为载体。根据建筑企业岗位需求，通过“创设情境，提出任务”“分析任务，明确目标”“任务实施，技能训练”“能力提升，素质拓展”等环节，让学生带着实际工作任务去完成项目训练，使学生达到“学会学习，学会工作”的效果。

(2) 本书内容新颖、重点突出、图文并茂，并力争使内容与专业岗位的需求紧密结合。

(3) 本书对建筑构造和建筑识图的内容进行了有机组合，注重相关内容之间的衔接。为配合建筑施工图的识读，本书与由胡敏、程晓明、范家茂编绘，中国科学技术大学出版社出版发行的《建筑工程实训图册》(第2版)(书号:978-7-312-03477-0)配套使用。

本书所配套微课视频以二维码的形式在书中展示，读者可扫码观看。

本书由胡敏、刘会慧主编。参加编写的人员及分工如下：六安职业技术学院胡敏编写知识准备、情境1、2及负责全书统稿工作，六安职业技术学院刘会慧编写情境5、6，安徽审计职业学院张逸飞编写情境7，六安职业技术学院储晓路编写情境8、9，德州职业技术学院王洪玉编写情境3、4，中国建筑第二工程局有限公司王宏浩、安徽审计职业学院张逸飞编写情境10，六安职业技术学院时鸣、刘会慧负责微课、慕课等信息化资源制作，全书由六安市城乡建筑设计院程晓明高级工程师主审。

本书在编写过程中，参考引用了书后所列参考文献中的部分内容，在此向这些文献的作者表示感谢！

由于编者水平有限，加上时间仓促，书中难免存在一些疏漏和不足之处，恳请使用本书的广大师生及读者批评指正，以便日后再版时更正。

编　者

目　　录

知 识 准 备

0.1 课程研究对象、任务和学习方法

“建筑构造与识图”是研究房屋的构造组成、原理及方法，介绍建筑施工图识读方法的一门课程。

0.1.1 课程地位与作用

“建筑构造与识图”是高职高专建筑工程类专业学生必修的一门重要的职业技术基础课程。在建筑工程类专业人才培养方案中占主导地位，起着核心作用。它对培养学生的综合素质和基本技能，提高学生对建筑施工图的识图、绘制能力和解决工程实际问题的能力具有重要作用。它的前导课程有“建筑工程制图”“建筑材料”，同时为“建筑力学与结构”“混凝土结构平法标注与应用”“建筑施工技术”“建筑工程计量计价”“建筑设备安装与识图”等后续课程服务。

0.1.2 课程学习任务与目标分析

具体学习任务与目标分析，见表0.1。

表 0.1 学习任务与任务驱动

课程名称	学习任务	学习目标	目标分析	建议学时数
建筑构造与识图	房屋建筑构造	知识目标	掌握民用建筑构造组成、原理及做法	30
		能力目标	能够根据工程实际进行建筑构造处理	
	建筑施工图识读	知识目标	掌握民用建筑设计原理、方法及要求掌握建筑施工图识读方法及步骤	18
		能力目标	能够熟练识读建筑施工图	
	分项实训项目	知识目标	掌握外墙节点、楼梯构造、平屋面构造要求	12
		能力目标	能够熟练绘制外墙节点构造图、楼梯构造图、平屋面构造施工图	
	综合实训项目	知识目标	熟悉住宅楼、中学教学楼、实验楼相关设计规范	26
		能力目标	能够绘制住宅楼、教学楼、实验楼建筑施工图	

0.1.3　学习要求

(1) 从常见的建筑构造和设计方案入手,逐步掌握建筑构造原理和方法的一般规律,以加深对构造和设计方案的理解。

(2) 理论联系实际,把理性与感性认识充分结合。多想、多读、多绘,通过作业、施工图阅读、设计的练习,提高识图、绘图的能力。通过观察周围环境的建筑构造,印证所学的构造知识。

(3) 博览群书、开阔眼界。注意收集、阅读有关的科技文献和资料,了解建筑构造方面的新工艺、新技术、新材料。

(4) 运用智慧职教云平台实现数字化课程教学资源共享,包括本书配套慕课、微课、课件、教案、建筑施工图等。

0.2　建筑物类别

0.2.1　建筑的构成要素

1. 建筑功能

建筑功能是人们建造房屋的具体目的和使用要求的综合体现。由于各类建筑的用途不同,建筑功能往往会对建筑的结构形式、平面空间构成、内部和外部空间的尺度、形象产生直接的影响。如住宅应满足生活要求,工业厂房应满足生产要求,教学楼应满足教学要求。

2. 建筑的物质技术要求

任何好的设计构想如果没有技术作保证,都只能停留在图纸上,不能成为建筑实物。物质技术条件是构成建筑的重要因素,它在限制建筑发展空间的同时也促进了建筑的发展。如果没有预应力薄壁混凝土的应用,就不可能有澳大利亚悉尼歌剧院(图 0.1)这座建筑的存在。法国巴黎卢浮宫玻璃金字塔(图 0.2)、北京鸟巢(图 0.3)、水立方奥运场馆(图 0.4)均是新材料、新技术的综合产物。

图 0.1　悉尼歌剧院

图 0.2　卢浮宫玻璃金字塔

图 0.3　鸟巢

图 0.4　水立方

3. 建筑的艺术形象

建筑的艺术形象是以其平面空间组合、建筑体型和立面、材料的色彩和质感、细部的处理来体现的。不同的时代、不同的地域、不同的人群对建筑的艺术形象有不同的理解。由于建筑的使用年限较长，同时建筑也是构成城市景观的主体，因此建筑应当反映时代特征、民族特色、文化色彩，并与周围的建筑和环境相融合，能经受住时间的考验。如我国的故宫（图 0.5）、颐和园、圆明园；古埃及的金字塔和狮身人面像（图 0.6）；古希腊的柱廊；古罗马的凯旋门（图 0.7）；伊斯兰教的清真寺（图 0.8）。

图 0.5　故宫

图 0.6　狮身人面像

图 0.7　凯旋门

图 0.8　清真寺

0.2.2 按建筑的使用性质分类

1. 生产性建筑

包括工业建筑和农业建筑。

(1) 工业建筑:指供人们从事各类工业生产的建筑,包括各类生产用房和为生产服务的附属用房。如生产车间、辅助车间、动力车间、仓库等。

(2) 农业建筑:指供人们从事农、牧业生产和加工用的建筑。如种子库、畜禽饲养场、粮食与饲料加工站、农机修理站等。

2. 非生产性建筑

即民用建筑,指供人们居住和进行公共活动的建筑的总称,按使用功能分为居住建筑和公共建筑两大类。

(1) 居住建筑:指供人们居住使用的建筑,分为住宅建筑和宿舍建筑。

(2) 公共建筑:指供人们进行各种公共活动的建筑。

公共建筑主要有以下类型:

① 行政办公建筑:如各类办公楼、写字楼。

② 文教科研建筑:如教学楼、实验楼、图书馆、研究所。

③ 医疗建筑:如医院、疗养院、养老院。

④ 托幼建筑:如托儿所、幼儿园。

⑤ 商业建筑:如商场、餐馆、超市。

⑥ 体育建筑:如体育馆、体育场、训练馆。

⑦ 交通建筑:如汽车站、飞机场、火车站。

⑧ 邮电通讯建筑:如电信中心、邮局。

⑨ 旅馆建筑:如宾馆、招待所、旅馆。

⑩ 展览建筑:如展览馆、文化馆、博物馆。

⑪ 文艺观演建筑:如电影院、音乐厅、剧院。

⑫ 园林建筑:如公园、植物园。

⑬ 纪念性建筑:如纪念碑、纪念馆、陵园。

0.2.3 按建筑层数和高度分类

民用建筑按照现行国家标准《建筑设计防火规范》(GB50016—2014)和《城市居住区规划设计标准》(GB50180)来划分。建筑高度按照防火标准分类时,其计算方法按现行国家标准《建筑设计防火规范》(GB50016—2014)执行。一般建筑按层数划分时,公共建筑和宿舍建筑1~3层为低层,4~6层为多层,7层及以上为高层;住宅建筑1~3层为低层,4~9层为多层,10层及以上为高层。

民用建筑按地上建筑高度进行分类应符合以下规定:

(1) 建筑高度不大于27 m的住宅建筑、建筑高度不大于24 m的公共建筑及建筑高度大于24 m的单层公共建筑为低层或多层民用建筑。

(2) 建筑高度大于27 m的住宅建筑和建筑高度大于24 m的非单层公共建筑,且高度不大于100 m的,为高层民用建筑。

(3) 建筑高度大于100 m为超高层建筑。

0.2.4 按主要承重结构的材料分类

(1) 木结构:木梁、木柱、木板墙的建筑。

(2) 砖木结构:砖(石)砌墙体,木楼板、木屋架的建筑。

(3) 砖混结构:砖(石)砌墙体,钢筋混凝土楼板、屋面板的建筑。

(4) 钢筋混凝土结构:钢筋混凝土梁、柱、板,砌块墙体的建筑。

(5) 钢结构:主要承重结构的材料全部用钢材的建筑。

钢结构具有强度高、自重轻、材质均匀、制作简单等优点,但也存在易锈蚀、耐火性能差、维修费用高等缺点。

【案例导航】

某年8月2日上午10时许,某市蒙牛乳业冷库起火,火灾发生后,市公安、消防部门出动18辆消防车、108名消防官兵赶赴现场投入灭火战斗,10时30分钢结构的屋顶突然坍塌,3名消防人员殉职。大火在11时30分被扑灭。

0.2.5 按建筑结构的受力分类

(1) 混合结构:由砖墙和钢筋混凝土楼板为主要构件组成的承受竖向和水平作用的结构。

(2) 框架结构:由梁、柱、板为主要构件组成的承受竖向和水平作用的结构。

(3) 剪力墙结构:由剪力墙组成的承受竖向和水平作用的结构。

(4) 框架-剪力墙结构:由框架和剪力墙共同承受竖向和水平作用的结构。

(5) 板柱-剪力墙结构:由无梁楼板与柱组成的板柱框架和剪力墙共同承受竖向和水平作用的结构。

(6) 筒体结构:由竖向筒体为主组成的承受竖向和水平作用的高层建筑结构。筒体结构的筒体分剪力墙围成的薄壁筒和由密柱框架或壁式框架围成的框筒等。

0.2.6 按规模和数量分类

(1) 大量性建筑:指建筑规模不大,但数量较多,与人们生活密切相关的建筑。如住宅、教学楼、医院。

(2) 大型性建筑:指耗资多、建筑数量少,但单栋建筑面积大的公共建筑。与大量性建筑相比,这类建筑在一个国家或一个地区具有代表性,对城市面貌的影响也较大。如故宫、鸟巢、水立方。

【案例导航】 数字"鸟巢"

浅灰色的钢结构编织而成的"鸟巢"为第29届北京奥运会的主会场。它位于北京奥林匹克公园内,建筑面积25.8万m^2,占地20.4万m^2,拥有9.1万个标准坐席,其中包括1.1万个临时坐席。鸟巢南北长为333 m,长轴方向外立面最高点为41 m,呈上弦状;东西宽298 m,宽轴外立面最高点为68 m,呈下弦状;内圆长为182 m,宽为124 m。鸟巢总用钢量约为11万吨,整体膜结构总面积约为10万m^2。北京奥运会的开闭幕式、田径比赛、足球比赛决赛都在这里举行。瑞士赫尔佐格和德梅隆设计事务所、中国建筑设计研究所及ARUP工程顾问公司设计联合体共同设计了“鸟巢”方案。

【案例导航】 **水立方**

爱尔兰物理学家威尔莱和费兰1993年提出的14面体与12面体的结构组合是到目前为止最理想的方案。水立方的设计应用泡沫结构原理，由一个个12面体与14面体的气泡连续组成的四方体简约又高贵，碧澄天空的投影为之镀上纯净优雅的自然之色。三维空间内各部分的接触表面积最小，运用到钢结构中，所用的钢材就最省。建筑结构看似复杂，其实具有高度的重复性，便于预制安装。

如果没有乙烯-四氟乙烯这种先锋性环保建材，泡沫结构的理论价值就不会有实践的可能。物理学、高分子材料技术与艺术的结合，成就了建材史上一次重要的实践。首先，四氟乙烯不包含可塑剂或其他异质材料，变形能力却完全等同于任何塑膜。它可依据建筑设计的需要剪裁和成型，也可依据建筑物节能要求多层热合焊接，能够轻易满足组成水立方外围的3 000多个气枕形状多变的需求。四氟乙烯含有氟元素，使它比玻璃更稳定，成本只相当于同面积的中高档玻璃幕墙，而其二层膜可实现的热工性能顶得上3层玻璃幕墙的效果。这种比玻璃更透明、更轻的材料还拥有超乎寻常的机械强度。

对一个游泳池来说，热需求大于它的冷需求。四氟乙烯具有良好的红外线与紫外线穿透能力。水立方外墙采用两层四氟乙烯气枕，中间留有钢结构支撑起来的空间，这个空间可以帮助建筑本身完成自然通风，防止温室效应。高透明保证了阳光射入，给游泳池和室气加热。四氟乙烯具备很高的非传导性，不导电，不可湿，不碳化，长时间暴露于户外其特性也不改变。自净能力也十分突出，四氟乙烯材料几乎不需日常保养。水立方是全球最大的四氟乙烯结构工程，把这一绿色全新的材料应用到了极致。

【案例导航】 **悉尼歌剧院**

悉尼歌剧院位于澳大利亚新南威尔士州的首府悉尼市贝尼朗岬角。这座综合性的艺术中心，在现代建筑史上被认为是巨型雕塑式的典型作品，也是澳大利亚的标志。悉尼歌剧院的外形犹如即将乘风出海的白色风帆，与周围景色相映成趣。

悉尼歌剧院从20世纪50年代开始构思兴建，1955年起公开征求世界各地的设计作品，至1956年共有32个国家233个作品参选，丹麦建筑师约恩·伍重的设计屏雀中选，共耗时16年、斥资1 200万澳元完成建造。

悉尼歌剧院占地1.8万m^2，坐落在距离海面19 m的花岗岩基座上，最高的壳顶距海面60 m，总建筑面积8.8万m^2。歌剧院整体分为三个部分：歌剧厅、音乐厅和贝尼朗餐厅。歌剧厅、音乐厅及休息厅并排而立，各由4块巍峨的大壳顶组成。这些“贝壳”依次排列，前3个一个盖着一个，面向海湾依抱，最后一个则背向海湾侍立，看上去像是两组打开盖倒放着的蚌。高低不一的尖顶壳，外表用白格子釉磁铺盖，在阳光照映下，远远望去，既像竖立着的贝壳，又像两艘巨型白色帆船，飘扬在蔚蓝色的海面上，故有“船帆屋顶剧院”之称。那贝壳形尖屋顶，是由2 194块每块重15.3吨的弯曲形混凝土预制件，用钢缆拉紧拼成的，外表覆盖着105万块白色或奶油色的瓷砖。

音乐厅是悉尼歌剧院最大的厅堂，共可容纳2 679名观众。音乐厅内拥有世界最大的机械木连杆风琴，由10 500个风管组成，整个音乐厅建材使用均为澳洲木材，呈现澳洲自有的风格。歌剧厅较音乐厅为小，拥有1 547个座位，主要用于歌剧、芭蕾舞和舞蹈表演。内部陈设新颖、华丽、考究，为了避免在演出时墙壁反光，墙壁一律用暗光的夹板镶成，地板和天花板用本地出产的黄杨木和桦木制成，弹簧椅蒙上红色光滑的皮套。采用这样的装置，演出时可以有圆润的音响效果。舞台面积440 m^2，有转台和升降台。舞台配有两幅法国织造的毛料华丽幕布。一幅图案由红、黄、粉红3色构成，犹如道道霞光普照大地，叫“日幕”；另一幅由深蓝色、绿色、棕色组成，好像一弯新月隐挂云端，称“月幕”。

壳体开口处旁边另立的两块倾斜的小壳顶，形成一个大型的公共餐厅，名为贝尼朗餐厅，每天晚上能接纳6 000人以上。其他各种活动场所设在底层基座之上。剧院有话剧厅、电影厅、大型陈列厅和接待厅、5个排列厅、65个化妆室、图书馆、展览馆、演员食堂、咖啡馆、酒吧间等900多间大小厅室。

悉尼歌剧院原设计方案是由一组薄壳组成，远望如海滨扬帆，景物生动，富有诗意。当时估计壳顶厚10 cm，底部厚50 cm，经过科学计算，如此巨大的薄壳根本无法实现。英国著名工程师阿鲁普历时3年，经过多次计算、试验，均告失败，最后不得不放弃单纯的薄壳观念，代之以预应力Y型、T型钢筋混凝土肋骨拼接的三角瓣壳体。至此，歌剧院壳体才得以施工。显然。当时的物质技术条件有限，现在看来，采用薄壳结构已经不再是不可能的事了。

0.3 民用建筑的构造组成

民用建筑构造概述

0.3.1 民用建筑的等级

1. 按建筑的设计使用年限分成四类

《民用建筑设计统一标准》(GB50352—2019)中规定：民用建筑的设计使用年限应符合表0.2的规定。

表0.2 设计使用年限分类

类别	设计使用年限(年)	示 例
一	5	临时性建筑
二	25	易于替换结构构件的建筑
三	50	普通建筑和构筑物
四	100	纪念性建筑和特别重要的建筑

2. 按民用建筑的耐火等级分成四级

我国《建筑设计防火规范》(GB50016—2014)，民用建筑的耐火等级可分为一、二、三、四级。

耐火极限：在标准耐火试验条件下，建筑构件、配件或结构从受到火的作用时起，到失去承载能力、完整性或隔热性时止的这段时间，用小时表示。

除建筑设计防火规范(GB50016—2014)另有规定外，不同耐火等级建筑物相应构件的燃烧性能和耐火极限不应低于表0.3的规定。

表 0.3 不同耐火等级建筑相应构件的燃烧性能和耐火极限(h)

名称		耐火等级			
构件		一级	二级	三级	四级
墙	防火墙	不燃性 3.00	不燃性 3.00	不燃性 3.00	不燃性 3.00
	承重墙	不燃性 3.00	不燃性 2.50	不燃性 2.00	难燃性 0.50
	非承重外墙	不燃性 1.00	不燃性 1.00	不燃性 0.50	可燃性
	楼梯间和前室的墙 电梯井的墙 住宅单元之间的墙和分户墙	不燃性 2.00	不燃性 2.00	不燃性 1.50	难燃性 0.50
	疏散走道两侧的隔墙	不燃性 1.00	不燃性 1.00	不燃性 0.50	难燃性 0.25
	房间隔墙	不燃性 0.75	不燃性 0.50	难燃性 0.50	难燃性 0.25
柱		不燃性 3.00	不燃性 2.50	不燃性 2.00	难燃性 0.50
梁		不燃性 2.00	不燃性 1.50	不燃性 1.00	难燃性 0.50
楼板		不燃性 1.50	不燃性 1.00	不燃性 0.50	可燃性
屋顶承重构件		不燃性 1.50	不燃性 1.00	可燃性	可燃性
疏散楼梯		不燃性 1.50	不燃性 1.00	不燃性 0.50	可燃性
吊顶(包括吊顶搁栅)		不燃性 0.25	难燃性 0.25	难燃性 0.15	可燃性

注:1. 除规范另有规定外,以木柱承重且墙体采用不燃材料的建筑,其耐火等级应按四级确定;

2. 住宅建筑构件的耐火极限和燃烧性能可按现行国家标准《住宅建筑规范》(GB 50368)的规定执行。

0.3.2 民用建筑的构造组成

民用建筑通常是由基础、墙或柱、楼地层、楼梯、屋顶和门窗六大部分组成,如图 0.9 所示。建筑除这六大主要部分之外,还有一些附属的构造,如阳台、雨篷、台阶、散水、女儿墙等。

1. 基础

基础是建筑物最下部的承重构件,其作用是承受建筑物的全部荷载,并将这些荷载传给地基。因此,基础必须具有足够的强度,并能抵御地下各种有害因素的侵蚀。

特点:坚固、稳定、防水、防冻、防化学腐蚀。

2. 墙或柱

墙或柱是建筑物的承重和围护构件。对于承重外墙,其作用是抵御自然界各种因素对室内的侵袭,承重内墙主要起承重和分隔内部空间的作用。在框架或排架结构的建筑物中,柱起承重作用,墙起围护和分隔作用。因此,要求墙体具有足够的强度、稳定性及保温、隔热、防水、防火、耐久及经济等性能。

特点:坚固、稳定、保温、隔热、隔声、防水、防火。

3. 楼板层和地坪

楼板是楼房建筑水平方向的承重构件,同时还兼作在竖向划分建筑内部空间的功能。楼板层承受建筑的楼面荷载,并将这些荷载传给墙或梁,同时对墙体起水平支撑的作用。因

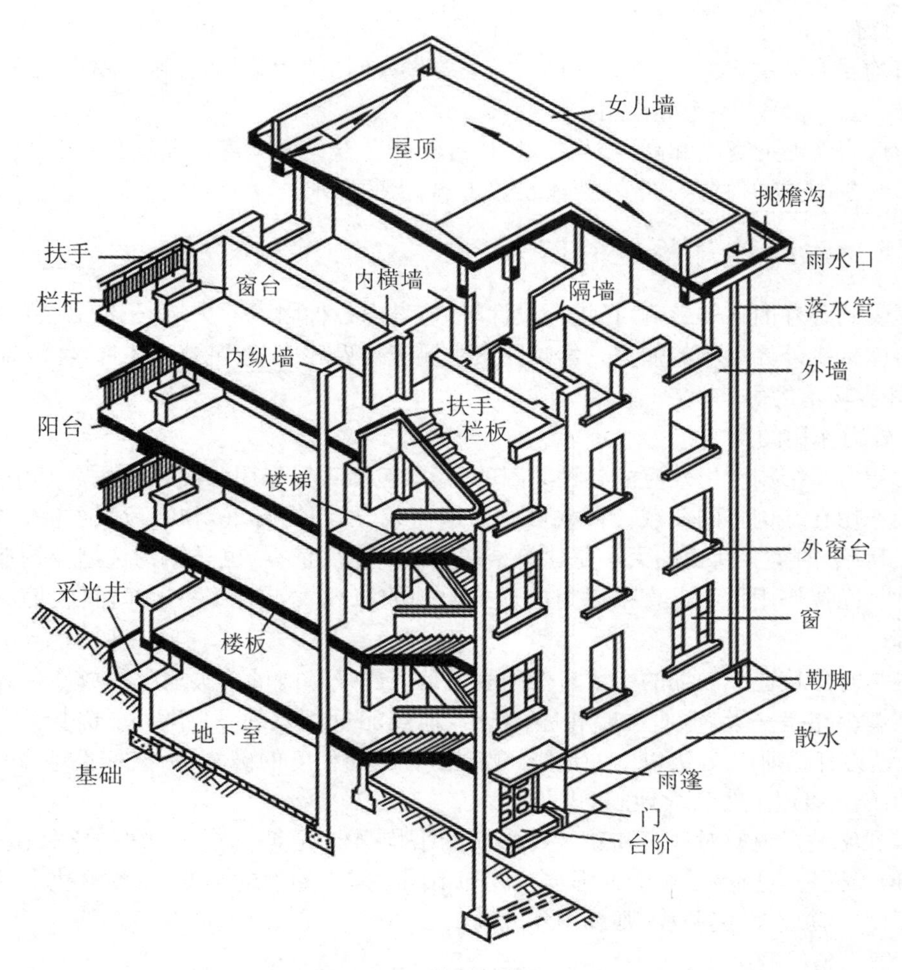

图 0.9 民用建筑的构造组成

此要求楼板层应具有足够的强度、刚度和隔声、防潮、防水等性能。

地坪是底层房间与地基土层相接的构件,起承受底层房间荷载的作用。要求地坪具有耐磨、防潮、防水、防尘和保温的性能。

特点:强度、刚度、耐磨、隔声。

4. 楼梯

楼梯是楼房建筑的垂直交通设施,供人们上下楼层和紧急疏散之用。故要求楼梯具有足够的通行能力,并且防滑、防火,能保证安全使用。

特点:坚固、安全、有足够的通行能力。

5. 屋顶

屋顶是建筑物顶部的围护和承重构件。它由屋面、承重结构、保温(隔热)层三部分组成,其中,屋面和保温(隔热)层应具有抵御自然界不利因素侵袭的能力,承重结构要满足承受屋面荷载和自重的要求。故应具有足够的强度、刚度及防水、保温、隔热等性能。

屋顶又是建筑体型和立面的重要组成部分,其外观形象应得到足够的重视。

特点:防水、排水、保温(隔热)、强度、刚度。

6. 门窗

门窗均属非承重构件,也称为配件。门主要供人们出入内外交通和分隔房间之用,窗主要起采光、通风、分隔、眺望等作用。

门窗应有足够的宽度和高度,其数量、位置和开启方式也应符合规范的要求。处于外墙上的门窗又是围护构件的一部分,要满足热工、防水的要求。

0.3.2.1　影响建筑构造的因素

房屋受到各种因素的影响,在进行设计时,应考虑各种因素的影响,采取必要的措施,从而提高房屋抵御外界影响的能力。影响因素主要有外界环境、建筑技术条件、经济条件。

1. 外界环境的影响

(1) 外力作用的影响。

外力指房屋结构产生效应的各种原因的总称,包括直接作用和间接作用。其中,直接作用指直接作用在结构上的荷载。荷载可分为恒荷载(如结构自重)和活荷载(如人、家具、风雪及地震荷载)两类。荷载的大小是建筑结构设计的主要依据,也是结构选型及构造设计的重要基础。间接作用指不是直接以力的形式出现的荷载。如温度变化、材料收缩、徐变、地基变形等。

地震是对建筑造成破坏的主要自然因素。地震震级是衡量一次地震释放能量大小的尺度。地震震级相差一级,地面振幅相差 10 倍,地震能量相差约 32 倍。一般小于 2 级为微震;2～4 级为有感地震;5 级以上的地震,建筑物有不同程度的破坏,为破坏性地震;7～8 级为强烈地震;8 级以上为特大地震。

地震烈度是指地震对地表和建筑物影响的平均强弱程度。对于一次地震来说,只有一个震级,但不同地点所遭受影响的强弱程度却不同。震中烈度的高低,主要取决于地震震级和震源深度。震级大、震源浅,则震中烈度高。

(2) 气候条件的影响。

我国各地区地理位置及环境不同,气候条件有许多差异。太阳的辐射,自然界的风、雨、雪、霜、地下水等构成影响建筑物的各种因素。故在进行构造设计时,应该针对建筑物所受影响的性质与程度,对各有关构、配件及部位采取必要的防范措施,如防潮、防水、保温、隔热、设伸缩缝、设隔蒸汽层等,以防患于未然。

(3) 各种人为因素的影响。

如机械振动、化学腐蚀、噪声、爆炸、火灾等,可采取防振、隔声、防火、防燃等措施,避免房屋遭受不应有的损失。

2. 建筑技术条件的影响

随着建筑材料、结构、施工技术的不断发展,建筑构造技术不断进步,如悬索、薄壳、网架等空间结构建筑,点式玻璃幕墙,彩色铝合金等新材料的吊顶,采光天窗中庭等现代建筑设施大量涌现,致使建筑构造没有一成不变的固定模式。在构造设计中要以构造原理为基础,在利用原有的、标准的、典型的建筑构造的同时,不断发展或创造新的构造方案。

3. 经济条件的影响

随着建筑技术的不断发展和人们生活水平的日益提高,人们对建筑的使用要求也越来越高。建筑标准的变化带来建筑的质量标准、建筑造价等也出现较大差别。对建筑构造的要求也将随着经济条件的改变而发生着较大的变化。

0.3.2.2 建筑构造的设计原则

1. 满足房屋的各项使用功能要求

由于房屋的用处不同，所在地区不同，往往对建筑构造的要求也不相同。如寒冷地区的房屋要解决好保温问题，炎热地区的房屋要解决好隔热和通风的问题；住宅要求隔声、保温、隔热；电影院要求吸声；X 光室要求防射线；纺织车间要求保温、防尘；化肥车间要求防腐蚀等，应当根据房屋具体情况，综合运用有关技术知识，反复比较，选择合理的房屋构造设计方案。

2. 确保结构安全

在设计时除按荷载大小进行结构计算，确保构件的必需尺寸外，还应保证构件的整体刚度和构件间连接的可靠性。对阳台、楼梯栏杆、顶棚、门窗与墙体的连结等构造设计，均必须保证建筑物构、配件在使用时的安全。

3. 适应建筑工业化的需要

应积极推广先进技术，尽量采用各种新型建筑材料，采用标准设计，选择国家建筑标准设计图集的建筑构造，以适应建筑工业化的需要。

4. 执行技术政策，做到经济合理

技术政策是国家在一定时期的政策性规定。如减少木材在建筑上的使用，做到节约木材。

在构造设计时，要从经济、社会和环境三个方面进行综合考虑。在降低工程造价，减少材料的能源消耗的同时，必须保证工程质量。

5. 注重美观

建筑物的形象除了取决于建筑设计中的体型组合和立面处理外，一些建筑细部的构造设计对整体美观也有很大影响。

总之，在构造设计中，必须全面贯彻各项技术政策，做到满足功能、坚固实用、技术先进、经济合理、美观大方，选用最佳方案。

0.4 建筑模数及定位轴线

建筑业是我国国民经济的支柱产业之一，建造建筑物需要消耗大量的人力、物力和财力。建筑业要不断提高生产效率，实现建筑工业化。建筑工业化是指用现代工业的生产方式和管理手段来建造房屋，可以将分散落后的手工业生产方式改变为集中、先进的现代化工业生产方式，能有效地降低人工消耗量，缩短施工周期，提高建筑质量。它从根本上改变了建筑业的生产方式。

建筑工业化的内容包括设计标准化、构配件生产工厂化、施工机械化和管理科学化。设计标准化是建筑工业化的前提，构配件生产工厂化是建筑工业化的基础，施工机械化是建筑工业化的关键，管理科学化是建筑工业化的保证。

建筑标准化主要包括两个方面：首先是应制定各种法规、规范、标准和指标，使设计有章可循；其次是在诸如住宅等大量性建筑的设计中推行标准化设计。标准化设计可以借助国家或地区通用的标准构配件图集来实现，设计者根据工程的具体情况选择标准构配件，避免重复劳动。构件生产厂家和施工单位也可以针对标准构配件的应用情况组织生产和施工，形成规模效益。

实行建筑标准化可以有效减少建筑构配件的规格，在不同的建筑中采用标准构配件，进而提高施工效率，保证施工质量，降低造价。

由于建筑设计单位、施工单位、构配件生产厂家是各自独立的企业，为了使建筑制品、建筑构配件和组合件实现工业化大规模生产，使不同材料、不同形式和不同制造方法的建筑构配件、组合件符合模数并具有较大的通用性和互换性，以加快设计速度，提高施工质量和效率，降低建筑造价，我国制定了《建筑模数统一协调标准》(GBJ2—86)，用以约束和协调建筑的尺度关系。

0.4.1 建筑模数数列

建筑模数是选定的标准尺度单位，作为建筑空间、建筑构配件、建筑制品以及有关设备尺寸相互协调中的增值单位。

基本模数是模数协调中选用的基本尺寸单位，其数值为100[①]，符号为M，即1M=100。整个建筑物和建筑物的一部分以及建筑组合件的模数化尺寸，应是基本模数的倍数。

导出模数应分为扩大模数和分模数。扩大模数是基本模数的整数倍数。分模数是整数除基本模数的数值。

水平扩大模数基数为3M、6M、12M、15M、30M、60M，其相应的尺寸分别为300、600、1 200、1 500、3 000、6 000；竖向扩大模数的基数为3M与6M，其相应的尺寸为300和600。

分模数基数为1/10M、1/5M、1/2M，其相应的尺寸为10、20、50。

模数协调是在基本模数或扩大模数基础上的尺度协调。不同类型的建筑物及其各组成部分间的尺寸统一与协调，应减少尺寸的范围并使尺寸的叠加和分割有较大的灵活性，模数数列应按表0.4所示。在砖混结构住宅中，必要时，可采用3 400、2 600作为建筑参数。

表0.4 模数数列 单位：mm

基本模数	扩大模数						分模数		
1M	3M	6M	12M	15M	30M	60M	1/10M	1/5M	1/2M
100	300	600	1 200	1 500	3 000	6 000	10	20	50
100	300						10		
200	600	600					20	20	
300	900						30		
400	1 200	1 200	1 200				40	40	
500	1 500			1 500			50		50

① 根据建筑行业规范及习惯，也出于便于编写本书的需要，书中正文(含图表)中尺寸未特别标注单位的均以mm计量。

续表

基本模数	扩 大 模 数						分模数		
600	1 800	1 800					60	60	
700	2 100						70		
800	2 400	2 400	2 400				80	80	
900	2 700						90		
1 000	3 000	3 000		3 000	3 000		100	100	100
1 100	3 300						110		
1 200	3 600	3 600	3 600				120	120	
1 300	3 900						130		
1 400	4 200	4 200					140	140	
1 500	4 500			4 500			150		150
1 600	4 800	4 800	4 800				160	160	
1 700	5 100						170		
1 800	5 400	5 400					180	180	
1 900	5 700						190		
2 000	6 000	6 000	6 000	6 000	6 000	6 000	200	200	200
2 100	6 300							220	
2 200	6 600	6 600						240	
2 300	6 900								250
2 400	7 200	7 200	7 200					260	
2 500	7 500			7 500				280	250
2 600		7 800						300	300
2 700		8 400	8 400					320	
2 800		9 000		9 000	9 000			340	
2 900		9 600	9 600						350
3 000				10 500				360	
3 100			10 800					380	
3 200			12 000	12 000	12 000	12 000		400	400
3 300					15 000				450
3 400					18 000	18 000			500
3 500					21 000				550
3 600					24 000	24 000			600
									950
									1 000

水平基本模数1M至20M的数列,应主要用于门窗洞口和构配件截面等处。竖向基本模数1M至36M的数列,应主要用于建筑物的层高、门窗洞口和构配件截面等处。

水平扩大模数3M、6M、12M、15M、30M、60M的数列,应主要用于建筑物的开间或柱距、进深或跨度、构配件尺寸和门窗洞口等处。竖向扩大模数3M数列,应主要用于建筑物的高度、层高和门窗洞口等处。

分模数1/10M、1/5M、1/2M的数列,应主要用于缝隙、构造节点、构配件截面等处。

0.4.2 几种尺寸

为保证建筑物配件的安装与有关尺寸间的相互协调,在建筑模数协调中把尺寸分为标志尺寸、构造尺寸、实际尺寸和技术尺寸。

标志尺寸:应符合模数数列的规定,用以标注建筑物定位轴线或定位面之间的距离(如开间或柱距、进深或跨度、层高等),以及建筑构配件、建筑组合件、建筑制品等之间的尺寸。

构造尺寸:建筑构配件、建筑组合件、建筑制品等的设计尺寸。一般情况下,标志尺寸减去缝隙尺寸为构造尺寸。

实际尺寸:建筑构配件、建筑组合件、建筑制品等生产制作后的实有尺寸。

技术尺寸:建筑功能、工艺技术和结构条件在经济上处于最优状态下所允许采用的最小尺寸数值,通常是指建筑构配件的截面或厚度。

标志尺寸、构造尺寸、缝隙尺寸三者之间的关系,如图0.10所示。

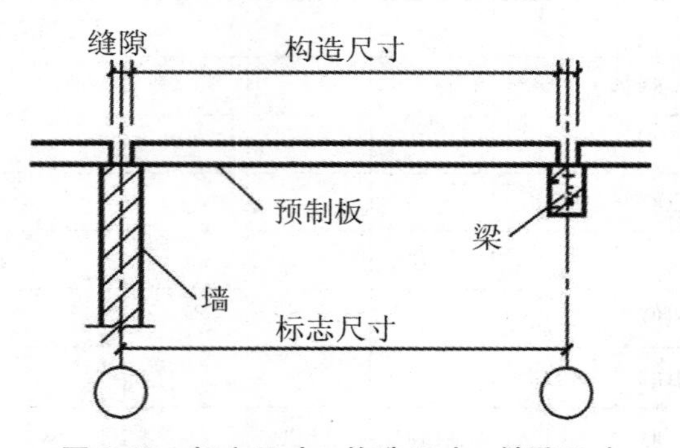

图0.10 标志尺寸=构造尺寸+缝隙尺寸

0.4.3 定位轴线

定位轴线是确定建筑构配件位置及相互关系的基准线。

定位轴线应用细点画线绘制。定位轴线一般应编号,编号应注写在轴线端部的圆内。圆应用细实线绘制,直径为8~10 mm。定位轴线圆的圆心,应在定位轴线的延长线上或延长线的折线上。

平面图上定位轴线的编号,宜标注在图样的下方与左侧。横向编号应用阿拉伯数字,从左至右顺序编写,竖向编号应用大写拉丁字母,从下至上顺序编写,如图0.11所示。拉丁字母的I、O、Z不得用作轴线编号。如字母数量不够使用,可增用双字母或单字母加数字注脚,如A_A,B_A,…,Y_A或A_1,B_1,…,Y_1。通用详图中的定位轴线,应只画圆,不注写轴线编号。

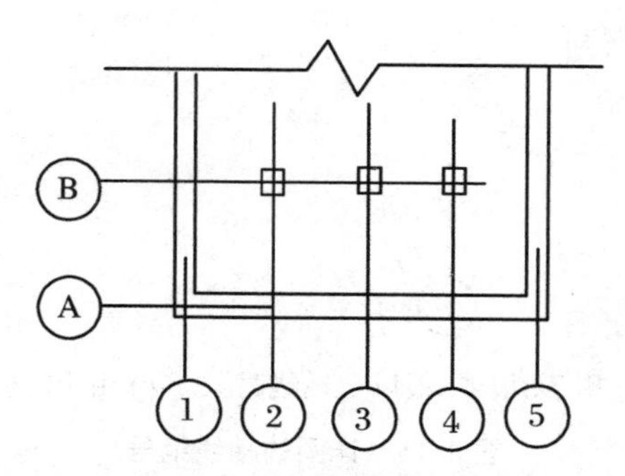

图 0.11 定位轴线的编号顺序

组合较复杂的平面图中定位轴线也可采用分区编号，如图 0.12 所示，编号的注写形式应为“分区号-该分区编号”。分区号采用阿拉伯数字或大写拉丁字母表示。

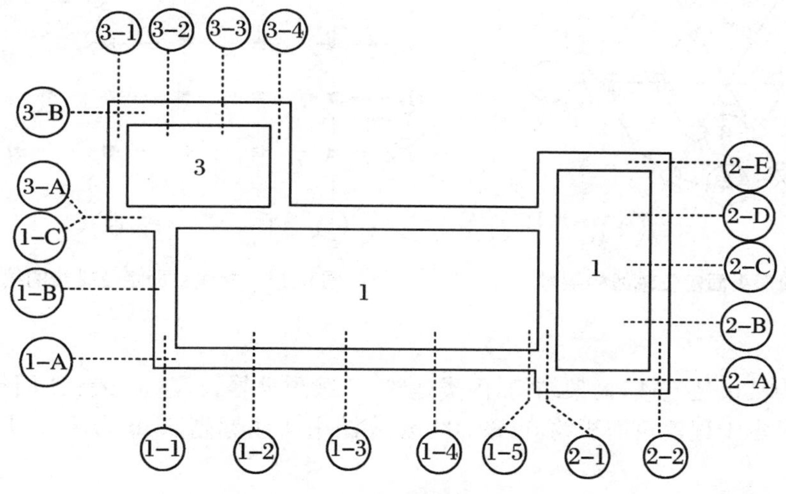

图 0.12 定位轴线的分区编号

在建筑设计中经常把一些次要的建筑部件用附加轴线进行编号，如非承重墙、装饰柱等。附加轴线应以分数表示，采用在轴线圆内设通过圆心的 45°斜线的方式，并应按规定编写：两根轴线之间的附加轴线，应以分母表示前一轴线的编号，分子表示附加轴线的编号，编号宜用阿拉伯数字顺序编号。如：

(1/2) 表示 2 号轴线之后附加的第 1 根轴线。

(3/C) 表示 C 号轴线之后附加的第 3 根轴线。

1 号轴线或 A 号轴线之前的附加轴线应以分母 01、0A 分别表示。如 (1/01) 表示 1 号轴线之前附加的第 1 根轴线；(3/0A) 表示 A 号轴线之前附加的第 3 根轴线。

一个详图适用于几根轴线时，应同时注明各有关轴线的编号，如图 0.13 所示。

圆形平面图中定位轴线，其径向轴线应以角度进行定位，其编号宜用阿拉伯数字表示，从左下角或 −90°(若径向轴线很密，角度间隔很小)开始，按逆时针顺序编写；其环向轴线宜用大写拉丁字母表示，从外向内顺序编写，如图 0.14 所示。折线形平面图中定位轴线的编号可按图 0.15 所示的形式编写。

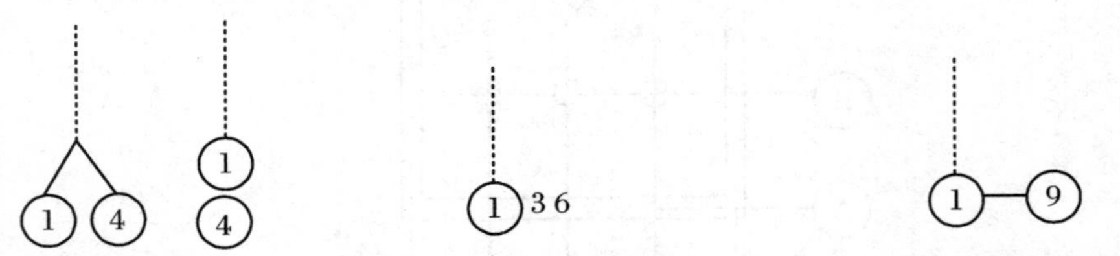

图 0.13　详图的轴线编号

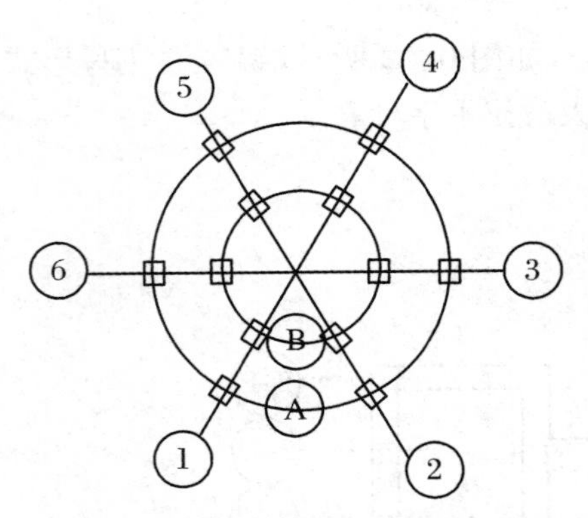

图 0.14　圆形平面定位轴线的编号

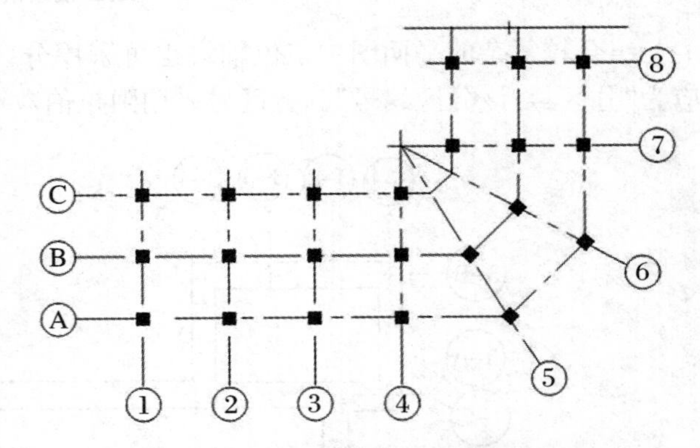

图 0.15　折线平面定位轴线的编号

【案例】

本工程为某市住宅楼，框架结构，丙类建筑，二级耐火等级，建筑设计使用年限 50 年；三级防火等级。本工程建筑面积约 6 099.06 m^2。图中所注标高以 m 为单位，尺寸以 mm 为单位。

图 0.16 为住宅楼底层平面图，比例为 1∶100。图中用定位轴线确定房屋各承重构件的位置。从左向右按横向编号的有 1～11，共 11 根定位轴线，并在轴线 1、2、4、5、6、7、10、11 之后，分别有 1 根附加轴线。从下向上按竖向编号的有 A～D，共 4 根定位轴线。

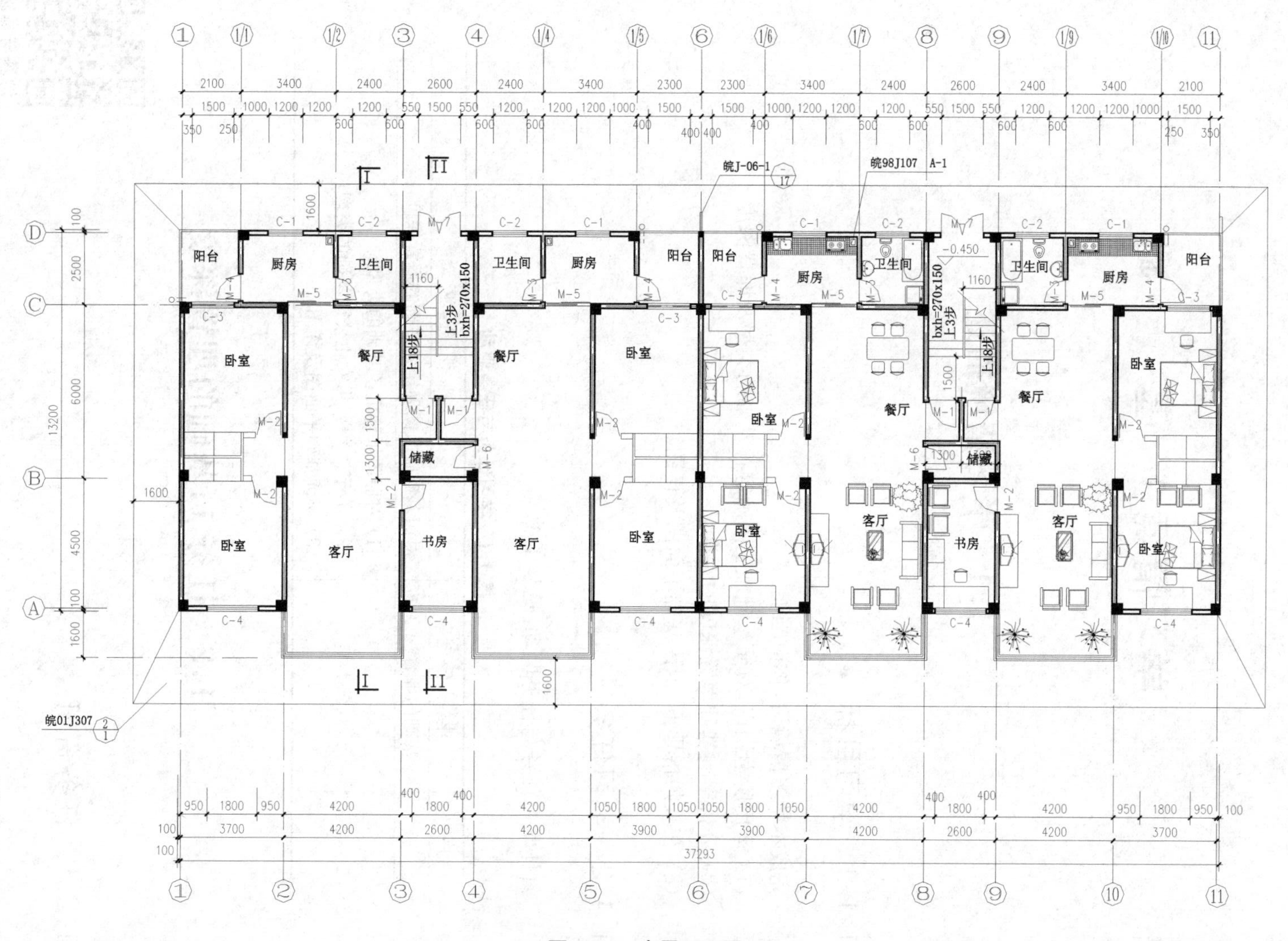
阳台
厨房
卫生间
餐厅
客厅
卧室
书房
储藏
上18步
上3步
bxh=270x150
-0.450
皖98J107 A-1
皖J-06-1
皖01J307
13200
37293

图0.16 底层平面图

学习情境1　基　础

1.1　学习情境描述

1.1.1　学习目标

完成本学习情境后,你应当能:

(1) 运用所学知识,对照基础施工图确定各基础的类型及埋置深度。

(2) 分析影响基础埋置深度的因素。

(3) 在教师指导下,识读基础平面图及详图。

1.1.2　学习任务

具体学习任务与任务驱动,见表1.1。

表1.1　学习任务与任务驱动

序号	学 习 任 务	任 务 驱 动
1	基础的埋置深度	对照基础施工图确定各基础的埋置深度
2	基础类型	(1) 对照图纸确定各基础的类型; (2) 分析工学楼、男女生公寓基础的类型; (3) 识读基础平面图及详图

1.2　任务1:基础的埋置深度

地基与基础

1.2.1　任务资讯

1.2.1.1　基础与地基

1. 基础的概念

基础是将结构所承受的各种作用传递到地基上的结构组成部分。基础的作用是承受上部结构的全部荷载，并把它传给地基。基础是建筑物的组成部分。

基础是建筑物的主要承重构件，处在建筑物地面以下，属于隐蔽工程。基础质量的好坏，关系着建筑物的安全问题。建筑设计中合理地选择基础极为重要。

2. 地基的概念

地基为支承基础的土体或岩体。地基不是建筑物的组成部分。基础与地基的关系如图1.1所示。

地基具有一定的地耐力，直接支承基础，持有一定承载能力的土层称为持力层。持力层以下的土层称为下卧层。地基土层在荷载作用下产生的变形，随着土层深度的增加而减少，到一定深度可忽略不计。

地基按土层性质不同，分为天然地基和人工地基两大类。凡天然土层具有足够的承载能力，不需经人工改良或加固，可直接在上面建造建筑物的地基为天然地基。当建筑物上部的荷载较大或地基土层的承载能力较弱时，为提高地基土的承载力，改善其变形性质或渗透性质而采取的人工方法为人工地基。人工地基加固的方法主要有换填垫层法、预压法、强夯法、振冲法、灰土挤密法、单液硅化法等。

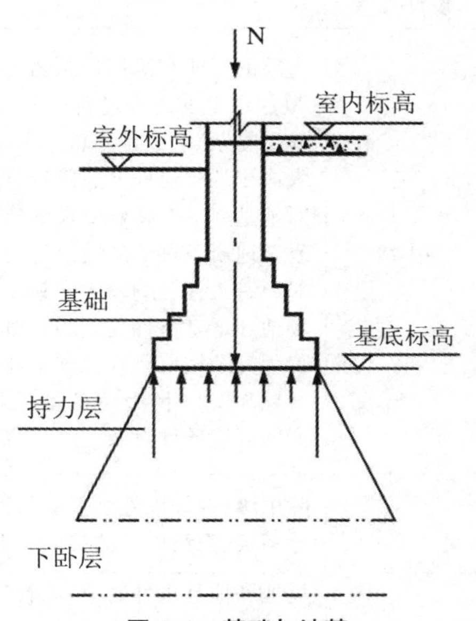

图1.1　基础与地基

换填垫层法是挖去地表浅层软弱土层或不均匀土层，回填坚硬较粗粒径的材料，并夯压密实，形成垫层的地基处理方法。适用于浅层软弱地基及不均匀地基的处理。

预压法是对地基进行堆载或真空预压，使地基土固结的地基处理方法。适用于处理淤泥质土、淤泥和冲填土等饱和黏性土地基。

强夯法是反复将夯锤提到高处使其自由落下，给地基以冲击和振动能量，将地基土夯实的地基处理方法。适用于处理碎石土、砂土、低饱和度的粉土与黏性土、湿陷性黄土、素填土和杂填土等地基。

振冲法是在振冲器水平振动和高压水的共同作用下，使松砂土层振密，或在软弱土层中成孔，然后回填碎石等粗粒料形成桩柱，并和原地基土组成复合地基的地基处理方法。适用于处理砂土、粉土、粉质黏土、素填土和杂填土等地基。

灰土挤密法是利用横向挤压成孔设备成孔，使桩间土得以挤密。用灰土填入桩孔内分层夯实形成灰土桩，并与桩间土组成复合地基的地基处理方法。适用于处理地下水位以上的湿陷性黄土、素填土和杂填土等地基，可处理地基的深度为5～15 m。

单液硅化法是采用硅酸钠溶液注入地基土层中，使土粒之间及其表面形成硅酸凝胶薄膜，增强了土颗粒间的连接，赋予土耐水性、稳固性和不湿陷性，并提高土的抗压和抗剪强度的地基处理方法。适用于处理地下水位以上渗透系数为0.10～2.00 m/d的湿陷性黄土等地基。

1.2.1.2　地基基础设计

地基基础设计，必须坚持因地制宜、就地取材、保护环境和节约资源的原则。根据岩土工程勘察资料，综合考虑结构类型、材料情况与施工条件等因素，精心设计。

《建筑地基基础设计规范》(GB50007—2011)规定，地基基础设计应根据地基复杂程度、建筑物规模和功能特征以及由于地基问题可能造成建筑物破坏或影响正常使用的程度，将地基基础设计分为三个设计等级。设计时应根据具体情况，按表1.2选用。

表1.2　地基基础设计等级

设计等级	建筑类型
甲级	重要的工业与民用建筑物； 30层以上的高层建筑； 体型复杂，层数相差超过10层的高低层连成一体的建筑物； 大面积的多层地下建筑物(如地下车库，商场，运动场等)； 对地基变形有特殊要求的建筑物； 复杂地质条件下的坡上建筑物(包括高边坡)； 对原有工程影响较大的新建建筑物； 场地和地基条件复杂的一般建筑物； 位于复杂地质条件及软土地区的二层及二层以上地下室的基坑工程； 开挖深度大于15 m的基坑工程； 周围环境条件复杂、环境保护要求高的基坑工程
乙级	除甲级、丙级以外的工业与民用建筑物； 除甲级、丙级以外的基坑工程
丙级	场地和地基条件简单，荷载分布均匀的7层及7层以下民用建筑及一般工业建筑物； 次要的轻型建筑物； 非软土地区且场地地质条件简单、基坑周边环境条件简单、环境保护要求不高且开挖深度小于5 m的基坑工程

为了保证建筑物的安全与正常使用，根据建筑物地基基础设计等级及长期荷载作用下地基变形对上部结构的影响程度，地基基础设计应符合以下规定：

(1) 地基应具有足够的强度。所有建筑物的地基均应进行地基承载力计算，以防止地基土因强度不足而引发剪切破坏和丧失稳定性。

(2) 控制地基变形在允许范围以内。地基变形要求不超过规定的地基变形允许值，以免引起基础和上部结构的损坏或影响建筑物的正常使用，对设计等级为甲级、乙级的建筑物，均应进行地基变形计算。

(3) 经常受水平荷载作用的高层建筑、高耸结构和挡土墙等，以及建造在斜坡上或边坡附近的建筑物和构筑物，尚应验算其稳定性。基坑工程应进行稳定性验算。

(4) 建筑地下室或地下构筑物存在上浮问题时，应进行抗浮验算。

(5) 选取合理地基基础类型。在保证建筑物的安全和正常使用的条件下，应尽量选用天然地基上的浅基础，以降低基础工程造价。但为节约用地或特殊情况，也会选用工程性质较差，需经人工加固处理的地基或采用深基础。基础的材料、形式、构造和尺寸，除应能适应上部结构，符合使用要求，满足地基承载力、稳定性和变形要求外，还应满足对基础结构的强度、刚度和耐久性的要求。

1.2.2 任务实施

1.2.2.1 基础的埋置深度

基础的埋置深度是指室外设计地面至基础底面的垂直距离，简称基础埋深(图1.2)。在满足地基稳定和变形要求的前提下，基础宜浅埋，当上层地基的承载力大于下层土时，宜利用上层土作持力层。但当基础埋深过小时，有可能在地基受到压力后，会把基础四周的土挤出，使基础产生滑移而失去稳定，同时易受到自然因素的侵蚀和影响，使基础破坏，故除岩石地基外，基础埋深不宜小于0.5 m。

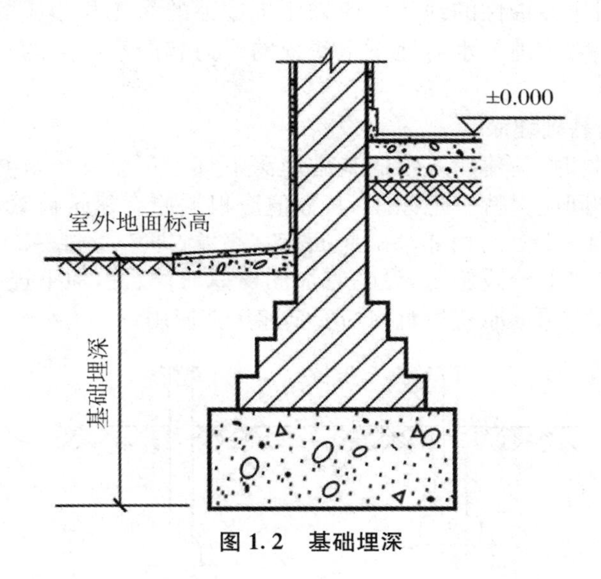

图1.2　基础埋深

1.2.2.2 影响基础埋深的因素

基础埋深的大小关系到基础的可靠性、施工的难易程度及工程造价的高低。影响基础埋深的因素很多，其主要影响因素如下：

1. 建筑物的用途(有无地下室、设备基础和地下设施，基础的形式和构造)

当建筑物设置地下室、设备基础或地下设施时，基础埋深应满足其使用要求。高层建筑基础埋深随建筑高度增加而适当增大，才能满足地基承载力、变形和稳定性要求。一般高层建筑的基础埋置深度为地面以上建筑物总高度的1/10。

2. 作用在地基上的荷载大小和性质

一般荷载较大时应加大基础的埋深。受上拔力的基础，应有较大埋深以满足抗拔力的要求。

3. 工程地质条件

工程地质条件往往对地基基础设计方案起决定性作用。应当选择地基承载力高的坚硬土层作为地基持力层。

由于地基由多层土组成，各土层的地基承载力大小不等。在满足地基稳定性和变形的前提下，基础尽量浅埋，但通常不浅于0.5 m。如浅层土作持力层不能满足要求，可考虑深埋，不过应与其他方案比较。当软弱土层较薄，厚度小于 2 m 时，应将软弱土挖除，将基础置于下层坚硬土层上。当软弱土层厚度在 2～4 m 时，对于多层房屋可考虑采用扩大基底面积，降低基底应力，加强上部结构刚度的方法，把基础埋置在软弱土层上。当软弱土层厚度大于 5 m 时，可采用人工地基加固处理或桩基础方案。

按地基条件选择基础埋深时，还要求考虑如何减少地基不均匀沉降。当地基土层分布明显不均匀或上部荷载相差较大时，同一建筑物可采用不同的基础埋深来满足沉降均匀性要求。

4. 水文地质条件

确定地下水的常年水位和最高水位，以便选择基础的埋深。基础宜埋置在地下水位以上，以避免地下水对基坑开挖、基础施工的影响。当必须埋在地下水位以下时，应采取地基土在施工时不受扰动的措施。如应考虑施工期间的基坑降水、坑壁支撑以及是否可能产生流沙、涌土等问题。对于侵蚀性的地下水应采用抗侵蚀的水泥和相应的措施。对于有地下室的建筑，设计时还应考虑地下水对地下室底板的浮力和静水压力的作用以及底板的抗渗透问题。

5. 相邻建筑物的基础埋深

当存在相邻建筑物时，新建建筑物的基础埋深不宜大于原有建筑基础。当埋深大于原有建筑基础时，两基础间应保持一定净距，其数值应根据原有建筑荷载大小、基础形式和土质情况确定。一般为 1～2 倍两相邻基础底面标高高差，即 $L \geqslant (1\sim2)\Delta H$（图 1.3）。当上述要求不能满足时，应采取分段施工，设临时加固支撑，打板桩，地下连续墙等施工措施，或加固原有建筑物地基，以保证原有建筑物的安全和正常使用。

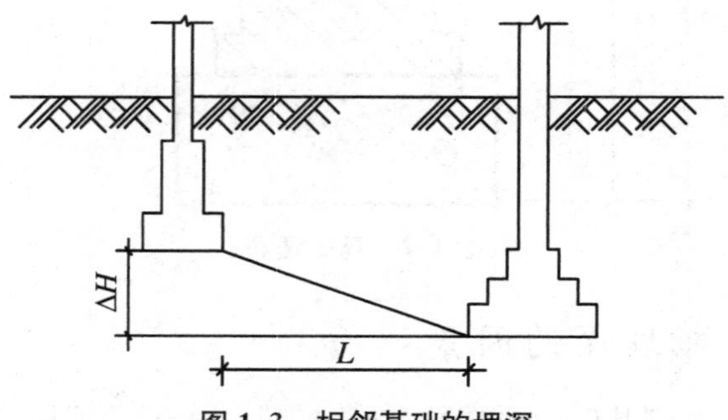

图 1.3 相邻基础的埋深

6. 地基土冻胀和融陷

气温降至 0 ℃以下时，土中水分冻结后，使土体积增大的现象称为冻胀。温度升至 0 ℃以上时，土中冰晶体融化，使土体松软，含水量增大，强度降低，产生附加沉降，称为融陷。季节性冰冻地区冬天土层的冻胀，冻胀力会将基础向上拱起；天气转暖，冻土解冻时，基础又会产生陷落，使基础处于不稳定状态。反复出现冻融现象，会使建筑物产生变形，甚至会导致出现裂缝、倾斜等破坏情况。因此，应根据当地的气候条件了解土层的冻结深度，一般将基础的垫层部分做在土层冻结深度以下。

冻结土体积膨胀的大小与土中含水量和土颗粒大小、地下水位高低有关。地下水位越高，冻胀越严重；当含水率相同时，土颗粒大的膨胀小。根据地基土的类别、天然含水量大小、水位高低和平均冻胀率将地基土分为不冻胀、弱冻胀、冻胀、强冻胀和特强冻胀 5 类。对于不冻胀土的基础埋深，可不考虑冻胀的影响。

1.2.2.3 地基防冻害措施

在冻胀、强冻胀、特强冻胀地基上，应采用下列防冻害措施：

(1) 对在地下水位以上的基础，基础侧面应回填不冻胀的中砂或粗砂，其厚度不应小于200 mm。对在地下水位以下的基础，可采用桩基础、保温性基础、自锚式基础(冻土层下有扩大板或扩底短桩)，也可将独立基础或条形基础做成正梯形的斜面基础。

(2) 宜选择地势高、地下水位低、地表排水条件好的建筑场地。对低洼场地，建筑物的室外地坪标高应至少高出自然地面 300～500 mm，其范围不宜小于建筑四周向外各一倍冻结深度距离的范围。

(3) 应做好排水设施，施工或使用期间防止水浸入建筑地基。在山区应设截水沟或在建筑物下设置暗沟，以排走地表水和潜水。

(4) 在强冻胀性和特强冻胀性地基上，其基础结构应设置钢筋混凝土圈梁和基础梁，并控制建筑的长高比，增强房屋的整体刚度。

(5)当独立基础连系梁下或桩基础承台下有冻土时，应在梁或承台下留有相当于该土层冻胀量的空隙，以防止因土的冻胀将梁或承台拱裂。

(6) 外门斗、室外台阶和散水坡等部位宜与主体结构断开，散水坡分段不宜超过 1.5 m，坡度不宜小于 3%，其下宜填入非冻胀性材料。

(7) 对跨年度施工的建筑，入冬前应对地基采取相应的防护措施；按采暖设计的建筑物，当冬季不能正常采暖时，也应对地基采取保温措施。

1.2.3 任务拓展

条形基础

【案例】

已知该基础工程室内外高差 450 mm，请根据基础施工图(图 1.4)确定基础的埋置深度。

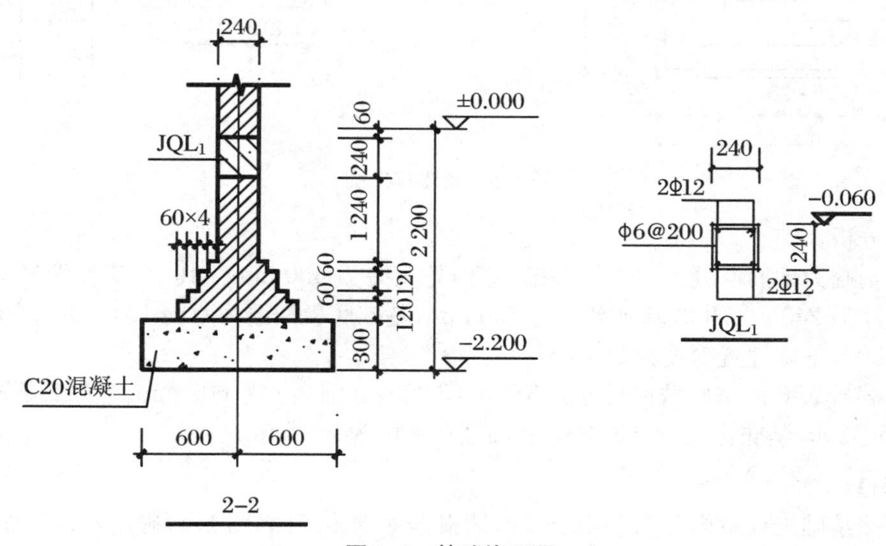

图 1.4　基础施工图

图示分析：

该基础为条形砖基础，砖基础大放脚的砌筑方式为“二 · 一”兼收，条形基础宽度为

1 200 mm,垫层为 C20 混凝土,厚度为 300 mm。基础圈梁截面尺寸为 240×240,内配4Φ12纵筋,箍筋Φ6@200。基础埋置深度为 1.75 m。

【案例分析】 已知该基础工程室内外高差 450 mm,请根据基础尺寸及底板配筋表(表 1.3)及基础施工图(图 1.5)确定基础的埋置深度。

表 1.3 基础尺寸及底板配筋表

基础编号	柱断面		基础平面尺寸						基础高度			基础底板配筋	
	b	h	A	a_1	a_2	B	b_1	b_2	H_j	h_1	h_2	④	⑤
ZJ5	400	400	2 400	675	300	2 400	675	300	600	300	300	13Φ16@200	13Φ16@200
ZJ6	400	400	3 000	775	500	3 000	775	500	600	300	300	16Φ16@200	16Φ16@200

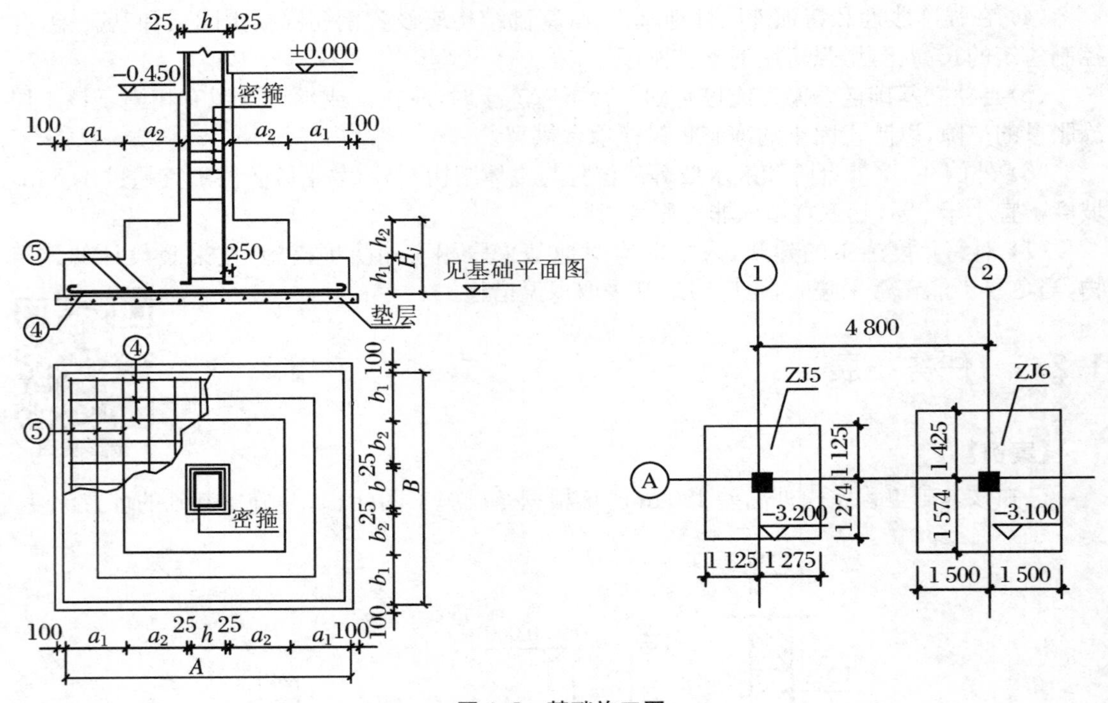

图 1.5 基础施工图

图示分析:

图示基础为钢筋混凝土独立柱基础,室内外高差为 450 mm。其中,基础编号 ZJ5 的基底截面尺寸为 2400×2400,基础高度为 600 mm,基础底板配筋为双向 13Φ16@200,基底标高为-3.200,基础埋置深度为 2.75 m。

基础编号 ZJ6 的基底截面尺寸为 3 000×3 000,基础高度为 600 mm,基础底板配筋为双向 16Φ16@200,基底标高为-3.100,基础埋置深度为 2.65 m。

【案例】

已知该基础工程室内外高差 450 mm,请根据基础施工图(图 1.6)确定基础的埋置深度。

图示分析:

图示基础为钢筋混凝土柱下条形基础,室内外高差为 450 mm。JKL6(1B)为基础框架梁,编号为 6,1 跨两端悬挑。截面尺寸为 650×800。Φ10@100/200(6)为箍筋直径 10,钢筋

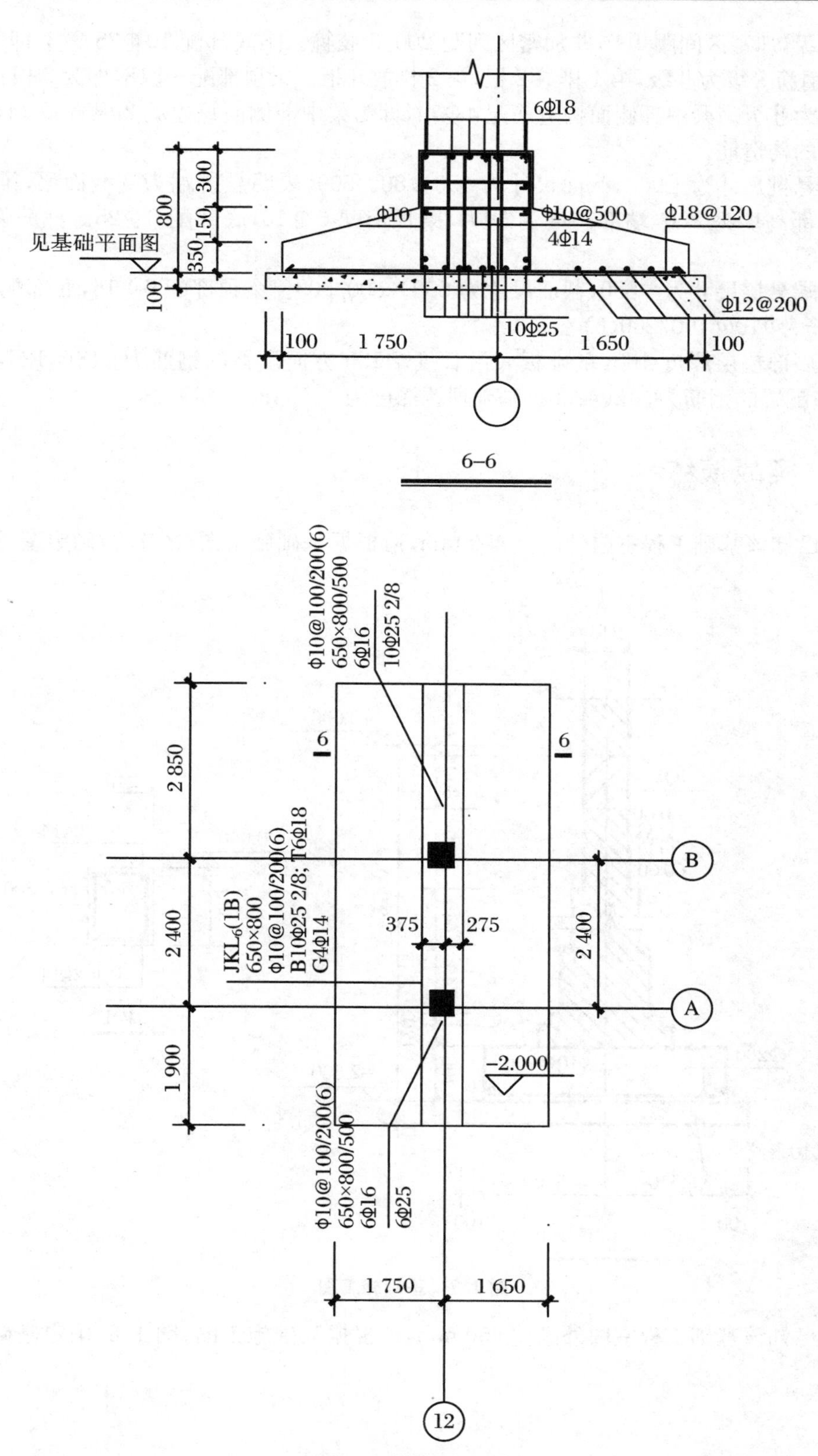
6Φ18
800
300
150
350
100
Φ10
Φ10@500
4Φ14
Φ18@120
见基础平面图
Φ12@200
10Φ25
100
1 750
1 650
100
6–6
Φ10@100/200(6)
650×800/500
6Φ16
10Φ25 2/8
6
6
2 850
B
JKL6(1B)
650×800
Φ10@100/200(6)
B10Φ25 2/8; T6Φ18
G4Φ14
375
275
2 400
2 400
A
1 900
−2.000
Φ10@100/200(6)
650×800/500
6Φ16
6Φ25
1 750
1 650
12

图 1.6　基础施工图

等级为Ⅰ级，加密区间距100，非加密区间距200，6肢箍。梁底部配10Φ25 2/8，即为10根直径25，钢筋等级为Ⅱ级，第1排放2根，第2排放8根。梁顶部配6Φ18，即为6根直径18，钢筋等级为Ⅱ级。梁中部侧面构造筋配4Φ14，即为梁中部侧面每边放2根直径14，钢筋等级为Ⅱ级的构造筋。

一端悬挑尺寸为1 900，截面尺寸为650×800/500，表明悬挑端为变截面梁，梁宽度为650，梁根部高度为800，端部高度为500。梁顶部配6Φ16，底部配6Φ25。箍筋为Φ10@100/200(6)。

另一端悬挑尺寸为1 850，截面尺寸为650×800/500。梁顶部配6Φ16，底部配10Φ25 2/8。箍筋为Φ10@100/200(6)。

基础底部垫层厚度100，基础板底沿长度7 150方向配置的钢筋为Φ18@120，沿宽度3400方向配置的钢筋为Φ12@200。基础埋置深度为1.55 m。

1.2.4 实战演练

(1) 已知该基础工程室内外高差450 mm，请根据基础施工图(图1.7)确定基础的埋置深度。

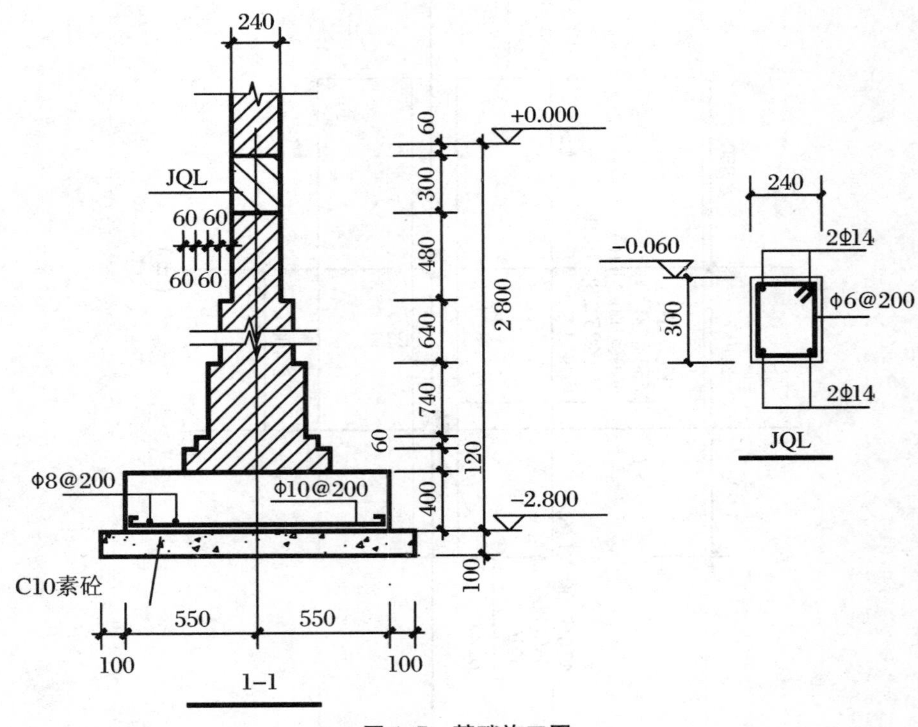

图1.7　基础施工图

(2) 已知该基础工程室内外高差450 mm，请根据基础施工图(图1.8)确定基础的埋置深度。

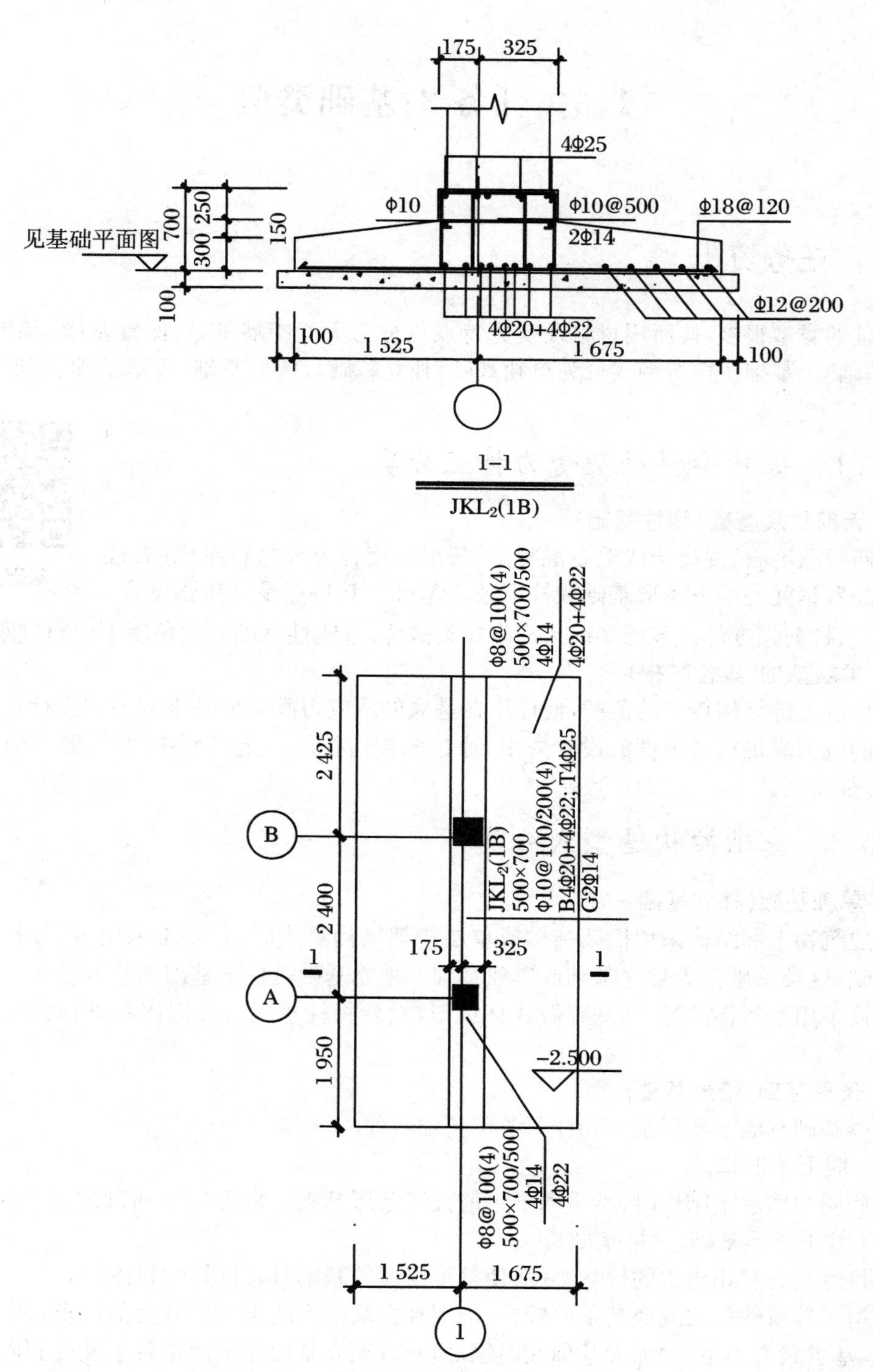
175
325
4Φ25
Φ10
Φ10@500
Φ18@120
2Φ14
见基础平面图
700
300
250
150
100
Φ12@200
4Φ20+4Φ22
100
1 525
1 675
100
1–1
JKL2(1B)
Φ8@100(4)
500×700/500
4Φ14
4Φ20+4Φ22
2 425
B
JKL2(1B)
500×700
Φ10@100/200(4)
B4Φ20+4Φ22; T4Φ25
G2Φ14
2 400
175
325
1
1
A
1 950
−2.500
Φ8@100(4)
500×700/500
4Φ14
4Φ22
1 525
1 675
1

图 1.8　基础施工图

1.3 任务2:基础类型

1.3.1 任务资讯

基础的类型很多,按所用材料及受力特点可分为无筋扩展基础(刚性基础)和扩展基础(柔性基础)。基础按构造型式分为单独基础(独立基础)、条形基础、筏形基础、箱形基础、桩基础等。

1.3.1.1 基础按材料及受力特点分类

基础类型

1. 无筋扩展基础(刚性基础)

由砖、瓦、毛石、混凝土或毛石混凝土、灰土和三合土等材料组成的,且不需要配置钢筋的墙下条形基础或柱下独立基础。其特点是抗压强度高,抗拉强度、抗剪强度低。基础底面易产生拉裂破坏,故刚性基础放大角度不应超过刚性角。

2. 扩展基础(柔性基础)

为扩散上部结构传来的荷载,使作用在基底的压应力满足地基承载力的设计要求,且基础内部的应力满足材料强度的设计要求,通过向侧边扩展一定底面积的基础。其特点是抗拉、抗弯强度高。

1.3.1.2 基础按构造型式分类

1. 单独基础(独立基础)

当建筑物上部结构采用框架结构或单层排架结构承重时,基础常采用方形或矩形的独立式基础,这类基础称为独立基础或单独基础。独立基础是柱下基础的基本形式。

当柱采用预制构件时,则基础做成杯口形,然后将柱子插入并嵌固在杯口内,故称杯形基础。

2. 条形基础(带形基础)

条形基础有墙下条形基础和柱下条形基础两种。

(1) 墙下条形基。

当房屋为墙承重结构时,承重墙下一般设置条形基础。常用75#机制砖、毛石砌体。

(2) 柱下条形基础(井格基础)。

其特点是具有相当大的抗弯刚度,使整个房屋的基础具有良好的整体性。

适用于柱荷载较大或地基条件较差,采用独立基础不能满足承载力的要求,产生不均匀沉降;地基承载力不足,须加大基础底面积,但布置独立基础在平面位置上又受到限制,此时可把同一排上若干柱子的基础连在一起,就成为柱下条形基础。

3. 筏形基础

筏形基础分为梁板式和平板式两种类型,其选型应根据地基土质、上部结构体系、柱距、荷载大小、使用要求以及施工条件等因素确定。其特点是基础整体性好,刚度大,与倒置的楼板相似。适用于软弱地基、上部结构荷载较大且不均匀的情况,特别适用于有地下室的建筑物和大型贮液结构物，如水池、油库。因这些建筑本身就需要有可靠的防渗底板，筏形基础就成为理想的底板结构。

4. 箱形基础

当板式基础做得很深时，常将基础改做成箱形基础。箱形基础是由钢筋混凝土底板、顶板和若干纵、横隔墙组成的整体结构，基础的中空部分可用作地下室（单层或多层的）或地下停车库。

其特点是抗弯刚度非常大，从而消除因建筑物地基变形而开裂的可能性。但钢筋、水泥用量大，施工技术要求高。适用于软弱地基土、平面形状简单的高层建筑物、对不均匀沉降有严格要求的建筑物。

5. 桩基础

桩基础指由设置于岩土中的桩和连接于桩顶端的承台组成的基础。

当建筑物荷载较大，而地基的软弱土层厚度又在 5 m 以上时，基础不能埋在软弱土层内，但对软弱土层进行人工处理又很困难，即可采用桩基础。按桩的竖向受力情况可分为摩擦型桩和端承型桩。摩擦型桩的桩顶竖向荷载主要由桩侧阻力承受。端承型桩的桩顶竖向荷载主要由桩端阻力承受。

1.3.2 任务实施

1.3.2.1 条形砖基础

用砖砌筑的基础，所用砖的强度等级不低于 MU7.5，砂浆强度等级不低于 MU2.5。图 1.9 为砖基础剖面图，其下部阶梯形剖面俗称"大放脚"。其砌筑方式有"二・二兼收""二・一兼收"两种。"二・二兼收"的刚性角为 26°51′，偏安全。"二・一兼收" 的刚性角为33°50′，较经济。砖基础具有施工简单、成本较低。适用于 6 层及 6 层以下民用建筑。

为保证砖基础砌筑质量，常在砖基础底面下做垫层。垫层厚度一般为 100 mm，每边伸出基础底面 50 mm，垫层材料可选用灰土、三合土、混凝土等，垫层不计入基础厚度和宽度。如垫层厚度在 200 mm 以上，则垫层需看作基础的一部分。

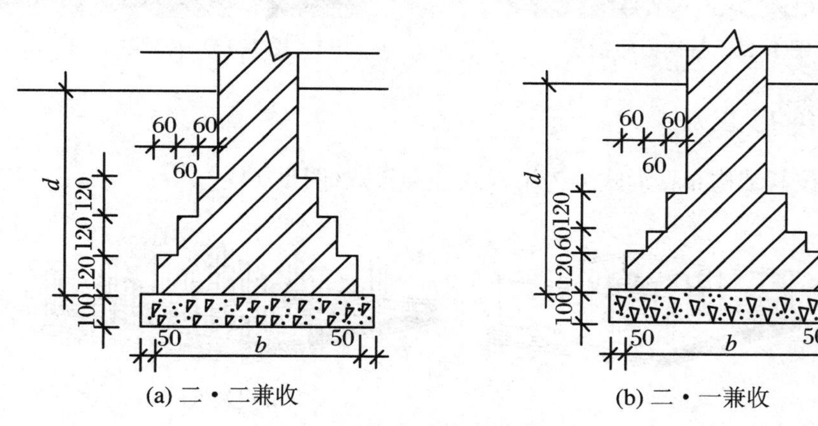

(a) 二・二兼收 (b) 二・一兼收

图 1.9 条形砖基础剖面图

1.3.2.2　柱下独立基础

柱下独立基础的构造应符合以下要求：

(1) 锥形基础(图 1.10)的边缘高度，不宜小于 200 mm；阶梯形基础(图 1.11)的每阶高度，宜为 300～500 mm。

(2) 垫层的厚度不宜小于 70 mm，垫层混凝土强度等级应为 C10。

(3) 基础底板钢筋(图 1.12)的最小直径不宜小于 10 mm；间距不宜大于 200 mm，也不宜小于 100 mm。

(4) 混凝土强度等级不应低于 C20。

(5) 当柱下钢筋混凝土独立基础的边长≥2.5 m 时，底板受力钢筋的长度可取边长的 0.9 倍，并宜交错布置，如图 1.13 所示。

图 1.10　锥形基础

图 1.11　阶梯形基础

图 1.12　基础板底钢筋

图 1.13　基础柱插筋

1.3.2.3　筏形基础

筏形基础按其结构布置形式分为平板式和梁板式(图 1.14)。

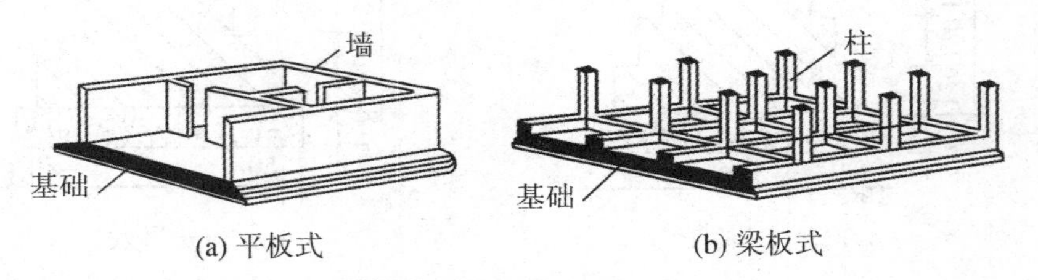

图 1.14　筏形基础示意图

筏形基础应满足下列构造要求：

(1) 筏形基础的混凝土强度等级不应低于 C30。当有地下室时应采用防水混凝土。

(2) 采用筏形基础的地下室，地下室钢筋混凝土外墙厚度不应小于 250 mm，内墙厚度不应小于 200 mm。墙的截面设计除满足承载力要求外，尚应考虑变形、抗裂及防渗等要求。墙体内应设置双面钢筋，竖向和水平钢筋的直径不应小于 12 mm，间距不应大于 300 mm。

(3) 对于 12 层以上建筑的梁板式筏基，其底板厚度与最大双向板格的短边净跨之比不应小于 1/14，且板厚不应小于 400 mm。

1.3.2.4 桩基础

桩基础是由桩身和承台两部分组成。通过承台把桩连接成整体，并通过承台把上部结构荷载传递到各根桩，再传至深层较坚实的土层中，如图 1.15 所示。

桩和桩基的构造，应符合下列要求：

(1) 摩擦型桩的中心距不宜小于桩身直径的 3 倍；扩底灌注桩的中心距不宜小于扩底直径的 1.5 倍，当扩底直径大于 2 m 时，桩端净距不宜小于 1 m。在确定桩距时尚应考虑施工工艺中挤土等效应对邻近桩的影响。

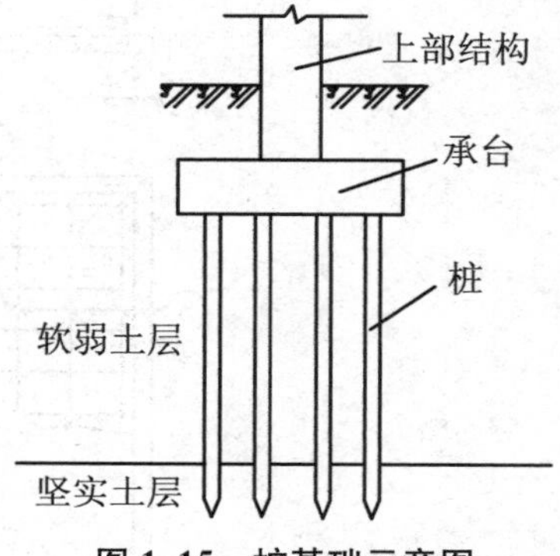

图 1.15　桩基础示意图

(2) 扩底灌注桩的扩底直径，不应大于桩身直径的 3 倍。

(3) 桩底进入持力层的深度，根据地质条件，荷载及施工工艺确定，宜为桩身直径的 1～3 倍，且不宜小于 0.5 m。

(4) 布置桩位时宜使桩基承载力合力点与竖向永久荷载合力作用点重合。

(5) 预制桩的混凝土强度等级不应低于 C30；灌注桩不应低于 C20；预应力桩不应低于 C40。

(6) 桩的主筋应经计算确定。打入式预制桩的最小配筋率不宜小于 0.8%；静压预制桩的最小配筋率不宜小于 0.6%；灌注桩最小配筋率不宜小于 0.2%～0.65%(小直径桩取大值)。

(7) 箍筋采用 ϕ6、ϕ8，间距 200 mm。桩顶 3d～5d 范围内箍筋加密。灌注桩钢筋笼长度超过 4 m 时，应每隔 2 m 设一道直径 Φ12～Φ18 焊接加劲箍筋。

(8) 桩顶嵌入承台内的长度不宜小于 50 mm。主筋伸入承台内的锚固长度不宜小于钢筋直径的 30 倍(Ⅰ级筋)和钢筋直径的 35 倍(Ⅱ级筋和Ⅲ级筋)。

(9) 桩承台的平面尺寸，依据桩的平面布置，承台的宽度不应小于 500 mm。边桩中心至承台边缘的距离不宜小于桩的直径或边长，且桩的外边缘至承台边缘的距离不小于 150 mm。对于条形承台梁，桩的外边缘至承台梁边缘的距离不小于 75 mm。承台的厚度不小于 300 mm。

(10) 承台混凝土强度等级不应低于 C20，纵向钢筋的混凝土保护层厚度不应小于 70 mm，当有混凝土垫层时，不应小于 50 mm，且不应小于桩头嵌入承台内的长度。

1.3.3 实战演练

识读基础平面图及详图

请根据基础详图、基础平面图(图 1.16、图 1.17)以及基础尺寸及底板配筋表(表 1.4)，识读基础施工图，确定基础的埋置深度。

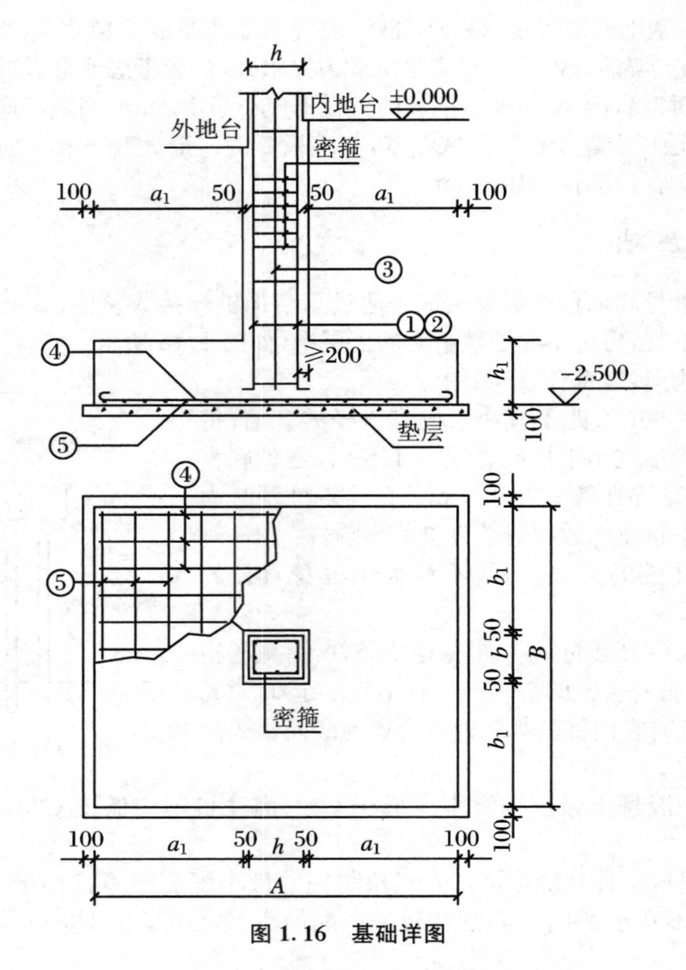

图 1.16　基础详图

表 1.4　基础尺寸及底板配筋表

基础编号	柱断面 $b\times h$	基础平面尺寸					基础底板配筋	
		A	a_1	B	b_1	h_1	④	⑤
ZJ1	400×400	1 600	600	1 600	600	400	9Φ12@200	9Φ12@200
ZJ2	400×400	1 400	500	1 400	500	300	8Φ10@200	8Φ10@200
ZJ3	400×400	1 800	700	1 800	700	500	10Φ14@200	10Φ14@200
ZJ4	400×400	2 000	800	2 000	800	500	11Φ14@200	11Φ14@200
ZJ5	400×400	1 500	550	1 500	550	300	9Φ10@200	8Φ12@200
ZJ6	400×400	1 600	600	1 600	600	300	9Φ10@200	9Φ10@200

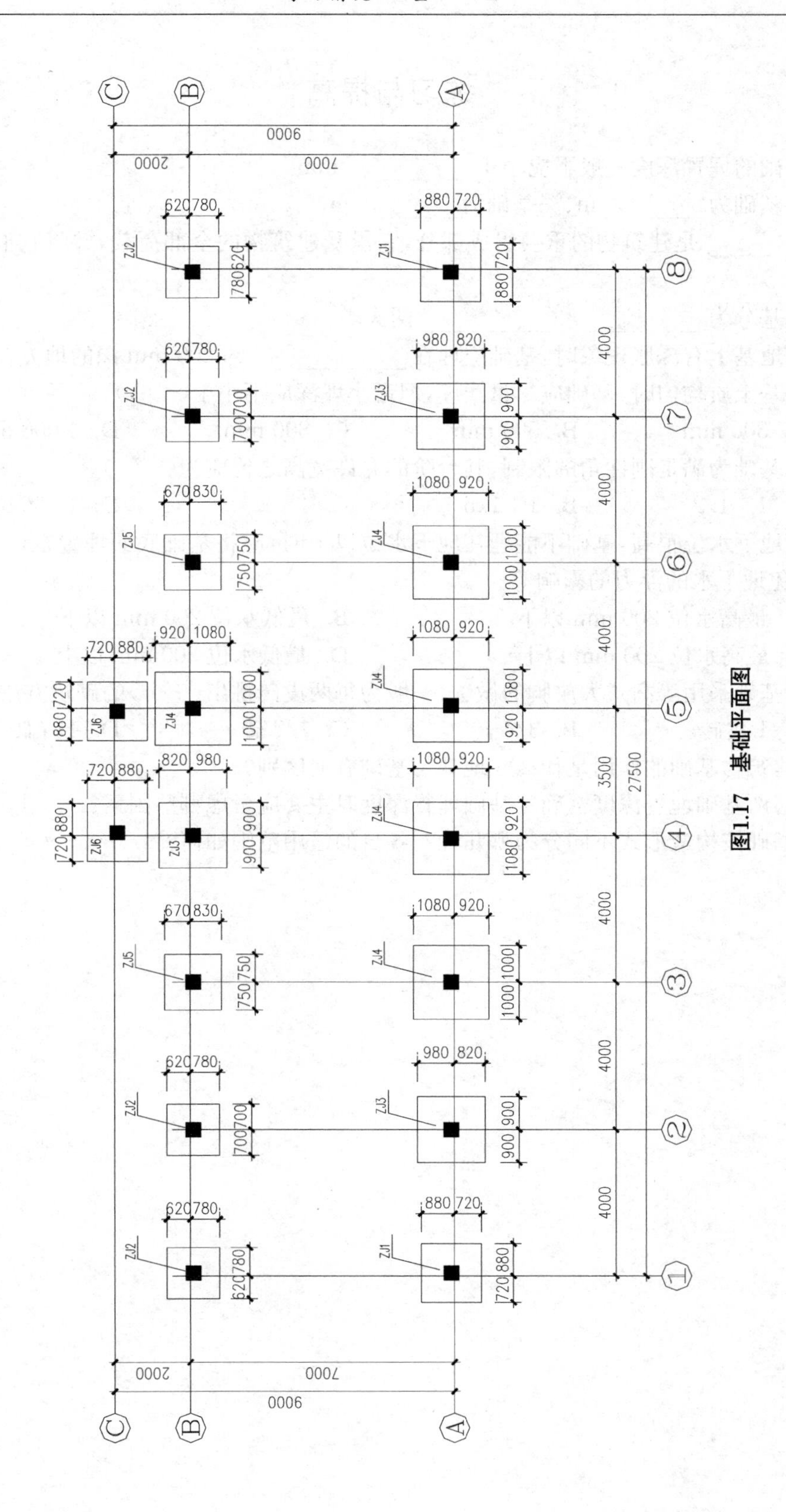

图1.17　基础平面图

练习与提高

1. 基础的埋置深度一般不应小于__________ mm。

2. 浅基础为________ m、深基础为________ m。

3. ________是建筑物的重要组成部分，它承受建筑物的全部荷载，并将它们传给________。

4. 地基分为__________和___________两大类。

5. 当地基上有冻胀现象时，基础应埋在____________约 200 mm 深的地方。

6. 地基土质均匀时，基础应尽量浅埋，但最小埋深应不小于(　　)。

A. 300 mm　　B. 500 mm　　C. 800 mm　　D. 1 000 mm

7. 砖基础为满足刚性角的限制，其台阶的允许宽高之比应为(　　)。

A. 1∶1.2　　B. 1∶1.5　　C. 1∶2　　D. 1∶2.5

8. 当地下水位很高，基础不能埋在地下水位以上时，应将基础底面埋置在(　　)，从而减少和避免地下水的浮力的影响等。

A. 最高水位 200 mm 以下　　B. 最低水位 200 mm 以下

C. 最高水位 200 mm 以上　　D. 最低水位 200 mm 以上

9. 砖基础采用等高式大放脚的做法，一般为每两皮砖挑出(　　)的砌筑方法。

A. 1 皮砖　　B. 3/4 砖　　C. 1/2 砖　　D. 1/4 砖

10. 建筑物基础的作用是什么？地基与基础有何区别？

11. 何谓基础埋置深度？确定基础埋置深度时主要应考虑哪些因素？

12. 基础按构造形式不同分为哪几种？各自的适用范围如何？

学习情境2　墙　　体

2.1　学习情境描述

2.1.1　学习目标

完成本学习情境后，你应当能：

(1) 运用所学知识，阅读砖混结构施工图纸，确定圈梁、构造柱的设置位置及构造做法。

(2) 根据环境要求，确定墙面装修做法。

(3) 在教师指导下，绘制外墙节点部分大样图。

2.1.2　学习任务

具体学习任务与任务驱动，见表2.1。

表2.1　学习任务与任务驱动

序号	学习任务	任务驱动
1	墙体节点构造	(1) 课后可对教室的门窗洞口、墙段长度尺寸进行丈量，确定是否符合砖模数； (2) 绘制门窗过梁、窗台、勒脚、防潮层、散水的构造图
2	墙体加固措施	(1) 阅读砖混结构施工图纸，确定圈梁、构造柱的设置位置及构造做法； (2) 绘制圈梁、构造柱的构造图
3	砌块墙构造	(1) 试述框架结构填充墙构造做法； (2) 试述120隔墙构造做法
4	墙面装修	举例阐述各类墙面装修的一至两种构造做法及使用范围

2.2 任务1:墙体节点构造

2.2.1 任务资讯

2.2.1.1 墙体的作用、类型

1. 墙体的作用

(1) 承重作用:砖混结构墙体承受屋顶、楼板传给它的荷载,本身的自重荷载和风荷载。

(2) 围护作用:外墙遮挡风、雨、雪的侵袭,防止太阳辐射、噪声干扰及室内热量的散失等,起保温、隔热、隔声、防水等作用。

(3) 分隔作用:内墙把房屋内部空间划分成若干个使用空间。

2. 墙体的类型

(1) 墙体按位置分类。

墙体按所处的位置不同分为外墙和内墙。外墙指房屋四周与室外接触的墙。内墙是位于房屋内部的墙。

墙体按布置方向可分为纵墙和横墙。沿建筑物长轴方向布置的墙称为纵墙。沿建筑物短轴方向布置的墙称为横墙。外横墙又称山墙。高出屋面以上部分的外墙称为女儿墙。如图2.1所示的为墙体各部分名称。

按墙体与门窗的位置不同分为窗间墙和窗下墙。窗与窗、窗与门之间的墙称为窗间墙。窗台下部的墙称为窗下墙。

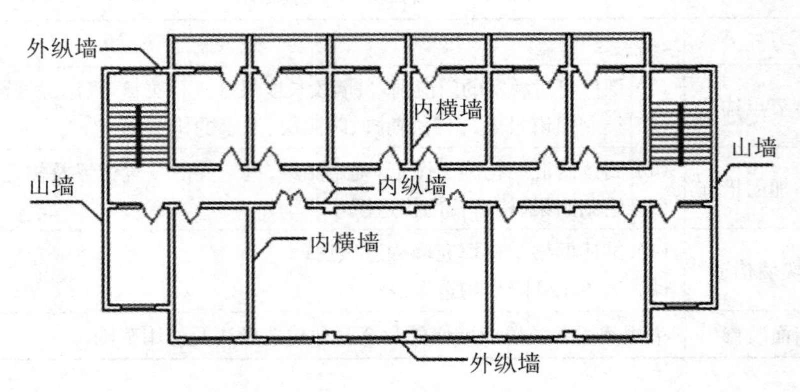

图2.1 墙体各部分名称

(2) 墙体按受力情况分类。

按墙体的受力情况不同可分为承重墙和非承重墙。直接承受楼板(梁)、屋顶等上部传来荷载的墙称为承重墙。不承受上部传来荷载的墙称为非承重墙。

非承重墙包括自承重墙、填充墙、隔墙和幕墙。不承受外来荷载,仅承受自身重力并将其传至基础的墙称为自承重墙。仅起分隔空间作用,自身重力由楼板或梁来承受的墙称为

隔墙。在框架结构中，填充在柱与柱之间的墙称为填充墙。悬挂在建筑物外部的轻质墙称为幕墙。

(3) 墙体按材料分类。

按所用材料的不同分为砖墙、石墙、砌块墙和混凝土墙。用砖和砂浆砌筑的墙称为砖墙。用石块和砂浆砌筑的墙称为石墙。利用工业废料制作的各种砌块砌筑的墙称为砌块墙。现浇或预制的钢筋混凝土的墙称为混凝土墙。

(4) 墙体按构造形式分类。

按构造形式不同分为实体墙、空体墙和复合墙。由普通黏土砖及其他实体砌块砌筑而成的墙称为实体墙。由单一材料砌成内部空腔，或采用具有孔洞的砌块材料砌筑的墙称为空体墙，如空斗墙、空心砌块墙。由两种或两种以上材料组合而成的墙称为复合墙，如混凝土、加气混凝土复合板材墙，其中混凝土起承重作用，加气混凝土起保温隔热作用。

(5) 墙体按施工方式分类。

按施工方式不同分为块材墙、板筑墙和板材墙。用砂浆等胶结材料将砖、石、砌块等组砌而成的墙称为块材墙。在施工现场立模板，现浇而成的墙称为板筑墙。预先制成墙板，在施工现场安装、拼接而成的墙称为板材墙，如预制混凝土大板墙、各种轻质板条内隔墙等。

2.2.1.2　墙体的设计要求

1. 具有足够的强度和稳定性

强度是指墙体承受荷载的能力，它与所采用的材料以及同一材料而强度等级不同有关。如钢筋混凝土墙体比砖墙体的强度高。强度等级高的砖与砂浆所砌筑的砌体要比强度等级低的砖、砂浆所砌筑的砌体强度要高。作为承重墙应有足够的强度来承受楼板及屋顶的竖向荷载。砖墙是脆性材料，变形能力小，因而对房屋的高度及层数有一定的限制值。

墙体作为承重构件，应满足一定的刚度要求。一方面构件自身应具有稳定性，同时地震区还应考虑地震作用下对墙体稳定性的影响。

墙体的稳定性与高厚比有关。为满足高厚比要求，通常在墙体开洞口部位设置门垛、在长而高的墙体中设置壁柱，以增加墙体的稳定性。

抗震设防地区，为了增加建筑物的整体刚度和稳定性，在多层砖混结构房屋的墙体中，还需设置贯通的圈梁和钢筋混凝土构造柱，使之相互连接，形成空间骨架，加强墙体抗弯、抗剪能力。在地震烈度7～9度的地区内，应设置防震缝，将建筑物分为若干体型简单、结构刚度均匀的独立单元，用圈梁、构造柱来加强建筑物的稳定性。

2. 热工要求

墙体要满足建筑物的热工要求，做好保温、隔热，保证建筑空间冬暖夏凉。我国幅员辽阔，气候差异大，墙体作为围护构件应具有保温、隔热的性能。同时还应具有隔声、防火、防潮等功能要求。

(1) 墙体的保温要求。

在严寒的冬季，热量通过外墙由室内高温一侧向室外低温一侧传递的过程中，既产生热损失，又会遇到各种阻力，使热量不致突然消失，这种阻力称为热阻。热阻越大，则通过墙体所传出的热量就越小，表明墙体的保温性能好，反之则差。为了提高外墙保温能力减少热损失，应采取以下措施：

① 增加墙体的厚度。

墙体的热阻与其厚度成正比，欲提高墙身的热阻，可增加其厚度。因此，严寒地区的外墙厚度往往超过结构的需要。虽然增加墙厚能提高一定的热阻值，但却是一种很不经济的办法。

② 选择导热系数小的墙体材料。

在建筑工程中，一般把导热系数值小于 0.25 kJ/(m·h·℃)的材料称为保温材料。因此，要增加墙体的热阻，常选用导热系数小的保温材料，如泡沫混凝土、加气混凝土、陶粒混凝土、膨胀珍珠岩、膨胀蛭石、浮石及浮石混凝土、泡沫塑料、矿棉及玻璃棉等。其保温构造有单一材料的保温结构和复合保温结构。

③ 采取隔蒸汽措施。

冬季，由于外墙两侧存在温度差，高温一侧的水蒸气会向低温一侧渗透，在水蒸气渗透过程中，遇到露点温度时水蒸气会凝聚成水。如果凝聚水发生在墙体的表面会使室内装修变质损坏，严重时还会影响人体健康。如果凝聚水发生在墙体内部会使保温材料内的孔隙中充满水分，致使保温材料失去保温能力，降低墙体的保温效果。同时，保温层受潮时，将影响材料的使用年限。为防止墙体产生内部凝结，常在墙体的保温层靠室内高温一侧，用卷材、防水涂料或薄膜等材料设置隔蒸汽层，阻止水蒸气进入墙体。

(2) 墙体的隔热要求。

我国南方地区，夏季气温高，湿度大。在这些地区，建筑物的防热能力直接影响到室内的舒适程度。外墙长时间受到太阳辐射，使外墙内表面温度升高，对外墙的构造进行隔热处理，从而降低外墙内表面温度。隔热措施有：

① 外墙采用浅色而平滑的外饰面，如白色外墙涂料、玻璃马赛克、浅色墙面砖、金属外墙板等，以反射太阳光，减少墙体对太阳辐射的吸收。

② 在外墙内部设通风间层，利用空气的流动带走热量，降低外墙内表面温度。

③ 在窗口外侧设置遮阳设施，以遮挡太阳光直射室内。

④ 在外墙外表面种植攀缘植物使之遮盖整个外墙，利用植物的遮挡、蒸发和光合作用来吸收太阳辐射热，从而起到隔热作用。

3. 隔声要求

为了获得安静的工作和休息环境，就必须防止室外及邻室传来的噪声，要求墙体具有良好的隔声能力。

噪声传播有两个途径，一是空气传声，二是固体传声。墙体主要阻隔空气直接传播的噪声，墙的隔声能力取决于墙的面密度。面密度越大，隔声效果越好。双层墙面抹灰较单层墙面抹灰效果好。为保证建筑的室内使用要求，不同类型的建筑具有相应的噪声控制标准。为控制噪声，对墙体一般采取以下措施：

① 加强墙体的密缝处理。

② 增加墙体密实性及厚度，避免噪声穿透墙体及带动墙体震动。

③ 采用有空气间层或多孔性材料的夹层墙，提高墙体的减震和吸音能力。

④ 在可能的情况下，利用垂直绿化降噪。

4. 防火、防水、防潮要求

(1) 防火要求。

在防火方面，应符合建《筑设计防火规范》(GB50016—2014)要求，选择燃烧性能和耐火极限符合防火规范规定的材料，并在较大的建筑中设置防火墙对建筑进行防火分区，以防止火灾蔓延。

(2) 防水、防潮要求。

在卫生间、厨房、实验室等用水的房间的墙体以及地下室的墙体应采取防水防潮措施。选择良好的防水材料以及恰当的构造做法，保证墙体的坚固耐久性，使室内有良好的卫生环境。

5．建筑节能要求

为贯彻国家的节能政策，改善严寒和寒冷地区居住建筑采暖能耗大，热工效率差的状况，必须通过建筑设计和构造措施来节约能耗。

6．适应工业化生产要求

在大量民用建筑中，墙体工程量占相当的比重，同时其劳动力消耗大，施工工期长。因此，建筑工业化的关键是墙体改革。改革传统的墙体材料，采用轻质高强的墙体材料，以减轻自重、降低成本，适应建筑工业化生产的要求。

2.2.2　任务实施

2.2.2.1　砖墙的尺寸

1．砖的尺寸

普通砖的尺寸是240×115×53，砖的长、宽、高各加上灰缝宽，构成了三个方位的比例关系：(240＋10)：(115＋10)：(53＋10)≈4：2：1，如图2.2所示。1 m^3 需用512块砖。

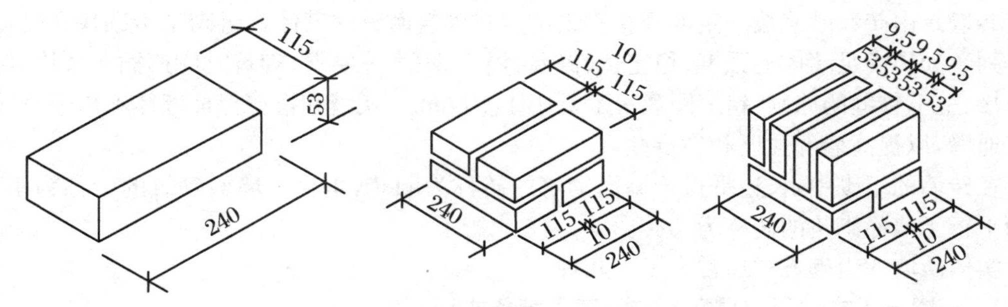

图2.2　普通砖的尺寸关系

2．砖墙的厚度

砖墙的厚度是由多方面因素决定的，就是要同时满足承载能力、稳定性、保温隔热、隔声和防火等要求，并且还要符合砌墙砖的规格尺寸。砖墙厚度的尺寸见表2.2。

表2.2　砖墙厚度的尺寸(mm)

习惯称谓	半砖墙	3/4砖墙	一砖墙	一砖半墙	两砖墙
工程称谓	一二墙	一八墙	二四墙	三七墙	四九墙
构造尺寸	115	178	240	365	490
标志尺寸	120	180	240	370	490

从表中可知，砖墙厚度的递增均以砖宽加灰缝(115＋10)mm为进位基数，砖宽数目 n

的多少，就决定了砖墙的厚度。因此，砖墙的厚度 b 可由公式 $b=(115+10)n-10$ 求得。

3. 墙段的长度和洞口宽度

一般砖墙墙段的长度是砖宽的倍数，即墙段的长度尺寸应为以砖宽加灰缝为基数的倍数减去一个灰缝宽度。墙中出现洞口时，洞口宽度的尺寸应以砖宽加灰缝尺寸为基数的倍数加上一个灰缝宽度。墙段长度和洞口宽度尺寸如图 2.3 所示。

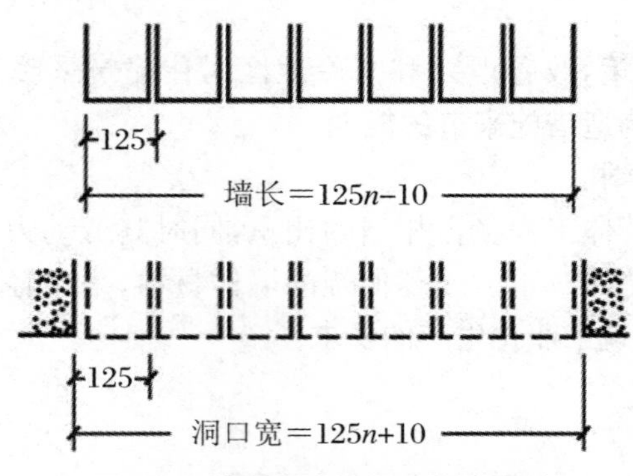

图 2.3 墙段长度和洞口宽度尺寸

现行设计规范是遵循模数协调原则，即以扩大模数 3M 递增，这与砖尺寸不相适应。为了减少施工中不必要的砍砖，规范规定在设计中凡墙段长度在 1 500 mm 以内时，应尽量采用砖的模数尺寸。超过 1 500 mm 的墙段可不受此限制。

2.2.2.2 砖墙的组砌方式

砖墙是由砖和砂浆按一定的规律和组砌方式砌筑而成的砌体。组砌是指砌块在砌体中的排列。为了满足墙体的强度、稳定性、保温、隔热、隔声等要求，砌筑时应遵循灰浆饱满、内外搭接、上下错缝的原则，错缝距离一般不小于 60 mm。错缝和搭接保证墙体不出现连续的垂直通缝，以提高墙的强度和稳定性。

在砖墙的组砌中，长边平行于墙面砌筑的砖称为顺砖，垂直于墙面砌筑的砖称为丁砖，侧面平行于墙面砌筑的砖称为斗砖。

实体砖墙的组砌方式通常有以下几种：

1. 一顺一丁式（又称全顺全丁式、满丁满条式）

顺砖和丁砖隔层砌筑，使上下皮的灰缝错开 60 mm。该方法砌筑特点：操作简便，整体稳定性好，应用广泛，如图 2.4(a)所示。

2. 多顺一丁式

多层顺砖和一层丁砖相间砌成，目前多采用三顺一丁式，如图 2.4(b)所示。

3. 十字式（又称丁顺相间式、梅花丁式）

顺砖和丁砖逐块间隔砌筑。该方法砌筑特点：墙面美观，整体稳定性好，操作复杂，通常应用于清水墙面，如图 2.4(c)所示。

4. 全顺式（又称 120 砖墙）

每皮均为顺砖叠砌，砖的条面外露，上下皮错缝 120 mm，通常应用于隔墙、围墙，如图 2.4(d)所示。

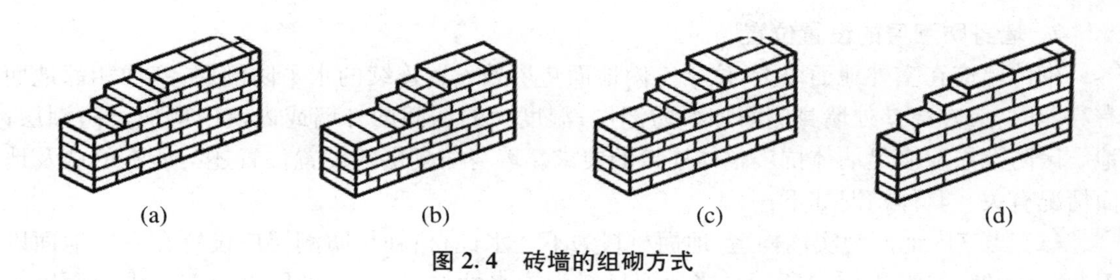

图 2.4　砖墙的组砌方式

2.2.2.3　勒脚

勒脚是建筑物外墙与室外地面或散水接触部位墙体的加厚部位。

1. 勒脚的作用

(1) 保护墙脚,防止各种机械性碰撞。

(2) 防止地面水对墙脚的侵蚀、受潮、受冻以致破坏。

(3) 美观,对建筑物的立面处理产生一定的效果。

2. 勒脚构造做法

(1) 对于一般建筑,可采用 20 mm 厚 1∶3 水泥砂浆抹面,1∶2 水泥白石子水刷石或斩假石抹面,如图 2.5(a)所示。

(2) 标准较高的建筑,可用天然石板或人工石板贴面,如图 2.5(b)所示。

(3) 用天然石材砌筑勒脚,如图 2.5(c)所示。

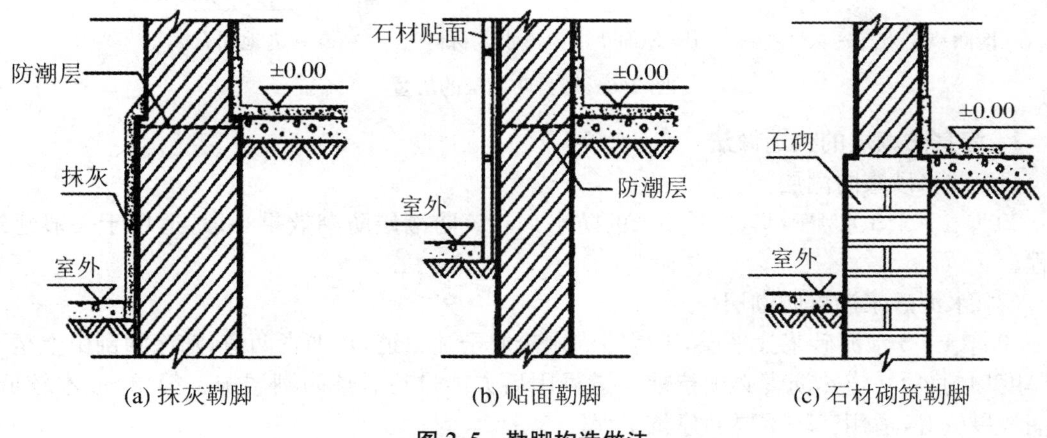

(a) 抹灰勒脚　(b) 贴面勒脚　(c) 石材砌筑勒脚

图 2.5　勒脚构造做法

3. 勒脚的高度

其高度通常距室外地坪 500 mm 以上。如果兼顾建筑的立面效果,可做到窗台或更高些。

2.2.2.4　墙身防潮层

1. 墙身防潮层的作用

阻断土壤中毛细水上升,使墙身保持干燥。由于地表水的渗透和地下水的毛细管作用,在土壤中形成毛细水,毛细水经墙基侵入墙身,使墙身受潮。为了防止地下潮气及地表积水对墙体的侵蚀,必须对墙身进行防潮处理。

2. 墙身防潮层的设置位置

砌体墙应在室外地面以上,位于室内地面垫层处设置连续的水平防潮层;室内相邻地面有高差时,应在高差处墙身侧面加设防潮层;湿度大的房间的外墙或内墙内侧应设防潮层;地震区防潮层应满足墙体抗震整体连接的要求。墙身防潮层的设置位置还与所在的墙及地面情况有关。具体情况如下:

(1) 当室内地面为实铺构造,地面材料为不透水性材料时,防潮层应设置在室内地面以下 60 mm 处,如图 2.6(a)所示。当地面材料为透水性材料时,防潮层设置在室内地面以上 60 mm 处,如图 2.6(b)所示。

(2) 当室内地面两侧有高差时,防潮层应分别设在两侧地面以下 60 mm 处,并在防潮层间墙靠土一侧加设垂直防潮层,如图 2.6(c)所示。

(3) 防潮层应在墙中连续设置。

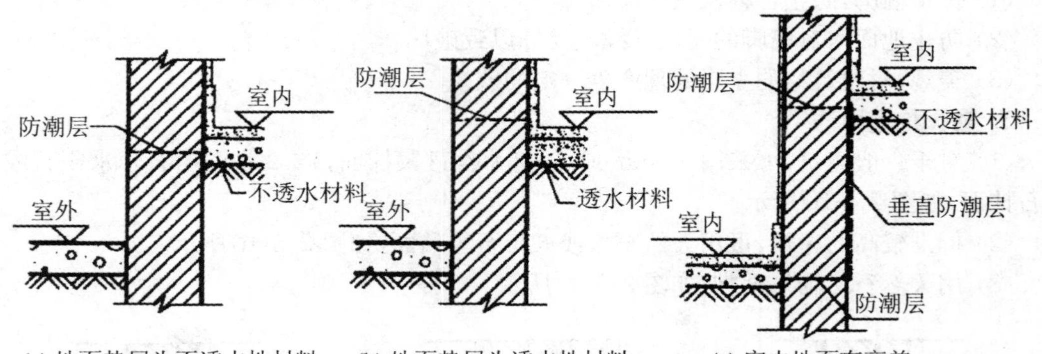

(a) 地面垫层为不透水性材料　(b) 地面垫层为透水性材料　(c) 室内地面有高差

图 2.6　墙身防潮层的位置

3. 墙身防潮层的构造做法

(1) 防水砂浆防潮层。

20 厚 1 : 2.5 水泥砂浆,内掺 5%的防水剂。该防潮层防潮效果一般,适用于一般建筑工程。

(2) 水泥砂浆沥青防潮层。

30 厚 1 : 3 水泥砂浆找平层,干燥后满刷冷底子油二道,热沥青两道,随涂随刮由上至下使厚度均匀,后一道热沥青必须待前一道凝固后方能进行。该防潮层施工简单,成本较低,防潮效果较好,适用于较重要的建筑工程。

(3) 基础圈梁防潮层。

在抗震设防区,在基础顶面通常设置基础圈梁,此时,可用基础圈梁代替防潮层。从而省掉防潮层工序,防潮效果好。适用于设有基础圈梁且其顶面标高低于室内地坪 60 mm 处的工程。

2.2.2.5　明沟与散水

建筑物外墙四周的地面水如果渗入地下,将使基础土中含水率增加,降低地基承载力。因而,需在房屋四周室外地面与勒脚接触处,设置排水沟和散水坡,以便尽快把地面水排走。

1. 明沟(阳沟,有盖板的叫暗沟或阴沟)

明沟是设置在外墙四周的排水沟,将水有组织地导向集水井,然后流入排水系统,其构造如图 2.7 所示。适用于年降雨量较大的南方地区。

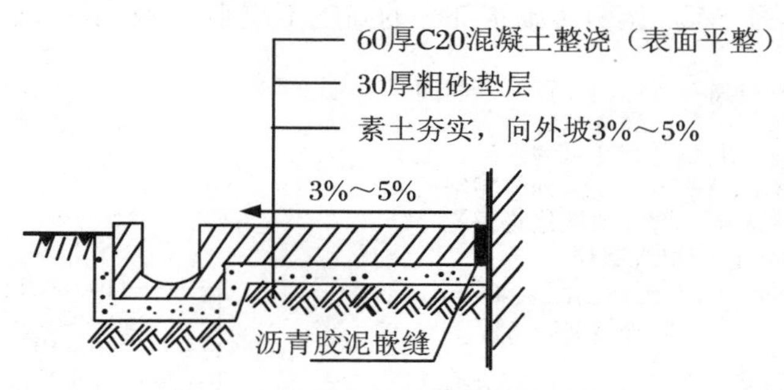

图 2.7 混凝土明沟式散水构造做法

2. 散水(散水坡、护坡)

沿建筑物外墙设置的倾斜坡面。散水的设置应符合以下要求：

散水的宽度，应根据土壤性质、气候条件、建筑物的高度和屋面排水形式确定，宜为 600～1 000 mm。当采用无组织排水时，散水的宽度可按檐口线放出 200～300 mm。

散水的坡度可为 3%～5%。当散水采用混凝土时，宜按 20～30 m 间距设置伸缝。散水与外墙之间宜设缝，缝宽可为 10～30 mm，缝内满填防水材料。其构造做法是：素土夯实，向外坡 3%～5%；150 厚 5-32 卵石灌 M2.5 混合砂浆宽出面层 60 mm；50 厚 C20 细石混凝土面层，撒 1∶1 水泥砂子压实赶光。

散水通常适用于年降雨量较小的北方地区。对于季节性冰冻地区的散水还需在垫层下加设 300 厚防冻胀层，可采用粗砂、矿渣等非冻胀材料。图 2.8 为水泥砂浆散水、抹灰类勒脚，图 2.9 为水泥砂浆散水、贴面类勒脚，图 2.10 为花岗石铺面散水，图 2.11 为块石灌浆散水。

图 2.8 水泥砂浆散水、抹灰类勒脚

图 2.9 水泥砂浆散水、贴面类勒脚

2.2.2.6 过梁

过梁与圈梁构造

当墙体上开设门窗洞口时，为了承受洞口上部砌体传来的各种荷载，并把这些荷载传给洞口两侧的墙体，常在洞口上设置横梁，即为过梁。过梁的形式较多，常见的有砖拱过梁、钢筋砖过梁和钢筋混凝土过梁 3 种。

1. 砖拱过梁

用砖立砌、侧砌成对称于中心而倾向两边的拱。砖拱过梁可用于跨度 $L \leqslant 1.2$ m，上部无集中荷载作用的情况。不适用于有较大振动荷载或可能产生不均匀沉降的房屋。

构造要点：砖砌平拱过梁的高度为一砖长，灰缝上部宽度不宜大于 15 mm，下部宽度不应小于 5 mm，灰缝呈楔形，中部起拱高度为洞口跨度的 1/50，砖的强度标号不低于 MU7.5，砂浆的强度标号不低于 M5，用竖砖砌筑部分的高度不应小于 240 mm，如图 2.12 所示。

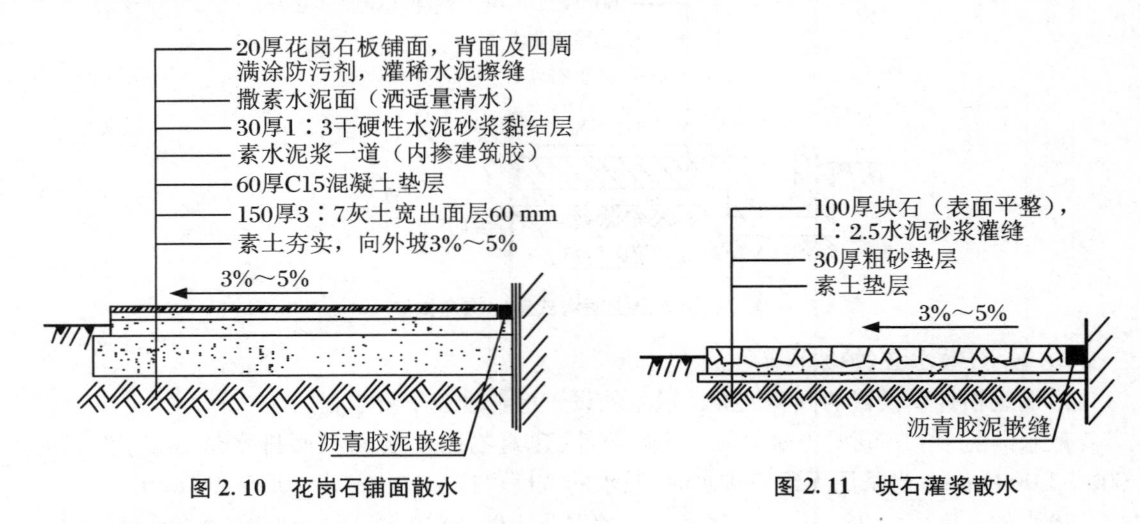

图 2.10　花岗石铺面散水　　　图 2.11　块石灌浆散水

2. 钢筋砖过梁

当洞口跨度 $L=1.2\sim1.5$ m 时，用砖平砌，并在灰缝中加适量钢筋的过梁。

构造要点：首先在洞口内支底模，上表面低于洞口底设计标高 30 mm；在底模上抹 30 厚 1∶3 水泥砂浆，中间略高（$L/200$）以便拆模后过梁微微下沉而适平；在砂浆上放钢筋，每半砖墙厚放一根两端设 90°直弯钩的钢筋埋在墙体的竖缝内，钢筋伸入洞口两侧墙内的长度不应小于 240 mm，钢筋直径为 Ø6～Ø8；按原墙砌式继续砌砖，要求过梁范围内的砌筑砂浆标号不低于 M5，砌墙砖的标号不低于 MU7.5，砌筑 5～7 皮砖，且应砂浆饱满；待砂浆凝固后拆模，如图 2.13 所示。

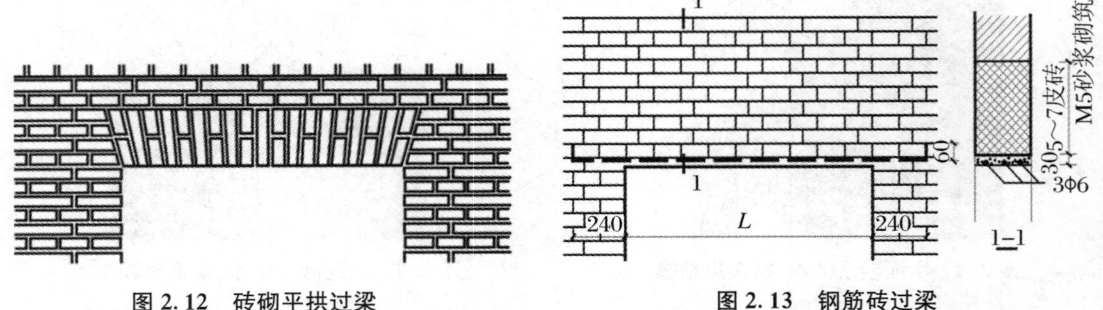

图 2.12　砖砌平拱过梁　　　图 2.13　钢筋砖过梁

3. 钢筋混凝土过梁

钢筋混凝土过梁由钢筋和混凝土组成，分为现浇和预制两种。

当洞口跨度 $L>1.5$ m，或荷载较大，或有较大的振动荷载，或有可能产生不均匀沉降的情况下，应采用钢筋混凝土过梁。它的承载力强，抗震性能好，并且可以按设计意图制成各种形状，只是现场支模、布筋、浇捣、养护等工序繁琐，湿作业多，工期长。所以，在施工中常用预制钢筋混凝土过梁。

构造要点：过梁宽同墙厚，梁高约为洞口宽的 1/12，并应与砖的皮数相协调，如 120、180、240。过梁在洞口两侧伸入墙内长度应不小于 240 mm。梁内配筋应根据承受上部荷载的大小计算确定。施工时梁内钢筋预先绑扎或焊接成骨架，混凝土强度等级不小于 C20。为防止雨水沿过梁向外墙内侧流淌，过梁底部外侧抹灰应做"滴水"处理。图 2.14 为钢筋混凝土过梁构造，图 2.15 为预制钢筋混凝土过梁，图 2.16 为现浇钢筋混凝土圈梁代替过梁。

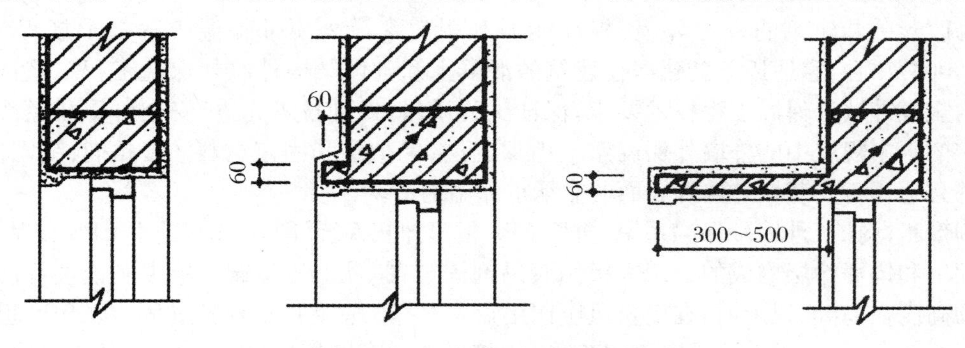

图 2.14 钢筋混凝土过梁构造

图 2.15 预制钢筋混凝土过梁

图 2.16 现浇钢筋混凝土圈梁代替过梁

2.2.2.7 窗台

窗台是窗洞口下部边缘部分，分为外窗台和内窗台。

外窗台应设置排水构件，其目的是防止雨水积聚在窗下，侵入墙身和向室内渗透。

构造要点：窗台须向外形成一定倾斜坡度；窗台应挑出墙面 60 mm。为了不使雨水直接流至墙面，窗台下部应做滴水槽。

内窗台一般水平放置。按所用材料不同，窗台有砖砌窗台和钢筋混凝土窗台，其构造如图 2.17 所示。砖砌窗台价格低，砌筑方便，应用较多。砖砌窗台有平砌和侧砌两种，窗台坡度可用砖斜砌或抹灰形成。对于窗口较宽的窗台，宜采用钢筋混凝土窗台，以减少或避免窗台的开裂。

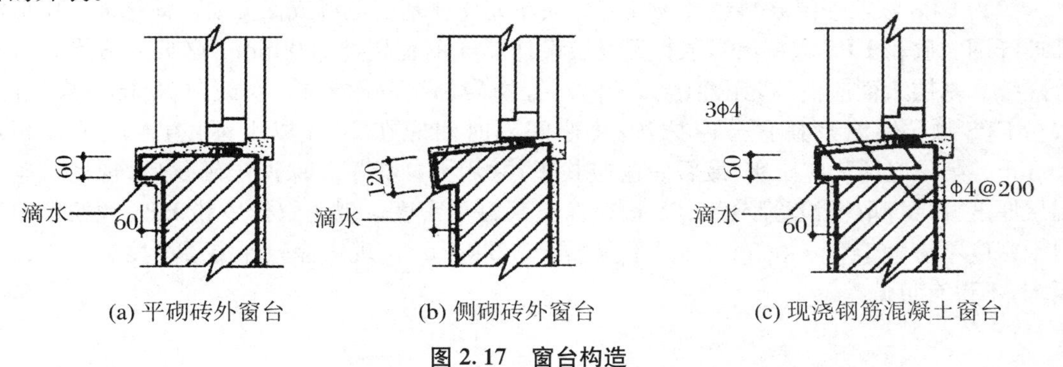

图 2.17 窗台构造

2.2.3　任务拓展

为改善公共建筑的室内环境，提高能源利用效率，《外墙外保温工程技术规程》(JGJ 144—2004)出台，它适用于新建居住建筑的混凝土和砌体结构外墙外保温工程。该技术规程是为规范外墙外保温工程技术要求，保证工程质量，做到技术先进、安全可靠和经济合理而制定的。本规程中的外墙外保温系统由保温层、保护层和固定材料（胶黏剂、锚固件等）构成并且适用于安装在外墙外表面的非承重保温构造。

EPS 板薄抹灰外墙外保温系统，简称 EPS 板薄抹灰系统(图 2.18)，是由 EPS 板保温层、薄抹面层和饰面涂层构成的。EPS 板用胶黏剂固定在基层上，薄抹面层中满铺玻纤网。当建筑物高度在 20 m 以上时，在受负风压作用较大的部位宜使用锚栓辅助固定。EPS 板宽度不宜大于 1 200 mm，高度不宜大于 600 mm。墙面连续高度超过 23 m 时应设抗裂分隔缝，缝宽不小于 20 mm。

施工时，EPS 板薄抹灰系统的基层表面应清洁，无油污、脱模剂等妨碍黏结的附着物。凸起、空鼓和疏松部位应剔除并找平。找平层应与墙体黏结牢固，不得有脱层、空鼓、裂缝，面层不得有粉化、起皮、爆灰等现象。粘贴 EPS 板时，应将胶黏剂涂在 EPS 板背面，涂胶黏剂面积不得小于 EPS 板面积的 40%。EPS 板应按顺砌方式粘贴，竖缝应逐行错缝。EPS 板应粘贴牢固，不得有松动和空鼓。

胶粉 EPS 颗粒保温浆料外墙外保温系统，简称保温浆料系统(图 2.19)，是由界面层、胶粉 EPS 颗粒保温浆料保温层、抗裂砂浆薄抹面层和饰面层组成的。

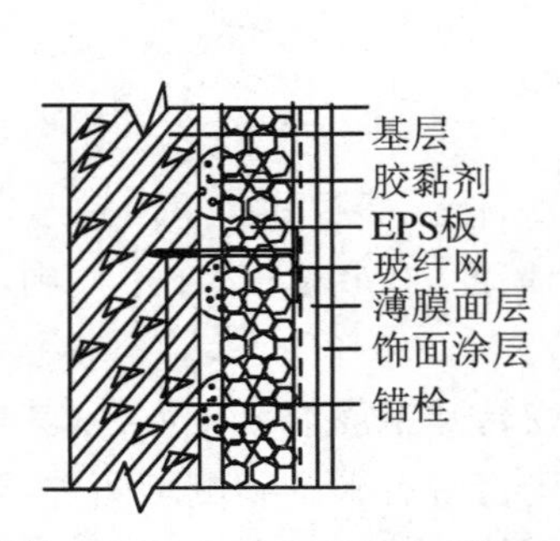

图 2.18　EPS 板薄抹灰系统

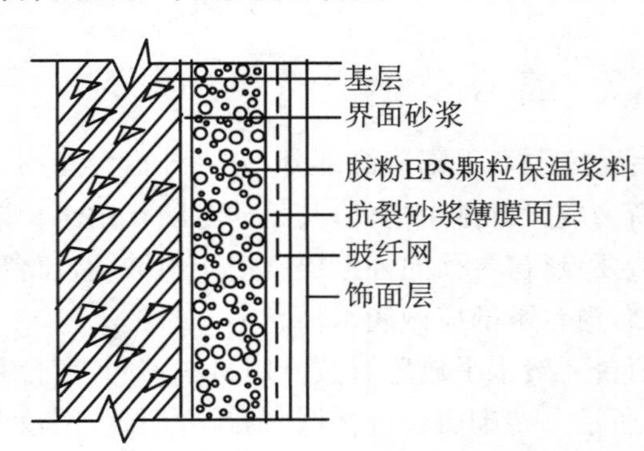

图 2.19　保温浆料系统

胶粉 EPS 颗粒保温浆料经现场拌合后喷涂或抹在基层上形成保温层。薄抹面层中应满铺玻纤网。胶粉 EPS 颗粒保温浆料保温层设计厚度不宜超过 100 mm。必要时应设置抗裂分隔缝。基层表面应清洁，无油污和脱模剂等妨碍黏结的附着物，空鼓、疏松部位应剔除。胶粉 EPS 颗粒保温浆料宜分遍抹灰，每遍间隔时间应在 24 h 以上，每遍厚度不宜超过 20 mm。第一遍抹灰应压实，最后一遍应找平，并用大杠搓平。保温层硬化后，现场检验保温层厚度并现场取样检验胶粉 EPS 颗粒保温浆料干密度。现场取样胶粉 EPS 颗粒保温浆料干密度不应大于 250 kg/m^3，并且不应小于 180 kg/m^3。现场检验保温层厚度应符合设计要求，不得有负偏差。

练习与提高

1. 为了提高墙体的保温与隔热性能，不可采取的做法是(　　)。

   A. 增加外墙厚度　　B. 采用组合墙体

   C. 在靠室外一层设置隔气层　　D. 选用浅色的外墙装修材料

2. 普通黏土砖的规格为(　　)。

   A. 240 mm×120 mm×60 mm　　B. 240 mm×110 mm×55 mm

   C. 240 mm×115 mm×53 mm　　D. 240 mm×115 mm×55 mm

3. 散水的构造做法，下列选项中不正确的是(　　)。

   A. 在素土夯实上做60～100 mm厚混凝土，其上再做5%的水泥砂浆抹面

   B. 散水宽度一般为600～1 000 mm

   C. 散水与墙体之间应整体连接，防止开裂

   D. 散水宽度比采用自由落水的屋顶檐口多出200 mm左右

4. 图2.20中墙体的砌筑方式是(　　)。

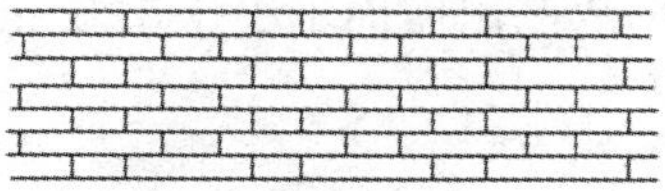

   图2.20　墙体

   A. 梅花丁

   B. 多顺一丁

   C. 全顺式

   D. 一顺一丁

5. 当门窗洞口上部有集中荷载作用时，其过梁可采用(　　)。

   A. 平拱砖过梁　　B. 弧拱砖过梁　　C. 钢筋砖过梁　　D. 钢筋混凝土过梁

6. 勒脚是墙身接近室外地面的部分，常用的材料为(　　)。

   A. 混合砂浆　　B. 水泥砂浆　　C. 纸筋灰　　D. 膨胀珍珠岩

7. 砌筑砖墙时，必须保证上、下皮砖缝________搭接，避免形成通缝。

8. 当墙身两侧室内地面标高有高差时，为避免墙身受潮，常在室内地面处设________，并在靠土壤的垂直墙面设________。

9. 散水与外墙交接处应设________。

10. 沿建筑物长轴方向布置的墙，称为__________墙，短轴方向布置的墙，称为__________墙。

11. 散水与勒脚交接处应做______________处理。

12. 设置墙身防潮层的目的是什么？一般应设置在什么位置？其构造做法如何？

13. 墙体的组砌方式主要有哪些？组砌原则是什么？

14. 过梁的作用是什么？过梁的类型有哪些？

15. 过梁应设置在什么位置？钢筋混凝土过梁的构造要点是什么？

16. 绘制墙身下部节点剖面图(包括墙身防潮层、勒脚、散水、室内地面的构造做法)。

17. 绘图说明外窗台构造要点。

2.3 任务2:墙体加固措施

2.3.1 任务资讯

2.3.1.1 壁柱和门垛

当墙体的窗间墙上出现集中荷载,而墙厚又不足以承担其荷载;或当墙体的长度和高度超过一定限度并影响到墙体稳定性时,常在墙身局部适当位置增设凸出墙面的壁柱以提高墙体刚度。壁柱突出墙面的尺寸一般为120×370,240×370,240×490,具体根据结构计算确定,如图2.21所示。

在墙体转角处或在丁字墙交接处开设门窗洞口时,为便于门框的安置和保证墙体的稳定,需在门靠墙转角处或丁字接头墙体的一边设置门垛,门垛凸出墙面不少于120 mm,宽度同墙厚,如图2.22所示。

图2.21 壁柱

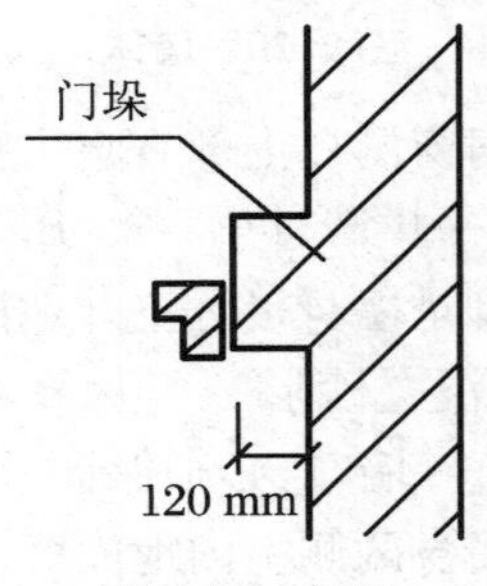

图2.22 门垛

2.3.2 任务实施

2.3.2.1 圈梁

圈梁指在房屋的檐口、窗顶、楼层、吊车梁顶或基础顶面标高处,沿砌体墙水平方向设置封闭状的按构造配筋的混凝土梁式构件。

1. 圈梁的作用

为增强房屋的整体刚度,防止由于基础不均匀沉降或较大震动荷载等对房屋引起的不利影响,可在墙中设置现浇钢筋混凝土圈梁。

2. 圈梁的数量

圈梁的数量与房屋的高度、层数、地基状况和地震烈度等因素有关。根据建筑结构设计规范规定:

(1) 对于单层砖砌体房屋,檐口标高为5~8 m时,应在檐口标高处设置圈梁一道,檐口标高大于 8 m 时，应增加设置数量。

(2) 对于宿舍、办公楼等多层砌体民用房屋，且层数为 3～4 层时，应在檐口标高处设置圈梁一道。当层数超过 4 层时，应在所有纵横墙上隔层设置。

(3) 采用现浇钢筋混凝土楼(屋)盖的多层砌体结构房屋，当层数超过 5 层时，除在檐口标高处设置一道圈梁外，可隔层设置圈梁，并与楼(层)面板一起现浇。未设置圈梁的楼面板嵌入墙内的长度不应小于 120 mm，并沿墙长配置不少于 2Φ10 的纵向钢筋。

图 2.23　圈梁设置

3. 圈梁的设置位置

竖向位置：在基础处(地圈梁)、屋顶檐口处(檐口圈梁)、楼板处(楼层圈梁)。当屋面板、楼板与窗洞口间距较小，可用圈梁代替过梁。如图 2.23 所示。

水平位置：圈梁应在外墙上必须交圈设置，对内墙则必须设置在贯通的内纵墙及贯通的内横墙，楼梯间及疏散口等处，不贯通的内横墙可适量设置，根据建筑的结构及防震要求，通常每隔 8～16 m 设置一道，以便圈梁的腰箍作用得到充分发挥。

多层砌体结构现浇钢筋混凝土圈梁设置要求，见表 2.3。

表 2.3　多层砌体结构现浇钢筋混凝土圈梁设置要求

墙　类	抗震设防烈度		
	6、7	8	9
外墙和内纵墙	屋盖处及每层楼盖处	屋盖处及每层楼盖处	屋盖处及每层楼盖处
内横墙	同上；屋盖处间距不应大于 7 m；楼盖处间距不应大于 15 m；构造柱对应部位	同上；屋盖处沿所有横墙，且间距不应大于 7 m；楼盖处间距不应大于 7 m；构造柱对应部位	同上；各层所有横墙

2.3.2.2　构造柱

构造柱

为了加强墙体的稳定性，在抗震设防地区除了限制房屋总高度和横墙间距、规定砂浆强度等级、增设圈梁之外，还需在墙中设置钢筋混凝土构造柱。构造柱必须与墙体及圈梁紧密连接。

混凝土构造柱指在多层砌体房屋墙体规定部位，按构造配筋，并按先砌墙后浇灌混凝土柱的施工顺序制成的混凝土柱。通常称为混凝土构造柱，简称构造柱。如图 2.24 所示。

1. 构造柱的作用

从竖向加强层与层之间墙体的连接；构造柱和圈梁共同形成空间骨架，以增加房屋的整体刚度，提高墙体抵抗变形的能力。

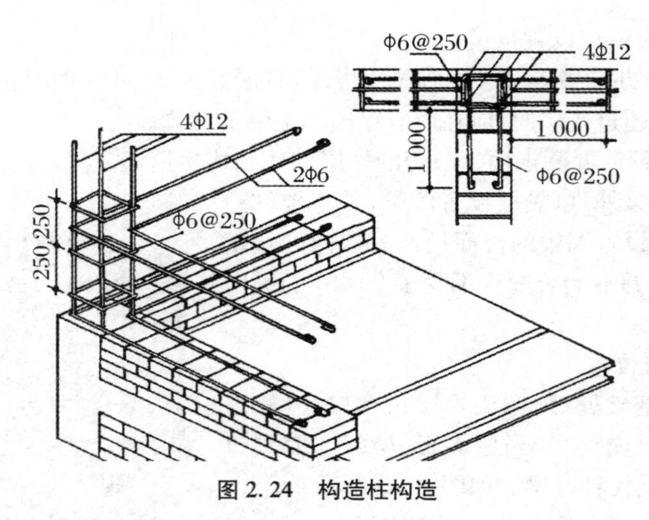

图 2.24　构造柱构造

2．构造柱的设置位置

为了与圈梁组成一空间骨架，构造柱的设置位置通常在外墙的转角处、丁字接头处、十字接头处、较大洞口两侧、楼梯间四角、电梯间四角、长墙中部等处。多层砌体结构构造柱设置要求见表2.4。

表2.4　多层砌体结构构造柱设置要求

<table>
<tr><th colspan="4">房 屋 层 数</th><th colspan="2" rowspan="2">设 置 部 位</th></tr>
<tr><th>6度</th><th>7度</th><th>8度</th><th>9度</th></tr>
<tr><td>四、五</td><td>三、四</td><td>二、三</td><td></td><td rowspan="3">楼梯间、电梯间四角，楼梯段上下端对应的墙体处；外墙四角和对应转角；错层部位横墙与外纵墙交接处；大房间内外墙交接处；较大洞口两侧</td><td>隔15 m或单元横墙与外纵墙交接处</td></tr>
<tr><td>六、七</td><td>五</td><td>四</td><td>二</td><td>隔开间横墙与外纵墙交接处；山墙与内纵墙交接处</td></tr>
<tr><td>八</td><td>六、七</td><td>五、六</td><td>三、四</td><td>内墙与外墙交接处；内墙的局部较小墙垛处；9度时内纵墙与横墙交接处</td></tr>
</table>

注：较大洞口，内墙指不小于2.1 m的洞口；外墙在内外墙交接处已设置构造柱时允许适当放宽，但洞侧墙体应加强。

2.3.3　任务拓展

1.圈梁的构造要点

(1) 钢筋混凝土圈梁的宽度宜与墙厚相同，当墙厚 $h \geqslant 240$ mm时，其宽度不宜小于 $2h/3$ mm。圈梁高度不应小于200 mm，且应与砖皮数的整数相适应，如120，180，240。纵向钢筋不应少于4Φ10，绑扎接头的搭接长度按受拉钢筋考虑，箍筋间距不应大于250 mm。

(2) 圈梁的混凝土强度等级：圈梁应现场浇筑，混凝土强度等级不低于C15。

(3)多层砌体结构圈梁配筋要求应符合表2.5。

表 2.5 多层砌体结构圈梁配筋要求

配 筋	抗震设防烈度		
	6,7	8	9
最小纵筋	4Φ10	4Φ10	4Φ12
最小箍筋	Φ6@250	Φ6@200	Φ6@150

(4) 当圈梁与门窗过梁在同一标高时,洞口上的圈梁可以兼作过梁,过梁部分的钢筋应按计算用量另行增配。

(5) 圈梁宜连续地设在同一个水平面上,并形成封闭状。当圈梁被门窗洞口截断时,应在洞口上部增设相同截面的附加圈梁。附加圈梁与圈梁的搭接长度不应小于其中到中垂直间距的 2 倍,且不得小于 1 m,如图 2.25 所示。

(6) 圈梁钢筋应伸入构造柱内,并应有可靠锚固。伸入顶层圈梁的构造柱钢筋长度不应小于 40 倍钢筋直径。

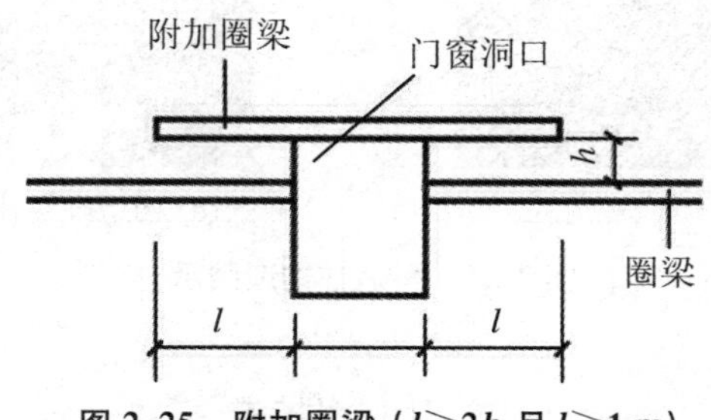

图 2.25 附加圈梁（$l \geqslant 2h$ 且 $l \geqslant 1$ m）

2. 构造柱的构造要点

(1) 截面尺寸:截面宜采用 240×240,最小截面尺寸为 240×180。

(2) 多层砌体结构构造柱配筋要求应符合表 2.6。

表 2.6 多层砌体结构构造柱配筋要求

位置	纵向钢筋			箍 筋		
	最大配筋率(%)	最小配筋率(%)	最小直径(mm)	加密区范围(mm)	加密间距(mm)	最小直径(mm)
角柱	1.8	0.8	14	全高	100	6
边柱			14	下端 700 上端 700		
中柱	1.4	0.6	12			

(3) 混凝土强度等级:C15 或 C20。

(4) 构造柱与墙连接处应砌成马牙槎,沿墙高每隔 500 mm 设 2Φ6 水平钢筋和Φ4 分布短筋平面内点焊组成的拉结网片或Φ4 点焊钢筋网片,每边伸入墙内不宜小于 1 m。6、7 度时底部 1/3 楼层,8 度时底部 1/2 楼层,9 度时全部楼层,拉结钢筋网片应沿墙体水平通长设置。

(5) 构造柱与圈梁连接处,应适当加密,加密范围在圈梁上下均不应小于 1/6 层高及 450 mm 中之较大者,箍筋间距不宜大于 100 mm。构造柱的纵筋应在圈梁纵筋内侧穿过,保证构造柱纵筋上下贯通。房屋四个拐角的构造柱可适当加大截面及配筋。

(6) 构造柱可不单独设置基础，但应伸入室外地面下 500 mm，或锚入距室外地面小于 500 mm 的基础圈梁内。当遇有管沟时，应伸到管沟下。其构造如图 2.26 所示。

(a) 圈梁与构造柱

(b) 构造柱长墙中部

(c) 构造柱纵横墙转角处

(d) 构造柱纵横墙交接处

图 2.26　构造柱构造图示

练习与提高

1. 钢筋混凝土圈梁宽度宜与________相同，高度不小于________，且应与砖模相协调，混凝土强度等级不低于____________。
2. 圈梁的种类有钢筋混凝土圈梁、____________和____________。
3. 墙身加固的措施有__________、__________、__________。
4. 圈梁遇洞口中断时，所设的附加圈梁与原有圈梁的搭接长度应满足(　　)。

   A. $L \leqslant 2h$，且 $L \leqslant$ 1 000 mm　　B. $L \geqslant 2h$，且 $L \geqslant$ 1 000 mm

   C. $L \geqslant 1.5h$，且 $L \geqslant$ 500 mm　　D. $L \geqslant 1.5h$，且 $L \geqslant$ 1 200 mm
5. 墙体中构造柱的最小断面尺寸为(　　)。

   A. 120 mm×180 mm　　B. 180 mm×240 mm

   C. 200 mm×300 mm　　D. 240 mm×240 mm
6. 为什么要设置圈梁？应在哪些位置设置圈梁？钢筋混凝土圈梁的构造要点是什么？
7. 什么是附加圈梁？其构造做法有什么要求？
8. 构造柱的作用、设置位置如何？构造柱的构造要点有哪些？

2.4 任务3:砌块墙构造

2.4.1 任务资讯

2.4.1.1 类型与规格

砌块墙是由块体和砂浆按一定技术要求砌筑而成的墙体。砌块的类型很多,按材料分为普通混凝土砌块、轻骨料混凝土砌块、加气混凝土砌块以及利用各种工业废料(如炉渣、粉煤灰等)制成的砌块;按砌块构造分为空心砌块和实心砌块;按砌块的质量和尺寸大小分为小型砌块、中型砌块和大型砌块。

烧结普通砖是由煤矸石、页岩、粉煤灰或黏土为主要原料,经过焙烧而成的实心砖。分烧结煤矸石砖、烧结页岩砖、烧结粉煤灰砖、烧结黏土砖等。

烧结多孔砖是以煤矸石、页岩、粉煤灰或黏土为主要原料,经焙烧而成的,孔洞率不大于35%,孔的尺寸小而数量多,主要用于承重部位的砖。

蒸压灰砂普通砖是以石灰等钙质材料和砂等硅质材料为主要原料,经坯料制备、压制排气成型、高压蒸汽养护而成的实心砖。

蒸压粉煤灰普通砖是以石灰、消石灰或水泥等钙质材料与粉煤灰等硅质材料及集料为主要原料,掺加适量石膏,经坯料制备、压制排气成型、高压蒸汽养护而成的实心砖。

混凝土小型空心砌块(简称混凝土砌块或砌块)由普通混凝土或轻集料混凝土制成,主规格尺寸为190 mm×190 mm×390 mm,空心率为25%~50%的空心砌块。

混凝土砖是以水泥为胶结材料,以砂、石等为主要集料,加水搅拌、成型、养护制成的一种多孔的混凝土半盲孔砖或实心砖。多孔砖的主规格尺寸为240 mm×115 mm×90 mm、240 mm×190 mm×90 mm、190 mm×190 mm×90 mm等;实心砖的主规格尺寸为240 mm×115 mm×53 mm、240 mm×115 mm×90 mm等。

2.4.1.2 砌块墙的排列

用砌块设计砌筑墙体时,必须将砌块彼此交错搭接进行砌筑,以保证建筑物有一定的整体性。为满足砌筑的需要,必须在多种规格间进行砌块的排列设计,即设计砌块墙时需要在建筑平面图和立面图上进行砌块的排列,并注明每一砌块的型号,以便施工时按排列图进料和砌筑。下面以蒸压加气混凝土砌块为例,介绍砌块墙的排列。

砌块平面排块设计:砌块长度规格为600 mm。由于其可自由切锯,所以600 mm长砌块可加工成300 mm+300 mm、200 mm+400 mm、150 mm+450 mm、250 mm+350 mm等规格,使平面排块带来很大灵活性,但在平面长度设计中规格不宜太多。在平面长度设计中,一定要遵循“规格多样,数量平衡”的原则,做到合理设计,经济用材。砌块上下皮应错缝设计,搭接长度不宜小于砌块长的1/3。在混合结构中,当外墙有构造柱时,平面排块设计应根据构造柱中间的尺寸排块,先排窗下墙,后排窗间墙;窗间墙之间如不合模,在不影响使用功能的前提下,可调整窗户位置。构造柱如外加低密度加气混凝土保温块,则其尺寸宜符合制品规格长度模数尺寸,并排成马牙槎。

砌块立剖面排块设计:砌块高度有 200 mm、250 mm、300 mm 三种类型。一般高度方向不宜切锯,可以将砌块的厚度方向作为高度方向来调整。立剖面排块的原则是根据轴线尺寸先排窗坎墙至窗台部位,然后排窗间墙至圈梁部位。图 2.27 为蒸压加气混凝土砌块外墙立剖面排块示意图。

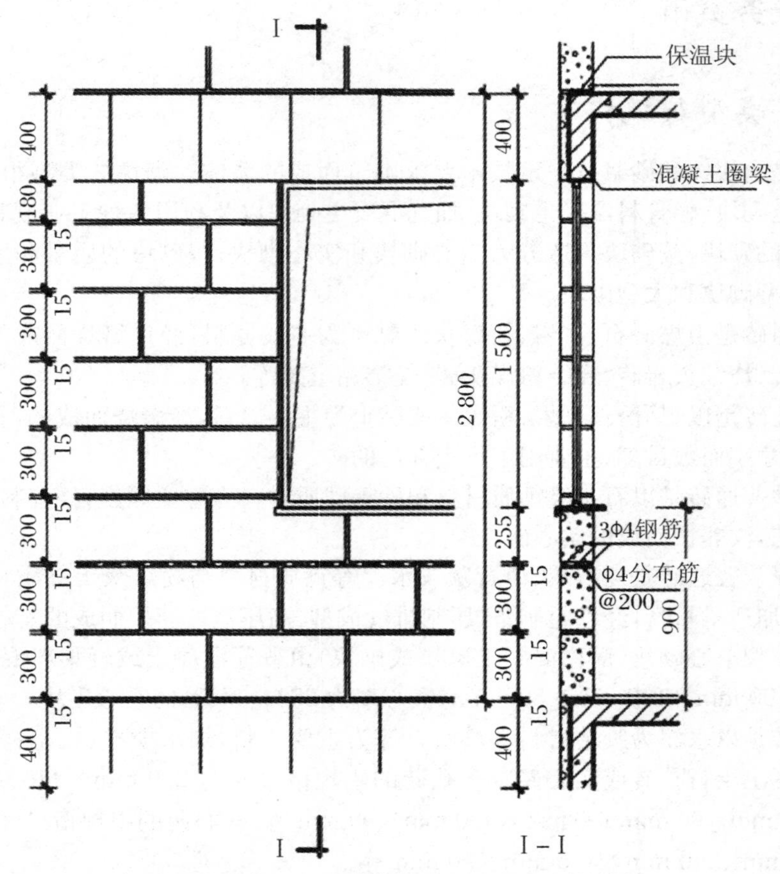

2.8 m层高，300砌块高，1 500窗高排列图（非承重外墙）

图 2.27　蒸压加气混凝土砌块外墙立剖面排块示意图

砌块排列设计应满足以下要求:

(1) 上下皮砌块应错缝搭接,尽量减少通缝。

(2) 内外墙和转角处砌块应彼此搭接,以加强其整体性。

(3) 优先采用大规格的砌块,使主砌块的总数量在 70%以上,以利加快施工进度。

(4) 尽量减少砌块规格,在砌块体中允许用极少量的普通砖来镶砌填缝,以方便施工。

(5) 空心砌块上下皮之间应孔对孔、肋对肋,以保证有足够的受压面积。

2.4.2 任务实施

2.4.2.1 块材式隔墙

块材式隔墙是指用普通砖、空心砖、加气混凝土砌块等块材砌筑的墙。常用的有普通砖隔墙和砌块隔墙。

1．普通砖隔墙

普通砖隔墙常用一二隔墙，采用普通砖全顺式砌筑而成。砌筑砂浆强度不低于 M5，砌筑较大面积墙体时，长度超过 6 m 应设砖壁柱，高度超过 5 m 时应在门过梁处设通长钢筋混凝土带。为了保证砖隔墙不承重，在砖隔墙砌到楼板底或梁底时，将立砖斜砌 1 皮，或将空隙塞木楔打紧，然后用砂浆填缝。

一二隔墙坚固耐久，防水、防火、隔声效果好，但自重大，湿作业多，拆迁不便。

2．砌块隔墙

为减轻隔墙自重，可采用轻质砌块，如加气混凝土砌块、粉煤灰砌块、水泥炉渣空心砌块等。墙厚由砌块尺寸决定，一般为 90～120 mm。加固措施同一二隔墙的做法。砌块不够整块时宜用普通黏土砖填补。因砌块砖具有轻质、孔隙率大、隔热性能好等优点，但易吸水，故在砌筑时先在墙下部砌 3～5 皮普通黏土砖再砌砌块砖，如图 2.28 至图 2.31 所示。

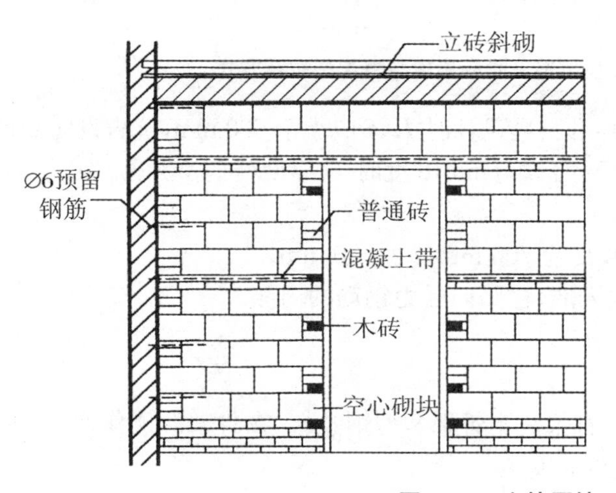

图 2.28 砌块隔墙

图 2.29 砌块隔墙顶部处理

图 2.30 砌块隔墙底部防潮处理

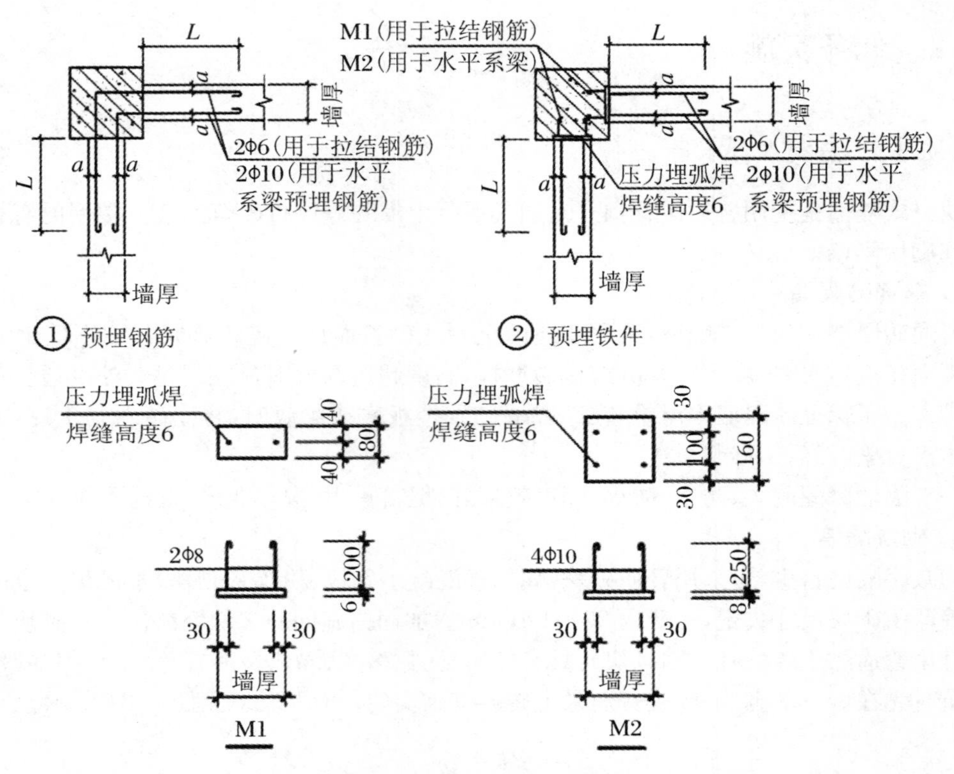

图 2.31　填充墙拉结筋及水平系梁与框架柱拉结方式

注　(1) 拉结钢筋伸入墙内长度:非抗震设计时 L 不应小于 600 mm,抗震设防烈度为 6 度、7 度时 L 不应小于墙长的 1/5 且不小于 700 mm,8 度时 L 应沿墙全长贯通。a 为 30 mm。钢筋竖向间距为 500 mm。

(2) 水平系梁预埋钢筋为 2Φ10,L 为 700 mm,a 为 30 mm。

(3) 拉结钢筋及预埋件锚筋应锚入墙、柱竖向受力钢筋的内侧。

2.4.2.2　立筋式隔墙

立筋式隔墙由骨架和面层组成。骨架有木骨架和型钢骨架,在骨架两侧作面层,如灰板条抹灰、钢丝网抹灰、纸面石膏板、蜂窝纸板等。

近年来,为节约木材和钢材,出现了不少采用工业废料和地方材料以及轻金属制成的骨架。轻钢骨架由各种形式的薄壁型钢制成,其主要优点有:强度高、刚度大、自重轻、整体性好、易于加工和大批量生产,还可根据需要拆卸和组装。木骨架由上槛、下槛、墙筋、斜撑及横档组成。面层有抹灰面层和人造板材面层。抹灰面层常用木骨架,即传统的板条抹灰隔墙。人造板材面层可用木骨架或轻钢骨架。隔墙的名称以面层材料而定。

常用的人造板面板有胶合板、纤维板、石膏板等。胶合板、纤维板以木材为原料。石膏板是用石膏掺入纤维质制成的,9～12 mm 厚、900 mm 宽、2 400～3 500 mm 长,具有轻质、耐火、可锯刨钉黏结等性能。其做法是先在楼板垫层上浇注混凝土墙垫,安装上槛、下槛、龙骨、斜撑。龙骨间距为 450 mm,用对楔挤牢。用黏结剂安装石膏板,板缝处用 50 mm 宽玻璃纤维接缝带封贴,然后根据需要做面层,如涂刷涂料、粘贴壁纸等。图 2.32 和图 2.33 分别为轻钢龙骨石膏板隔墙和轻钢龙骨隔墙骨架构造。

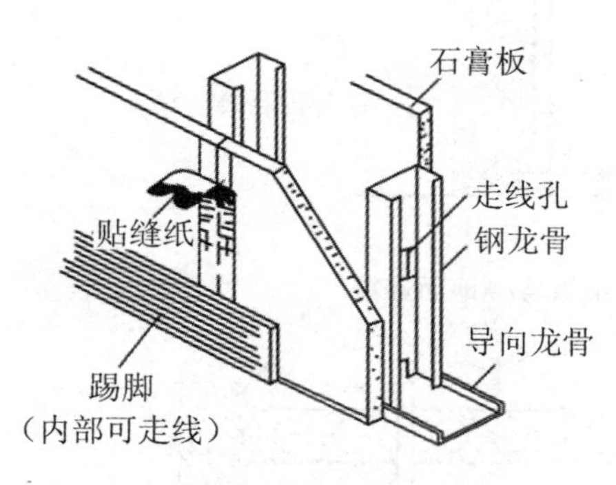

图 2.32 轻钢龙骨石膏板隔墙

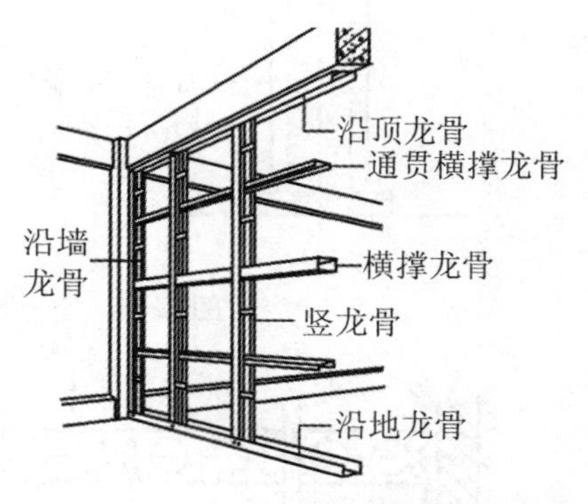

图 2.33 轻钢龙骨隔墙骨架构造

2.4.2.3 板材式隔墙

板材隔墙是指各种轻质板材的高度相当于房间净高，不依赖骨架，可直接装配而成的隔墙。如碳化石灰板、加气混凝土条板、空心石膏条板、水泥刨花板以及各种复合板等。

1. 碳化石灰板隔墙

碳化石灰板是用细生石灰掺3%～4%短玻璃纤维，加水搅拌入模振动，进行碳化成型的一种空心板，其尺寸为(2 700～3 000)×(500～800)×(90～120)。碳化石灰板隔声性能好，生产工艺简单，造价较低。安装条板时，在楼板上采用木楔在板端将条板楔紧，条板之间的缝隙用水玻璃黏结剂或用1∶3水泥砂浆加入适量107胶进行黏结，待安装完毕，再在表面进行装修，如图2.34所示。

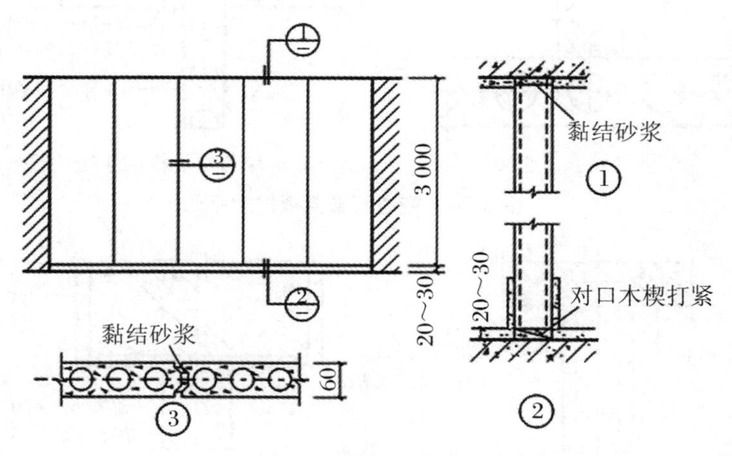

图 2.34 碳化石灰板隔墙

2. 空心石膏条板隔墙

空心石膏条板是一种密度小、空洞率较高，保温性能和耐火性能均较好的轻型墙体板材，其断面形状类似于预制混凝土圆孔板。

空心石膏条板隔墙的安装不需要设置龙骨。一般隔墙多采用刚性连接的下楔法固定，如图2.35所示。墙板与顶棚之间、墙板与墙板之间等部位均用107胶水泥砂浆黏结。条板上部端面也可以用791石膏胶泥与楼板(或梁)下部直接黏结。如图2.36、图2.37所示。

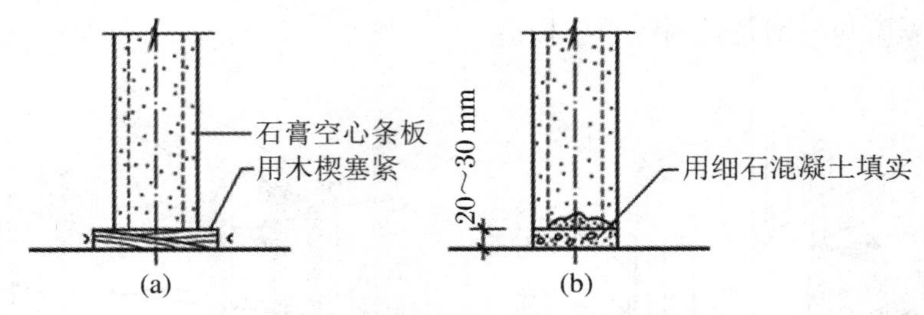

图 2.35　空心石膏条板与楼地面连接

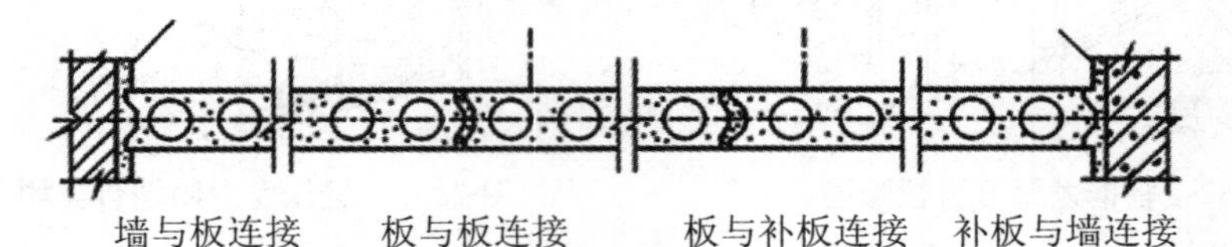

(a) 石膏空心条板排列平面

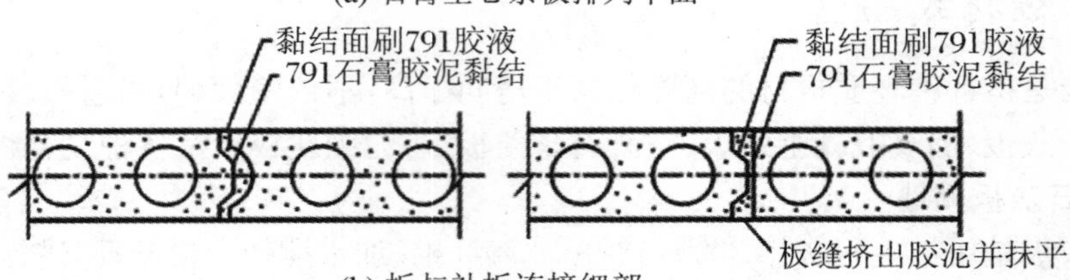

(b) 板与补板连接细部

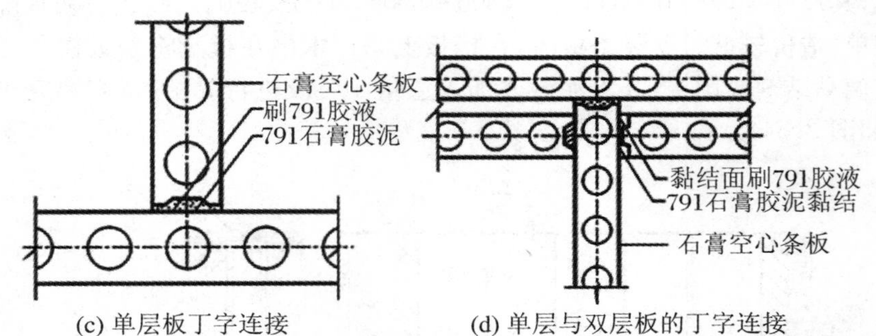

(c) 单层板丁字连接　　(d) 单层与双层板的丁字连接

图 2.36　空心石膏条板排列平面

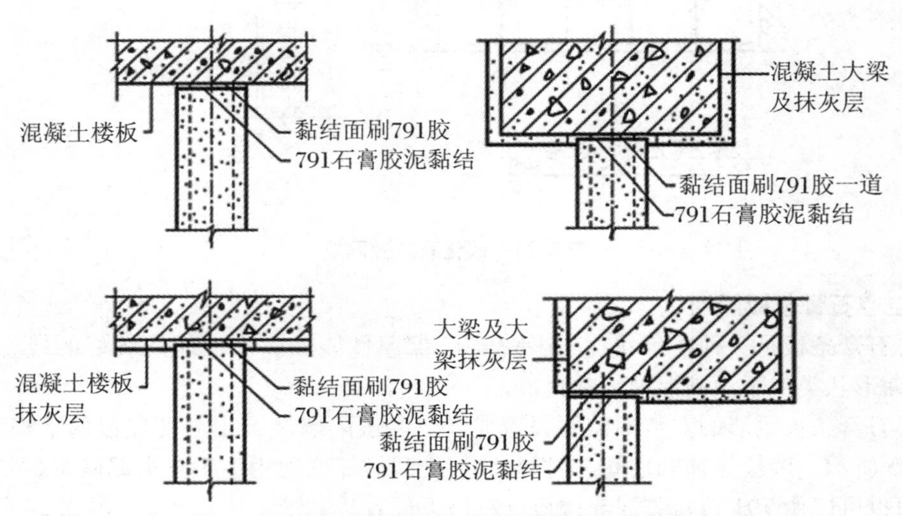

图 2.37　空心石膏条板与楼板、梁的顶部连接构造

在条板底部与地面相接处，通常须做踢脚板处理，如图 2.38 所示。有门窗的隔墙，门窗两边的连接条板一定要采用钢或木门窗框条板并与隔墙一起安装。门框上部尺寸大于 600 mm 时，应分别加钢或木过梁，最后安装门窗框上部的条板，其构造如图 2.39 所示。

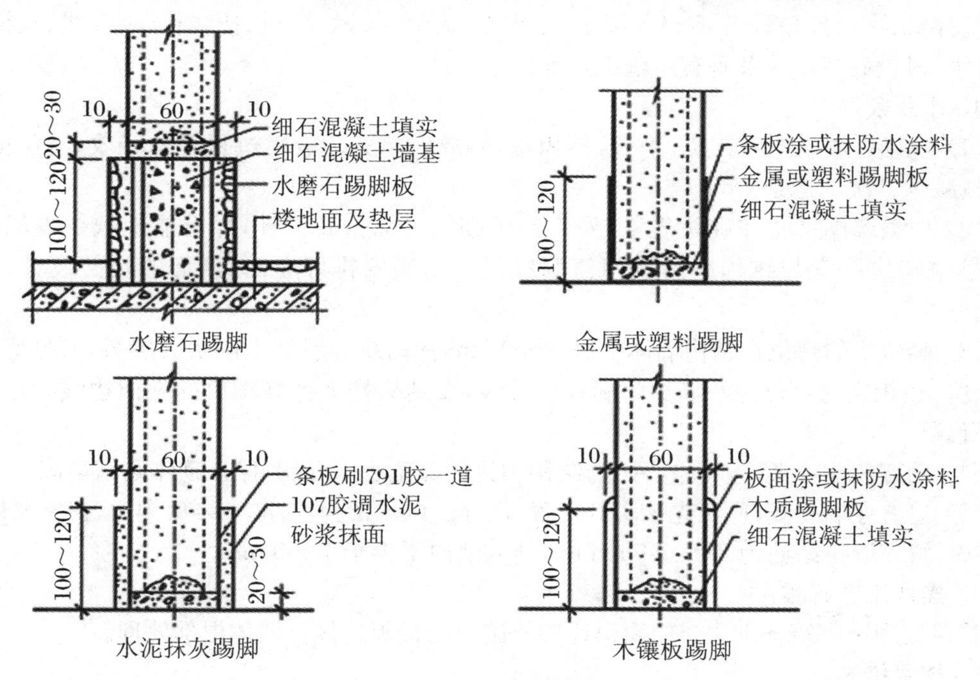

图 2.38 隔墙踢脚做法

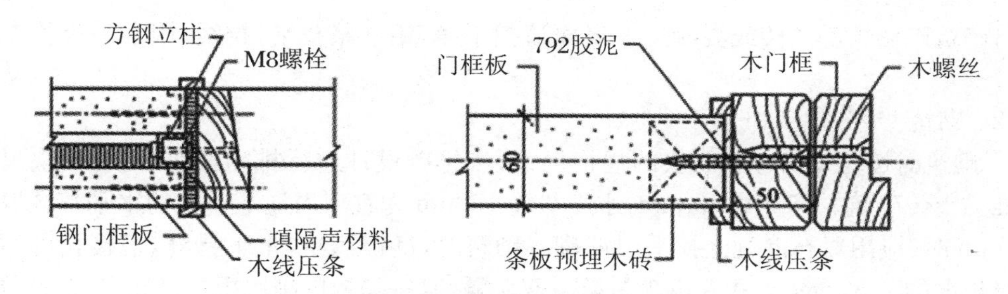

图 2.39 木门框与空心石膏条板连接构造

2.4.3 任务拓展

【案例】 内墙填充砌筑工程施工方案

1. 环境要求

某市朝阳园住宅小区二期工程，内墙采用非承重黏土空心砖砌筑墙体。

2. 材料要求

(1) 砌块规格为 240×240×115 和 240×200×115，非承重黏土空心砖，其强度等级为 MU3.5。砂浆 ±0.000 m 以下为 M7.5，±0.000 m 以上为 M5。

(2) 水泥采用 325# 及其以上的普通硅酸盐或矿渣硅酸盐水泥。

(3) 砂子采用中砂，含泥量不超过 5%，过 5 mm 孔径筛。

(4) 混凝土预制块、木砖、锚固铁板(75×50×3)、Φ6～Φ10 钢筋、铁扒钉(Φ4～Φ6)、小木楔等。

3. 主要机具

搅拌机、后台计量设备、5 mm 筛子、手推车、大铲、铁锹、线锤、托线板、小白线、灰桶、铺灰铲、水平尺、砂浆吊斗及垂直运输工具等。

4. 作业条件

(1) 现场存放场地应夯实,平整,不积水,码放应整齐。装运过程轻拿轻放,避免损坏,并尽量减少二次倒运。

(2) 根据墙体尺寸和砌块规格,妥善安排砌筑平面排砖设计,尽可能地减少现场碎砖量。根据砌块厚度与结构净高及门窗洞口尺寸切实安排好立面、剖面的排砖设计,避免浪费。

(3) 砌砖块的部位在结构墙体上按 +500 mm 标高线分层划出砌块的层数,安排好灰缝的厚度。在相应的部位弹好墙身门洞口尺寸线,在结构柱上弹好砌块的立面边线。标注窗口位置。

(4) 砌墙的前一天,应将空心砖与结构相接的部位洒水湿润,保证砌体黏结牢固。

(5) 遇有穿墙管线,应预先核实其位置、尺寸。以预留为主,减少事后剔凿,损害墙体。

(6) 填充墙拉结筋为 2Φ6@500 mm,伸入墙内不少于 1 000 mm。

5. 操作工艺流程

基层处理→砌筑→砌块与门窗口连接→砌块与楼板连接→墙体根部处理。

6. 技术措施

(1) 基层处理。

将砌筑砖墙根部的砖或混凝土上表面清扫干净,用砂浆找平,拉线,用水平尺检查其平整度。

(2) 砌筑。

① 砌筑时按墙宽尺寸和砌块的规格尺寸,按排砖设计进行排列摆块,不够整块尺寸可用标准黏土砖砌筑。竖缝宽 10 mm,水平灰缝 10 mm 为宜。当最下一皮的水平灰缝厚度大于 30 mm 时,应用豆石混凝土找平层铺砌。砌筑时,满铺满挤,上下错缝,搭接长度不宜小于砌块长度的 1/3,转角处相互咬砌搭接。双层隔墙,每隔两皮砌块用扒钉加强,扒钉位置应梅花形错开。砂浆标号按设计规定。

② 砌砖宜可采用一铲灰、一块砖、一挤揉的“三一”砌砖法,即满铺、满挤操作法。砌砖时砖要放平。砌砖一定要跟线,“上跟线,下跟棱,左右相邻要对平”。水平灰缝厚度和竖向灰缝宽度一般为 10 mm,但不应小于 8 mm,也不应大于 12 mm。在操作过程中,要认真进行自检,如出现有偏差,应随时纠正。严禁事后砸墙。砌筑砂浆应随搅拌随使用,一般水泥砂浆必须在 3 h 内用完,水泥混合砂浆必须在 4 h 内用完,不得使用过夜砂浆。混水墙应随砌随将舌头灰刮尽。

③ 留槎:外墙转角处应同时砌筑。内外墙交接处必须留斜槎,槎子长度不应小于墙体高度的 2/3,槎子必须平直、通顺。分段位置应在变形缝或门窗口角处,隔墙与墙或柱不同时砌筑时,可留阳槎加预埋拉结筋。施工洞口也应按以上要求留水平拉结筋。

④ 墙体应有可靠的拉结。一般每隔 0.5 m 的高度预留 2Φ6 钢筋伸入墙内,平铺在灰缝内作为拉结。砌块端头与墙柱接缝处各涂刮厚度为 5 mm 的黏结砂浆,挤紧塞实,将挤出的

砂浆刮平。填充墙与框架柱连接处,必须按设计要求设置拉结筋。设计无要求时,竖向间距为500 mm左右,埋压2Φ6钢筋,埋直平铺在水平灰缝内,两端伸入墙内不小于1 000 mm,末端应加90°弯钩。砌块端头与墙柱接缝处各涂刮厚度为5 mm的黏结砂浆,挤紧塞实,将挤出的砂浆刮平。

(3) 砌块与楼板(或梁底)的连接。

当楼板或梁底未事先留置拉结筋时,先在砌块与楼板接触处涂抹黏结砂浆,用力挤严实,每砌完一块用小木楔(间距约600 mm)在砌块上皮紧贴楼板底(或梁底)背紧,用黏结砂浆填实,灰缝刮平。或在楼板底(梁底)斜砌一排砖,以保证填充墙体顶部稳定、牢固。

(4) 墙体根部处理。

在砌筑上部墙体之前,墙脚砌筑3皮标准黏土砖,提高墙体根部的抗渗性能。门窗洞口处及有构造柱部位应采用标准黏土砖砌筑,卫生间四周墙脚做120 mm砼上反梁。

7. 质量标准

(1) 保证项目。

① 使用的原材料和空心砖块的强度必须符合设计要求,质量应符合各项技术性能指标,并有出厂合格证。

② 砂浆的品种标号必须符合设计要求。砌块灰缝砂浆必须饱满,按规定制作砂浆试块,试块的平均抗压强度不得低于设计强度,其中任意一组的最小抗压强度不得小于设计强度的75%。

③ 转角处必须同时砌筑,严禁留直槎,交接处应留斜槎。

(2) 基本项目。

① 通缝:每道墙3皮砌块的通缝不得超过3处,不得出现4皮砌块及以上高度的通缝。灰缝均匀一致。

② 接槎:砂浆要密实,砌块要平顺,不得出现破槎、松动,做到接槎部位严实。

③ 拉结筋:间距、位置、长度及配筋的规格、根数应符合设计要求。位置、间距的偏差不得超过1皮砌块。

(3) 允许偏差。

各项目的允许偏差见表2.7。

表2.7 允许偏差

序号	项 目	允许偏差(mm)	检 验 方 法
1	墙面垂直	5	用靠尺及线坠检查
2	墙面平整度	8	用2 m靠尺塞尺检查
3	轴线位移	10	尺量
4	水平灰缝平直(10 m以内)	10	拉通长线用尺量
5	门窗洞口宽度	±5	尺量
6	门口高度	+15 −5	尺量
7	外墙窗口上下偏移	20	以底层为准用经纬仪或吊线检查

8. 成品保护

(1) 门框安装后，施工时应将门框两侧 300～600 高度范围钉铁皮保护，防止施工中撞坏。

(2) 砌块在装运过程中，轻装轻放，计算好各房间的用量，分别码放整齐。搭拆脚手架时不要碰坏已砌墙体和门窗口角。

(3) 落地砂浆及时清除，以免与地面黏结，影响下道工序施工。

(4) 设备槽孔以预留为主，尽量减少剔凿，必要时剔凿设备孔槽不得乱剔硬凿损坏，可确定尺寸用刀刃镂划。如造成墙体砌块松动，必须进行补强处理。

练习与提高

1. 隔墙按其构造方式不同常分为________、________ 和__________。

2. 立筋式隔墙由________和____________组成。

3. "三一"砌砖法，即满铺、满挤操作法，是指________ 、________、________。

4. 内外墙交接处必须留斜槎，槎子长度不应小于墙体高度的________，槎子必须平直、通顺。

5. 转角处必须同时砌筑，严禁留______，交接处应留______。

6. 一二隔墙在墙体高度超过(　　)m 时应加固。

A. 2　　B. 3　　C. 5　　D. 6

7. 在墙体设计中，其自身重量由楼板或梁承担的墙为(　　)。

A. 横墙　　B. 窗间墙　　C. 隔墙　　D. 承重墙

8. 当采用(　　)做隔墙时，可将隔墙直接设置在楼板上。

A. 黏土砖　　B. 空心砌块　　C. 混凝土墙板　　D. 轻质材料

9. 半砖隔墙的顶部与楼板相接处为满足连接紧密，其顶部常采用(　　)或预留 30 mm 左右的缝隙，每隔 1 m 用木楔打紧。

A. 嵌水泥砂浆　　B. 立砖斜砌　　C. 半砖顺砌　　D. 浇细石混凝土

2.5　任务 4:墙面装修

2.5.1　任务资讯

2.5.1.1　墙面装修的作用

1. 保护墙体

对墙面进行装修，使墙体不宜直接受到风、雨、雪等自然环境的侵蚀，提高墙体的防潮、抗风化的能力，增强墙体的坚固性、耐久性。

2. 改善墙体的热工性能

对墙面进行装修处理，增加墙厚，提高墙体的保温、隔热和隔声能力。平整、光滑、色浅的内墙装修，可增加光线的反射，提高室内采光效果，改善室内卫生条件。利用不同材料的室内装修，会对声音产生不同的吸收或反射作用，改善室内音质效果。

3. 美化环境 、丰富建筑的艺术形象

墙面装修可以提高建筑物立面的艺术效果，往往是通过材料的质感、色彩和线型等的表现，丰富建筑的艺术形象。

2.5.1.2　墙面装修的类型

按装修所处部位不同，有室外装修和室内装修两类。室外装修要求采用强度高、抗冻性强、耐水性好以及具有抗腐蚀性的材料。室内装修材料则因室内使用功能不同，要求有一定的强度、耐水及耐火性。

按饰面材料和构造不同，有抹灰类、贴面类、涂刷类、裱糊类、镶嵌类等。

2.5.2　任务实施

墙面装修

2.5.2.1　抹灰类墙面装修

抹灰类墙面装修分为一般抹灰和装饰抹灰。一般抹灰有石灰砂浆、混合砂浆、水泥砂浆等；装饰抹灰有水刷石、干粘石、斩假石、水泥拉毛等。

1. 特点

抹灰类墙面装修施工操作简便、造价低廉、手工湿作业量大、劳动强度大、工效低。

2. 构造层次

抹灰类墙面装修主要由底层、中层、面层三部分组成，如图 2.40 外墙抹灰分层构造图所示。

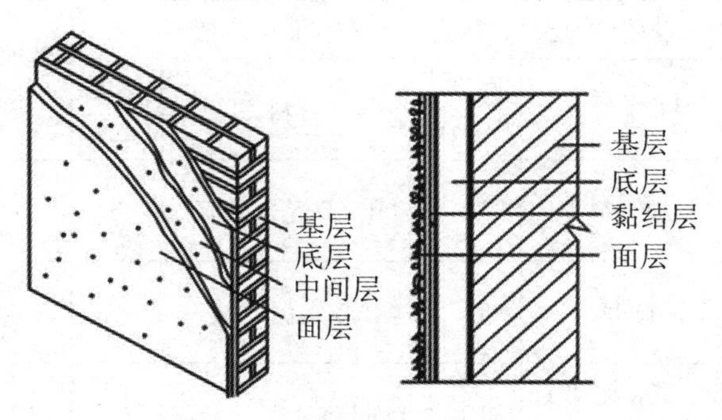

图 2.40　外墙抹灰分层构造图

底层：厚度 5～15 mm，起与基层黏结和初步找平的作用。底层抹灰前必须对基层进行处理，应清理表面的灰尘、污垢，填平孔洞、沟槽和洒水润湿墙面。待底层抹灰干燥后，再涂抹中层。

中层：厚度 5～10 mm，起找平作用。中层抹灰根据对墙面质量要求的不同可一次或分次涂抹。为控制抹灰层的厚度和平直度，还应在墙面四角做出标志（灰饼）和冲筋（标筋），以便找平。

施工时，先用托线板和靠尺检查整个墙面的平整度和垂直度，根据检查结果确定灰饼厚度。灰饼一般做在墙两边上角离阴角 100～200 处，用 1∶3 水泥砂浆做两个 50 mm×50 mm的灰饼。然后根据这两个灰饼用托线板或吊线挂垂直做墙面下角的两个灰饼，其位置一般在踢脚线上口，随后以上角和下角左右两个灰饼为基准拉直线，每隔 1.2～1.5 m，上下加若干个灰饼。待灰饼稍干后上下灰饼之间用砂浆抹上一条宽 100 mm 左右的垂直灰梗，即为标筋，作为抹灰厚度和赶平的标准。

当标筋稍干后，分层进行抹灰层涂抹。抹底层、中层灰从上而下进行，在两筋之间用力抹一层 7～9 mm 厚的底灰，至七八成干后接着抹中层灰，抹成的灰应比两边的标筋稍厚，然后用刮杠靠住两边的标筋，由下向上刮平，并用抹子补灰槎平。待中层灰六七成干时，即可开始抹面层灰。

面层：厚度 10 mm 左右，装饰作用。要求表面平整、色彩均匀、无裂纹，可以做成光滑或粗糙等不同质感的表面。

3. 抹灰类装修标准及构造

抹灰类墙面装修按质量及工序要求分为三种标准，见表 2.8。

表 2.8　抹灰类装修标准

标准	低层(层数)	中层(层数)	面层(层数)	总厚度(mm)	适用范围
普通抹灰	1		1	≤18	简易建筑物
中级抹灰	1	1	1	≤20	住宅、办公楼、学校等
高级抹灰	1	若干	1	≤25	纪念性、重要性建筑等

抹灰类构造的做法，各地区设计和施工均有通用图集和施工说明供选用。常用抹灰构造，见表 2.9。

表 2.9　常用抹灰构造

抹灰名称		底层、中层		面　层		总厚度(mm)	适用范围
		材料	厚度(mm)	材料	厚度(mm)		
一般抹灰	混合砂浆抹灰	1∶1∶6 混合砂浆	12	1∶1∶6 混合砂浆	8	18	一般砖墙面均可选用
	水泥砂浆抹灰	1∶3 水泥砂浆	14	1∶2.5 水泥砂浆	6	20	室外饰面及室内需防水、防潮的墙面
	水泥纸筋砂浆抹灰	1∶3∶4 水泥纸筋砂浆	10	纸筋灰浆	2.5	12.5	一般室内墙面，阳台雨篷顶面
	石灰砂浆抹灰	1∶3 石灰砂浆	16	石灰浆罩面	2.5	18.5	各种内墙抹灰罩面
	膨胀珍珠岩砂浆罩面	1∶3 石灰砂浆	13	水泥∶石灰∶膨胀珍珠岩＝1∶(10～20)∶(3～5)	2	15	保温、隔热要求较高的内墙面罩面

续表

抹灰名称		底层、中层		面 层		总厚度（mm）	适用范围
		材料	厚度（mm）	材料	厚度（mm）		
装饰抹灰	水刷石饰面	1∶3水泥浆	12	1∶(1～1.5)水泥石渣浆	10	22	适用于外墙、阳台、雨篷、勒脚等部位
	干粘石饰面	1∶3水泥砂浆打底，中层1∶1∶1.5水泥石灰砂浆	17	水泥∶石灰膏∶砂子∶107胶＝100∶50∶200∶(5～15)	1	18	主要用于外墙装修
	斩假石饰面	1∶3水泥砂浆刮素水泥浆一道	12	1∶2水泥白石子用斧斩	12	24	主要用于公共建筑外墙局部部位装修
	拉毛饰面	1∶0.5∶4水泥石灰砂浆打底待六七成干时刷素水泥浆一道	13	1∶0.5∶1水泥石灰砂浆拉毛	视拉毛长度而定		主要用于对音响要求较高的内墙面

在外墙面抹灰中，为施工接茬、比例划分和适应抹灰层胀缩以及日后维修更新的需要，抹灰前，事先按设计要求弹线分格，用素水泥浆将浸过水的小木条临时固定在分格线上，做成引条。

2.5.2.2 贴面类墙面装修

贴面类墙面装修指在内外墙面上粘贴各种天然石板、人造石板、陶瓷面砖等。

1. 特点

贴面类墙面装修具有耐久性好、装饰性强、容易清洗、装饰效果好等优点，但造价偏高、施工要求高、易于脱落。

2. 面砖饰面构造

面砖是以陶土为原料，压制成型后经焙烧而成的，厚度为6～12 mm，有釉面砖和无釉面砖之分，正面光滑平整或带有凸出花纹，背面有凹槽以利与墙体黏结。面砖适用于室外装修。

面砖饰面构造做法：(1) 在墙体上抹1∶3水泥砂浆15 mm厚打底找平扫毛。(2) 按面砖尺寸和设计间缝在底层上弹墨线；打完底后隔三四天可贴砖。贴砖时要先浇水润湿墙面，在最下面一层砖的底部放好垫尺板，垫尺板必须保持水平，并将它固定好。砖应预先浸透水，取出稍阴干后，沿垫尺板逐层往上贴，将砂浆涂于砖背面，贴上墙后用橡皮锤敲牢找平。(3) 10厚1∶0.2∶2.5水泥石灰混合砂浆结合层贴面砖。(4) 在面砖背面随贴随刷1∶2水泥砂浆中加入3%～4%的107胶黏结剂，面砖灰缝宽度不大于1.5 mm。(5) 用橡皮锤敲牢找平，砖面沾着的灰浆应在未干时擦掉。(6) 用1∶1水泥细砂砂浆勾缝，图2.41为面砖饰面构造。

3. 瓷砖饰面构造

瓷砖也是用陶土制成坯块后经焙烧而成的，厚度为5 mm，底胎为白色，正面挂白釉并有彩色图案，背面有凹槽。其施工方法与面砖类似，缝隙用白水泥粉擦缝。瓷砖适用于内墙面、墙裙、水池、案台等部位。

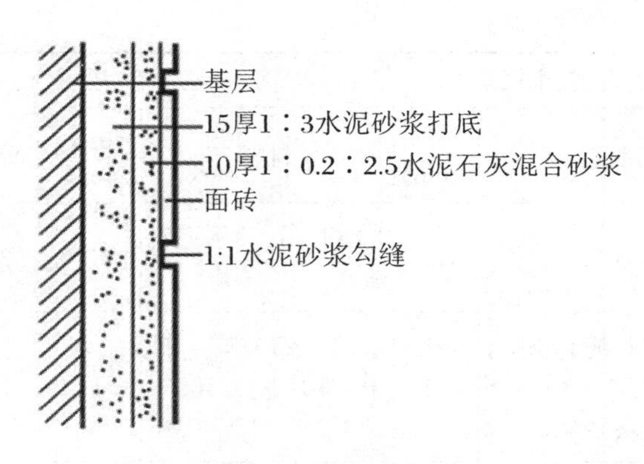

图 2.41 面砖饰面构造

4. 锦砖饰面构造

锦砖又称马赛克，有陶瓷锦砖和玻璃锦砖。陶瓷锦砖是由边长不大于 40 mm 且具有多种色彩、不同形状的小块砖反贴在一定规格的牛皮纸上，镶拼成各种花色图案的陶瓷制品，如图 2.42 所示。陶瓷锦砖具有抗腐蚀、耐火、耐磨、吸水率小、抗压强度高、易清洁和不褪色等特点。它可用于工业与民用建筑的门厅、走廊、卫生间、餐厅、厨房、浴室、化验室等内墙和地面。

玻璃锦砖饰面构造做法：(1) 在基层上抹 1∶3 水泥砂浆 15 mm 厚打底、找平扫毛。(2) 在底层上弹墨线。(3) 抹素水泥浆一道(内掺为水重 3%～5% 的 108 胶)后，抹 3～4 厚 1∶1水泥砂浆黏结层。(4) 在黏结砂浆初凝前，在锦砖背面抹 1～2 厚白水泥浆，铺贴锦砖。(5) 初凝后，洒水湿纸，揭纸。凝结后，白水泥嵌缝，擦拭干净。玻璃锦砖饰面的黏结构造如图 2.43 所示。

图 2.42 陶瓷锦砖饰面

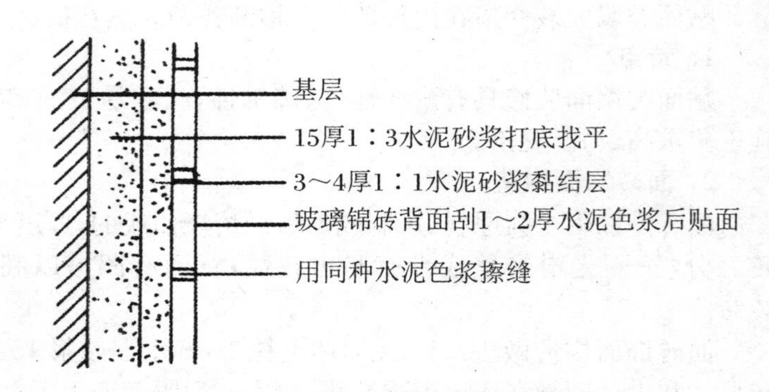

图 2.43 玻璃锦砖饰面的黏结构造

5. 天然石板、人造石板饰面构造

大理石板、花岗石板是天然石材经切割、研磨而成的墙面装饰材料。它们具有坚固耐久、光滑洁净、不褪色的优点，但成本高，多用在室内外高级装修。常见人造石板有水磨石板、人造大理石板等，是由水泥、彩色石子、颜料等配制而成的，具有强度高、表面光洁、色彩多样、耐腐蚀性强、造价较低的特点。

天然石板、人造石板饰面构造常见做法有湿挂法和干挂法两种。

湿挂法构造做法主要有：

(1) 施工准备。按图纸要求选板，根据安装配置图的先后顺序编号，并写在板的背面，安装时对号入座；在墙体上预留Φ6 铁环，间距双向均不大于 2 m。

(2) 绑扎钢筋网。环内穿入并绑扎ϕ8的竖筋;按石板高度绑扎ϕ6横筋。

(3) 穿绑线。用16～18号铜丝或镀锌铁丝,剪成200 mm左右,一端伸入孔底,一端扎住横筋。

(4) 安装。贴板时将板料扎在横筋上,安装时,一般从正面一端开始,由下往上逐排安装,依次调整板料的水平度与垂直度,用杠尺和木楔分别在板料外侧临时定位,石板与墙体之间一般留30 mm缝隙,向板料与墙体之间的空隙内灌注1∶2.5水泥砂浆,每次灌入高度不超过200 mm。

(5) 待砂浆初凝后,取掉定位活动木楔,继续上层石板的安装,如图2.44所示。

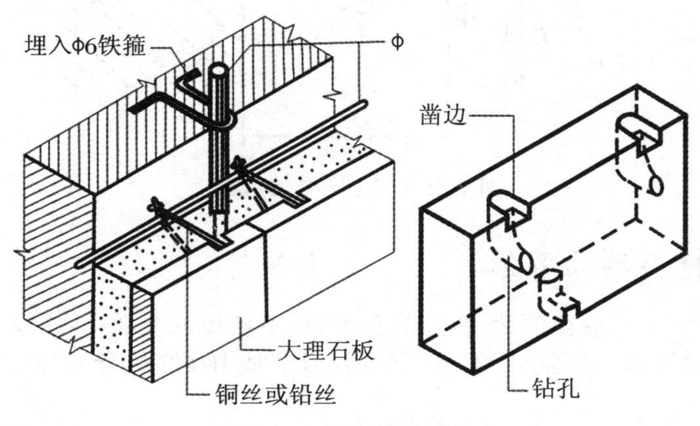

图2.44　石板湿挂法构造

干挂法是利用高强度螺栓和耐腐蚀、高强度的连接件,将石材面板挂在建筑物结构的外表面的一种石材固定方法。此法无需灌浆,没有湿作业,在石材与结构表面间留有40～50 mm的空腔,采暖设计时可填入保温材料。干挂法的施工步骤主要有:

(1) 墙体打洞。根据具体设计在墙体上按不锈钢膨胀螺栓位置钻孔打洞。孔径直径为4.5 mm,洞深65 mm(以用M10×110 mm膨胀螺栓为准),水平及垂直间距见设计图样。洞打好后,将不锈钢膨胀螺栓"大力胶"一道,插入洞内,拧紧胀牢。

(2) 饰面石板开槽、加固。在饰面石板顶边及底边距两侧边各1/4板长处,居板厚中心,各开一个深21 mm的槽口。对质地疏松的石材,还要在板块背面刷胶黏剂,贴玻璃纤维网格布增强,并给予一定的固化时间,此期间要防止受潮。

(3) 安装不锈钢挂件。将不锈钢角钢挂件临时安装在M10×110 mm不锈钢膨胀螺栓上(螺母不要拧紧),再将不锈钢平板挂件用直径为8 mm不锈钢螺栓临时固定在不锈钢角钢挂件上。

(4) 安装石板。板材安装顺序自下而上分层进行。根据已选定的饰面石板编号,将石板临时就位,并将不锈钢销插入石板孔内,利用角钢挂件及平板挂件上的调整孔,对石板的位置准确度(包括前后、左右、高低、上下)、垂直度及平整度等进行调整。螺纹连接要牢固、可靠,板材与承托钢板(舌头)装配连接后,在螺栓四周与挂件接触处及销钉孔隙等处,满涂"大力胶"一道(快干型),如图2.45所示。

(5) 封缝。用干挂法施工工艺所装修的饰面石板墙面,其板缝应根据吊挂件的厚度来定,一般在8 mm左右。花岗石板材安装完毕后,清扫拼接缝,填入泡沫聚乙烯嵌条,然后用打胶机进行硅胶涂封。一般硅胶只封平接缝表面或比板面稍凹些即可。雨天或板材受潮时,不宜涂硅胶。

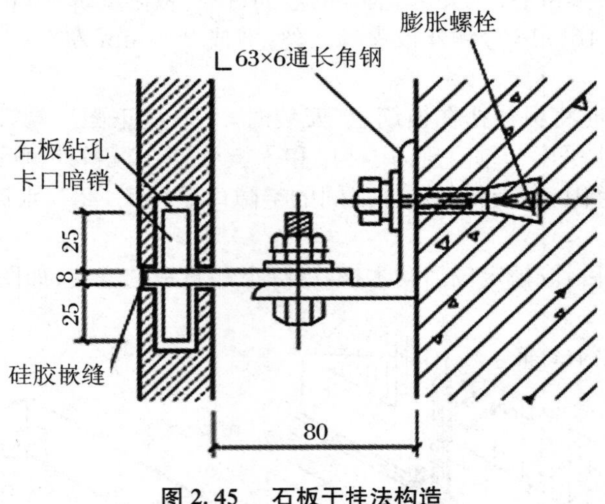

图 2.45　石板干挂法构造

2.5.2.3　涂料类墙面装修

涂料又称油漆。它是胶体溶液，将它涂在家具、木地板或墙面上，不仅对饰面有保护作用，而且能美化居室环境，起到很好的装饰作用，居室常用涂料可分为墙面、顶面乳胶漆，家具、木地板面漆。

墙面乳胶漆一般常用水性乳胶漆，它的成膜基料都用苯丙乳液或丙稀酸乳液等。它没有毒性和气味，被称为“绿色装饰材料”，具有“呼吸”作用。当室内湿度大时，乳胶漆元素微粒膨胀，阻止空气中潮气向墙面渗透；当室内干燥时，墙内潮气可以通过微粒之间的空隙向外界散发。这类乳胶漆涂刷于墙面不掉粉，可以擦洗，易清洁，装饰效果好，造价低，因而多用于内墙面装修。

1．特点

涂料类墙面装修的特点是省工、省料、造价低、色泽鲜艳、工期短、工效高、自重轻、操作简单、维修方便、更新快，但墙面易污染，使用年限较短。

2．分类

按装修使用工具不同可分为刷涂、喷涂、弹涂和滚涂。

3．构造做法

涂料饰面一般分为 3 层，即底涂层、中涂层和面涂层。

底涂层俗称刷底漆或封底涂层，其主要目的是增加涂层与基层之间的黏附力，同时还可以进一步清理基层表面的灰尘。

中涂层即中间层，也称主层涂料，是整个涂层构造中的成形层。其目的是通过适当的工艺，形成具有一定的厚度，匀实饱满的涂层，既能保护基层，又能通过这一涂层形成所需的装饰效果，凹凸花纹涂料和浮雕涂料就是通过主层涂料产生立体花纹和图案的。因此主层涂料的质量如何，对于饰面层的保护作用和装饰效果的影响很大。

面涂层即罩面层。其作用是体现涂层的色彩和光感。它能保护主层涂料，提高饰面层的耐久性和耐污染能力。为了保证色彩均匀，并满足耐久性、耐磨性等方面的要求，罩面涂料应至少涂刷两遍。

桶装乳胶漆使用时只要加水调至适当浓度即可涂刷。乳胶漆有不同的品种，可按产品说明稀释，稀释后应按材料性能在规定的时间内用完。乳胶漆施工时室内温度应在 0 ℃以上。新墙应在两个月后涂刷,墙面的含水率不要大于10%。乳胶漆一般涂刷两遍。第一遍涂刷后待干即可刷第二遍。乳胶漆干燥快,涂刷时可由多人配合一次刷完。以免干湿重叠出现接痕。

水溶性乳胶漆保质期为1年,出厂时,每桶表明18 L,桶面上印有国家环保标志。正规厂家生产的乳胶漆每桶25 kg左右,漆浓,含水量小,用手指捻一捻,手感细腻。

2.5.2.4 裱糊类墙面装修

裱糊类墙面装修是将各种装饰性的壁纸、壁布、织锦等材料裱糊在内墙面上的一种装修饰面。适用于宾馆、会议室、办公室及家庭居室的内墙装饰。

1. 特点

裱糊类墙面装修的特点是装饰性强、造价低、施工方法简捷高效、材料更换方便。

2. 构造

壁纸或壁布是幅面较宽并带有多种图案的卷材,它要求粘贴在坚硬、表面平整、无裂缝、不掉粉的洁净基层上。为达到基层平整效果,通常在清洁的基层上用胶皮刮板刮腻子数遍,其遍数视基层的情况不同而定。

墙面应采用整幅裱糊,并统一预排对花拼缝。不足一幅的应裱糊在较暗或不明显的部位。裱糊顺序为先上后下、先高后低,应使饰面材料的长边对准基层上弹出的垂直墨线,用刮板或胶辊赶平压实。粘贴前壁纸或壁布应用水润湿。其构造做法是:(1) 应在基层上按幅宽弹线。(2) 再刷107胶稀释液作封闭处理。(3) 待干燥后用聚醋酸乙稀乳液或107胶粘贴。(4) 粘贴时应自上而下缓缓展开,排除空气并一次成活。

裱糊类墙面装修的质量标准是粘贴牢固,表面色泽一致,无气泡、空鼓、翘边、褶皱和斑污,斜视无胶痕,正视距墙面1.5 m处不显拼缝。

2.5.2.5 铺钉类墙面装修

铺钉类墙面装修是将各种天然或人造薄板镶钉在墙面上的装修做法,由骨架和面板两部分组成。适用于高档和有特殊要求的房间墙面装修。

铺钉类墙面装修的构造做法是:(1) 在砌体内预埋木砖(间距 $a \leqslant 500$ mm)。(2) 干铺油毡一层或刷热沥青两道,做防潮处理。(3) 在木砖处钉立龙骨和间距龙骨,截面尺寸 $\leqslant 50 \times 50$。(4) 龙骨外侧刨光,钉或粘底层板。(5) 再粘面板,或直接在龙骨上钉或粘面板,面板上可根据设计安装压缝条或装饰块。

2.5.3 任务拓展

幕墙技术的应用为建筑装饰提供了更多的选择,它是融建筑技术、建筑功能、建筑艺术为一体的建筑围护构件。幕墙的设计和施工除遵从美学规律外,还应遵从建筑力学、物理、结构等规律的要求,做到安全、适用、经济、美观。

玻璃幕墙是由金属构件与玻璃板组成的建筑外围护结构。玻璃幕墙根据有无骨架体系,可分为有框玻璃幕墙和无框玻璃幕墙。而有框玻璃幕墙根据幕墙骨架与玻璃的连接构造方式,又分为明框玻璃幕墙、半隐框玻璃幕墙和隐框玻璃幕墙三种。无框玻璃幕墙分坐落式全玻璃幕墙、吊挂式全玻璃幕墙和点支式玻璃幕墙三种。

1. 有框玻璃幕墙

有框玻璃幕墙由幕墙立柱、横梁、玻璃、主体结构、预埋件、连接件,以及连接螺栓、垫杆和胶缝、开启扇等组成。

幕墙的形式、总尺寸、骨架及饰面板布置间距、位置等必须首先确定，然后再进行细部构造设计。平面、立面布置的关键是幕墙总尺寸和分格尺寸的确定。必须根据幕墙所依附建筑物的平面及体型，立面形式装饰效果来组合考虑。

(1) 明框玻璃幕墙。

明框玻璃幕墙玻璃镶在金属骨架框格内，骨架外露。明框式体系玻璃安装牢固、安全可靠。

明框玻璃幕墙的形式有以下几种：

① 整体镶嵌槽式。

镶嵌槽和杆件是一整体，镶嵌槽外侧槽板与构件是整体连接的，在挤压型材时就是一个整体，采用投入法安装玻璃。整体镶嵌式普通玻璃幕墙，定位后有干式装配、湿式装配和混合装配三种固定方法，混合装配又分为从外侧和从内侧安装玻璃两种做法。

② 组合镶嵌槽式。

镶嵌槽的外侧槽板与构件是分离的，采用平推法安装玻璃。玻璃安装定位后压上压板，用螺栓将压板外侧扣上扣板。

③ 混合镶嵌槽式。

一般是立梃用整体镶嵌槽、横梁用组合镶嵌槽，安装玻璃用左右投装法。玻璃定位后将压板用螺钉固定到横梁杆件上，扣上扣板形成横梁完整的镶嵌槽，可从外侧或内侧安装玻璃。

④ 隐窗型。

将立梃两侧镶嵌槽间隙采用不对称布置，使一侧间隙大到能容纳开启扇框斜嵌入立梃内部，外观上固定部分与开启部分杆件一样粗细，形成上下左右线条一样大小，其余的做法均同整体镶嵌槽式。

⑤ 隔热型。

一般普通玻璃幕墙的铝合金杆件有一部分外露在玻璃的外表面，杆件壁经过两块玻璃的间隙延伸到室内，形成传热量大的通路。为了提高幕墙的保温性能，可采用隔热型材来制作幕墙。隔热型材有嵌入式和整体挤压浇注式两种。

(2) 隐框玻璃幕墙。

隐框(暗骨架)体系的玻璃幕墙是用胶黏剂直接粘贴在骨架外侧的，幕墙的骨架不外露，装饰效果好，但玻璃与骨架的粘贴技术要求高。隐框玻璃幕墙有半隐框玻璃幕墙和全隐框玻璃幕墙两种形式。

① 半隐框玻璃幕墙。

利用结构硅酮胶为玻璃相对的两边提供结构的支持力，另两边则用框料和机械性扣件进行固定，垂直的金属竖梃是标准的结构玻璃装配，而上下两边是标准的镶嵌槽夹持玻璃。结构玻璃装配要求硅酮胶对玻璃与金属有良好的黏结力。这种体系看上去有一个方向的金属线条，不如全隐型玻璃幕墙简洁，立面效果稍差，但安全度比较高。

② 全隐框玻璃幕墙。

玻璃四边都用硅酮密封胶将玻璃固定在金属框架的适当位置上，其四周用强力密封胶全封闭，玻璃产生的热胀冷缩变形应力全由密封胶给予吸收，而且玻璃面受的水平风压力和自重也更均匀地传给金属框架和主结构件。全隐型玻璃幕墙由于在建筑物的表面不显露金属框，而且玻璃上下左右结合部位尺寸也相当窄小，因而产生全玻璃的艺术感觉，受到旅馆和商业建筑的青睐。

2. 无框式玻璃幕墙

该类幕墙无支撑骨架,玻璃采用大块饰面,以便使幕墙的通透感更强,视线更加开阔,立面更为简洁生动。

(1) 全玻璃幕墙。

由玻璃板和玻璃肋制作的玻璃幕墙称为全玻璃幕墙。它通透性好、造型简洁明快。由于该幕墙通常采用较厚的玻璃,所以隔声效果较好,加之视线的无阻碍性,用于外墙装饰时使室内、室外环境浑然一体,空间交融,被广泛应用于各种底层公共空间的外装饰。

全玻璃幕墙根据构造方式的不同,分为坐落式和吊挂式两种。

① 坐落式全玻璃幕墙。

当全玻璃幕墙的高度较低时可采用坐落式安装。此时通高玻璃板和玻璃肋上下均镶嵌在槽内,玻璃直接支撑在下部槽内支座上,上部镶嵌玻璃的槽顶与玻璃之间留有空隙,使玻璃有伸缩的余地。该做法构造简单、造价相对较低。

为了加强玻璃板的刚度、保证玻璃幕墙整体在风压等水平荷载作用下的稳定性,坐落式全玻璃幕墙构造中应加设玻璃肋。其构造组成有上下金属夹槽、玻璃板、玻璃肋、弹性垫块、聚乙烯泡沫垫杆或橡胶嵌条、连接螺栓、硅酮结构胶及耐候胶等,上下夹槽为5号槽钢,槽底垫弹性垫块,两侧嵌填橡胶条、封口用耐候胶。当玻璃高度小于2 m、且风压较小时可以省去玻璃肋。玻璃肋的布置方式有以下4种:

后置式:玻璃肋置于玻璃板的后部,用密封胶与玻璃板黏结成一个整体,如图2.46(a)所示。

骑缝式:玻璃肋位于两块玻璃板的板缝位置,在缝隙处用密封胶将3块玻璃黏结起来,如图2.46(b)所示。

平齐式:玻璃肋位于两块玻璃板之间,玻璃肋前端与玻璃板面平齐,两侧缝隙用密封胶嵌填、黏结,如图2.46(c)所示。

突出式:玻璃肋夹在两块玻璃板中间、两侧均凸出玻璃表面,两面缝隙用密封胶嵌填、黏结,如图2.46(d)所示。

玻璃板、肋之间交接处留缝尺寸根据玻璃厚度、高度、风压等确定,缝中灌注透明硅酮,耐候胶使两玻璃连接、传力(玻璃板通过密封胶缝将板面上的一部分作用力传给玻璃肋,再经玻璃肋传给结构)。

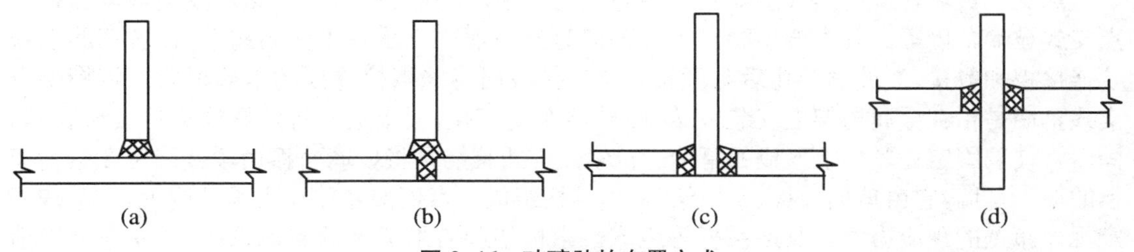

图2.46 玻璃肋的布置方式

② 吊挂式全玻璃幕墙。

当建筑物层高很大,采用通高玻璃的坐落式幕墙时,因玻璃变得细长,其平面外刚度和稳定性相对很差,在自重作用下都很容易压屈破坏,不可能再抵抗各种水平力的作用。为了提高玻璃的刚度和安全性,避免压屈破坏,在超过一定高度的通高玻璃上部设置专用的金属夹具,将玻璃板和玻璃肋吊挂起来形成玻璃墙面,这种幕墙称为吊挂式全玻璃幕墙。此做法下部需镶嵌在槽口内,以利于玻璃板的伸缩变形。吊挂式全玻璃幕墙的玻璃尺寸和厚度都比坐落式大且构造复杂、工序多，故造价较高。

全玻璃幕墙所使用的玻璃，多为钢化玻璃和夹层钢化玻璃。但玻璃无论钢化与否，边缘都应磨边处理。全玻璃幕墙的玻璃需插入金属槽内定位和嵌固，安装方法有以下3种：

干式嵌固：在固定玻璃时，采用密封条嵌固的安装方式，如图2.47(a)所示。

湿式嵌固：当玻璃插入金属槽内、填充垫条后，采用密封胶(如硅酮密封胶等)注入玻璃、垫条和槽壁之间的空隙，凝固后将玻璃固定的，如图2.47(b)所示。

混合式嵌固：在放入玻璃前先在槽内一侧装入密封条，然后放入玻璃，再在另一侧注入密封胶，是上两种方法的结合，如图2.47(c)所示。

湿式嵌固的密封性能优于干式嵌固，硅酮密封胶寿命长于橡胶密封条。玻璃在槽底的坐落位置，均应垫以耐候性好的弹性垫块，以使受力合理，防止玻璃破碎。

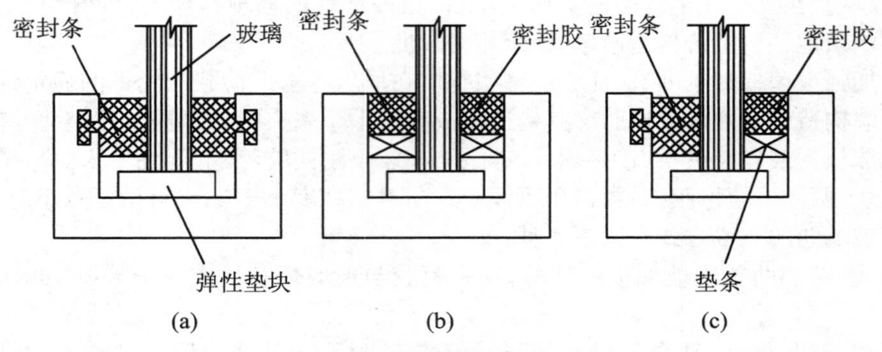

图2.47　玻璃定位嵌固方法

③ 点支式玻璃幕墙。

在幕墙玻璃四角打孔，用幕墙驳接(专用钢爪)将玻璃连接起来并将荷载传给相应构件，最后传给主体结构的幕墙做法，也称点驳接式玻璃幕墙。

这种做法体现了建筑物内外空间的更多融合的设计追求，人们可透过玻璃清晰地看到支承玻璃的整个构架体系，使得这些构架体系从单纯的支承作用转向具有形式美、结构美的元素，具有强烈的装饰效果。点支式玻璃幕墙被广泛应用于各种大型公共建筑中共享空间的外装饰。

点支式玻璃幕墙的形式主要有玻璃肋点支式玻璃幕墙、钢桁架点支式玻璃幕墙和拉索点支式玻璃幕墙等。其中玻璃肋点支式幕墙是指玻璃肋支承在主体结构上，在玻璃肋上安装连接板和驳接，面玻璃开孔后与驳接(4脚支架)用特殊螺栓连接的幕墙形式。钢桁架点支式幕墙是指在金属桁架上安装驳接，面玻璃四角打孔，驳接上的特殊螺栓穿过玻璃孔，紧固后将玻璃固定在驳接上形成的幕墙。拉索点支式幕墙是将玻璃面板用驳接固定在索桁架上的玻璃幕墙，它由玻璃面板、索桁架、支承结构组成。索桁架悬挂在支承结构上，它由按一定规律布置的预应力索具及连系杆等组成。索桁架起着形成幕墙支承系统、承受面玻璃荷载并传至支承结构上的作用。

练习与提高

1. 抹灰类墙面装修是由________、________、________三个层次组成。其中______层的主要作用是找平，________层起装饰作用。

2. 按材料及施工方式不同分类，墙面装修可分为________、______、________、______

和________________镶嵌类等。

3. 涂料类墙面装修按使用工具不同分为________、________、________和__________。

4. 天然石板和人造石板的饰面构造做法有________和________。

5. 有框玻璃幕墙根据幕墙骨架与玻璃的连接构造方式，分为________、________和隐框玻璃幕墙三种。

6. 无框玻璃幕墙分________、________和点支式玻璃幕墙三种。

7. 坐落式全玻璃幕墙中玻璃肋的布置方式有以下四种，即______、______、______和__________。

8. 全玻璃幕墙的玻璃需插入金属槽内定位和嵌固，安装方法有三种，即____________、____________和________________。

9. 试述墙面装修的作用和基本类型。

10. 举例说明各类墙面装修的构造做法及使用范围。

学习情境3　楼板层与地面

3.1　学习情境描述

3.1.1　学习目标

完成本学习情境后，你应当能：

(1) 运用所学知识，阅读教学楼施工图纸，明确楼地面构造做法。

(2) 参观学院建筑物，分析教学楼、学生公寓钢筋混凝土楼板布置情况及荷载传递路线。

(3) 运用所学知识，根据不同建筑物中阳台和雨篷的设置位置，分析其构造处理方法。

(4) 在教师指导下，绘制外墙节点构造图示。

3.1.2　学习任务

具体学习任务与任务驱动，见表3.1。

表3.1　学习任务与任务驱动

序号	学习任务	任务驱动
1	钢筋混凝土楼板	(1) 参观建筑物，分析教学楼、学生公寓钢筋混凝土楼板布置情况及荷载传递路线； (2) 阅读教学楼结构施工图纸，分析楼板类型
2	地面	(1) 对照施工图纸，明确楼地面构造做法； (2) 绘制教学楼楼地面构造图示
3	顶棚、阳台、雨篷构造	(1) 参观建筑物，观察其顶棚构造，并根据不同建筑物中阳台和雨篷的设置位置，分析其构造处理方法； (2) 绘制教学楼走廊排水构造图示
4	绘制外墙身节点构造图	绘制墙脚、窗台、过梁与楼板层三个节点外墙构造详图

3.2　任务1:钢筋混凝土楼板

3.2.1　任务资讯

楼板是建筑物层与层之间的水平分隔构件,它沿着竖向将建筑物分隔成若干部分。其作用是对墙体起水平支撑作用。它为水平承重构件,承受自重和楼面竖向荷载,并将其荷载传给墙(梁)或柱。

3.2.1.1　楼板的类型

按结构层所用材料的不同,可分为木楼板、钢筋混凝土楼板、压型钢板组合楼板等类型。

按其施工方式不同,钢筋混凝土楼板可分为现浇钢筋混凝土楼板、预制钢筋混凝土楼板两种类型。

3.2.1.2　楼板的组成

楼板主要由面层、结构层、顶棚层三部分组成,如图3.1所示。

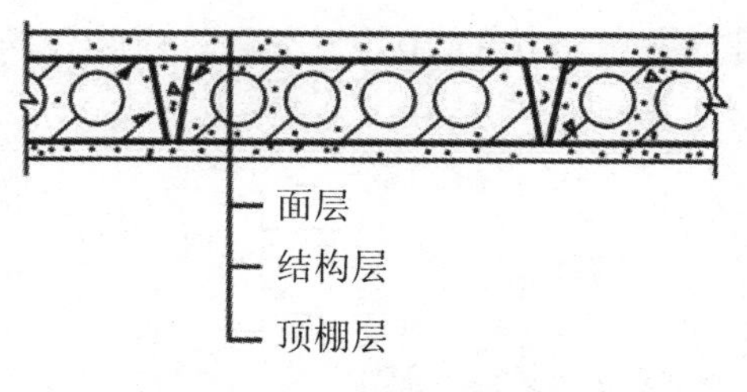

图3.1　楼板的组成

3.2.1.3　楼板的设计要求

1. 强度和刚度的要求

强度要求是指楼板层应保证在自重和荷载作用下安全可靠,不发生任何破坏。这主要是通过结构设计来满足要求。刚度要求是指楼板层在一定荷载作用下不发生过大变形,以保证正常使用状况。《混凝土结构设计规范》(GB50010—2010)规定,现浇钢筋混凝土板从构造角度要求的最小厚度不应小于表3.2规定的数值。

2. 保温、隔热、防火、隔声的要求

楼板应根据不同的使用要求和建筑质量等级等要求,应具有不同程度的隔声、防火、防水、防潮、保温、隔热等性能。

不同使用性质的房间对隔声的要求不同,我国对住宅楼板的隔声标准中规定:一级隔声标准为65 dB,二级隔声标准为75 dB等。楼板主要是隔绝固体传声,如人的脚步声、拖动家具、敲击楼板等都属于固体传声,防止固体传声可采取的措施主要有:在楼板表面铺设地毯、橡胶、塑料毡等柔性材料;在楼板与面层之间加弹性垫层以降低楼板的振动,即“浮筑式楼板”;在楼板下加设吊顶,使固体噪声不直接传入下层空间。

表 3.2　现浇钢筋混凝土板的最小厚度

板的类别		最小厚度(mm)
单向板	屋面板	60
	民用建筑楼板	60
	工业建筑楼板	70
	行车道下的楼板	80
双向板		80
密肋板	肋间距小于或等于 700 mm	40
	肋间距大于 700 mm	50
悬臂板	板的悬臂长度小于或等于 500 mm	60
	板的悬臂长度大于 500 mm	80
无梁楼板		150

3. 施工要求

便于在楼板中敷设各种管线。

4. 经济要求

通常楼地面造价约占建筑物总造价的 20%～30%。应为建筑工业化创造条件,提高建筑质量和加快施工进度。

3.2.2　任务实施

3.2.2.1　现浇钢筋混凝土楼板

现浇钢筋混凝土楼板指在现场架设模板,绑扎钢筋,浇灌混凝土,经养护达到一定强度后拆除模板而成的楼板。该楼板具有整体性,防水性好,抗震能力强,并具有良好的可塑性,便于留孔洞和布置管线,但施工工序多,模板用量大,工人劳动强度大。图 3.2 为现浇钢筋混凝土楼板。

图 3.2　现浇钢筋混凝土楼板

现浇钢筋混凝土楼板根据受力和传力情况分为板式楼板、梁板式楼板、井式楼板、无梁楼板。

1．板式楼板

楼板内不设置梁，将板直接搁置在墙上的楼板。其厚度一般在60～120 mm。其特点是板底平整、美观、施工方便，但跨度较小，承荷较小。

板式楼板的荷载传递路线：荷载→板→墙→墙基础。

板式楼板适用于小跨度的房间，如走廊、厨房、卫生间。

根据受力和支承情况，板式楼板分为单向板和双向板。单向板是长边与短边的比值大于2.0的板。板厚60～80 mm，板跨小于2 500 mm。沿单一方向传递荷载，如图3.3所示。双向板是长边与短边的比值不大于2.0的板。板厚70～120 mm，板跨3 000～4 000 mm。沿双向传递荷载，如图3.4所示。

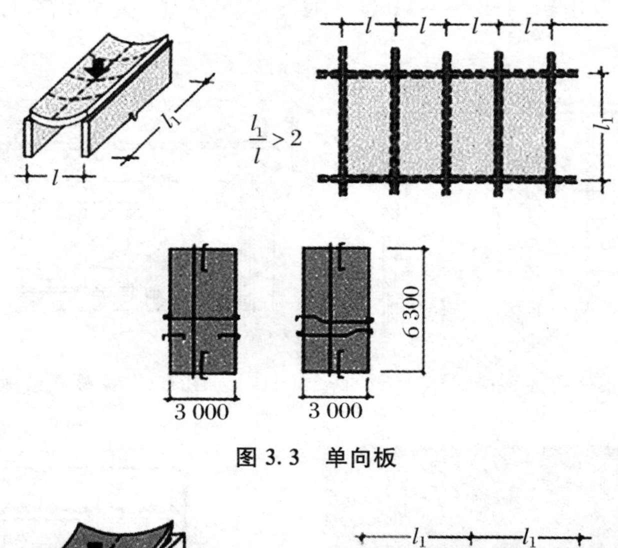

图3.3　单向板

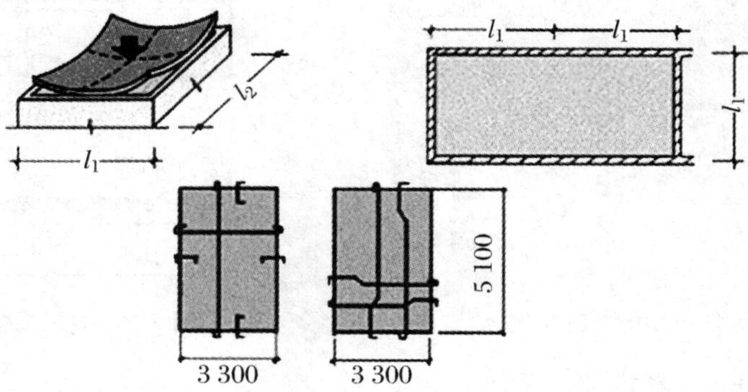

图3.4　双向板

《混凝土结构设计规范》(GB50010—2010)规定了现浇板的受力计算方法。对于两对边支承的板应按单向板计算。四边支承的板当长边与短边长度之比小于或等于2.0时，应按双向板计算；当长边与短边长度之比大于2.0，但小于3.0时，宜按双向板计算；当按沿短边方向受力的单向板计算时，应沿长边方向布置足够数量的构造钢筋；当长边与短边长度之比大于或等于3.0时，可按沿短边方向受力的单向板计算。

单向板和双向板可采用分离式配筋或弯起式配筋。分离式配筋因施工方便，已成为工程中主要采用的配筋方式。当多跨单向板、多跨双向板采用分离式配筋时，跨中正弯矩钢筋宜全部伸入支座，支座负弯矩钢筋向跨内的延伸长度应覆盖负弯矩图并满足钢筋锚固的要求。

2．梁板式楼板（肋形楼板）

指楼板内设置梁，板中荷载通过梁传至柱或墙的楼板。它由板和梁（次梁、主梁）组成，图 3.5 为梁板式楼板平面布置图，图 3.6 为梁板式楼板透视图，图 3.7 为梁板式楼板工程实例，图 3.8 为梁板式楼板剖面图。其荷载传递路线为荷载→板→次梁→主梁→柱（墙）→柱（墙）基础。

其构造要求如下：主梁通常沿短向布置，经济跨度为 5～8 m，主梁高为主梁跨度的 1/14～1/8；主梁宽为高的 1/3～1/2；次梁垂直主梁布置，其经济跨度为 4～6 m，次梁高为次梁跨度的 1/18～1/12，宽度为梁高的 1/3～1/2，次梁跨度即为主梁间距。主梁和次梁在墙或柱上的搭接尺寸应不小于 240 mm。板的厚度确定同板式楼板，由于板的混凝土用量约占整个梁板式楼板混凝土用量的 50%～70%。因此，在结构要求满足的前提下，板宜取薄些，其经济跨度为 1.7～2.5 m。

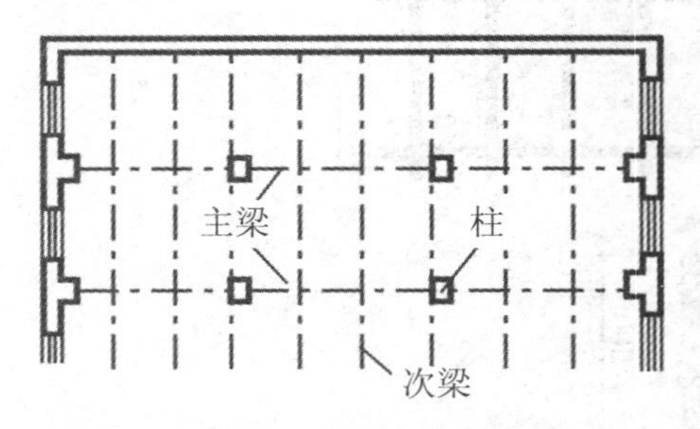

图 3.5　梁板式楼板平面布置图

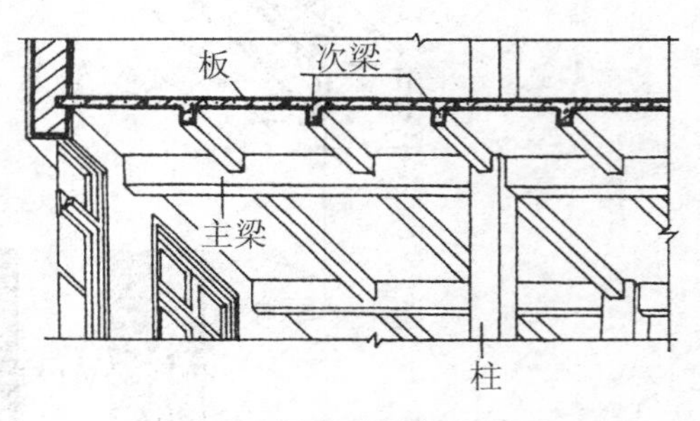

图 3.6　梁板式楼板透视图

图 3.7　梁板式楼板工程实例

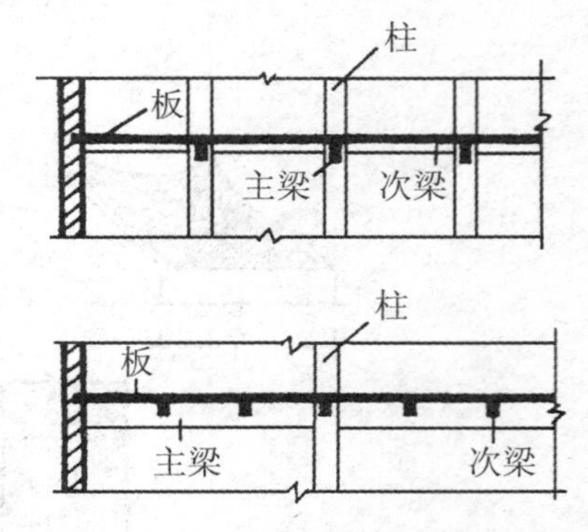

图 3.8　梁板式楼板剖面图

3．井式楼板（井字楼板）

当房间形状近似方形，跨度在 6～10 m，板厚在 70～80 mm 时，井格边长在 2.5 mm 以内，常沿两个方向交叉布置梁，使梁的截面等高，形成井格梁板结构为井式楼板。按照梁与墙相交的夹角不同，可分为正井式和斜井式。

井式楼板无主次梁之分，由板和梁组成。其荷载传递路线为板→梁→（墙）柱→（墙）柱基础。图 3.9 为井式楼板透视图，图 3.10 为井式楼板工程实例。

4．无梁楼板

将楼板直接支承在柱上，板底不设梁的现浇钢筋混凝土楼板为无梁楼板。

无梁楼板的柱网一般布置为正方形或矩形，柱距在 6 m 左右。为改善板的受力条件和

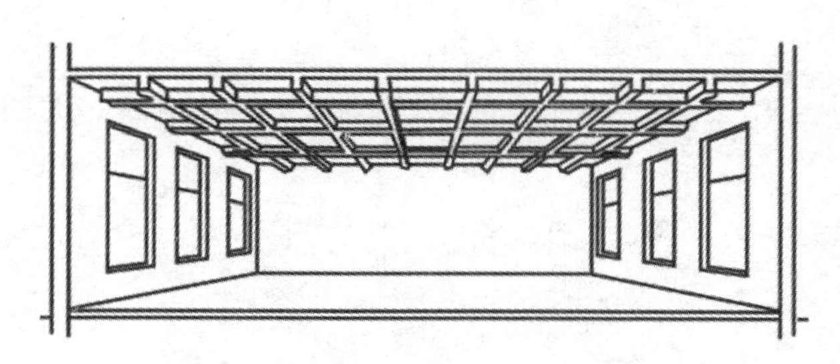

图 3.9 井式楼板透视图

图 3.10 井式楼板工程实例

加强柱对板的支撑作用，通常在柱的顶部加设柱帽或托板。柱帽可根据室内空间要求和柱截面形式进行设计。其形式通常有四棱台、圆台和棱锥等。由于无梁楼板的板跨较大，板厚不小于 150 mm，且不小于板跨的 1/35～1/32。

无梁楼板的特点为楼层净空较大，顶棚平整，采光通风和卫生条件较好，便于工业化施工。其荷载传递路线为荷载→板→柱→柱基础。无梁楼板适用于活荷载较大的商场、仓库、展览馆等建筑。图 3.11 为无梁楼板透视图，图 3.12 为无梁楼板工程实例。

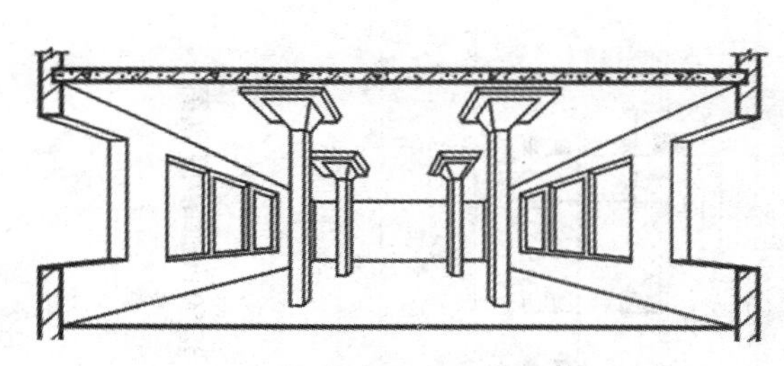

图 3.11 无梁楼板透视图

图 3.12 无梁楼板工程实例

3.2.2.2 预制钢筋混凝土楼板

预制装配式钢筋混凝土楼板

指将楼板在预制厂预制，在施工现场装配而成的钢筋混凝土楼板。其特点为可节约模板、改善工人劳动条件、提高劳动生产率、加快施工速度、缩短工期。（详见学习情境 8 预制楼板构件）

3.2.3 任务拓展

识读钢筋混凝土楼板施工图

【案例】

图 3.13 为某框架结构综合楼 3.750 m 板结构平面图。图中未注明者板厚为 90 mm。图中凡未注明的钢筋均为 ϕ8@200。底筋相同的相邻跨板施工时其底筋可以连通。图中未注明者板面和梁顶标高 = 建筑标高 − 30 mm。板面标高相差不超过 20 mm 时其间面筋连通设置，但施工时需做成弯起式。板面负筋所注尺寸为断点到梁边的距离。楼面混凝土强度等级为 C25。

现浇板的分布筋除特别注明外均为 ϕ6@200；板厚≥120 mm 时，分布筋均为 ϕ8@200。开间大于 3.9 m 的现浇板上部无钢筋时设 ϕ6@200 双向面筋。双向板两个方向的底部钢筋，短跨的板底钢筋在下，如图中有标注的以标注为准。板底筋应伸过支撑构件梁或墙中

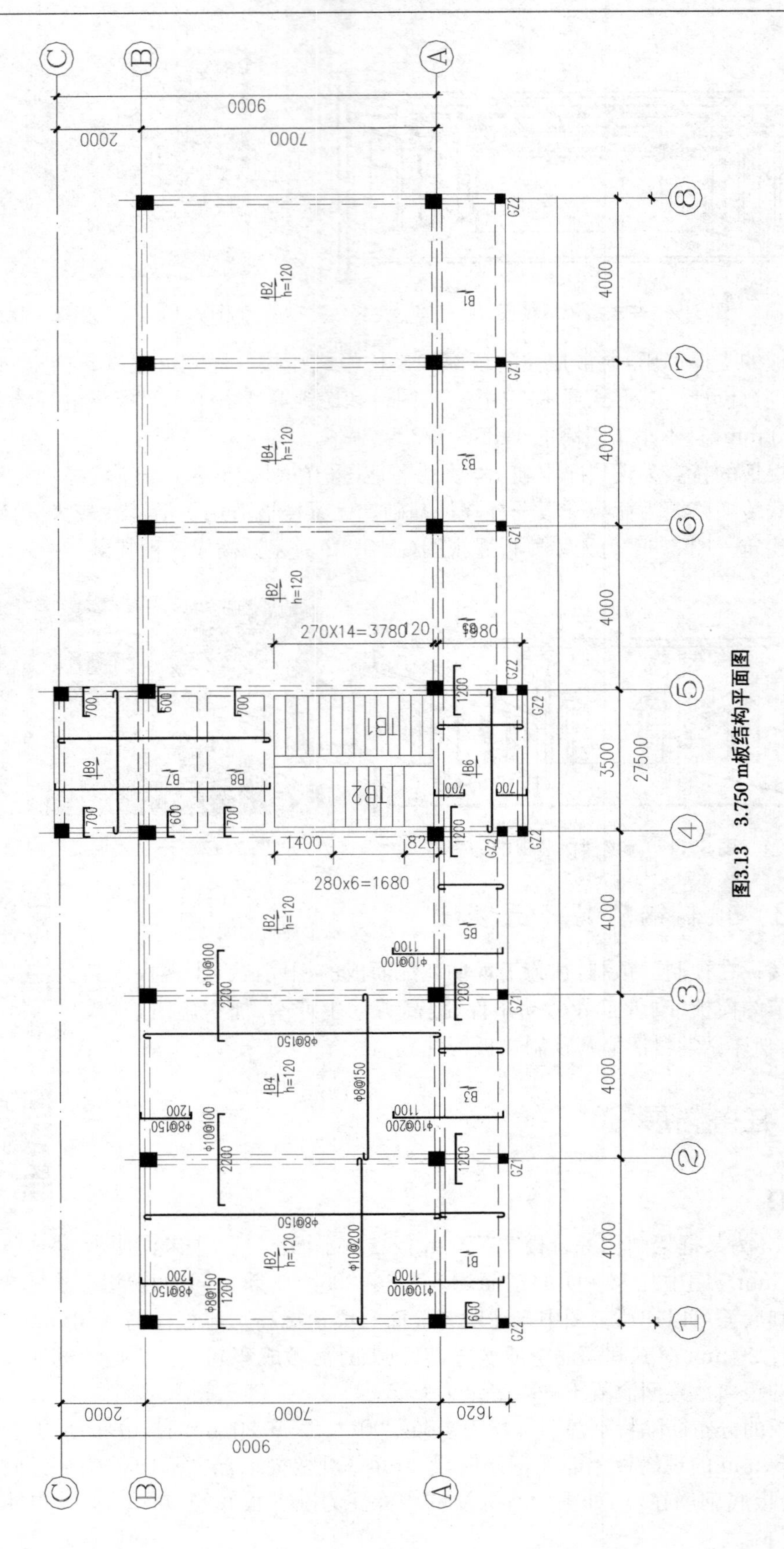

图3.13　3.750 m板结构平面图

线，且锚入支座内不小于15天。板面负筋锚固长度 L_{aE}。请参考图3.13。

图示分析：

1～2定位轴线之间的B1板为单向板，板厚90 mm，板的分布筋为Φ6@200。板的底筋为A8@200。1号定位轴线上的板面负筋为Φ8@200，分布范围为1 620 mm，断点到梁边的长度尺寸为600 mm。2号定位轴线上的板面负筋为Φ8@200，分布范围为1 620 mm，断点到2号定位轴线的长度尺寸为600 mm。A号定位轴线上的板面负筋为Φ10@100，分布范围为4 000 mm，断点到梁边的长度尺寸为2 720 mm。

1～2，A～B号定位轴线之间的B2板为双向板，板厚120 mm，板的分布筋为Φ8@200。板的底筋短边方向为Φ10@200，长边方向为Φ8@150。1号定位轴线上的板面负筋为Φ8@150，分布范围为7 000 mm，断点到梁边的长度尺寸为1 200 mm。2号定位轴线上的板面负筋为Φ10@100，分布范围为7 000 mm，断点到2号定位轴线的长度尺寸为1 100 mm。B号定位轴线上的板面负筋为Φ8@150，分布范围为4 000 mm，断点到梁边的长度尺寸为1 200 mm。

4～5，C～A号定位轴线之间设置有B7、B8、B9三块板，其中B7、B8为单向板，B9为双向板。板厚均为90 mm。板的分布筋均为Φ6@200。板的底筋均为Φ8@200。4、5号定位轴线上的板面负筋为Φ8@200，分布范围为5 220 mm，其中，B8、B9板面断点到梁边的长度尺寸为700 mm，B7板面断点到梁边的长度尺寸为600 mm。在B7、B8、B9三块板的板面，4～5号定位轴线之间配置的跨板受力筋为Φ8@200，分布范围为3 500 mm，长度尺寸为5 220 mm。

图B3～B6板结构平面图的阅读方法，请参考以上的分析方法，自行阅读。

图中相同编号的板，仅在其中一块板上绘制钢筋配置图，施工时根据相同编号的板，同样配置钢筋即可。

练习与提高

1. 楼板要有一定的隔声能力，以下的隔声措施中，效果不理想的为(　　)。
   A. 楼面铺地毯　B. 采用软木地砖　C. 在楼板下加吊顶　D. 铺地砖地面
2. 双向板是指板的长短边比值(　　)。
   A. ＞2　B. ≥2　C. ＜2　D. ≤2
3. 钢筋混凝土梁板式楼板的荷载传力路线为(　　)。
   A. 板→主梁→次梁→墙或柱　B. 板→墙或柱
   C. 板→次梁→主梁→墙或柱　D. 板→梁→墙或柱
4. 现浇梁板式楼板布置中，主梁一般应沿房间的________方向布置，次梁垂直于________方向布置。
5. 现浇式钢筋混凝土楼板分为________、________、________和__________。
6. 楼板的基本构造层次有________、________、________。
7. 现浇钢筋混凝土板式楼板，根据受力和支承情况可分为________和________。
8. 试述现浇钢筋混凝土楼板的定义及特点。
9. 试述梁板式楼板的组成、荷载传递路线及构造要求。
10. 试述板式楼板与无梁楼板的异同点。

3.3 任务 2:地面

3.3.1 任务资讯

3.3.1.1 地面

地面包括底层地面和楼层地面。底层地面指建筑物底层与土壤相接的构件,其作用是承受底层地面上的荷载,并均匀地传给地坪以下土层。底层地面的基本构造层为面层、垫层和地基(基层)。当底层地面的基本构造不能满足使用或构造要求时,可增设结合层、隔离层、填充层、找平层和保温层等其他构造层。图 3.14 为底层地面的组成。

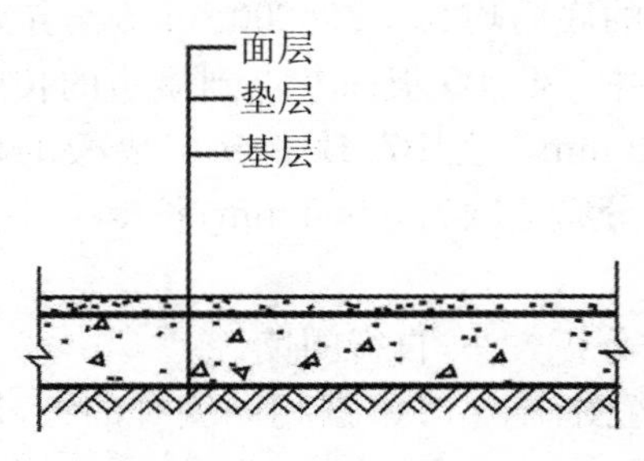

图 3.14 底层地面的组成

1. 面层

面层指人们进行各种活动与其接触的表面层。具有保护垫层和装饰的作用。

2. 垫层

垫层指承受并均匀传递荷载给基层的构造层,分为刚性垫层和柔性垫层。其厚度采用 50～100 mm。具有找平和传递荷载的作用。

刚性垫层有足够的整体刚度,受力后变形较小,如素混凝土垫层、碎砖三合土垫层。柔性垫层整体刚度很小,受力后易产生塑性变形,如砂垫层、碎砖灌浆垫层、石灰炉渣垫层、灰土垫层等。

3. 基层

基层即地基,一般为原土层或填土分层素土夯实。

3.3.1.2 对地面的要求

1. 坚固性要求

地面应具有足够的坚固性,使其在家具、设备等作用下不易被磨损和破坏,且表面平整、光洁、易清洁和不起灰。

2. 热工性要求

地面应具有良好的保温性能,要求地面材料的导热系数小,给人以温暖舒适的感觉,冬季时走在上面不致感到寒冷。

3. 隔声性、弹性要求

地面应满足隔绝固体传声的要求。同时应具有一定的弹性,当人们行走时不致有过硬的感觉,同时,有弹性的地面也有利于减小撞击声。

4. 防水、耐腐蚀等方面要求

内容略。

5. 美观要求、经济要求

内容略。

3.3.2　任务实施

3.3.2.1　地面的类型

地面的名称是依据面层所用的材料来命名的。按面层所用的材料及施工方法的不同，常见地面可分为5类：整体地面、块材地面、木地面、卷材地面和涂料地面。

3.3.2.2　地面的构造做法

楼地面的构造处理

1. 整体地面

用现场浇筑的方法做成整片的地面称为整体地面。常用的有水泥砂浆地面、现浇水磨石地面、菱苦土地面等。

(1) 水泥砂浆地面。

水泥砂浆楼地面是应用较多的一种传统楼地面。水泥砂浆地面通常用水泥砂浆抹压而成。它造价低，施工简便，耐用，但有易起尘、无弹性、热传导性高、脱皮等缺点。

水泥砂浆楼地面有双层和单层构造之分。单层做法是在钢筋混凝土楼板上抹20～25厚1∶2或1∶2.5水泥砂浆。双层做法是：① 10～20厚1∶3水泥砂浆找平；② 5～10厚1∶2水泥砂浆压平赶光。双层构造虽增加了施工工序，却容易保证质量，减少表面干缩时产生裂纹的可能，目前以双层水泥砂浆地面居多。图3.15为水泥砂浆地面。

对于浴室、卫生间等防水要求较高的楼地面，在结构层与装饰层之间要加设防水层。

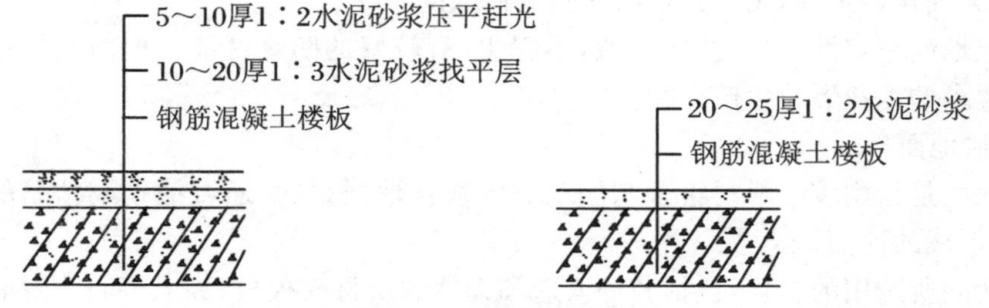

图3.15　水泥砂浆地面

(2) 现浇水磨石地面。

现浇水磨石楼地面是以水泥为胶结料，掺入不同色彩、不同粒径的大理石或花岗岩碎石，经过搅拌、成型、养护、研磨等工序而制成的一种具有一定装饰效果的人造石材地面。

现浇水磨石楼地面具有坚固、光滑、耐磨、易清洁、不易起灰、防水抗渗性好、均匀稳定性强、造价较低等特点。

现浇水磨石楼地面适用于人流量大、保洁度高以及防水性要求较高的场所。如公共建筑的门厅、过道、楼梯间、卫生间等处。图3.16为现浇水磨石地面。

现浇水磨石地面的构造做法：① 素土夯实。② 3∶7灰土100厚(柔性垫层)。③ C10混凝土60厚(刚性垫层)。④ 1∶3水泥砂浆打底找平15厚。⑤ 1∶1水泥砂浆固定分格条(玻璃条或金属条)。⑥ 1∶2或1∶2.5水泥石渣浆抹面。⑦ 浇水养护一周后，用磨石机磨光，先粗磨，再细磨，最后再用草酸清洗，打蜡保护。

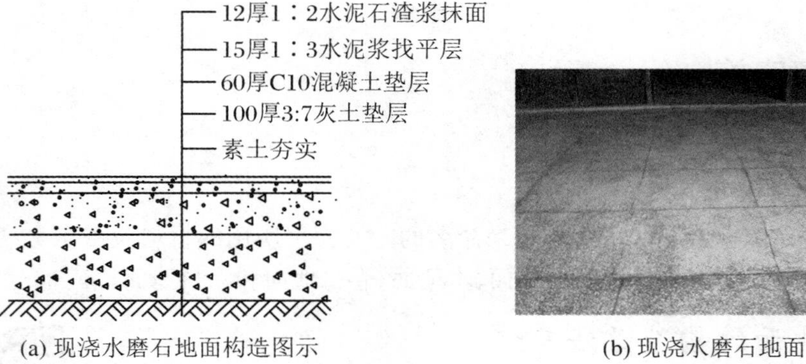

(a) 现浇水磨石地面构造图示　　(b) 现浇水磨石地面

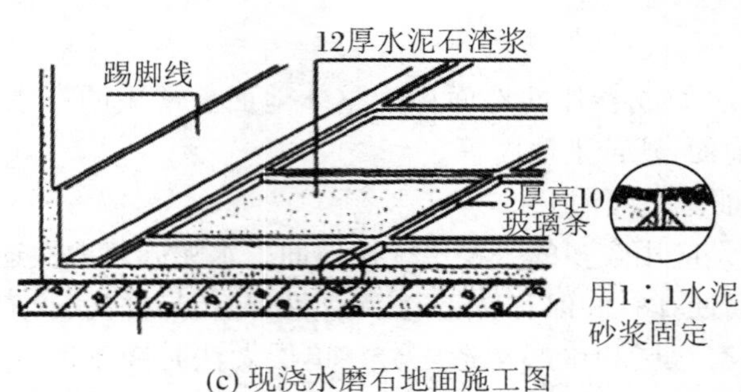

(c) 现浇水磨石地面施工图

图 3.16　现浇水磨石地面

(3) 菱苦土地面。

菱苦土地面是用菱苦土、木屑、氯化镁溶液、滑石粉及矿物颜料掺配，制成胶泥铺抹压光，养护 4 天硬化稳定后，用磨光机磨光打蜡而成的。

菱苦土地面有弹性、热工性能一般，不起尘，有较好的防爆性能。但防水性差。可适用于有防爆要求的烟花爆竹生产车间。

2. 块材地面

块材地面是指用胶结材料将预制加工好的块状地面材料，通过铺砌或粘贴的方式与基层连接，所形成的地面。

块材地面所选用的材料，包括各种人造和天然的块材或板材，如大理石、花岗石板、陶瓷质地砖、陶瓷锦砖、水泥砖等。其特点是花色品种多样，经久耐用，易于保持清洁，且施工速度快，湿作业量少，因此应用十分广泛。适用于人流量较大、耐磨损、保持清洁、防水防潮等方面要求较高的地面。

(1) 铺砖地面。

铺砖地面有黏土砖地面、水泥砖地面、预制混凝土块地面等。铺设方式有干铺和湿铺两种。干铺是在基层上铺一层 20～40 mm 厚砂子，将砖块直接铺设在砂上，砖块间用砂或砂浆填缝。湿铺是在基层上铺 12～20 厚 1∶3 水泥砂浆，再用 1∶1 水泥砂浆灌缝。图 3.17 为水泥砖地面。

(2) 缸砖、地砖地面。

缸砖是陶土加矿物颜料烧制而成的一种无釉砖块，主要有红棕色和深米黄色两种。缸砖质地细密坚硬，强度较高，耐磨、耐水、耐油、耐酸碱，易于清洁不起灰，施工简单。广泛应用于卫生间、浴室、厨房、实验室及有腐蚀性液体的房间地面。缸砖地面的构造如图3.18所示。

图3.17　水泥砖地面

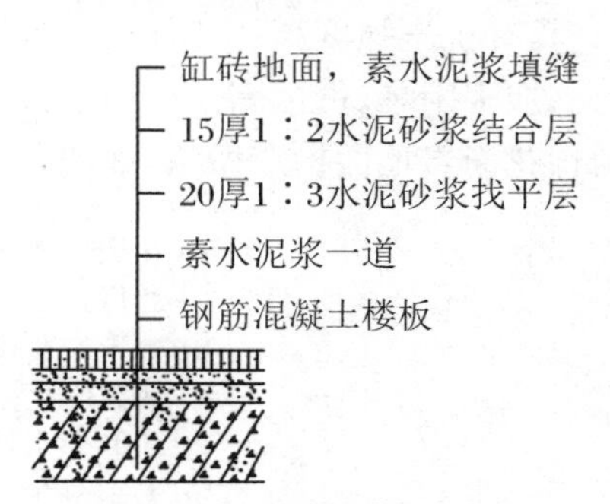

图3.18　缸砖地面的构造

地砖的各项性能都优于缸砖，且色彩图案丰富，装饰效果好，造价也较高，多用于装修标准较高的建筑物地面。地砖地面的实例及构造如图3.19所示。

(a) 地砖地面实例

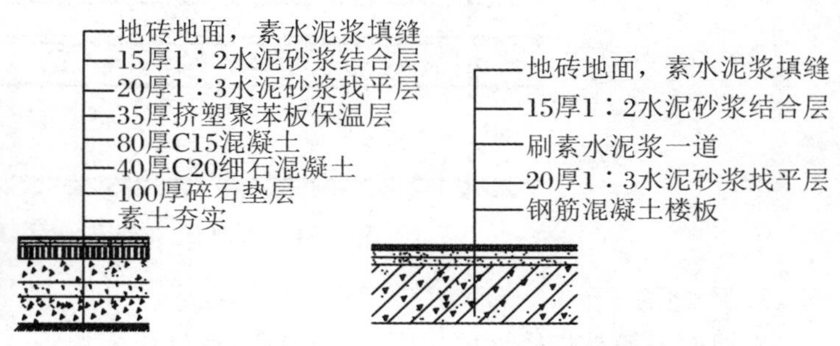

(b) 底层地砖地面　(c) 楼层地砖地面

图3.19　地砖地面的实例及构造

(3) 陶瓷锦砖地面。

陶瓷锦砖(又称马赛克)是由高温炼制而成的小型块材地面材料。根据它的花色品种，可拼贴成各种花纹图案，故名“锦砖”。

它的特点有表面光滑、质地坚实、色泽多样、经久耐用，并且有耐酸碱、耐火、耐磨、不透水、易清洗等。它还可以和其他块材结合铺装(如陶瓷质地砖、大理石、花岗石)，使地面的形式更加丰富活泼，这种设计方案常用于酒店、餐厅、游泳池、洗浴中心等地面。陶瓷锦砖出厂前已按照各种图案反贴在牛皮纸上，以便于施工。

陶瓷锦砖楼地面的构造如图3.20所示。施工时，先在基层上铺15厚1：3水泥砂浆找平层，将拼合好的陶瓷锦砖纸板反铺在上面，然后用滚筒压平，使水泥砂浆挤入缝隙。待水泥砂浆硬化后，用水及草酸洗去牛皮纸，再用白水泥擦缝。

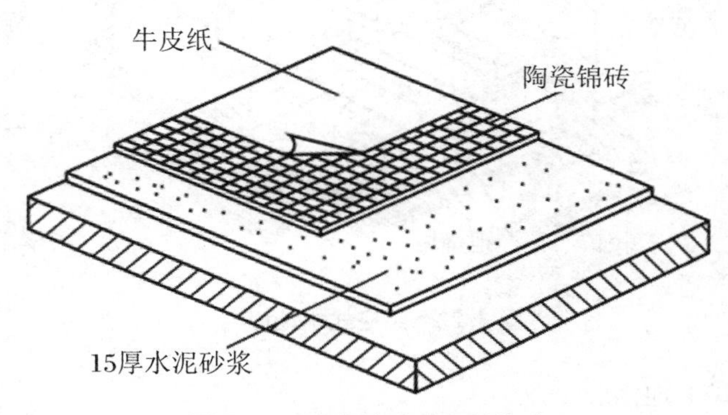

图3.20　陶瓷锦砖地面的构造

(4) 大理石、花岗岩地面。

大理石、花岗岩是从天然岩体中开采出来的，经过加工成块材或板材，再经过粗磨、细磨、抛光、打蜡等工序，就可加工成各种不同质感的高级装饰材料。

它具有抗压强度高、空隙率小、吸水率小、材质坚硬、耐磨耐久等优点，但它抗拉强度低、密度大、加工困难、价格高。适用于公共建筑、营业厅等人流量较多的公共建筑出入口等处。大理石、花岗岩地面构造做法，如图 3.21 所示。

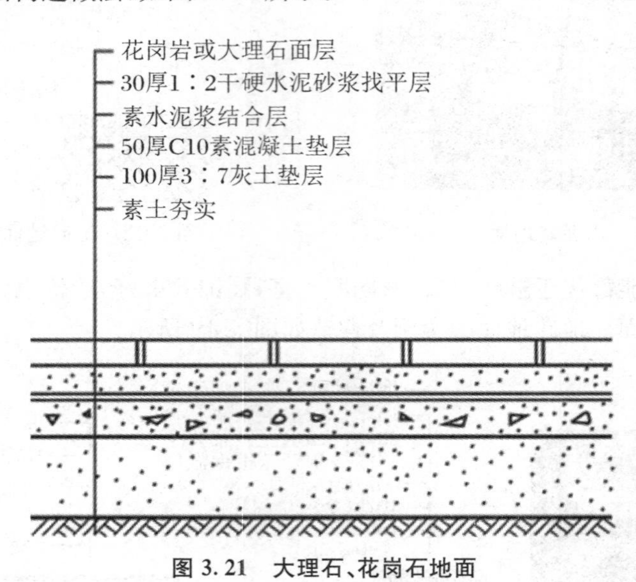

图 3.21　大理石、花岗石地面

3．木地面

木地面一般是指楼地面表面由木板铺钉或硬质木块胶合而成的地面。木地面具有自重轻、保温隔热性能好、有弹性、不起灰、易清洁、不泛潮、纹理及色泽自然美观等优点，但也存在耐久性差、潮湿环境下易腐朽、易产生裂缝和翘曲变形等缺陷。

木地面按其结构构造形式不同可分为架空式木地面、实铺式木地面和粘贴式木地面。

（1）架空式木地面。

架空式木地面主要是指通过地垄墙或砖墩的支持，使地面的隔栅架空隔置，地面下有足够的空间便于通风，以保持干燥，防止隔栅腐烂损坏。架空式木地面主要有地垄墙（或砖墩）垫木、木搁栅、毛板、面板组成。

架空式木地面的构造做法：① 混凝土垫层。②砌砖地垄墙，且在地垄墙上设置通风孔干铺油毡一层。③ 50×100沿椽木压毡。④ 垂直钉木龙骨 50×70@400。⑤ 垂直龙骨方向钉 50×50@800横撑。⑥ 钉 50×20 木地板。⑦ 表面刷油漆、打蜡。图 3.22 为架空式木地面。

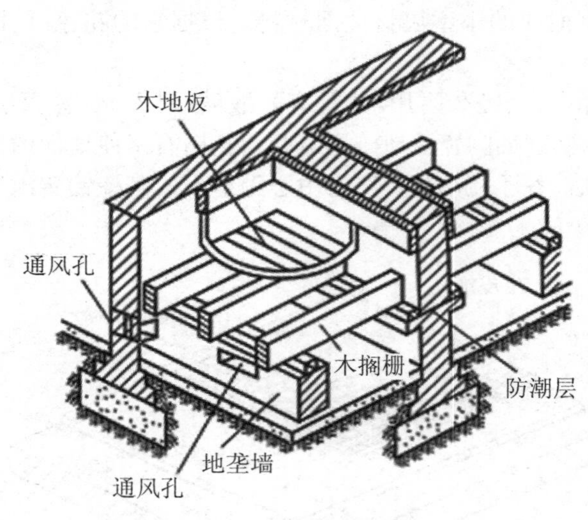

图 3.22　架空式木地面

(2) 实铺式木地面。

实铺式木地面是将木搁栅直接固定在结构基层上，这种做法构造简单，结构安全可靠，节约木材，所以被广泛应用。

实铺式木地面的面层板可分为单层和双层做法。单层面层板做法是在固定的木搁栅上铺钉一层长条形硬木面板即可。双层做法是在木搁栅上先铺钉一层软质木毛板，然后在其上再铺一层硬木面板。面层板双层做法按其面板形式，又可分为长条形和拼花两种形式。拼花式面层因使用短小木条，木材利用率高，加工方便，通过不同的组合，可以形成不同的图案，具有很好的装饰效果。

木地板面层一般为错位铺装，对于单层实铺式木楼地面构造，如图 3.23 所示。双层实铺式木楼地面构造，如图 3.24 所示。为了保证木搁栅层通风干燥，通常在木地板与墙面之间留有 20～30 mm 的空隙，用踢脚板及压缝条加以封盖，木搁栅与墙接触的部位应进行防腐处理，并在踢脚板上设通风孔，如图 3.25 所示。

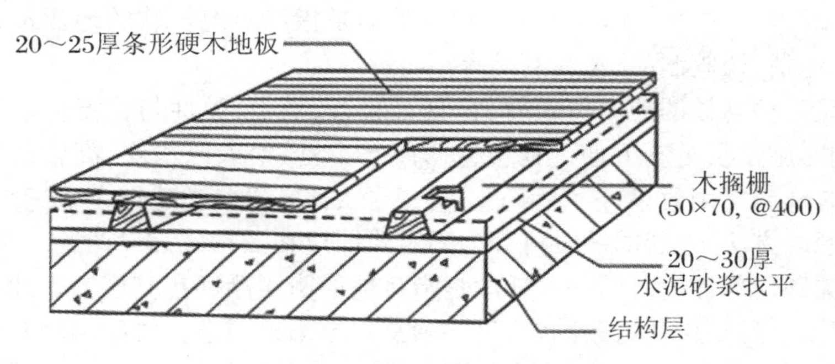

图 3.23　单层实铺式木地面

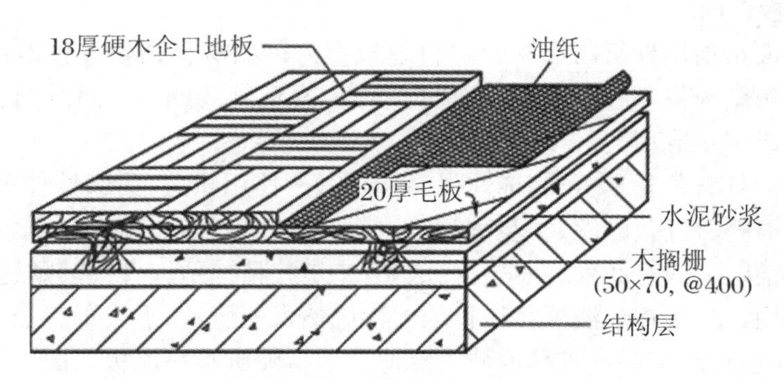

图 3.24　双层实铺式木地面

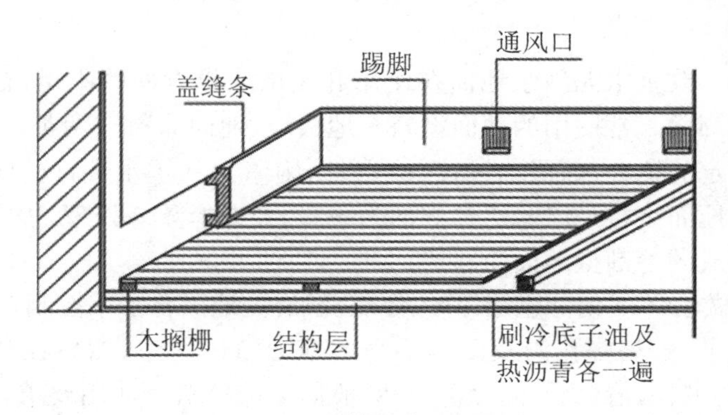

图 3.25　实铺木地面通风孔

(3) 粘贴式木地面。

粘贴式木地面是在钢筋混凝土楼板上做好找平层,然后用粘贴材料将木板直接粘贴而成。

粘贴式木地面具有省工省料、构造简单、造价较低等优点,还可以得到同搁栅式实铺木地面相同的表面效果,但这种地面的弹性和减震性不如搁栅式实铺木地面。

粘贴式硬木地板构造要求铺贴密实、防止脱落,为此要控制好木板含水率(10%),基层要清洁,其构造做法如图 3.26 所示。

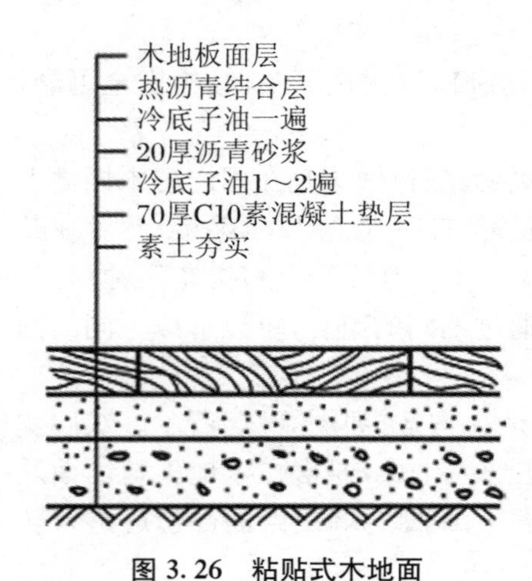

图 3.26 粘贴式木地面

4. 卷材地面

(1) 地毯地面。

地毯地面是指以质地较软的地面覆盖材料所形成的地面饰面,如地毯、橡胶制品、塑料制品等。

地毯地面是一种高档的地面覆盖材料,具有吸音、隔声、弹性与保温性能好、脚感舒适、美观等特点,同时施工及更新方便。地毯色彩图案丰富,给人以华丽、高雅的感觉。一般地毯具有较好的装饰和实用效果,广泛用于宾馆、酒楼、住宅等各类建筑之中。

按固定地毯的方法,地毯的铺设可分为固定式铺设和活动式铺设两种。按铺设范围,又可分为范围满铺和局部铺设。活动式铺设是指将地毯明摆浮搁在基层上。地毯的固定式铺设方法又分两种,一种是用挂毯条固定,另一种是用胶黏结固定。成品铝合金挂毯条兼具挂毯收口双重作用,既可用于固定地毯,也可用于两种不同材质的地面相接的部位。

(2) 塑料地板地面。

塑料地板地面是指用聚氯乙烯树脂塑料地板作为饰面材料铺贴在楼地面的地面饰面。它是以聚氯乙烯树脂为主要胶结材料,配以增塑剂、填充料、稳定剂、润滑剂和颜料,经高温混合、塑化、辊压或层压成型的。

塑料地板地面具有色彩丰富、装饰性强、耐湿性好、使用耐久、耐磨性佳等优点。适用于办公室、图书馆、酒吧、饭店、剧院、实验室等楼地面。

塑料地板的铺贴方式有两种,一是直接铺贴,二是胶粘铺贴。直接铺贴适用于人流量小及潮湿房间的地面。采用拼焊法可将塑料地面接成整张地毡,铺于找平层上,四周与墙身留有伸缩缝,以防地毡热胀拱起。胶粘铺贴主要适用于半硬质塑料地板。图 3.27 为塑料地板地面构造。

5. 涂料地面

涂料地面是为了改善水泥砂浆地面在使用和装饰质量方面的不足,在水泥砂浆楼地面上加做的各种涂层饰面。常使用的地面涂料有地板漆、地面涂料这两类产品。其中,过氯乙烯地面涂料具有一定的抗冲击强度、硬度、耐磨性、附着力和抗水性,此种涂料施工方便,涂膜干燥快。苯乙烯地面涂料是以苯乙烯焦油为基料,经选择熬炼处理,加入填料、颜料、有机溶剂等原料配制而成的溶剂型地面涂料。

涂料地面构造做法:(1) 清除基层浮砂、浮灰及油污,地面含水率控制在 6%以下。(2) 根据面层材料调配腻子,将基层孔洞及凹凸不平的地方填嵌平整,然后在基层满刮腻子若干遍,干后用砂纸打磨平整,清扫干净。(3) 面层根据涂饰材料及使用要求,涂刷若干遍面漆,层与层之间前后间隔时间，以前一层面漆干透为准，并进行相应处理。(4) 根据需要，进行磨光、打蜡、涂刷罩光剂、养护等修饰处理。

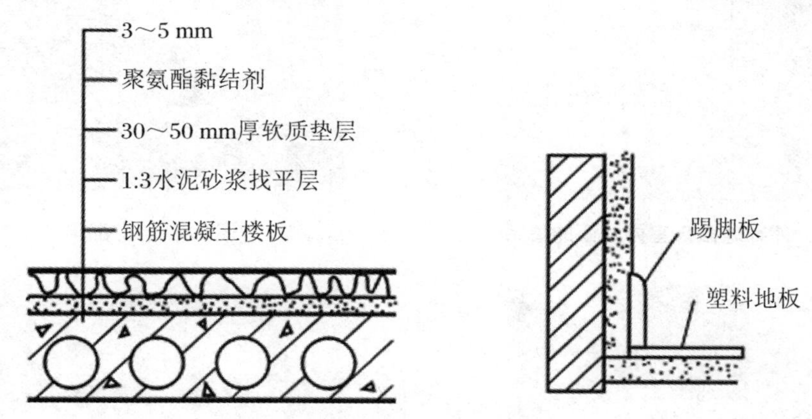

图 3.27　塑料地板地面构造

3.3.2.3　地面细部构造

1. 踢脚线

室内地面与内墙面交接处的构造处理，称为踢脚线(踢脚板)。在有水作业的房间，往往把踢脚线进行延伸，延伸到窗台位置，甚至整个墙面，踢脚线的延伸部位，称为墙裙。图3.28为踢脚线及墙裙，图3.29为墙裙。踢脚线具有保护墙脚的作用。其高度一般为100～150 mm，所用材料通常与地面面层装饰材料一致。

图 3.28　踢脚线及墙裙

图 3.29　墙裙

2. 地面防排水处理

对于受水或非腐蚀性液体经常浸湿的地面应采用防水、防滑类面层。为便于排水，需设置地漏，并使地面由四周向地漏有一定的坡度，从而引导水流入地漏。地面排水坡度一般为1%～1.5%。图3.30为外走廊的教学楼地面，为了避免雨水流入室内，外走廊地面应低于室内地面30～50 mm左右。

有防水要求的建筑地面必须设置防水隔离层。楼层结构必须采用现浇混凝土楼板，混凝土强度等级不应小于C20，楼板四周除门洞外，应做混凝土翻边，其高度不应小于120 mm。图3.31为现浇钢筋混凝土楼板在厨房、卫生间墙体位置设置的上翻梁，图3.32为现浇楼板预留烟道，图3.33为现浇楼板预留管道。

图 3.30　外廊地面与室内地面的关系

图 3.31　上翻梁

图 3.32　预留烟道

图 3.33　预留管道

3.3.3　任务拓展

【案例】　实铺式木地面施工方案

1. 环境要求

某市住宅小区 501 室住户进行楼地面装修，需做实铺式木地面，地面预埋的各种管线已完成，墙、顶抹灰已完成。

2. 材料及主要机具

(1) 材料准备：木龙骨、毛板、面板、黏结材料、腻子、油漆等。

(2) 主要机具：小电锯、小电刨、平刨、电动圆锯、冲击钻、手电钻、手锯、手刨、锤子、斧子、凿子、磨光机、螺丝刀、撬棍、方尺、木折尺、墨斗等。

3. 工艺流程

基层处理→安装木搁栅、撑木→钉毛地板（找平、刨平）→弹线、钉硬木地板→钉踢脚板→刨光、打磨→油漆。

4. 技术措施

(1) 基层处理。

先在楼板或垫层上弹出木搁栅的位置线，并使其与预埋在楼板或垫层内的预埋铁件绑牢固定，也可在现场钻孔打入木楔后用地板钉将木搁栅钉固在木楔上。搁栅常用 30 mm×40 mm 或 40 mm×50 mm 木方，使用前应做防腐处理。

(2) 毛地板的铺钉。

双层木地板的下层是毛地板，毛地板的表面要刨平，其宽度不宜大于 120 mm，长度不应小于两档木搁栅。铺设前，应清除已安装木搁栅内的刨花等杂物，并在木搁栅内均匀地洒上防虫粉。

铺设时,毛地板与木搁栅成30°或45°方向铺钉并使髓心朝上,板间缝隙不大于3 mm;接头要错开,并接在木搁栅上;要在毛地板凸企口处斜着钉暗钉,钉子入木搁栅内的长度为板厚的2.5倍。每块板在每根木搁栅上不少于2根钉,毛地板与墙之间应留10～15 mm的缝隙。

(3) 铺设面板。

条形木板的板宽不大于120 mm,铺设时应与木搁栅垂直,并要使板缝顺着进门方向。地板铺钉时通常从房间顺着进门方向较长的一面墙开始,第一行板凹企口对墙,顺着墙从左至右,两板端头企口插接,直到第一行最后一块板,然后截去长出的部分。板的接缝必须在搁栅的中间,且应间隔错开。

板缝要紧密,其缝宽不得大于0.5 mm。板面与墙之间应留10～15 mm的缝隙,该缝隙用木踢脚板封盖。铺钉木地板的地板钉长度应为木板厚的2～2.5倍,从板边凸企口侧边的凹角处斜向钉入,钉与板面成45°或60°斜角。

(4) 安装木踢脚板。

木地板房间的四周墙角处应设木踢脚板,踢脚板高100～200 mm,通常取150 mm。所用木材一般也应与木地板面层所用材质品种相同。踢脚板提前刨光,内侧开凹槽,每隔1 m钻6 mm通风孔,墙身每隔750 mm设防腐固结木砖,木砖上钉防腐木块,用于固定脚踢板。也可不设防腐固结木砖,直接用高强水泥钉将踢脚板固定在墙面上。

(5) 刨平。

原木地板面层的表面应刨平、磨光。使用电刨刨削地板时,滚刨方向应与木纹成45°角斜刨,推刨不宜太快,也不能太慢或停滞,防止啃咬板面。边角部位采用手工刨,须顺木纹方向,避免刨槎或撕裂木纹。刨削应分层次多次刨平,注意刨去的厚度不应大于1.5 mm。

(6) 打磨、刷油漆。

刨平后应用地板磨光机打磨两遍。磨光时也应顺木纹方向打磨。第一遍用粗砂,第二遍用细砂。打磨后,并在天棚和墙面装饰施工完毕后刷木地板油漆,一般要刷两道底漆、一道面漆。

5. 质量标准

(1) 木地板面层的允许偏差和检验方法见表3.3。

表3.3　木地板面层的允许偏差和检验方法

<table>
<tr><th rowspan="3">项次</th><th rowspan="3">项　　目</th><th colspan="4">允许偏差(mm)</th><th rowspan="3">检验方法</th></tr>
<tr><th colspan="3">实木地板面层</th><th rowspan="2">中密度(强化)复合地板面层</th></tr>
<tr><th>实木地板</th><th>硬木地板</th><th>拼花地板</th></tr>
<tr><td>1</td><td>板面缝隙宽度</td><td>1.0</td><td>0.5</td><td>0.2</td><td>0.5</td><td>用钢尺检查</td></tr>
<tr><td>2</td><td>表面平整度</td><td>3.0</td><td>2.0</td><td>2.0</td><td>2.0</td><td>踢脚线上口平整</td></tr>
<tr><td>3</td><td>踢脚线上口平整</td><td>3.0</td><td>3.0</td><td>3.0</td><td>3.0</td><td rowspan="2">拉5 m线,不足5 m者拉通线和尺量检查</td></tr>
<tr><td>4</td><td>板面拼缝平直</td><td>3.0</td><td>3.0</td><td>3.0</td><td>3.0</td></tr>
<tr><td>5</td><td>相邻板面高差</td><td>0.5</td><td>0.5</td><td>0.5</td><td>0.5</td><td>用钢尺和楔形塞尺检查</td></tr>
<tr><td>6</td><td>踢脚线与面层的接缝</td><td colspan="4">1.0</td><td>楔形塞尺检查</td></tr>
</table>

(2) 实木地板面层的质量标准和检验方法见表3.4。

表3.4 实木地板面层的质量标准和检验方法

项目	项次	质量要求	检验方法
主控项目	1	实木地板面层所采用和铺设时的木材含水率必须符合设计要求,木搁栅、垫木和毛地板等必须做防腐、防蛀处理	观察检查和检查材质合格证明文件及检测报告
	2	木搁栅安装应牢固、平直	观察、脚踩检查
	3	面层铺设应牢固,黏结无空鼓	观察、脚踩或用小锤轻击检查
一般项目	4	实木地板面层应刨平、磨光,无明显刨痕和毛刺等现象;图案清晰,颜色均匀一致	观察、手摸和脚踩检查
	5	面层缝隙应严密;接头位置应错开,表面洁净	观察检查
	6	拼花地板接缝应对齐,粘、钉严密;缝隙宽度均匀一致;表面洁净;胶粘无溢胶	观察检查
	7	踢脚线表面应光滑,接缝严密,高度一致	观察和尺量检查

6. 通病原因及防治措施

(1) 行走有响声。

① 产生原因:木材松动、变形或钉接不牢。

② 防治措施:严格控制木板的含水率并现场抽样检查,木龙骨含水率应不大于12%;钉接施工时,每钉一块地板,用脚踩检查,如有响声,及时返工;钉接时钉长、数量应符合要求。

(2) 地板局部翘鼓。

① 产生原因:面层木地板含水率偏高或偏低。偏高时,在干燥空气中失去水分,断面产生收缩,而发生翘曲变形。偏低时,易吸收空气中的水分而产生起拱;地板四周未留伸缩缝、通气孔,面层板铺设后内部潮气不能及时排出;毛地板未拉开缝隙或缝隙过少,受潮膨胀后,使面层板起鼓、变形。

② 防治措施:搁栅和踢脚板一定要留通风槽孔,并应做到孔槽相通,地板面层通气孔每间不少于2处;所有暗埋水、气管施工完,必须试压,合格后才能进行地板施工;阳台、露台厅口与地板连接部位必须有防水隔断措施,避免渗水进入地板内;地板与四周墙面应留有10~15 mm的伸缩缝,以适应地板变形;木地板下层毛地板的板缝应适当拉开,一般为2~5 mm。

(3) 接缝不严。

① 产生原因:面板收缩变形;板材宽度尺寸误差较大,地板条不直,宽窄不一,企口太窄、太松等;拼装企口地板条时缝太虚,表面上看结合严密,刨平后即显出缝隙;面层板铺设接近收尾时,剩余宽度与地板条宽不成倍数,为凑整块,加大板缝,或将一部分地板条宽度加以调整,经手工加工后,地板条不很规矩,因而产生缝隙;板条受潮,在铺设阶段含水率过大,铺设后经风干收缩而产生大面积"拔缝"。

② 防治措施:精心挑选合格板材,宽窄不一或有腐朽、劈裂、翘曲等疵病者应剔除,特别注意板材的含水率一定要合格;铺钉时应用楔块、扒钉挤紧面层板条,使板缝一致后再钉接。长条地板与木龙骨垂直铺钉,其接头必须在龙骨上,接头应互相错开,并在接头的两端各钉一枚钉子;装最后一块地板条时,可将其刨成略有斜度的大小头,以小头嵌入并楔紧。

(4) 表面不平整。

① 产生原因：房间内水平线弹得不准，使每一房间实际标高不一；先后施工的地面，或不同房间同时施工的地面，操作时互不照应，造成高低不平。

② 防治措施：施工前校正、调整水平线；两种不同材料的地面如高差在3 mm以内，可将高处刨平或磨平，但必须在一定范围内顺平，不得有明显痕迹；门口处高差为3～5 mm时，可加过门石处理。

练习与提高

1. 现浇水磨石地面常嵌固玻璃条(铜条、铝条)分隔，其目的是(　　)。

A. 增添美观　B. 便于磨光　C. 防止面层开裂　D. 面层不起灰

2. 为排除地面积水，地面应有一定的坡度，一般为(　　)。

A. 1%～1.5%　B. 2%～3%　C. 0.5%～1%　D. 3%～5%

3. 底层地面由(　　)组成。

A. 面层、结构层、基层　B. 面层、垫层、基层

C. 面层、结构层、垫层　D. 结构层、垫层、基层

4. 地面按其材料和做法可分为(　　)。

A. 水磨石地面、块料地面、塑料地面、木地面

B. 块材地面、塑料地面、木地面、泥地面

C. 整体地面、块材地面、卷材地面、木地面

D. 刚性地面、柔性地面

5. 下面属于整体地面的是(　　)。

A. 釉面地砖地面、菱苦土地面　B. 地砖地面、水磨石地面

C. 水泥砂浆地面、地砖地面　D. 水泥砂浆地面、水磨石地面

6. 下面属于块材地面的是(　　)。

A. 黏土砖地面、水磨石地面　B. 地砖地面、菱苦土地面

C. 马赛克地面、地砖地面　D. 水泥砂浆地面 、耐磨砖地面

7. 木地面按其构造做法分为(　　)三种。

A. 架空式、实铺式、砌筑式　B. 实铺式、架空式、拼接式

C. 粘贴式、实铺式、架空式　D. 砌筑式、拼接式、实铺式

8. 简述实铺式木地面的构造做法。

9. 试述常用整体式地面、块料地面的构造做法。

3.4　任务3:顶棚、阳台、雨篷构造

3.4.1　任务资讯

3.4.1.1　顶棚的特点

顶棚又称吊顶或天花板,是建筑内部空间的顶面。顶棚是建筑装饰工程的重要组成部分,它直接影响整个建筑空间的装饰效果。能够较好地保护各种结构构件,为室内复杂的管网提供隐藏空间,便于安装维修,同时也兼具美观的作用。

顶棚是位于承重结构下部的装饰构件,位于房间的上方,而且其上布置有照明灯光、音响设备、空调及其他管线等,因此顶棚构造与承重结构的连接要求牢固、安全、稳定。

顶棚的构造设计涉及声学、热工、光学、空气调节、防火安全等方面,顶棚装饰是技术要求比较复杂的装饰工程项目,应结合装饰效果的要求、经济条件、设备安装、管线敷设、维护检修、防火安全等各方面综合考虑。

3.4.1.2　顶棚的类型

顶棚主要按以下几方面进行分类:

(1) 按顶棚面层与结构位置的关系分为直接式顶棚和悬吊式顶棚。

(2) 按顶棚外观的不同有平滑式顶棚、井格式顶棚、分层式顶棚、悬浮式顶棚。

(3) 按其面层的施工方法分为抹灰式顶棚、喷涂式顶棚、粘贴式顶棚、装配式板材顶棚。

(4) 按其面层材料的不同分为木质顶棚、石膏板顶棚、各种金属薄板顶棚、玻璃镜顶棚。

3.4.2　任务实施

顶棚的构造处理

3.4.2.1　直接式顶棚

1. 直接式顶棚的特点

直接式顶棚是指直接在钢筋混凝土楼板下做饰面层而形成的顶棚。通常是在屋面板、楼板等底面直接进行喷浆、抹灰或粘贴壁纸、面板等饰面材料。

直接式顶棚构造简单,构造层厚度小,可以充分利用空间。材料用量少,施工方便,造价较低,但这类顶棚不能提供荫蔽管线、设备等的内部空间,直径小的管线预埋在楼屋盖结构或构造层中。因此,直接式顶棚适用于普通建筑及功能较为简单、空间尺度较小的场所。

2. 直接式顶棚的构造

(1) 直接喷涂涂料顶棚构造。

当楼板底面平整、室内装饰要求不高时,可在楼板底面填缝刮平后直接喷刷大白浆、石灰浆等涂料,以增强顶棚的反射光照作用。

(2) 直接抹灰顶棚构造。

当楼板底面不够平整或室内装修要求较高时,可在楼板底抹灰后再喷刷涂料。顶棚抹灰可用纸筋灰、水泥砂浆和混合砂浆等,其中纸筋灰应用最普遍。纸筋灰抹灰应先用混合砂浆打底,再用纸筋灰罩面,如图3.34(a)所示。

(3) 粘贴顶棚构造。

对于某些有保温、隔热、吸声要求的房间,以及楼板底不需要敷设管线而装修要求又高的房间,可于楼板底面用砂浆打底找平后,用黏结剂粘贴墙纸、泡沫塑料板、铝塑板或装饰吸音板等,形成粘贴顶棚,如图3.34(b)所示。

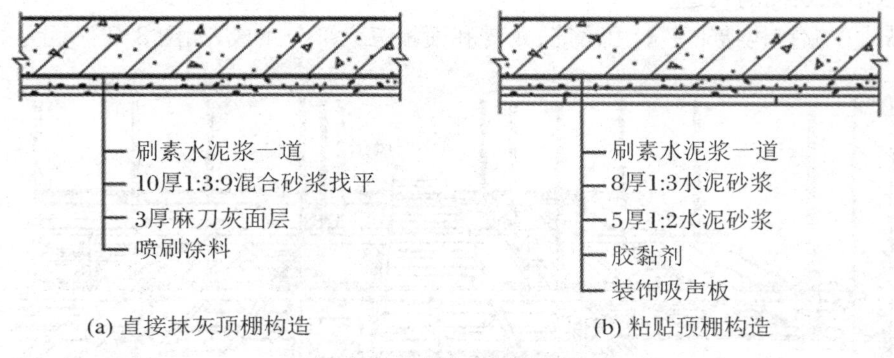

图3.34 直接式顶棚构造

(4) 结构式顶棚构造。

将屋盖或楼盖结构暴露在外,利用结构本身的韵律做装饰,不再另做顶棚,称为结构式顶棚。在网架结构中,构成网架的杆件本身很有规律,充分利用结构本身的艺术表现,能获得优美的韵律感。在拱结构屋盖中,利用拱结构的优美曲面,可形成富有韵律的拱面顶棚。如北京鸟巢体育场馆,如图3.35所示。结构式顶棚充分利用屋顶结构构件,能够巧妙地结合自然采光、照明、通风、防火、吸声等设备,形成和谐统一的空间景观。结构式顶棚多用于机场、体育馆、购物广场等大型公共建筑。

图3.35 鸟巢体育场馆

3.4.2.2　悬吊式顶棚

1．悬吊式顶棚的特点

悬吊式顶棚是指悬挂在屋顶或楼板下，由骨架和面板所组成的顶棚，简称吊顶或吊顶棚。

吊顶具有整洁顶棚、隐藏管线和改善建筑顶界面物理性能的作用。悬吊式顶棚还可以利用空间高度的变化做成各种不同形式、不同层次的立体造型。吊顶的装饰效果较好，形式变化丰富，但构造复杂，对施工技术要求较高，造价较高。这种顶棚常用于室内重点、局部空间的装饰，以突出效果。

2．悬吊式顶棚的构造

悬吊式顶棚在构造上一般由吊筋、龙骨和面板三大部分组成，如图 3.36 所示。

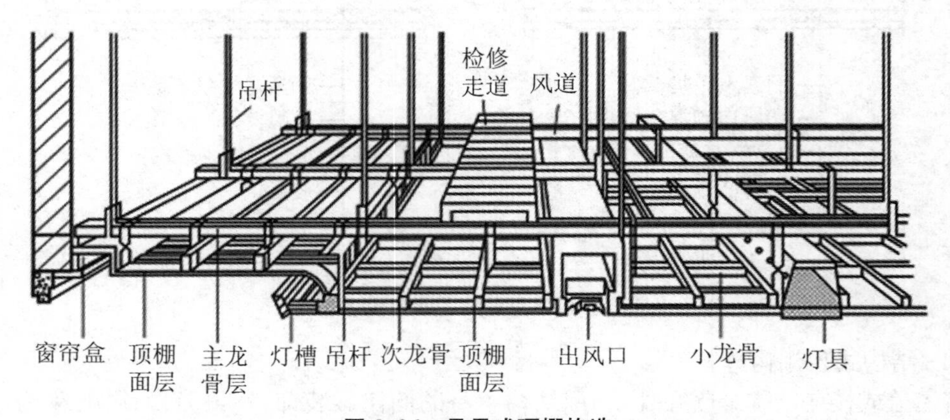

图 3.36　悬吊式顶棚构造

吊筋是龙骨和承重结构的承重传力构件。承担吊顶的全部荷载，并将其荷载传递给承重结构层。按施工方法不同分为建筑施工期间预埋吊筋或连接吊筋的预埋件；二次装修使用射钉，将吊筋固定在承重结构层上，如图 3.37 所示。

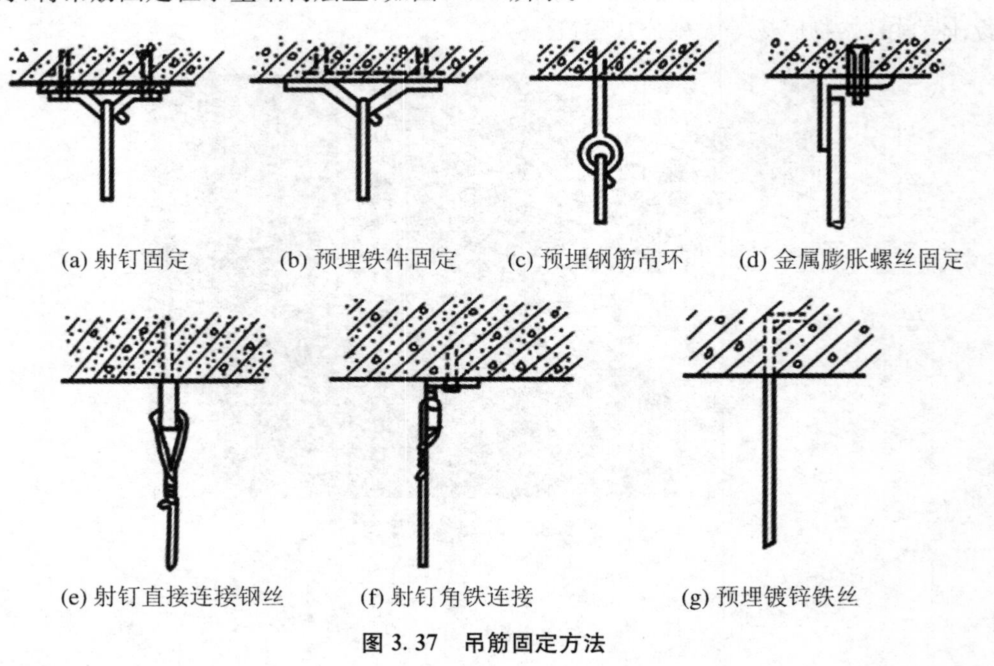

(a) 射钉固定　(b) 预埋铁件固定　(c) 预埋钢筋吊环　(d) 金属膨胀螺丝固定

(e) 射钉直接连接钢丝　(f) 射钉角铁连接　(g) 预埋镀锌铁丝

图 3.37　吊筋固定方法

吊顶龙骨一般由主龙骨和次龙骨两部分组成。主龙骨通过吊筋与承重结构相连，一般单向布置。次龙骨固定在主龙骨上，其布置方式和间距视面层材料和顶棚外形而定。

龙骨是吊顶的骨架，对吊顶起着支撑的作用，主要是承受顶棚的荷载，并通过吊筋将荷载传递给承重结构。按材料不同可分为木龙骨、金属龙骨。按类型不同可分为U形龙骨、T形铝合金龙骨、T形镀锌铁烤漆龙骨、嵌入式金属龙骨等。

面层的作用是装饰室内空间，并有吸音、反射、保温、隔热等功能。面层一般分为抹灰饰面和板材饰面。板材类饰面包括植物板材、矿物板材、金属板材和新型高分子聚合物板材。常用的植物板材有各种木条板、胶合板、装饰吸音板、纤维板、木丝板、刨花板等。矿物板材有石膏板、矿棉板、玻璃棉板和水泥板等。金属板材有铝板、铝合金板、薄钢板等，以及新型高分子聚合物板材如PVC板。如图3.38所示的为T形金属龙骨吊顶构造。

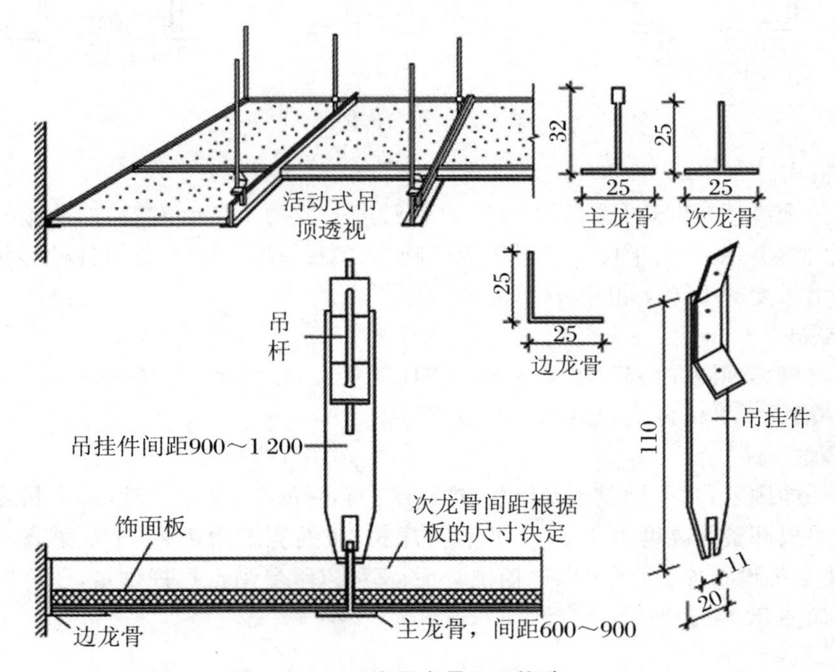

图3.38 T形金属龙骨吊顶构造(mm)

3.4.2.3 阳台

阳台和雨篷的构造处理

阳台是楼房建筑中不可缺少的室内外过渡空间。

1. 阳台的类型

(1) 按其与外墙的位置关系可分为凸阳台、凹阳台、半凸半凹阳台。如图3.39所示。

(2) 按住宅阳台功能的不同分为生活阳台、服务阳台。

(3) 按其在建筑中所处的位置可分为中间阳台和转角阳台。

2. 阳台的结构布置形式

凹阳台为简支板的形式，为楼板层的一部分，构造与楼板层相同。而凸阳台为悬挑构件，其挑出长度和构造做法必须满足结构抗倾覆的要求。当挑出长度在1 200 mm以内时，可采用挑板式，当挑出长度大于1 200 mm时可采用挑梁式。

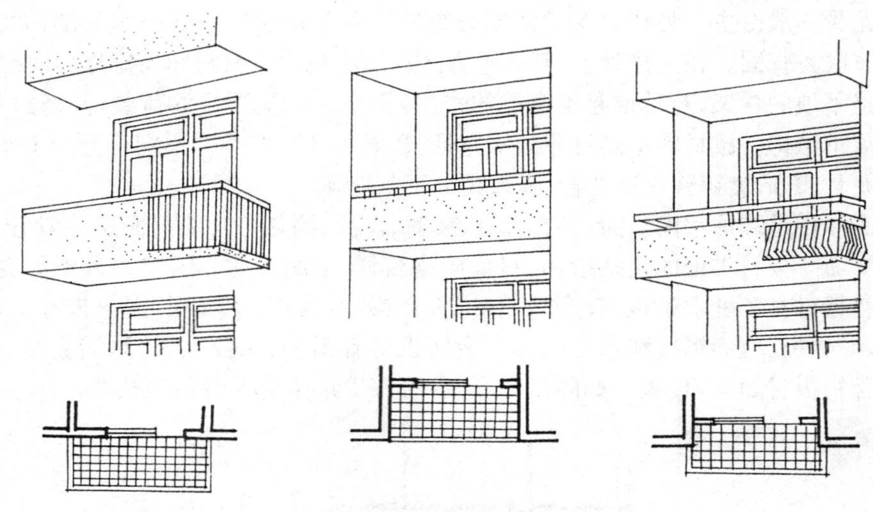

图 3.39　阳台的类型

(1) 挑板式。

当楼板为现浇楼板时,可选择挑板式,悬挑长度一般为 1.2 m 左右,即从楼板外延挑出平板,板底平整、美观,阳台平面形式可做成半圆形、弧形、梯形、斜三角等各种形状。挑板厚度不小于挑出长度的 1/12,如图 3.40(a)所示。

(2) 压梁式。

阳台板与墙梁现浇在一起,墙梁的截面应比圈梁大,以保证阳台的稳定,而且阳台悬挑不宜过长,一般为 1.2 m 左右,如图 3.40(b)所示。

(3) 挑梁式。

从横墙外伸挑梁,其上搁置预制楼板,这种结构布置简单、受力合理,阳台长度与房间开间一致。挑梁根部截面高度为 1/5～1/6 悬挑净长,截面宽度为 1/2～1/3 梁高。为美观起见,可在挑梁端头设置连梁,既可以遮挡挑梁头,又可以承受阳台栏杆重量,还可以加强阳台的整体性。如图 3.40(c)所示。

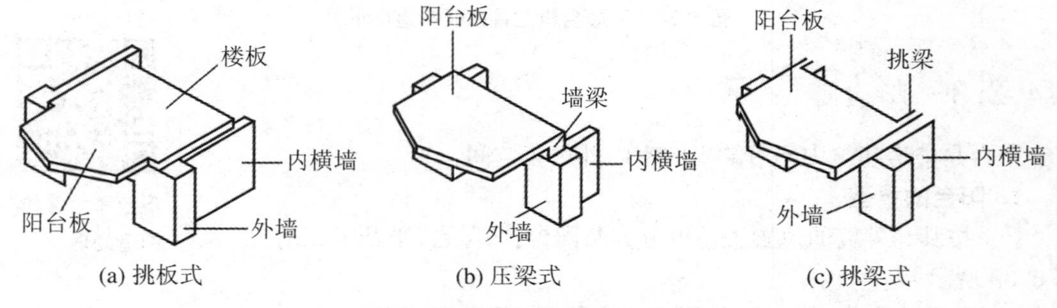

(a) 挑板式　(b) 压梁式　(c) 挑梁式

图 3.40　现浇钢筋混凝土凸阳台

3．阳台的细部构造

(1) 阳台栏杆(栏板)。

栏杆(栏板)是为保证人在阳台上活动安全而设置的竖向构件,要求坚固可靠,舒适美观。

栏杆的作用是承担人的侧推力,以保证人的安全,同时对建筑物起装饰作用。

栏杆应以坚固、耐久的材料制作，并能承受荷载规范规定的水平荷载。建筑物高度在24 m以下时，栏杆高度不应低于1.05 m，建筑物高度在24 m及以上时，栏杆高度不应低于1.10 m。

栏杆高度应从楼地面或屋面至栏杆扶手顶面垂直高度计算，当底部有宽度大于或等于0.22 m，且高度低于或等于0.45 m的可踏部位，应从可踏部位顶面起计算。公共场所栏杆离地面0.10 m高度内不宜留空。幼儿园、学校等少儿活动场所的栏杆必须采取防止攀爬的构造。当采取垂直杆件做栏杆时，其杆件净间距不应大于0.11 m。如图3.41所示为阳台栏杆（栏板）与扶手构造。

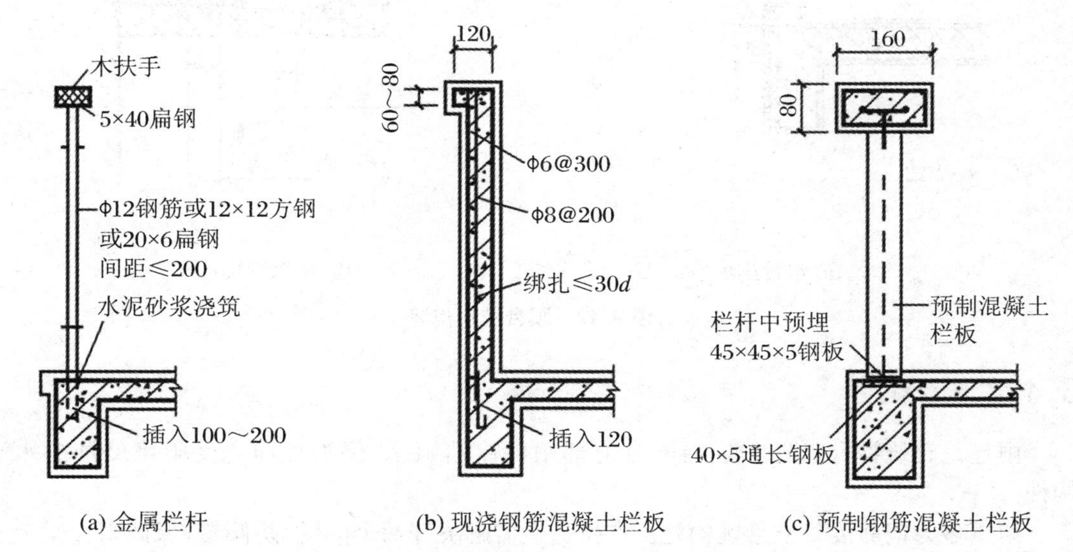

图3.41　阳台栏杆(栏板)与扶手构造(mm)

(2) 阳台隔板。

阳台隔板用于连接双阳台，有砖砌和钢筋混凝土隔板两种。砖砌隔板一般采用60 mm厚和120 mm厚两种，由于砖砌隔板荷载较大且整体性较差，工程中多采用钢筋混凝土隔板。该隔板采用60 mm厚C20细石混凝土预制，下部预埋铁件与阳台预埋铁件焊接，其余各边伸出Φ6钢筋与墙体、挑梁和阳台栏杆、扶手相连。

(3) 阳台的排水与保温。

寒冷地区应采用封闭式阳台，以阻挡冷风直灌室内。

阳台排水处理：为防止阳台上的雨水流入室内，设计时要求阳台地面标高低于室内地面标高30 mm以上，并将地面抹出5‰的排水坡，将水导入排水孔，使雨水能顺利排出。

阳台外排水适用于低层和多层建筑。具体做法是在阳台一侧或两侧设排水口，阳台地面向排水口做成5‰的坡度，排水口内埋设40～50 mm镀锌铁管或硬质塑料管（称水舌），外挑长度不少于80 mm，以防雨水溅到下层阳台，如图3.42(a)所示。

阳台内排水适用于高层建筑和高标准建筑，具体做法是在阳台内设置排水立管和地漏，将雨水直接排入地下管网，保证建筑立面美观，如图3.42(b)所示。

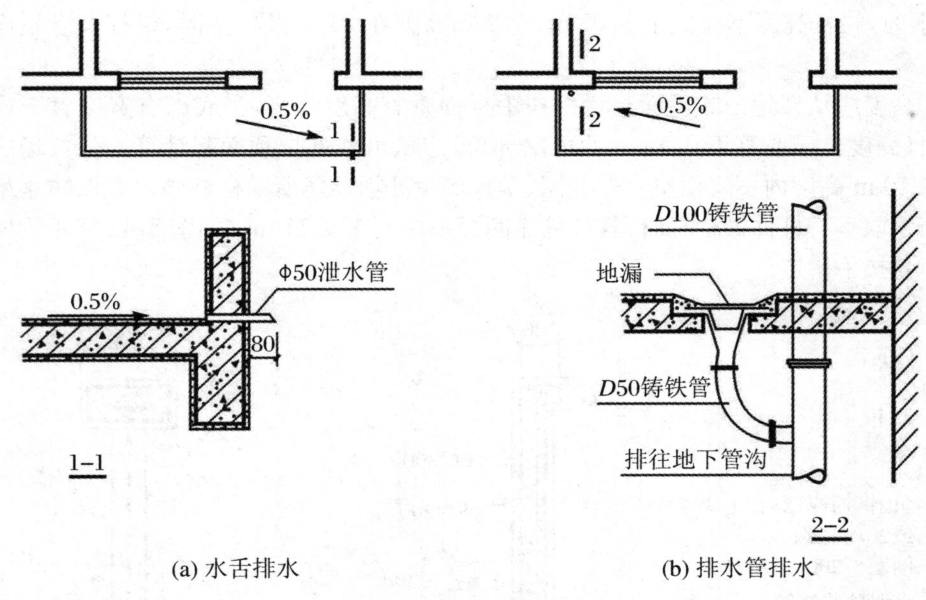

(a) 水舌排水　　(b) 排水管排水

图 3.42　阳台排水构造

3.4.2.4　雨篷

雨篷是建筑物入口处和顶层阳台上部用以遮挡雨水、保护外门免受雨水侵蚀的水平构件。

雨篷多为钢筋混凝土悬挑构件。在构造上需解决好两个问题:防倾覆,保证雨篷梁上有足够的压重;板面上要做好排水和防水。通常沿板四周用砖砌或现浇混凝土做凸檐挡水,板面用防水砂浆抹面,并向排水做出 1%的坡度。防水砂浆应顺墙上卷至少 300 mm 泛水处理。

雨篷由雨篷梁(兼作过梁)和雨篷板组成。根据雨篷板的支承方式不同,有悬板式和梁板式两种。

1. 悬板式

悬板式雨篷外挑长度一般为 0.9～1.5 m,板根部厚度不小于挑出长度的 1/12,雨篷宽度比门洞每边宽 250 mm,雨篷排水方式可采用无组织排水和有组织排水两种。雨篷顶面距过梁顶面 250 mm 高,板底抹 15 mm 厚 1∶2 水泥砂浆内掺 5%防水剂的防水砂浆,多用于次要出入口,如图 3.43 所示。

2. 梁板式

梁板式雨篷多用在宽度较大的入口处,悬挑梁从建筑物的柱上挑出,为使板底平整,多做成倒梁式。如图 3.44 所示。

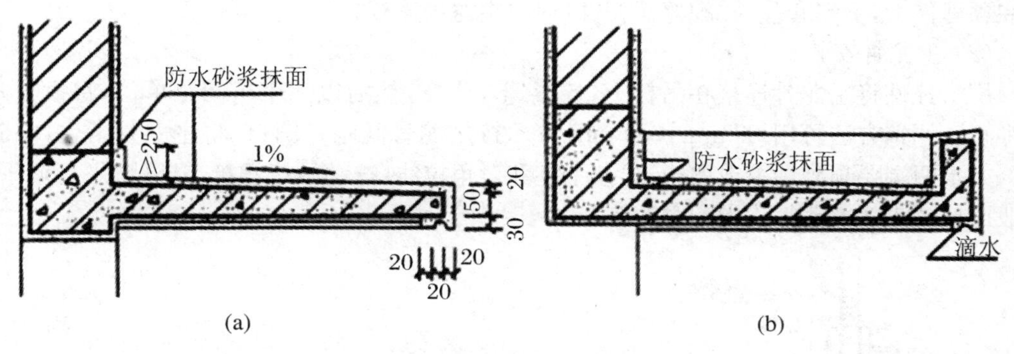

图 3.43　悬板式雨篷构造(mm)

(a) 梁板式雨篷板底平整

(b) 梁板式雨篷板面设梁

图 3.44　梁板式雨篷

3.4.3　任务拓展

【案例】 轻钢龙骨吊顶的安装

1. 环境要求

某市宾馆建筑室内大厅装修,采用轻钢龙骨吊顶工程,对主体结构工程进行核查验收,并取得结构验收手续。根据房间的大小和饰面板材的种类,按照设计要求合理布局,排列出各种龙骨的间距,绘制施工组装平面图。以施工组装平面图为依据,统计并提出各种龙骨、吊杆、吊挂件及其他各种配件的数量。

2. 施工机具的选择

电动冲击钻、无齿锯、射钉枪、手锯、手刨、螺丝刀、电动或气动螺丝刀、扳手、方尺、钢尺、钢水平尺等。

3. 工艺流程

弹线定位→固定吊杆→安装主龙骨→安装中龙骨→安装横撑龙骨→固定面板→灯具处理。

4. 技术措施

(1) 吊杆安装。

吊杆用Φ6～Φ10 钢筋制作,上人吊顶吊杆间距一般为 900～1 200 mm,不上人吊顶吊杆间距一般为 1 200～1 500 mm。安装前,应先按龙骨的标高沿房屋四周在墙上弹出水平线,再按龙骨的间距弹出龙骨中心线,找出吊杆中心点,计算好吊杆的长度,将吊杆上端焊接固定在预埋件上，下端套丝，并配好螺帽，以便与主龙骨连接。

(2) 主龙骨安装。

用吊挂件将主龙骨连接在吊杆上，拧紧螺丝卡牢，然后以一个房间为单位，将大龙骨调整平直。调整方法可用 60 mm×60 mm 方木按主龙骨间距钉圆钉，将主龙骨卡住，临时固定。方木两端要顶到墙上或梁边，再按十字和对角拉线，拧动吊杆螺栓，升降调平。调平时，一般可按 3/1 000 起拱，如图 3.45 所示。

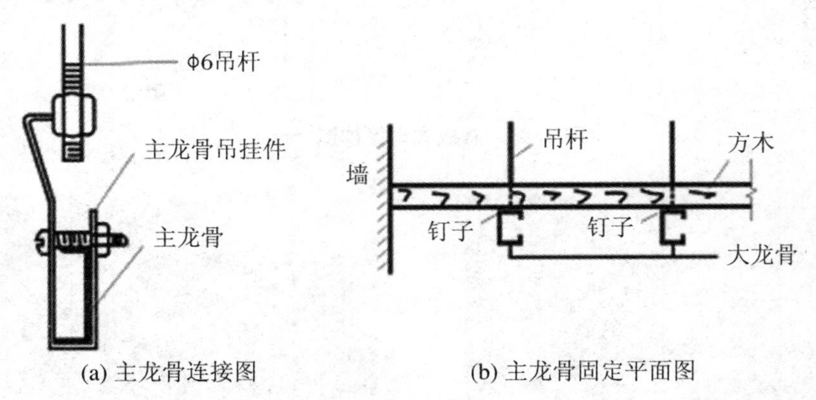

(a) 主龙骨连接图　　(b) 主龙骨固定平面图

图 3.45　主龙骨安装

(3) 中龙骨安装。

中龙骨垂直于主龙骨，在交叉点用中龙骨吊挂件将其固定在主龙骨上，吊挂件上端搭在主龙骨上，挂件 U 形腿用钳子卧入龙骨内。中龙骨的间距因饰面板是密缝安装还是离缝安装而异，应计算准确并要翻样而定，见图 3.46。

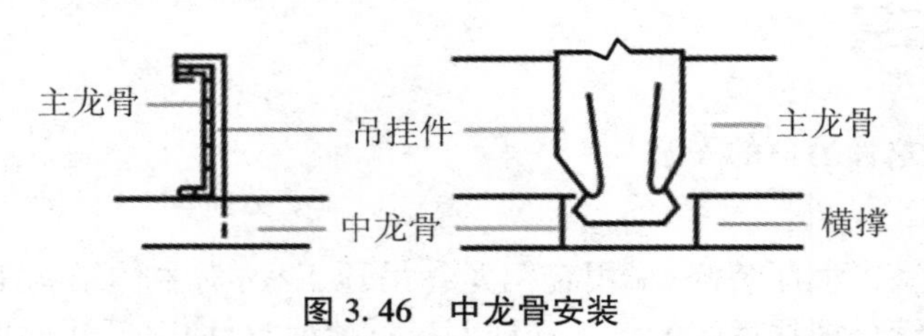

图 3.46　中龙骨安装

(4) 横撑龙骨安装。

横撑龙骨应由中龙骨截取。安装时，将截取的中龙骨的端头插入挂插件，扣在纵向龙骨上，并用钳子将挂插件弯入纵向龙骨内。组装好后，纵向龙骨和横撑龙骨底面要求平齐。横撑龙骨间距应视实际使用的饰面板规格尺寸而定。

(5) 金属装饰板的安装。

① 方板搁置式安装：吊顶次龙骨采用 T 形轻钢龙骨，金属方形板的四边带翼，将其搁置于 T 形龙骨下部的翼板之上即可。

② 方板卡入式安装：采用龙骨材料为带夹簧的嵌龙骨配套型材，便于方形金属吊顶板的卡入。金属方形板的卷边向上，形成缺口式的盒子形，方板边部在加工时轧出凸起的卡口，可以精确地卡入带夹簧的嵌龙骨中。

③ 金属条形板的安装：基本上无需各种连接件，只是直接将条形板卡扣在特制的条龙骨内即可完成安装，所以也被称为扣板。

(6) 灯具处理。

一般轻型灯具可固定在中龙骨或横撑龙骨上，较重的需吊于大龙骨或附加大龙骨上；重型的应按设计要求决定，且不得与轻钢龙骨连接。

5. 技术组织措施

充分做好施工准备工作。轻钢龙骨的规格、间距、材质、品种、式样等应符合设计要求，安装位置正确。在吊顶施工中应注意工种间的配合，避免返工拆装损坏龙骨、板材及吊顶上的风口、灯具。烟感探头、喷洒头等可以先安装，也可在罩面板就位后安装。T形外露龙骨吊顶应在全面安装完成后对龙骨及板面做最后调整，以保证平直。

练习与提高

1. 按住宅阳台功能不同可分为(　　)。

A. 凹阳台、凸阳台　　B. 生活阳台、服务阳台

C. 封闭阳台、开敞阳台　　D. 生活阳台、工作阳台

2. 吊顶棚的吊筋是连接(　　)的承重构件。

A. 龙骨和面板　　B. 主龙骨和次龙骨

C. 次龙骨和屋面板　　D. 次龙骨和面板

3. 悬板式雨篷外挑长度一般为______，板根部高度不小于挑出长度的____，雨篷宽度比门洞每边宽______，雨篷排水方式可采用________排水和________排水两种。

4. 按顶棚面层与结构位置的关系分为__________和______________。

5. 将屋盖或楼盖结构暴露在外，利用结构本身的韵律做装饰，不再另做顶棚，称为______式顶棚。

6. 悬吊式顶棚在构造上一般由______、______和______组成。

7. 按阳台与外墙的位置关系不同可分为________、________和__________。

8. 凸阳台按结构布置形式分为________、________和__________。

9. 栏杆的作用是________，以保证人的安全，同时对建筑物起______作用。

10. 建筑物高度在24 m以下时，栏杆高度不应低于______，建筑物高度在24 m及以上时，栏杆高度不应低于______。阳台栏杆设计应防儿童攀登，栏杆的垂直杆件间净距不应大于______。

11. 名称解释：顶棚、直接式顶棚、吊顶棚、雨篷。

12. 雨篷的构造要点是什么？

13. 如何处理阳台、雨篷的排水与防水？

3.5　实训项目:绘制外墙身节点构造图

3.5.1　任务资讯

在分项实训项目和综合实训项目教学时,采取项目教学法进行教学。教学流程主要有确定项目任务、收集资料、制定方案、小组讨论、确定方案、检查记录、总结评价等主要实施过程。分项实训项目考核评价标准(表 3.5)、设计图纸评分标准(表 3.6)、小组成员活动记录表(表 3.7)、实训项目效果反馈信息表(表 3.8)、小组成员工作任务成绩评定表(表 3.9),均为在教学过程中检查记录所用材料。

表 3.5　分项实训项目考核评价标准

分项实训项目	实训目标	考核内容	考核评价方法	分值
外墙身节点构造设计	(1) 掌握墙身剖面构造; (2) 训练绘制和识读施工图的能力	(1) 散水、防潮层、地面的构造及做法; (2) 窗台、过梁、圈梁的构造做法; (3) 踢脚板、勒脚的构造做法; (4) 查阅《建筑设计规范》《房屋建筑制图统一标准》	(1) 自我评价内容:相关构造做法完整情况,符合建筑设计规范和建筑制图统一标准情况; (2) 小组评价:图面表现情况,构造做法情况,实训态度、工作习惯等情况; (3) 教师总体评价:结合现场验收、口头答辩、图面质量、构造做法等进行综合考核	10

表 3.6　设计图纸评分标准

等级	图纸评分标准
优秀(90 分以上)	按照要求很好地完成全部内容,建筑构造合理,投影关系正确,图面工整,符合制图标准,图纸内容没有错误
良好(80～89 分)	按照要求较好地完成全部内容,建筑构造合理,投影关系正确,图面基本工整,符合制图标准,图纸内容基本没有错误
中等(70～79 分)	按照要求基本完成全部内容,建筑构造基本合理,投影关系正确,图面表现一般,基本符合制图标准,图纸内容有错误
及格(60～69 分)	按照要求完成全部内容,建筑构造欠合理,投影关系一般,图面表现较差,基本符合制图标准,图纸内容有错误
不及格(59 分以下)	按照要求没有完成全部内容,建筑构造处理不合理,投影关系不正确,图面表现差,不符合制图标准,图纸内容有较多错误

表 3.7　小组成员活动记录表

专业班级		工作任务			
小组编号		组　　长		活动地点	
参加人员					

活动内容：

记录人：　　　　年　　月　　日

表 3.8　实训项目效果反馈信息表

课程名称________　项目任务________　专业班级________

姓　　名________　小组编号________　日　　期________

1. 请填写在本次实训过程中的收获及不足。

2. 在本次实训中，哪些方面值得肯定，哪些方面有待改进，针对这些问题你有什么建议？

表 3.9　小组成员工作任务成绩评定表

专业班级________　课程名称________　项目任务________

小组编号________　组　　长________　日　　期________

分值 姓名	① 是否服从组织管理		② 是否按时完成任务		③ 工作质量高低	
	10 分 A9～10　B7～8 C5～6　D3～5		20 分 A18～20　B15～17 C12～14　D10～12		40 分 A36～40　B31～35 C25～30　D20～24	
	个人评价	组长评价	个人评价	组长评价	个人评价	组长评价

续表

分值 / 姓名	④ 是否按要求工作		⑤ 团队协作意识		⑥ 合计	
	10 分 A9～10 B7～8 C5～6 D3～5		20 分 A18～20 B15～17 C12～14 D10～12		⑥=①+②+③+④+⑤	
	个人评价	组长评价	个人评价	组长评价	个人评价	组长评价

3.5.2 任务实施

外墙身节点构造设计实训任务书

1. 任务目标

(1) 能掌握墙体中墙脚、窗台、窗过梁、圈梁、墙与楼板连接处等节点的墙身剖面构造。

(2) 能够提高绘制和识读施工图的能力。

2. 任务设计条件

(1) 某中学宿舍楼，砖混结构，外墙承重，墙厚 240 mm，室内外高差 450 mm，层高 3.4 m。

(2) 采用现浇或预制钢筋混凝土楼板及过梁。

(3) 窗台距室内地面 900 mm 高。

(4) 墙面装修，楼面、地面做法，散水、勒脚、踢脚线等做法自定。

(5) 设计中所需的其他条件自定。

3. 任务过程及要求

(1) 工程任务过程。

用一张竖向 A3 图纸，绘制外墙身节点详图，如图 3.47 所示。要求按顺序将节点详图自下而上布置在同一垂直轴线(即墙身定位轴线)上。所绘图示线条、材料符号等，均按建筑制图标准表示。字体工整，线型粗细分明，以铅笔绘制完成。

(2) 工作任务要求。

① 比例：1∶10。

② 墙脚和地坪层构造。

画出墙身、勒脚、散水、防潮层、室内外地坪、踢脚板和内外墙面抹灰，剖切到的部分用材料图例表示。

用引出线注明勒脚做法,标明勒脚高度。用多层构造引出线注明散水或明沟各层做法,标注散水或明沟的宽度、排水方向和坡度值。表示出防潮层的位置,注明做法。用多层构造引出线注明地坪层的各层做法。注明踢脚板的做法,标注踢脚板的高度等尺寸。

标注定位轴线及编号圆圈,标注墙体厚度(在轴线两边分别标注)和室内外地面标高。

③ 窗台构造。

画出墙身、内外墙面抹灰、内外窗台和窗框等。

用引出线注明内外窗台的饰面做法,标注细部尺寸,标注外窗台的排水方向和坡度值。按开启方式和材料表示出窗框,表示清楚窗框与窗台饰面的连接。用多层构造引出线注明内外墙面装修做法。标注窗台标高。

④ 过梁、圈梁和楼板层构造。

画出墙身、内外墙面抹灰、过梁、圈梁、窗框、楼板层和踢脚板等。表示出圈梁的断面形式,标注有关尺寸。用多层构造引出线注明楼板层做法,表示清楚楼板的形式以及板与墙的相互关系。标注踢脚板的做法和尺寸。标注圈梁底面标高和楼面标高。

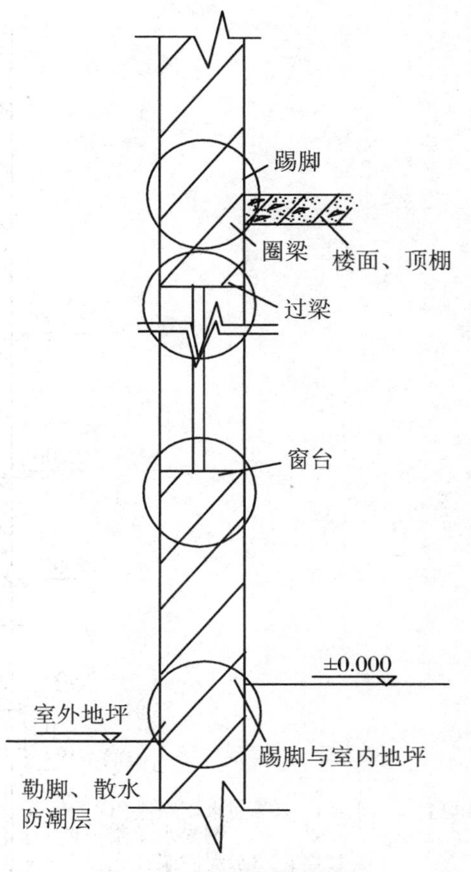

图 3.47　外墙身节点详图

⑤ 注写图名、比例。

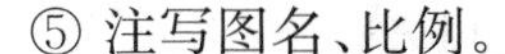

4. 任务设计步骤

以墙脚节点设计详图为例进行绘制:

(1) 先画定位轴线。

(2) 沿定位轴线画墙线,按标高画出墙脚室内外地面线,水平防潮层以及窗台线。

(3) 绘制室外地坪、散水、勒脚、室内地坪、踢脚等,并标注其构造层次。

(4) 进行有关尺寸和文字标注。

5. 任务参考资料

(1)《建筑制图标准》(GB/T50104—2010)。

(2)《房屋建筑制图统一标准》(GB/T50001—2017)。

(3)《民用建筑设计统一标准》(GB 50352—2019)。

(4)《建筑工程实训图册》(胡敏,中国科学技术大学出版社,2014)。

3.5.3　任务拓展

如图 3.48 所示为外墙身节点构造详图,供大家参考。

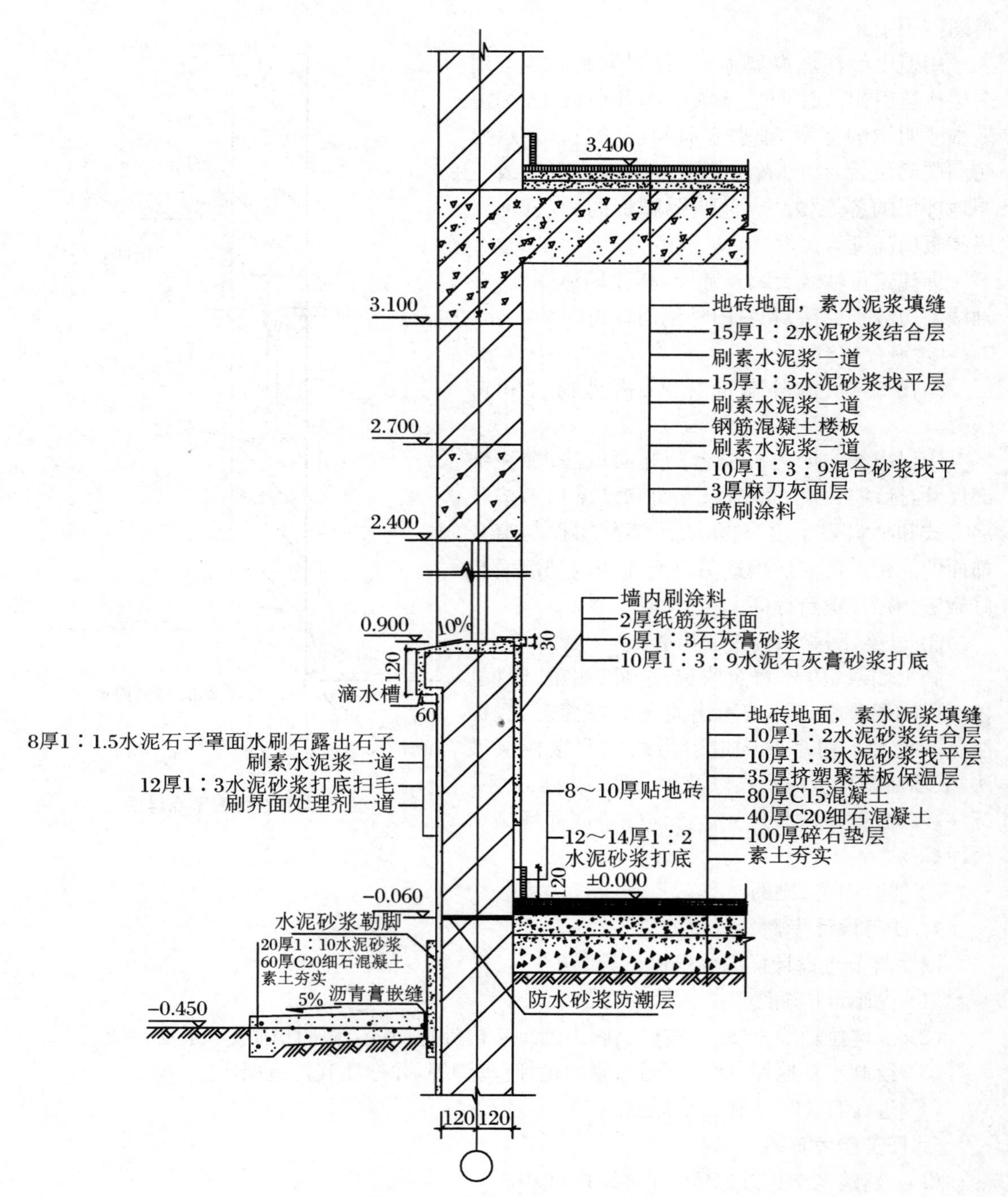

图 3.48　外墙身节点构造详图

3.5.4　实战演练

墙身构造设计

1. 设计条件

今有一两层建筑物,层高 3.0 m,外墙墙厚 240 mm,墙上有窗。室内外高差 300 mm。

2. 设计内容

要求沿外墙窗部位纵剖,直至基础以上,绘制墙身剖面。重点绘制以下大样。比例为 1∶10。

(1) 楼板与砖墙节点。

(2) 过梁。

(3) 窗台。

(4) 勒脚及其防潮层处理。

(5) 明沟或散水。

(6) 室内地坪和楼板构造层次。

3. 图纸要求

3#图纸一张。图中线条、材料符号等,一律按建筑制图标准表示。

根据图示内容建议采取竖向构图。图中必须注明具体尺寸,注明所用材料。要求字体工整,线条粗细分明。

学习情境4　楼　　梯

4.1　学习情境描述

4.1.1　学习目标

完成本学习情境后，你应当能：

（1）运用所学知识，阅读建筑施工图纸，明确楼梯平面图、剖面图的构造做法。

（2）参观学院建筑物，分析各建筑物楼梯的平面布置情况及荷载传递路线。

（3）运用所学知识，根据建筑物中不同类型楼梯的布置情况，分析其构造处理方法的异同点。

（4）在教师指导下，绘制楼梯节点构造图示。

4.1.2　学习任务

具体学习任务与任务驱动，见表4.1。

表4.1　学习任务与任务驱动

序号	学习任务	任务驱动
1	楼梯设计要求	（1）参观学校建筑物，分析各建筑物楼梯的平面布置情况； （2）对照施工图纸，明确楼梯设计要求
2	钢筋混凝土楼梯构造	（1）阅读建筑施工图纸，熟悉楼梯平面图、剖面图的构造做法； （2）分析各建筑物楼梯的荷载传递路线； （3）根据建筑物中不同类型楼梯的布置情况，分析其构造处理方法的异同点
3	绘制楼梯节点构造图	绘制楼梯各层平面图、楼梯剖面图及踏步、栏杆节点构造详图

4.2 任务1:楼梯设计要求

4.2.1 任务资讯

楼梯是由连续的梯级、休息平台和维护安全的栏杆(或栏板)、扶手以及相应的支承结构组成的作为楼层之间的垂直交通用的建筑部件。

4.2.1.1 楼梯的类型

按楼梯的主要材料分,有钢筋混凝土楼梯、钢楼梯、木楼梯等。

按楼梯在建筑物中所处的位置分,有室内楼梯和室外楼梯。

按楼梯的使用性质分,有主要楼梯、辅助楼梯、疏散楼梯、消防楼梯等。

按楼梯的形式分,有单跑楼梯、双跑折角楼梯、双跑平行楼梯、双跑直楼梯、三跑楼梯、四跑楼梯、双分平行楼梯、双合平行楼梯、八角形楼梯、圆形楼梯、螺旋形楼梯、弧形楼梯、剪刀式楼梯、交叉式楼梯等。图4.1为部分楼梯平面形式。

按楼梯间的平面形式分,有封闭式楼梯和开敞式楼梯。

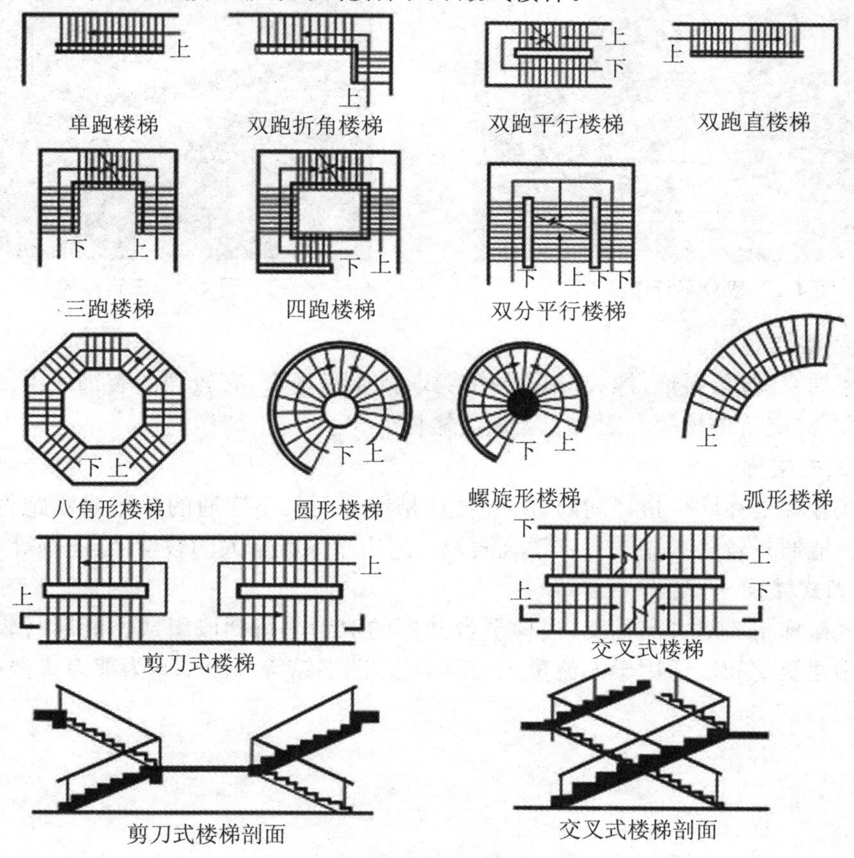

图4.1 部分楼梯平面形式

4.2.1.2　楼梯平面形式

1. 单跑直楼梯

单跑直楼梯是无楼梯平台直达上一层楼面标高的楼梯。其楼梯所占楼梯间的宽度较小、长度较大，适用于层高较小的建筑，如住宅、地下室等。

2. 双跑楼梯

双跑直楼梯：在使用中不改变行进方向，两楼梯段之间设一楼梯平台，适用于楼层较高或人流量大的公共建筑，如影剧院、体育场馆等。

双跑折角楼梯：楼梯平面呈L形，一般不设楼梯间，楼梯段沿转角墙面开敞布置，楼梯板下的空间可以充分利用，适用于人流量小的底层建筑。

双跑平行楼梯：是普遍采用的一种形式。由于第二跑楼梯段折回，在使用中改变行进方向，所以这种楼梯所占楼梯间的进深较小，与一般房间的进深一致，便于进行房屋平面的组合。

3. 三跑楼梯

三跑楼梯由三跑梯段、一或两个楼梯平台组成。此类楼梯具有均衡对称的形式，典雅庄重，常用于对称式门厅内，底层楼梯平台下常设门，作为门厅通道。适用于人流量大的教学楼、图书馆、办公楼等。图4.2为双分平行楼梯，图4.3为三跑楼梯。

图4.2　双分平行楼梯

图4.3　三跑楼梯

4. 曲线楼梯

曲线楼梯有圆形、弧形、螺旋形等楼梯形式，踏步呈扇形，有较强的装饰效果。适用于公共建筑门厅、立交桥楼梯等。图4.4为螺旋楼梯。

5. 交叉式楼梯

交叉式楼梯是在同一楼梯间内，由一对互相重叠而又不连通的单跑或双跑直上梯段构成的楼梯。能通行较多人流并节省建筑面积。适用于人流量大的教学楼、商场等。

6. 剪刀式楼梯

剪刀式楼梯由一对方向相反、楼梯平台共用的双跑平行梯段组成。能通行较多人流并能有效利用建筑空间。适用于人流量大的教学楼、图书馆等。图4.5为剪刀式楼梯。

图 4.4　螺旋楼梯

图 4.5　剪刀式楼梯

4.2.2　任务实施

4.2.2.1　楼梯的组成

楼梯一般由楼梯梯段、楼梯平台、栏杆(栏板)扶手三部分组成,图 4.6 为楼梯的组成。

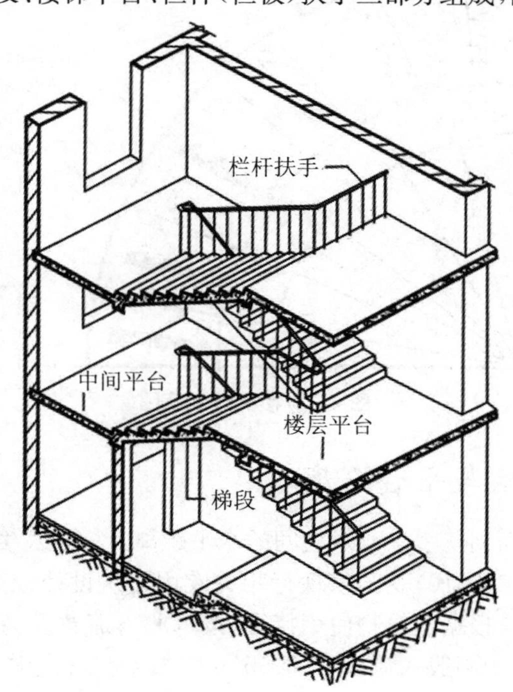

图 4.6　楼梯的组成

1. 楼梯梯段

楼梯梯段是两个平台之间若干连续踏步的组合。每个梯段的踏步数一般在 3～18 步之间。

每个踏步由踏面和踢面组成。踏面数 = 踢面数 - 1。

楼梯井是四周为梯段和平台内侧面围绕的空间。它是为楼梯施工方便而设置的,其宽度一般在 100 mm 左右,通常在 60～200 mm 之间。

2. 楼梯平台

楼梯平台是为了解决楼梯段的转折和与楼层连接，同时也让人们在连续上下楼时可在平台上稍加休息而设置的。其中，楼层平台是连接楼板层和梯段端部的水平构件，中间休息平台位于两层楼面之间连接两梯段的水平构件。

3. 栏杆(栏板)扶手

栏杆(栏板)是具有一定的安全高度，用以保障人身安全或分隔空间用的防护分隔构件。扶手位于栏杆(栏板)顶部供人们依扶之用。

4.2.2.2　楼梯的坡度

楼梯的坡度是楼梯梯段中各级踏步前缘的假定连线与水平面的夹角，或以夹角的正切表示踏步的高宽比。

楼梯的坡度应根据建筑物的使用性质和层高来确定，公共建筑的楼梯使用人数较多，坡度应比较平缓，一般常用 1/2 左右。住宅建筑的楼梯，使用人数较少，坡度可以较陡，常用 1/1.5左右。楼梯的坡度一般在 23°～45°之间，30°为适宜坡度。图 4.7 为楼梯坡度范围。

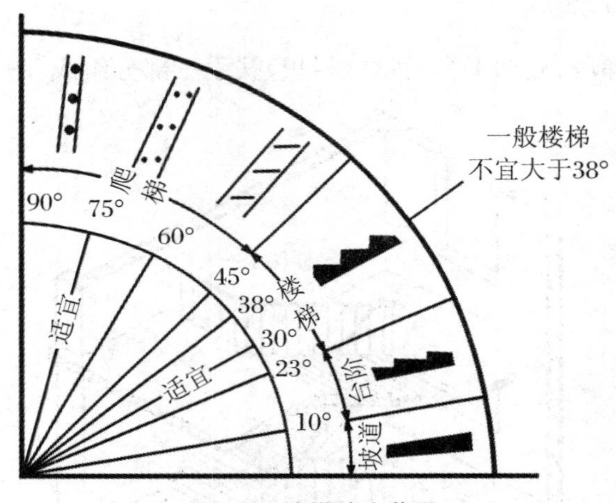

图 4.7　楼梯坡度范围

4.2.2.3　梯段宽度与平台深度

楼梯梯段宽度是墙面到扶手中心线之间的水平距离。梯段宽度除应符合现行国家标准《建筑设计防火规范》(GB50016)及国家现行相关专用建筑设计标准的规定外，供日常主要交通用的楼梯梯段宽度应根据建筑物使用特征，按每股人流宽度为 0.55＋(0～0.15) m 的人流股数确定，且不应少于两股人流。0～0.15 m 为人流在行进中人体的摆幅，公共建筑人流众多的场所应取上限值。

当梯段改变方向时，扶手转向端处的平台最小宽度不应小于梯段宽度，且不得小于 1.2 m。当有搬运大型物件需要时，应适量加宽。直跑楼梯的中间平台宽度不应小于 0.9 m。

4.2.2.4　楼梯模数协调

1. 楼梯间

楼梯间开间是楼梯间定位轴线之间宽度的水平距离。楼梯间进深是楼梯间定位轴线之间长度的水平距离。

楼梯间开间及进深的尺寸应符合水平扩大模数3M的整数倍数，必要时可采用基本模数的整数倍数。楼梯梯段宽度应采用基本模数的整数倍数，必要时可采用1/2M的整数倍数。

2．楼层高度

当楼层高度小于3 600 mm时，应采用基本模数的整数倍数。即2 600 mm、2 700 mm、2 800 mm、2 900 mm、3 000 mm、3 100 mm、3 200 mm、3 300 mm、3 400 mm、3 500 mm、3 600 mm。

当楼层高度大于3 600 mm时，应采用扩大模数3M的整数倍数。即3 600 mm、3 900 mm、4 200 mm、4 500 mm、4 800 mm、5 100 mm、5 400 mm、5 700 mm、6 000 mm及其他300 mm的整数倍数。

3．楼梯踏步

楼梯踏步由踏步面和踏步踢板组成。踏步面是踏步的水平上表面，踏步踢板是与踏步面相连的垂直(或倾斜)部分。踏步宽度是相邻两踏步前缘线之间的水平距离。踏步前缘是踏步前面的边缘。踏步高度是相邻两踏步面之间的垂直距离。楼梯踏步的高宽比应符合表4.2的规定。楼梯踏步宽度与人的脚长和人在上下楼梯时脚与踏步面接触的状态有关。若上下楼梯时脚完全落在踏步上，行走舒适。当踏面宽度较小时，由于脚跟部分悬空，行走不便。踏步高度取决于踏步宽度，这是由于踏步高度与踏步宽度之和与人的步距有关，也可按经验公式计算踏步尺寸，即$2r+g=600\sim620$ mm或$r+g\approx450$ mm，式中r为踏步高(mm)，g为踏步宽(mm)。

表4.2 楼梯踏步最小宽度和最大高度

楼梯类别		最小宽度(mm)	最大高度(mm)
住宅楼梯	住宅公共楼梯	260	175
	住宅套内楼梯	220	200
宿舍楼梯	小学宿舍楼梯	260	150
	其他宿舍楼梯	270	165
老年人建筑楼梯	住宅建筑楼梯	300	150
	公共建筑楼梯	320	130
幼儿园、托儿所楼梯		260	130
小学校楼梯		260	150
人员密集且竖向交通繁忙的建筑和大、中学校楼梯		280	165
其他建筑楼梯		260	175
超高层建筑核心筒内楼梯		250	180
检修及内部服务楼梯		220	200

注：螺旋楼梯和扇形踏步离内侧扶手中心0.25 m处的踏步宽度不应小于0.22 m。

梯段内每个踏步高度、宽度应一致，相邻梯段的踏步高度、宽度宜一致。踏步宽度可选用220 mm、240 mm、260 mm、280 mm、300 mm、320 mm，必要时可采用250 mm。其计算数值可按表4.3选用，表中粗线以下为坡度不超过38°数值，Q为坡度角。

表 4.3　楼梯踏步数值表

步数 N	层高 S								
	2 800			2 900			3 000		
	r	*g*	*Q*	*r*	*g*	*Q*	*r*	*g*	*Q*
14	200	220	42°16′						
15	187	240	37°52′	193	240	38°51′	200	220	42°16′
		250	36°45′						
16	175	250	35°	181	240	37°4′	188	240	38°
		260	33°57′		250	35°57′		250	36°32′
		280	32°		260	34°53′			
17	165	280	30°28′	171	260	33°18′	176	250	35°13′
		300	28°45′		280	31°21′		260	34°10′
18	156	300	27°24′	161	280	29°55′	167	280	30°48′
					300	28°14′			
19	147	320	24°44′	153	300	26°58′	150	300	27°46′
					320	25°30′			

步数 N	层高 S								
	3 100			3 200			3 300		
	r	*g*	*Q*	*r*	*g*	*Q*	*r*	*g*	*Q*
16	194	240	38°55′	200	220	42°16′			
17	182	240	37°14′	188	240	38°6′	194	240	38°68′
		250	36°6′						
		260	35°3′		250	36°59′			
18	172	260	33°31′	178	250	35°25′	183	240	37°23′
								250	36°15′
		280	32°36′		260	34°22′		260	35°11′
19	163	280	30°14′	168	280	31°2′	174	260	33°45′
		300	28°32′					280	31°48′
20	155	300	27°19′	160	280	29°45′	165	280	30°31′
		320	25°51′		300	28°4′		300	28°49′
21	148	320	24°46′	152	300	26°56′	157	300	27°39′
					320	25°28′			
22	141	320	23°46′	145	320	24°27′	150	300	26°34′
								320	25°7′
23							143	320	24°9′

4. 楼梯的净高

楼段净高是指梯段之间垂直于水平面踏步前缘线处的净距。平台净高是指平台或中间平台最低点与楼地面的垂直距离。

楼梯平台部位的净高不应小于2 000 mm，楼梯梯段部位的净高不应小于2 200 mm，楼梯梯段最低、最高踏步的前缘线与顶部凸出物的内边缘线的水平距离不应小于300 mm。图4.8为楼梯的净高。

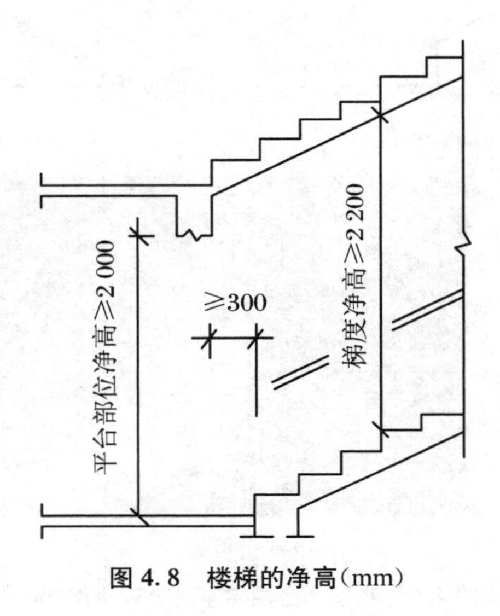

图4.8 楼梯的净高(mm)

4.2.3 任务拓展

当楼梯底层平台下做通道，无法满足净高要求时，采取的措施主要有：

(1) 将底层楼梯设计成不等跑梯段，增加第一梯段的踏步数，减少第二梯段的踏步数，利用踏步数的增减来调节下部净空的高度，如图4.9(a)所示。

(2) 降低楼梯间底层地面的标高，如图4.9(b)所示。

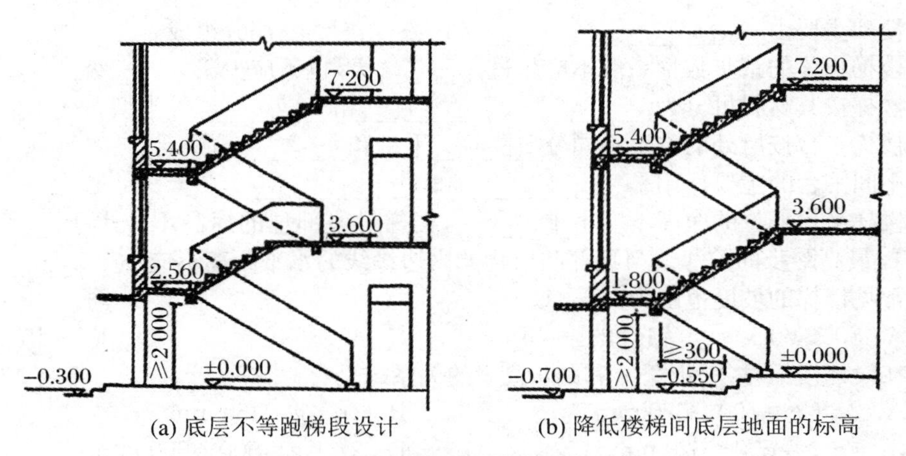

(a) 底层不等跑梯段设计　(b) 降低楼梯间底层地面的标高

图4.9 底层平台楼梯净高处理措施(mm)

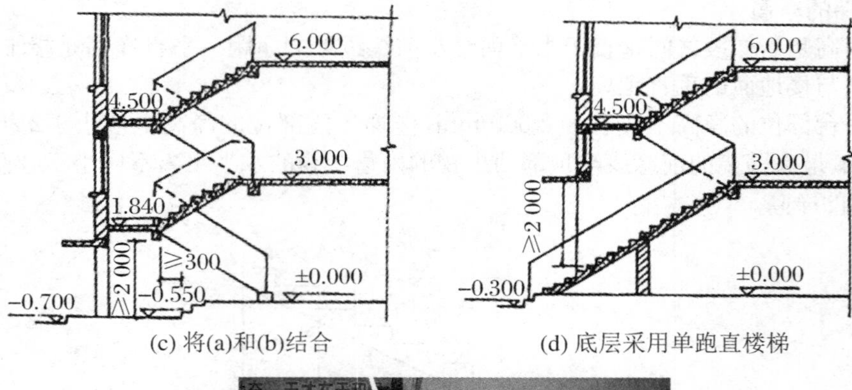

(c) 将(a)和(b)结合　　(d) 底层采用单跑直楼梯

(e) 折板处理

续图 4.9　底层平台楼梯净高处理措施(mm)

(3) 将上述两种方法结合,即降低楼梯间底层地面的标高,同时增加第一梯段的踏步数,如图 4.9(c)所示。

(4) 将底层采用单跑直楼梯,如图 4.9(d)所示。

(5) 取消平台梁,即平台板和梯段组合成一块折形板,如图 4.9(e)所示。

练习与提高

1. 楼梯主要由__________、__________和__________三部分组成。

2. 楼梯梯段的踏步数量一般不应超过________级,也不应少于______级。

3. 楼梯按其材料可分为__________、__________和__________等类型。

4. 楼梯平台按所处的位置不同分________平台和__________平台。

5. 中间平台的主要作用是____________和______________。

6. 楼梯平台部位的净高不应小于______,楼梯梯段部位的净高不应小于______,楼梯梯段最低、最高踏步的前缘线与顶部凸出物的内边缘线的水平距离不应小于________。

7. 常见楼梯的坡度范围为(　　)。

A. 30°～60°　　B. 23°～45°　　C. 45°～60°　　D. 30°～45°

8. 在设计楼梯时,踏步宽 g 和踏步高 r 的关系式是(　　)。

A. $2r + g = 600$～620 mm　　B. $2r + g = 450$ mm

C. $r + g = 600$～620 mm　　D. $2r + g = 500$～600 mm

9. 有关楼梯的净高设计,下列叙述不正确的是(　　)。

A. 楼梯平台上部及下部过道处的净高不应小于 1.90 m

B. 楼梯平台上部及下部过道处的净高不应小于2.00 m
C. 梯段净高不应小于2.20 m
D. 贮藏室、局部夹层、走道及房间的最低处的净高不应小于2.0 m

10. 当楼梯梯段的角度较小时,(　　)。
A. 行走方便,楼梯所占面积亦小　　B. 行走方便,与梯段所占面积无关
C. 行走不便,梯段所占面积亦小　　D. 行走方便,梯段所占面积较大

11. 不是双跑楼梯显著特点是(　　)。
A. 平面紧凑　　B. 形式活泼　　C. 结构简单　　D. 使用方便

12. 楼梯井宽度在(　　)之间。
A. 60～150 mm　　B. 100～200 mm　　C. 70～200 mm　　D. 100～150 mm

13. 楼梯平台梁下设出入口,其净高不小于(　　)。
A. 2 000 mm　　B. 2 100 mm　　C. 2 200 mm　　D. 2 400 mm

14. 居住建筑常用楼梯形式是(　　)。
A. 螺旋式　　B. 双跑式　　C. 弧线式　　D. 剪刀式

4.3 任务2:钢筋混凝土楼梯构造

4.3.1 任务资讯

钢筋混凝土楼梯按施工方式不同,可分为现浇式和预制装配式两类。其中,现浇钢筋混凝土楼梯按梯段的传力特点不同,可分为板式楼梯和梁板式楼梯。

4.3.1.1 现浇钢筋混凝土楼梯

现浇钢筋混凝土楼梯具有整体性好、可塑性强、抗震性能好、施工速度慢等特点。适用于施工现场无起重设备、抗震要求高的建筑。

4.3.1.2 预制装配式钢筋混凝土楼梯

预制装配式钢筋混凝土楼梯具有施工速度快、提高工业化程度、减少现场湿作业量、节约模板但整体性较差等特点。适用于工业化程度较高、工期要求紧的工程,但不适宜抗震区。

按其构造方式可分为梁承式、墙承式和悬臂式。

1. 梁承式楼梯

梁承式楼梯的预制构件主要有梯段(板式或梁板式梯段)、平台梁、平台板三部分组成。

梁板式梯段由斜梁和踏步板组成。一般在踏步板两端各设一根斜梁,踏步板支承在斜梁上。踏步板断面形式有一字形、L形、三角形等。用于搁置一字形、L形断面踏步板的斜梁为锯齿形变断面构件,搁置三角形断面踏步板的斜梁为等断面构件。为了便于支承斜梁或梯段板,减少平台梁所占结构空间,平台梁做成L形断面。平台板可根据需要采用钢筋混凝土空心板、槽板或实心平板。该楼梯的荷载传递路线为荷载→踏步板→斜梁→平台梁→

柱。图4.10为预制装配式梁承式楼梯。

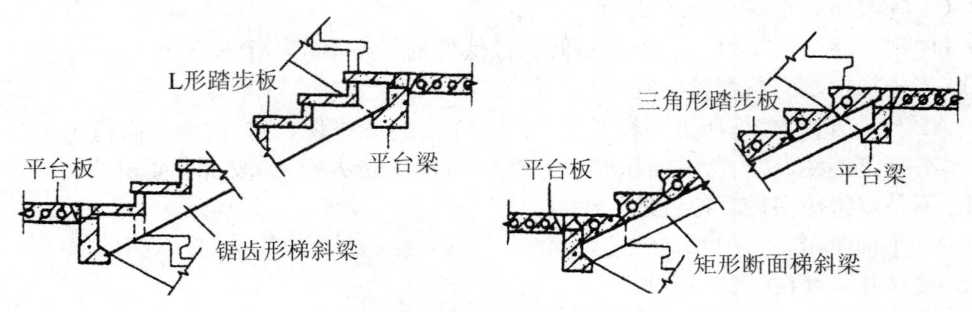

图4.10　预制装配式梁承式楼梯

2. 墙承式楼梯

是指预制钢筋混凝土踏步板直接搁置在墙上的一种楼梯形式，其踏步板一般采用一字形、L形断面。这种楼梯由于在梯段之间有墙，搬运家具不方便，也阻挡视线，上下人流易相撞。通常在中间墙上开设观察口，以使上下人流视线相通。图4.11为预制装配式墙承式楼梯。

图4.11　预制装配式墙承式楼梯

3. 悬臂式楼梯

是指预制钢筋混凝土踏步板一端嵌固于楼梯间侧墙上，另一端凌空悬挑的楼梯形式。适用于嵌固踏步板的墙体厚度不应小于240 mm，踏步板悬挑长度≤1 800 mm。踏步板采用L形带肋断面形式，墙嵌固端做成矩形断面，嵌入深度240 mm。图4.12为预制装配式悬臂式楼梯。

图4.12　预制装配式悬臂式楼梯

4.3.2　任务实施

4.3.2.1　现浇钢筋混凝土板式楼梯

板式楼梯是指由梯段承受上部荷载，梯段分别与两端的平台梁现浇在一起，并由平台梁支承。梯段相当于一块斜放的整板，平台梁为支座，平台梁间的水平距离即为楼梯板的跨度。

梯段板厚按刚度要求为板跨的1/30～1/40，经济尺寸为80 mm。板底配筋通常沿板长边方向配置受力钢筋，短边方向配置分布钢筋。其荷载传递路线为荷载→梯段→平台梁→柱(墙)。

适用于板跨≤3 m，荷载较小的住宅、宿舍建筑。图4.13为现浇钢筋混凝土板式楼梯。

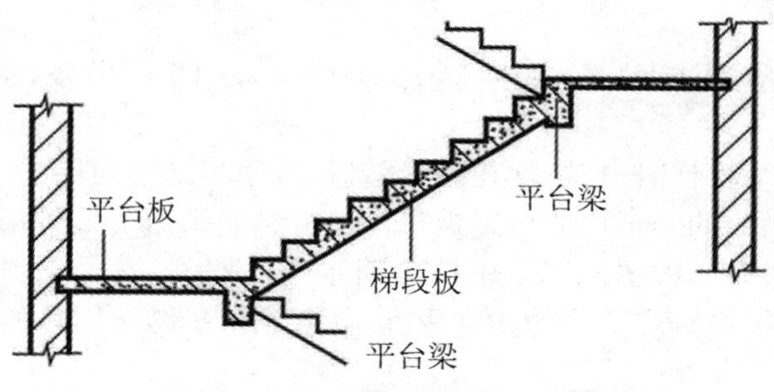

图4.13　现浇钢筋混凝土板式楼梯

4.3.2.2　现浇钢筋混凝土梁板式楼梯

当梯段较宽或楼梯负载较大时，采用板式梯段往往不经济，需增加梯段斜梁，以承受板的荷载，并将荷载传给平台梁。斜梁在结构布置上有双梁布置和单梁布置之分，如图4.14所示。

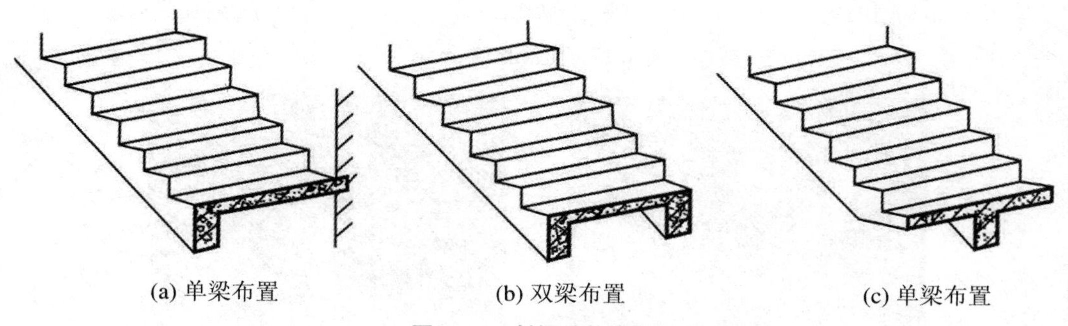

(a) 单梁布置　　(b) 双梁布置　　(c) 单梁布置

图4.14　斜梁结构布置

斜梁与踏步板的关系有正梁和上翻梁两种。斜梁在下，踏步板在上为正梁，即明步梯段；反之，斜梁在上，踏步板在下为上翻梁，即暗步梯段，如图4.15所示。

梁板式楼梯的荷载传递路线为荷载→梯段→斜梁→平台梁→柱。

适用于荷载较大的公共建筑楼梯，如图4.16所示。

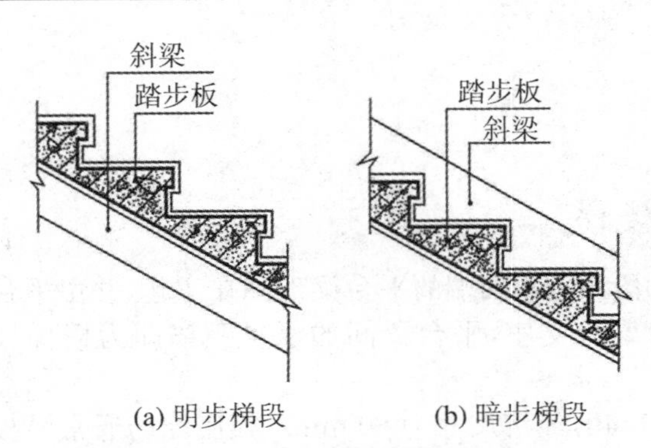

(a) 明步梯段　(b) 暗步梯段

图 4.15　斜梁与踏步板的关系

图 4.16　现浇钢筋混凝土梁板式楼梯

4.3.2.3　楼梯的细部构造

楼梯的细部构造

1. 踏面防滑处理

楼梯踏步的踏面应光洁、耐磨,易于清扫。面层常采用水泥砂浆、水磨石、缸砖等。

为防止行人在上下楼梯时滑跌,常在踏步踏口处,用不同于面层的材料做出略高于踏面的防滑条,或用带有槽口的陶土块或金属板包住踏口。如果面层系采用水泥砂浆抹面,由于表面粗糙,可不做防滑条。如图 4.17、图 4.18 所示。

设置防滑条可以提高踏步前缘的耐磨程度,并起到保护踏步阳角的作用。

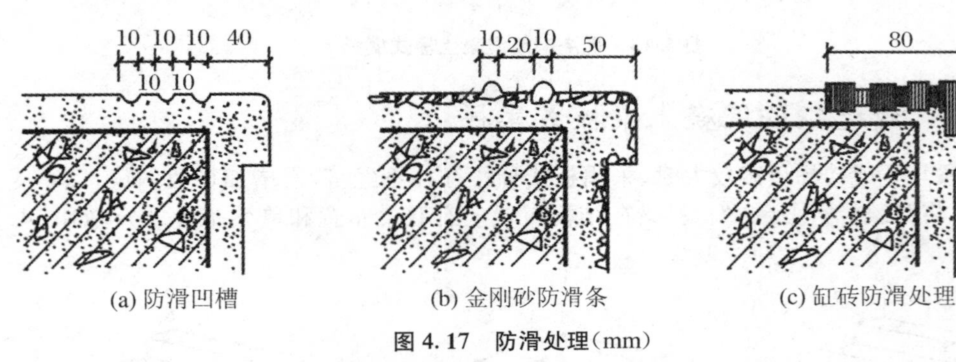

(a) 防滑凹槽　(b) 金刚砂防滑条　(c) 缸砖防滑处理

图 4.17　防滑处理(mm)

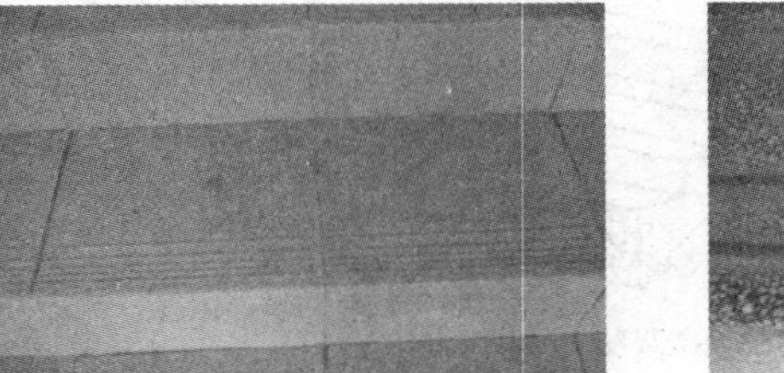

图 4.18　楼梯踏面防滑处理

2. 栏杆(栏板)扶手

栏杆(栏板)扶手是楼梯的安全设施,楼梯应至少于一侧设栏杆扶手,梯段净宽达 3 股人流时应两侧设栏杆扶手,达 4 股人流时宜加设中间栏杆扶手。一般设置在梯段和平台边缘处,要求它必须坚固可靠,并有足够的安全高度。栏杆有实心栏杆和漏空栏杆之分,实心栏杆称为栏板。栏杆(栏板)的上缘为扶手,供人行走时扶持和人多拥挤时倚靠。栏杆(栏板)

和扶手组合后，能抵抗一定的水平推力。栏杆（栏板）和扶手还有一定的装饰作用。

（1）楼梯栏杆。

栏杆多采用圆钢、方钢、扁钢等材料，可焊接或铆接成各种图案，既起防护作用，又有一定的装饰效果。圆钢截面直径和方钢截面边长一般为 20 mm，扁钢截面尺寸不大于 6 mm×40 mm。

栏杆高度指踏步前缘至扶手上表面的垂直距离。室内楼梯栏杆高度不应小于 0.9 m。楼梯水平栏杆或栏板长度大于 0.5 m 时，其高度不应小于 1.05 m。

托儿所、幼儿园、中小学及少年儿童专用活动场所，当楼梯井净宽大于 0.2 m 时，必须采取防止少年儿童坠落的措施。常用楼梯栏杆的形式如图 4.19 所示。

图 4.19　楼梯栏杆的形式

（2）栏杆固定。

栏杆与踏步的连接方式有铆接、焊接和栓接三种。铆接是在踏步上预留孔洞，预留孔一般为 50 mm×50 mm，然后将钢条插入孔内，插入孔内至少 80 mm，孔内浇注水泥砂浆或细石混凝土嵌固。焊接是在浇注楼梯踏步时，在需要设置栏杆的部位，沿踏面预埋钢板或在踏步内埋套管，然后将钢条焊接在预埋钢板或套管上。栓接系指利用螺栓将栏杆固定在踏步上，方式可有多种。如图 4.20 所示。

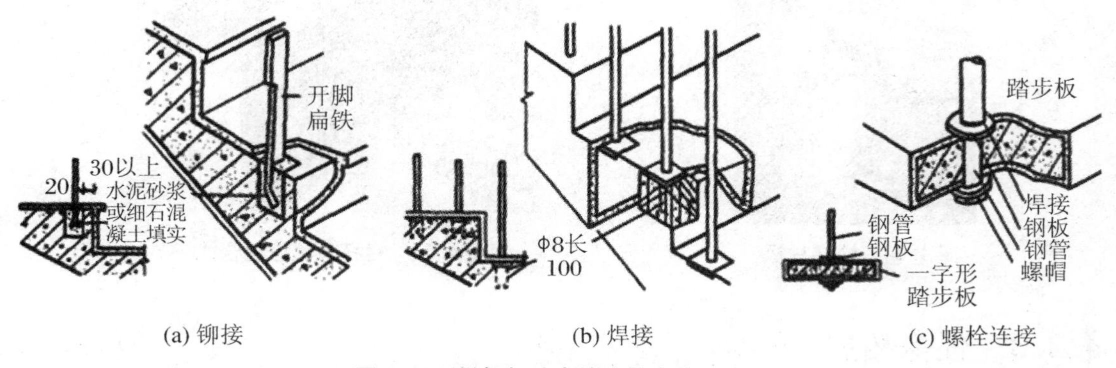

图 4.20　栏杆与踏步的连接方式(mm)

（3）楼梯扶手。

楼梯扶手按材料分有木扶手、金属扶手、塑料扶手等，以构造分有漏空栏杆扶手、栏板扶手和靠墙扶手等。扶手宽度一般在 60～85 mm，应坚固、耐磨、光滑、美观。如图 4.21、图 4.22、图 4.23 所示。

（4）楼梯栏板。

楼梯栏板有多种形式，如砌筑栏板、钢丝网水泥栏板、预制水磨石板栏板、塑料饰面板栏板、玻璃栏板、不锈钢镜面栏板等，如图 4.24、图 4.25 所示。

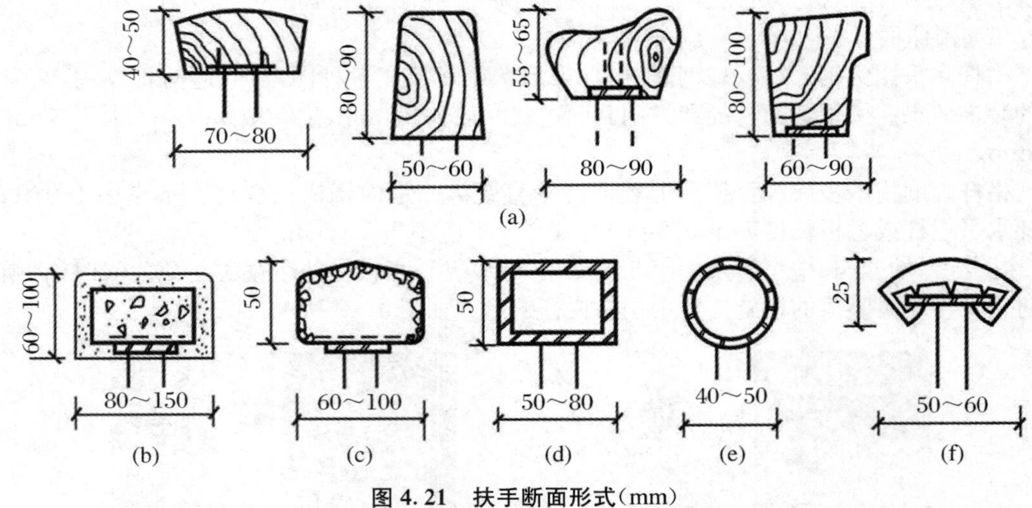

图 4.21　扶手断面形式(mm)

图 4.22　扶手收头处理

图 4.23　扶手弯折处理

图 4.24　楼梯栏板

图 4.25　栏杆与栏板混合式

4.3.3　任务拓展

1. 台阶

台阶是连接室外或室内的不同标高的楼面、地面,供人行的阶梯式交通道。它具有供人进出建筑物的使用功能,在特殊情况下还具有精神功能,如南京中山陵、人民大会堂、高级人民法院法庭等设计多级台阶,给人以庄严神圣的感觉。

台阶由踏步和平台组成,其形式有单面踏步式、三面踏步式、单面踏步带花池等。如图 4.26、图 4.27 所示。

图 4.26　单面踏步式

图 4.27　三面踏步式

《民用建筑设计统一标准》(GB50352—2019)中对台阶设置作相关规定：公共建筑室内外台阶踏步宽度不宜小于 300 mm，踏步高度不宜大于 150 mm，且不宜小于 100 mm，踏步应防滑。室内台阶踏步数不应少于 2 级，当高差不足 2 级时，应按坡道设置。人流密集的场所台阶高度超过 700 mm且侧面临空时，应有防护设施。

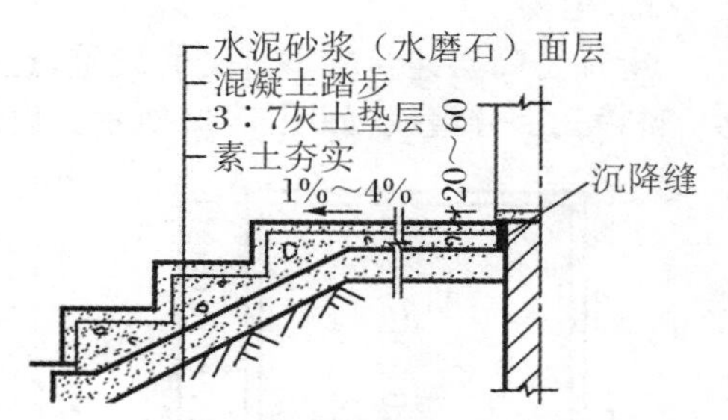

图 4.28　混凝土台阶构造(mm)

台阶的构造分实铺和架空两种。实铺台阶的构造与室内地坪的构造相似，包括基层、垫层和面层。基层为夯实层。垫层可采用混凝土垫层、砖垫层，严寒地区需考虑地基土冻胀因素，可用含水率低的砂石垫层换土至冰冻线以下。面层材料应选择防滑、耐久的材料，如图 4.28 所示。

2．坡道

坡道是连接室外或室内的不同标高的楼面、地面，供人行或车行的斜坡式交通道。坡道分为行车坡道和轮椅坡道。图 4.29、图 4.30 所示分别为自行车坡道和行车坡道。随着社会文明程度的提高，为使残疾人能平等地参与社会活动，体现社会对特殊人群的关爱，应在为公众服务的建筑及市政工程中设置方便残疾人使用的设施，轮椅坡道是其中之一。

图 4.29　自行车坡道

图 4.30　行车坡道

《民用建筑设计统一标准》(GB50352—2019)中对坡道设置作相关规定：室内坡道坡度不宜大于 1∶8，室外坡道坡度不宜大于 1∶10。室内坡道水平投影长度超过 15 m 时，宜设休息平台，平台宽度应根据使用功能或设备尺寸所需缓冲空间而定。当坡道总高度超过 0.7 m 时，应在临空面采取防护设施。供轮椅使用的坡道应符合现行国家标准《无障碍设计规范》(GB50763)的有关规定。坡道应采取防滑措施，如图 4.31 所示。

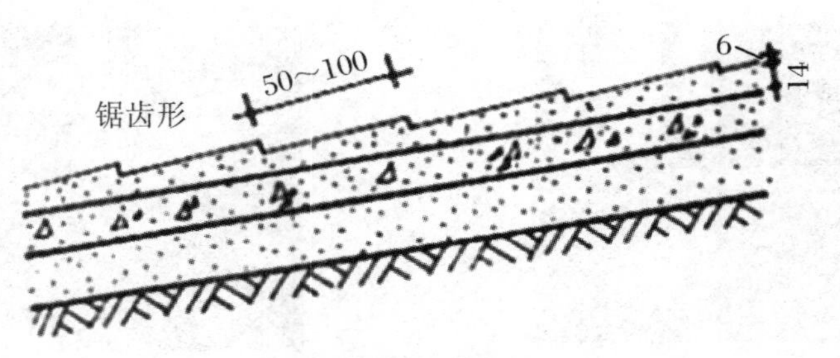

图 4.31　坡道防滑处理(mm)

3．电梯

电梯是高层建筑中垂直交通设施,运行速度快,可以节省时间和人力。电梯由井道、机房、轿箱三部分组成,如图 4.32 所示。设置电梯的建筑,楼梯还应照常规做法设置。

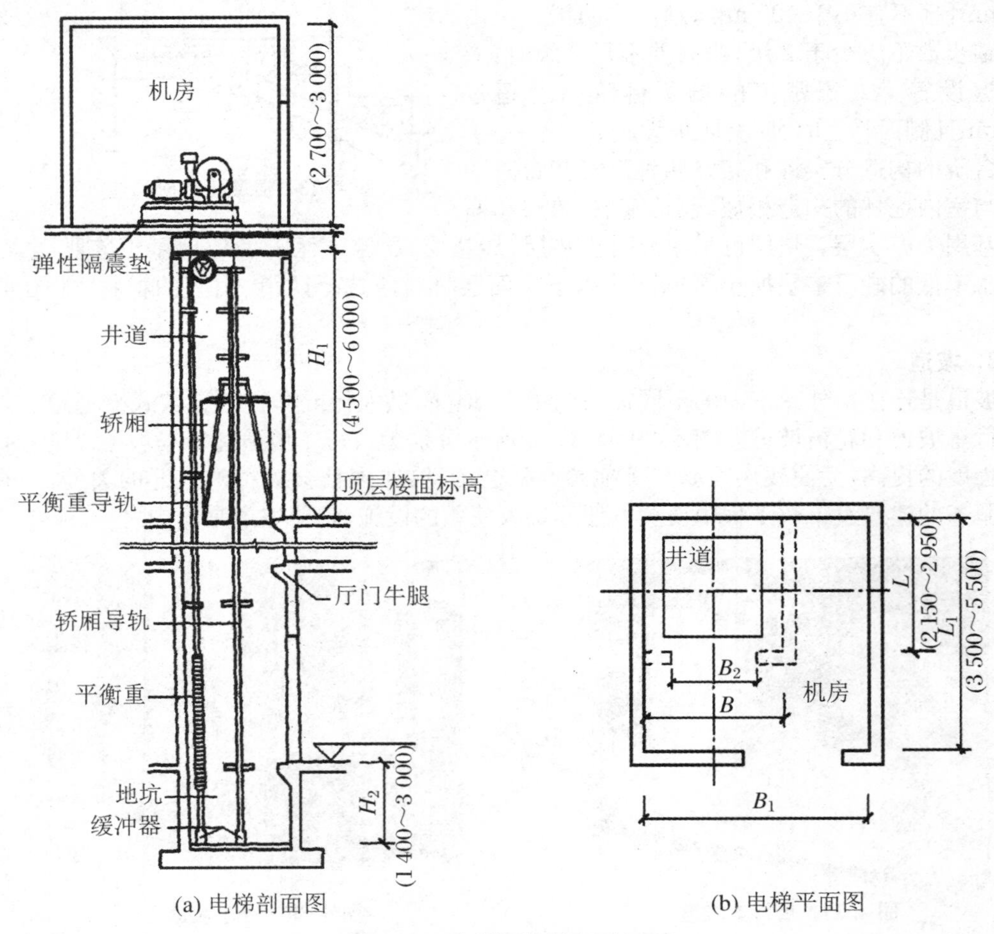

(a) 电梯剖面图　　(b) 电梯平面图

图 4.32　电梯构造示意图(mm)

在电梯井道内有轿厢和保证平衡的平衡锤,通过机房内的曳引机和控制屏进行操纵来运送人员和货物。电梯井道用钢筋混凝土浇筑而成。在每层楼面应留出门洞。并设置专用门,在升降过程中,轿厢门和每层专用门全部封闭,以保证安全。门的开启方式一般为中分推拉式或旁开的双折推拉式。

《民用建筑设计统一标准》(GB50352—2019)中对电梯设置作相关规定:电梯不应作为

安全出口。高层公共建筑和高层宿舍建筑的电梯台数不宜少于2台，12层及12层以上的住宅建筑的电梯台数不应少于2台，并应符合现行国家标准《住宅设计规范》(GB50096)的规定。电梯的设置，单侧排列时不宜超过4台，双侧排列时不宜超过2排×4台。电梯不应在转角处贴邻布置，且电梯井不宜被楼梯环绕设置。电梯井道和机房不宜与有安静要求的用房贴邻布置，否则应采取隔震、隔声措施。电梯机房应有隔热、通风、防尘等措施，宜有自然采光，不得将机房顶板作水箱底板及在机房内直接穿越水管或蒸汽管。消防电梯的布置应符合现行国家标准《建筑设计防火规范》(GB50016)的有关规定。专为老年人及残疾人使用的建筑，其电梯应设置监控系统，梯门宜装可视窗，且应符合现行国家标准《无障碍设计规范》(GB50763)的有关规定。电梯候梯厅的深度应符合表4.4的规定。

表4.4　电梯候梯厅深度规定

电梯类别	布置方式	候梯厅深度
住宅电梯	单台	≥B且≥1.5 m
	多台单侧排列	≥B_{max}且≥1.8 m
	多台双侧排列	≥相对电梯B_{max}之和，且<3.5 m
公共建筑电梯	单台	≥1.5B且≥1.8 m
	多台单侧排列	≥1.5B_{max}且≥2.0 m，当电梯群为4台时应≥2.4 m
	多台双侧排列	≥相对电梯B_{max}之和，且<4.5 m
病床电梯	单台	≥1.5B
	多台单侧排列	≥1.5B_{max}
	多台双侧排列	≥相对电梯B_{max}之和

注：B为轿箱深度，B_{max}为电梯群中最大轿箱深度。

4. 自动扶梯

自动扶梯是人流集中的大型公共建筑使用的垂直交通设施，具有结构紧凑、重量轻、耗电省、安装维修方便等优点。它是由电动机械牵动梯段踏步连同栏杆扶手一起运转，可以正向运行，也可以反向运行，如图4.33、图4.34所示。

《民用建筑设计统一标准》(GB50352—2019)中对自动扶梯设置作以下相关规定：自动扶梯不应作为安全出口。出入口畅通区的宽度从扶手带端部算起不应小于2.5 m，人员密集的公共场所其畅通区宽度不宜小于3.5 m。扶梯与楼层地板开口部位之间应设防护栏杆或栏板。栏板应平整、光滑和无突出物；扶手带顶面距自动扶梯前缘、自动人行道踏板面或胶带面的垂直高度不应小于0.9 m。当相邻平行交叉设置时，两梯(道)之间扶手带中心线的水平距离不应小于0.5 m，否则应采取措施防止障碍物引起人员伤害。

自动扶梯的梯级、自动人行道的踏板或胶带上空，垂直净高不应小于2.3 m。自动扶梯的倾斜角不宜超过30°，额定速度不宜大于0.75 m/s；当提升高度不超过6.0 m，倾斜角小于等于35°时，额定速度不宜大于0.5 m/s；当自动扶梯速度大于0.65 m/s时，在其端部应有不小于1.6 m水平移动距离作为导向行程段。

倾斜式自动人行道的倾斜角不应超过12°，额定速度不应大于0.75 m/s。当踏板的宽度不大于1.1 m，并且在两端出入口踏板或胶带进入梳齿板之前的水平距离不小于1.6 m时，自动人行道的最大额定速度可达到0.9 m/s。

自动扶梯和层间相通的自动人行道单向设置时，应就近布置相匹配的楼梯。设置自动扶梯或自动人行道所形成的上下层贯通空间，应符合现行国家标准《建筑设计防火规范》(GB50016)的有关规定。当自动扶梯或倾斜式自动人行道呈剪刀状相对布置，且与楼板、梁开口部位侧边交错时，应在产生的锐角口前部 1.0 m 范围内设置防夹、防剪的预警阻挡设施。自动扶梯和自动人行道宜根据负载状态（无人、少人、多数人、载满人）自动调节为低速或全速的运行方式。

图 4.33　自动扶梯

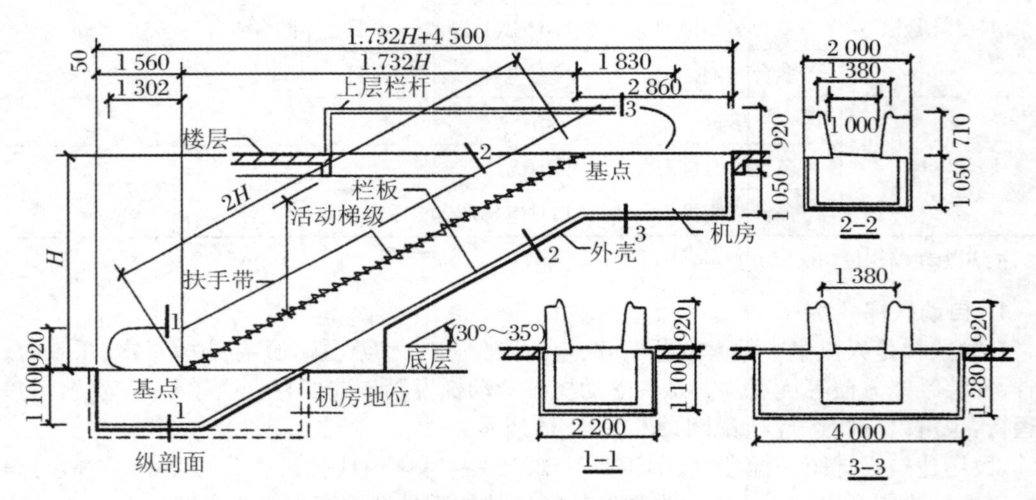

图 4.34　自动扶梯构造示意图(mm)

练习与提高

1. 现浇钢筋混凝土楼梯按梯段的传力特点不同，有___________和___________两种类型。

2. 通常在楼梯踏步的踏面做__________处理。

3. 栏杆与楼梯踏步的连接方式有________、________和_________三种。

4. 电梯主要由__________、__________和__________三部分组成。

5. 斜梁与踏步板的关系：斜梁在下，踏步板在上为______，即明步梯段；斜梁在上，踏步板在下为______，即暗步梯段。

6. 现浇钢筋混凝土板式楼梯的荷载传递路线：__________________________________。

7. 预制装配式钢筋混凝土楼梯按其构造方式，可分为________、________和________。

8. 预制装配悬臂式钢筋混凝土楼梯，踏步板悬挑长度一般不大于(　　)。

A. 1.2 m　　B. 1.5 m　　C. 1.8 m　　D. 2 m

9. 栏杆与梯段、平台连接时，为保护栏杆免受锈蚀和增强美观，常在栏杆下部埋设(　　)。

A. 钢板　　B. 木垫块　　C. 套管　　D. 混凝土垫块

10. 室内楼梯栏杆高度不应小于(　　)，楼梯水平栏杆或栏板长度大于 0.5 m 时，其高度不应小于(　　)。

A. 900 mm　1 000 mm　　B. 900 mm　1 050 mm

C. 1 000 mm　1 050 mm　　D. 1 050 mm　900 mm

11. 室外坡道坡度不宜大于(　　)。

A. 1∶12　　B. 1∶10　　C. 1∶8　　D. 1∶6

12. 自动扶梯的坡度一般采用(　　)。

A. 10°　　B. 20°　　C. 30°　　D. 45°

13. 室内坡道坡度不宜大于(　　)。

A. 1∶12　　B. 1∶10　　C. 1∶8　　D. 1∶6

4.4　实训项目:绘制楼梯节点构造图

4.4.1　任务资讯

在分项实训项目和综合实训项目教学时，采取项目教学法进行教学。教学流程主要有确定项目任务、收集资料、制定方案、小组讨论、确定方案、检查记录、总结评价等主要实施过程。分项实训项目考核评价标准(表 4.5)、小组成员活动记录表、实训项目效果反馈信息表、小组成员工作任务成绩评定表(这些表格在 3.5 节已经给出)，均为在教学过程中检查记录所用材料。

表 4.5　分项实训项目考核评价标准

分项实训项目	实训目标	考核内容	考核评价方法	分值
楼梯节点构造设计	(1) 理解楼梯的尺度； (2) 能根据工程实际选择楼梯类型； (3) 能够设计楼梯	(1) 确定楼梯的尺度； (2) 解决一层平台下过人的处理手法； (3) 楼梯设计方案； (4) 查阅《建筑设计规范》和《房屋建筑制图统一标准》	(1) 自我评价内容：楼梯尺度合理情况，一层平台下过人的处理情况，符合建筑设计规范和建筑制图统一标准情况。 (2) 小组评价：符合工程实际情况，图面表现情况，实训态度、工作习惯等情况。 (3) 教师总体评价：结合现场验收、口头答辩、图面质量、构造做法、设计方案等进行综合考核	10

4.4.2 任务实施

楼梯的设计要求

楼梯节点构造设计实训任务书

1. 任务目标

通过楼梯节点设计能够掌握楼梯的尺度要求；能根据工程实际选择楼梯类型；能够设计现浇钢筋混凝土板式楼梯。

2. 任务设计条件

某单元式住宅楼梯，一梯二户，砖混结构，层高 2.8 m，室内外高差 450 mm，楼梯开间尺寸 2.7 m，进深尺寸 6.0 m，5 层，双跑式平行楼梯，楼梯间的墙体采用水泥灰沙砖，墙厚 240 mm，轴线居中，底层平台下设有住宅出入口。楼梯结构形式采用现浇钢筋混凝土板式楼梯，栏杆扶手的样式、材料及尺寸等自定。楼地面做法自定。

3. 任务设计内容

(1) 本设计共包括 7 幅图：底层平面图、二层平面图、三层平面图、顶层平面图、楼梯剖面图、楼梯栏杆(栏板)、踏步详图。

(2) 比例：平面图为 1∶50；剖面图为 1∶50；详图为 1∶10。

(3) 使用 2# 图纸一张，以铅笔绘制。

4. 任务要求

(1) 在楼梯各平面图中绘出定位轴线，标出定位轴线至墙边的尺寸。绘出门窗、楼梯踏步、折断线，以各层地面为基准标注楼梯的上、下行指示箭头。

(2) 在楼梯各层平面图中注明中间平台及各层地面的标高。

(3) 在底层楼梯平面图上注明剖面图剖切线的位置及编号，注意剖切线的剖切方向。剖切线应通过楼梯间的门或窗。

(4) 平面图上应标注两道尺寸。

进深方向：第一道：平台净宽、梯段长＝踏面宽×步数；第二道：楼梯间进深轴线尺寸。

开间方向：第一道：楼梯段和楼梯井的宽度；第二道：楼梯间开间轴线尺寸。

(5) 首层平面图上要绘出室外台阶、散水，二层平面图应绘出雨篷。

(6) 剖面图应注意剖视方向，不要把方向弄错。剖面图可绘制到顶层栏杆扶手，其上用折断线切断，不需绘出屋顶。

(7) 剖面图的内容为：楼梯的断面形式栏杆(栏板)、扶手的形式，墙、楼板和楼层地面、顶棚、台阶、室外地面、首层地面等。

(8) 绘制出材料符号。

(9) 标注标高：室内地面，室外地面，各层平台，各层地面，窗台及窗顶，门顶，雨篷上、下皮等处。

(10) 在剖面图中绘出定位轴线，并标注定位轴线间的尺寸。标注出各梯段的踏步数及各梯段的高度，绘制出详图索引符号。

(11) 详图应注明材料、构造做法和尺寸。与详图无关的连续部分可用折断线断开。标注出详图编号。

5. 任务设计步骤

(1) 根据题意，确定楼梯形式。

(2) 楼梯开间方向细部尺寸。

(3) 楼梯进深方向细部尺寸。
(4) 楼梯结构形式。
(5) 验算楼梯净高。
(6) 各层休息平台标高计算。
(7) 确定各层平面细部尺寸。
(8) 根据确定的数据,完成各层平面图、剖面图及详图的绘制。

6. 任务参考资料

(1)《建筑制图标准》(GB/T50104—2010)。
(2)《房屋建筑制图统一标准》(GB/T 50001—2017)。
(3)《民用建筑设计统一标准》(GB 50352—2019)。
(4)《建筑工程实训图册》(胡敏,中国科学技术大学出版社,2014)。

4.4.3 任务拓展

识读楼梯建筑详图　识读楼梯结构详图

【案例】 楼梯构造设计分析

1. 根据题意,确定楼梯为平行双跑式楼梯

根据住宅规范要求楼梯踏步宽度为260～300 mm,高度为150～175 mm,由公式 $r+g=450$ mm 或 $2r+g=600$～620 mm,或者根据建筑设计规范,查楼梯踏步数值表,初步确定楼梯踏步尺寸。

经查楼梯踏步数值表,初步确定楼梯踏步宽度 $g=260$,踏步高度 $r=175$,踏步数 $n=16$ 级,坡度为 $33°57'$。

2. 开间方向细部尺寸

开间净尺寸为 $2\,700-2\times120=2\,460$,取楼梯井宽度60,每梯段宽度 $B=(2\,460-60)/2=1\,200$。

3. 进深方向细部尺寸

进深净尺寸为 $6\,000-2\times120=5\,760$。

梯段水平投影长度 $L=260\times(8-1)=1\,820$。

取中间休息平台宽度 B_1 为1 300,($B_1\geqslant$梯段宽 B)。

楼层平台宽度 $B_2=5\,760-1\,820-1\,300=2\,640$(注:$B_1$ 和 B_2 在画草图时可调整)。

4. 结构形式

楼梯梯段水平投影长度1 820,小于3 m,采用板式楼梯较为经济,现采用现浇钢筋混凝土板式楼梯。

梯段板厚:梯段板厚、楼板厚在建筑图上均按100厚画图,具体厚度由结构计算确定。平台板厚取为60。平台梁截面尺寸:取平台梁截面高为300,宽为250。

5. 验算楼梯净高

(1) 底层平台梁下净高验算。

$175\times8=1\,400$,$1\,400-300=1\,100<2\,000$,需调整。

首先将平台下室内地坪降低300,此时平台下净高调整为 $1\,100+300=1\,400$。其次,调整第一跑楼梯踏步数为12级,梯段高为 $175\times12=2\,100$;则底层平台梁下净高为 $2\,100+300-300=2\,100>2\,000$,满足要求。此时,第二跑梯段高为 $175\times4=700$;梯段长为 $260\times3=780$。

（2）第二层楼梯平台梁下净高验算。

700 + 175×8 − 300 = 1 800＜2 000，需调整。

将第3跑梯段踏步数调整为10级。则 700 + 175×10 − 300 = 2 150＞2 000，满足要求。此时，第4跑梯段踏步数为6级。

梯段高为 175×6 = 1050；梯段长为 260×5 = 1 300。

（3）第三层楼梯平台下净高验算。

1 050 + 175×8 − 300 = 2 150＞2 000，满足要求。故从第5跑开始，每个梯段踏步数均为8级。

6. 各层休息平台标高计算

一层休息平台标高：175×12 = 2 100。

二层休息平台标高：175×4 + 175×10 = 2 450，2450 + 2100 = 4 550。

三层休息平台标高：175×6 + 175×8 = 2 450，2450 + 4 550 = 7 000。

四层休息平台标高：175×8 + 175×8 = 2 800，2 800 + 7 000 = 9 800。

7. 确定各层平面细部尺寸

各层开间尺寸：120 + 1 200 + 60 + 1 200 + 120 = 2 700。

室内踏步进深尺寸：120 + 1 600 + 300 + 3 860 + 120 = 6 000。

第一梯段进深尺寸：120 + 1 600 + 260×11 + 1 300 + 120 = 6 000。

第二梯段进深尺寸：120 + 1 300 + 260×3 + 3 680 + 120 = 6 000。

第三梯段进深尺寸：120 + 1 300 + 260×9 + 2 120 + 120 = 6 000。

第四梯段进深尺寸：120 + 1 300 + 260×5 + 3 160 + 120 = 6 000。

第五梯段进深尺寸：120 + 1 300 + 260×7 + 2 640 + 120 = 6 000。

第六、七、八梯段进深尺寸：同上。

8. 根据确定的数据，完成各层平面图、剖面图及详图的绘制

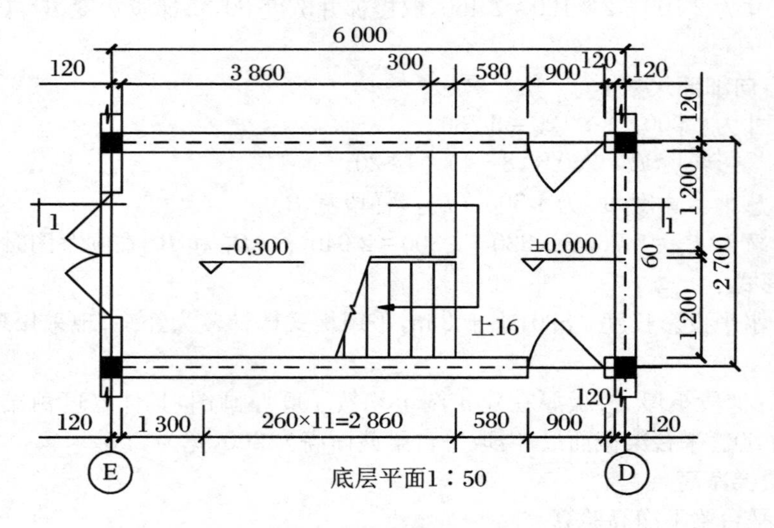

图4.35　各层平面图

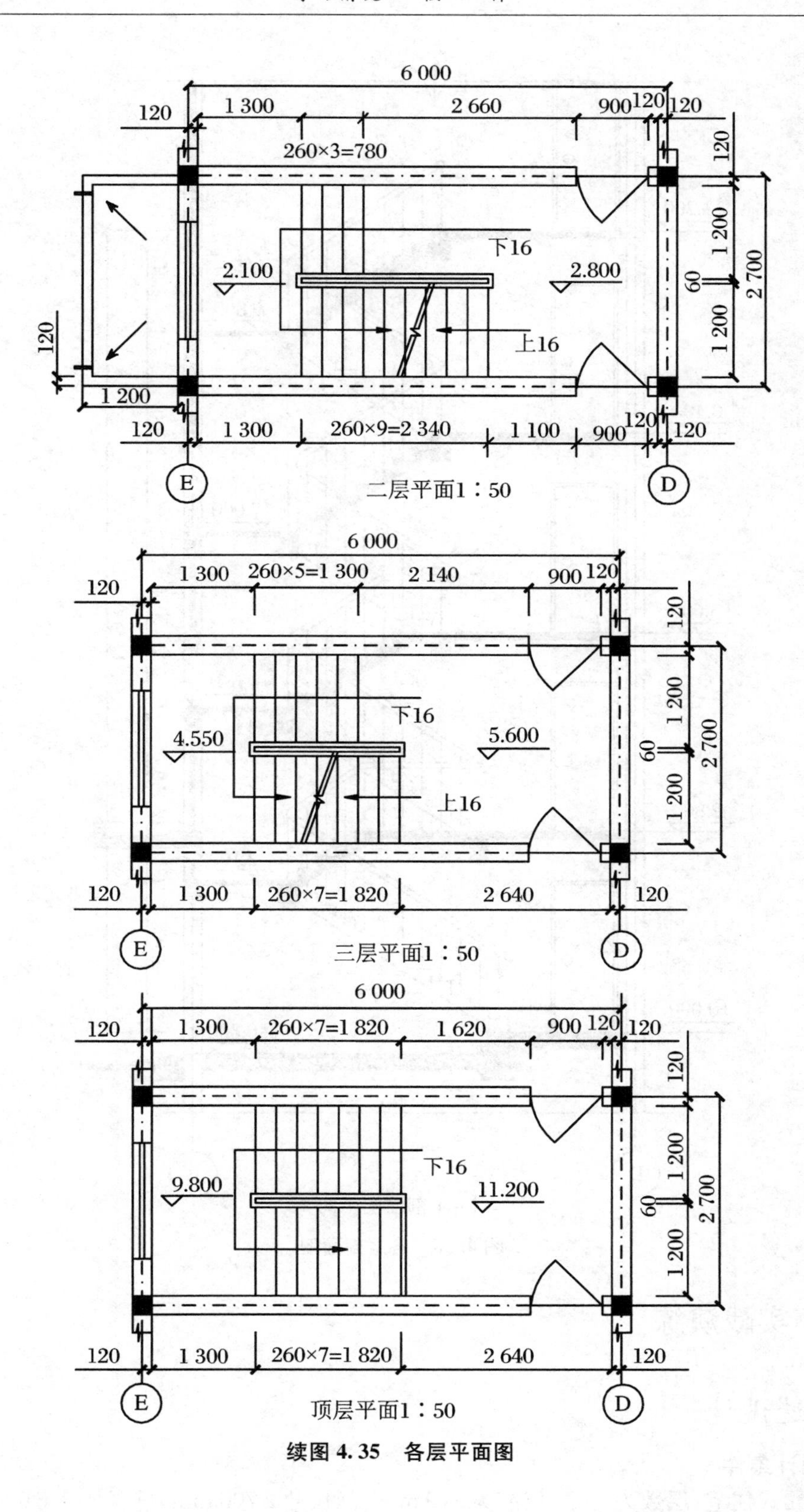
6 000
120
1 300
2 660
900
120
120
260×3=780
下16
2.100
2.800
上16
1 200
60
1 200
2 700
1 200
120
1 300
260×9=2 340
1 100
900
E
D
二层平面1∶50
6 000
1 300
260×5=1 300
2 140
900
下16
4.550
5.600
上16
2 640
260×7=1 820
三层平面1∶50
6 000
1 300
260×7=1 820
1 620
下16
9.800
11.200
顶层平面1∶50

续图 4.35　各层平面图

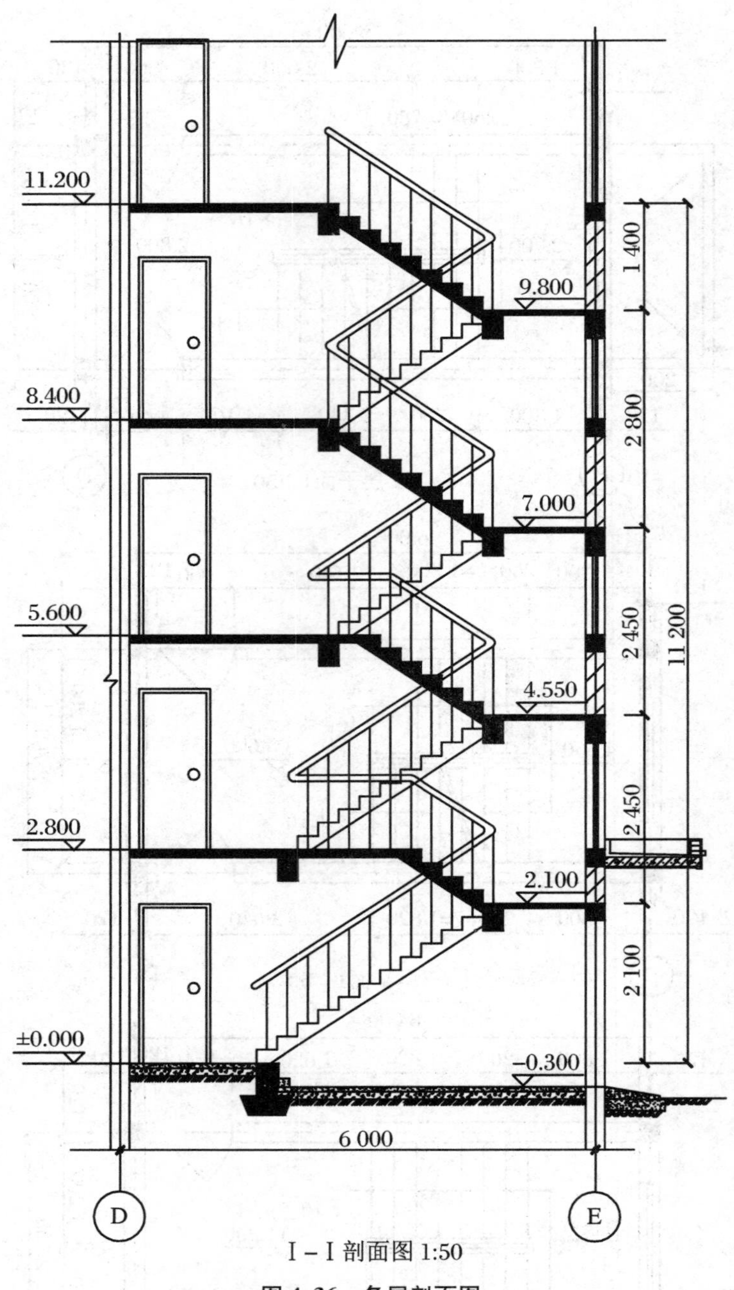

Ⅰ－Ⅰ剖面图 1:50

图 4.36　各层剖面图

4.4.4　实战演练

楼梯构造设计

1. 设计条件

某单元式住宅，层数为3层，层高为2.9 m，开间尺寸2 700 mm，进深尺寸6 000 mm。平行双跑楼梯，楼梯间的墙厚为240 mm，轴线居中，底层中间平台下设有住宅出入口。结构形式及楼地面做法由学生自定。

2．设计内容

绘制楼梯间各层平面图，标出各梯段踏步数、踏步宽度、梯段、楼梯井、平台尺寸及标高。

绘制楼梯间剖面图，标出踏步高度、平台标高、楼层标高及主要尺寸。

3．图纸要求

比例：平面图为1∶50；剖面图为1∶50；详图为1∶10。

使用2#图纸一张，以铅笔绘制。要求字迹工整、布图均称，所有线条、材料图例等均应符合制图统一规定要求。

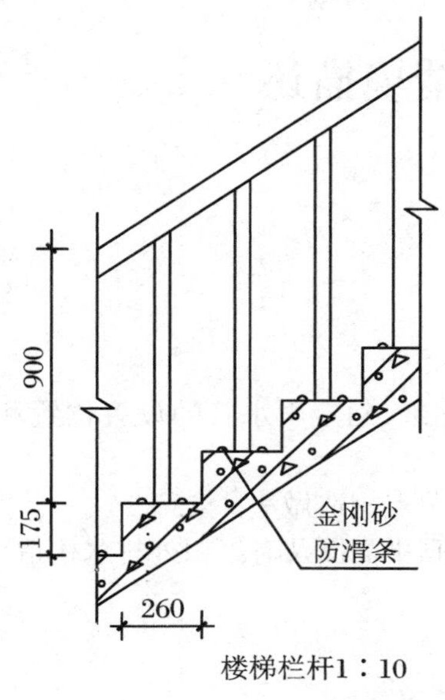

楼梯栏杆1∶10

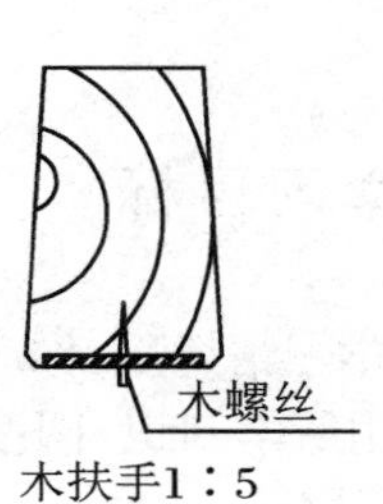

木扶手1∶5

图4.37　楼梯节点详图

学习情境5 屋　　顶

5.1 学习情境描述

5.1.1 学习目标

完成本学习情境后,你应当能:

(1) 运用所学知识,阅读屋顶平面图施工图纸,确定雨水管的设置位置和屋顶的排水方式。

(2) 根据环境要求,确定屋面排水的方式及节点构造做法。

(3) 在教师指导下,设计屋面排水并绘制屋顶平面图及有组织外排水构造详图。

5.1.2 学习任务

具体学习任务与任务驱动,见表5.1。

表5.1 学习任务与任务驱动

序号	学习任务	任务驱动
1	平屋顶排水设计	(1) 观察教学楼和办公楼等建筑屋顶找坡的形式及排水方式; (2) 阅读屋面排水施工图,包括屋顶平面图及节点详图
2	平屋顶防水构造	(1) 参观柔性防水屋面的节点处理,包括檐口构造和山墙泛水; (2) 参观刚性防水屋面的节点处理,包括分格缝、檐口构造和山墙泛水; (3) 分析刚性防水屋面与柔性防水屋面的异同点
3	坡屋顶构造处理	(1) 观察坡屋顶在檐口、山墙等处防水及泛水处理方法; (2) 分析坡屋顶的结构布置形式
4	平屋顶排水构造图	绘制屋顶平面图及有组织外排水构造详图

5.2 任务1:平屋顶排水设计

5.2.1 任务资讯

5.2.1.1 屋顶的作用、组成

1. 屋顶的作用

屋顶是建筑物最上层起覆盖作用的承重和围护构件,它的主要作用首先是应能承受屋顶本身的自重、风雪荷载及上人或检修屋面时的各种荷载,同时还起着对房屋上部的水平支撑作用;其次,它应能抵御风霜雨雪、阴晴冷暖对屋顶覆盖下的空间的不利影响;再者,屋顶的形式在很大程度上影响到建筑物的整体造型。因此屋顶的主要作用是承重、围护及美观。

2. 屋顶的组成

屋顶是由屋面、承重结构、保温隔热层和顶棚组成的。屋面是屋顶的面层。承重结构承受由屋面传来的荷载和屋面的自重。保温、隔热层可选用导热系数小的材料,起到建筑节能的作用。顶棚是屋顶的底面。如图5.1所示。

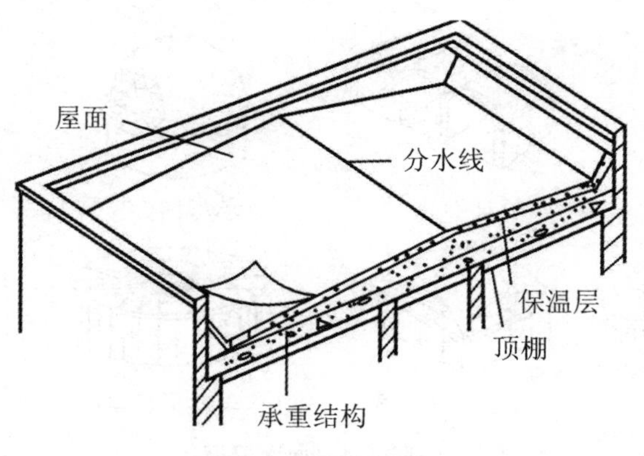

图5.1 屋顶的组成

5.2.1.2 屋顶的形式及设计要求

1. 屋顶的形式

(1) 平屋顶。

平屋顶通常是指排水坡度小于5%的屋顶,常用坡度为2%～3%,如图5.2所示。

(2) 坡屋顶。

坡屋顶通常是指屋面坡度大于5%的屋顶,如图5.3所示。

(3) 曲面屋顶。

随着科学技术的发展,出现了许多新型的屋顶结构形式,如拱结构、薄壳结构、悬索结构、网架结构屋顶等。这类屋顶多用于较大跨度的公共建筑,如图5.4所示。

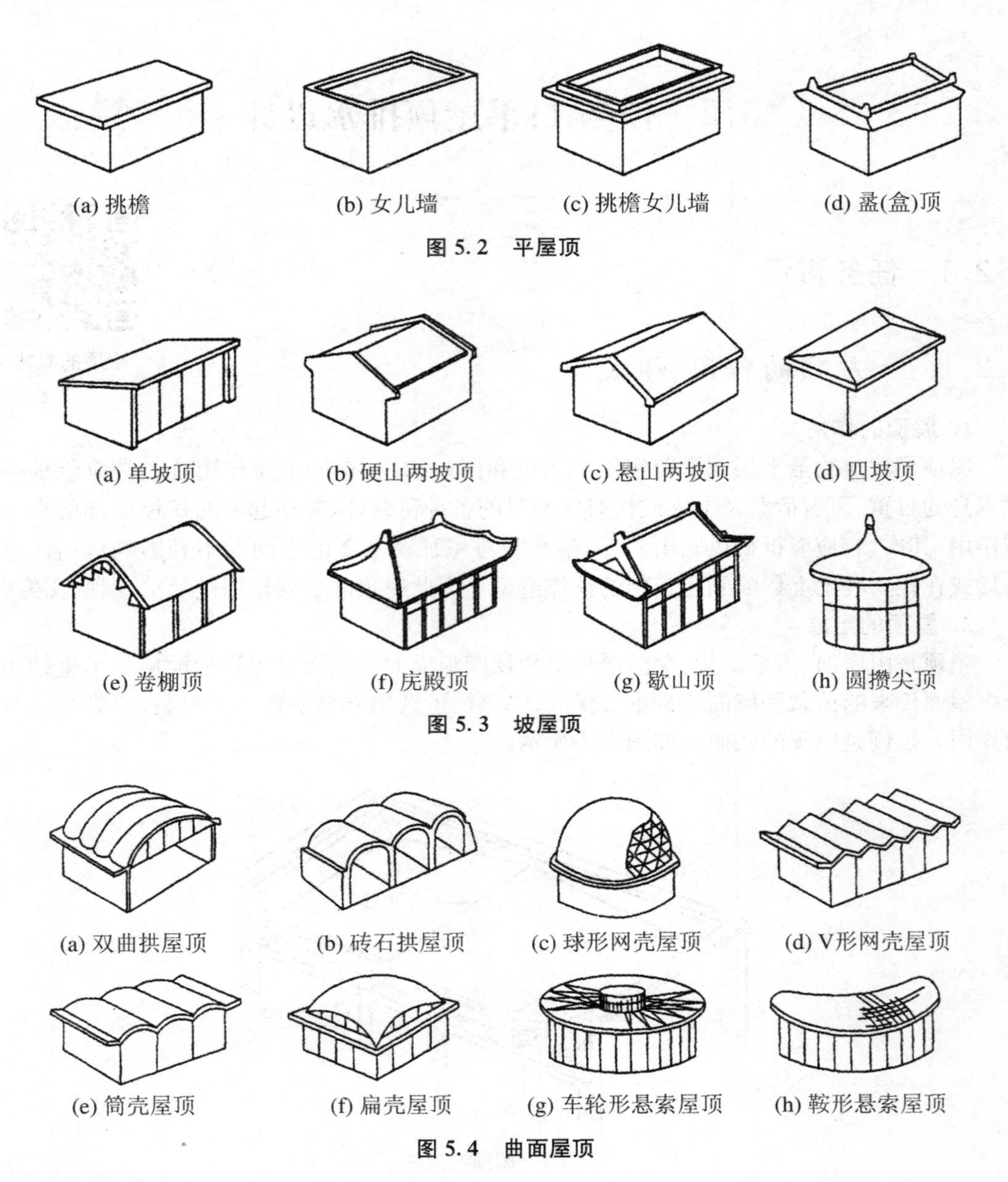

图 5.2　平屋顶

图 5.3　坡屋顶

图 5.4　曲面屋顶

2. 屋顶的设计要求

屋顶是建筑物的重要组成部分，在设计时应满足的要求主要有使用功能、结构安全、建筑艺术等。

(1) 使用功能。

屋顶是建筑物上部的围护结构，主要应满足防水排水和保温隔热的要求。

屋顶应采用不透水的防水材料及合理的构造处理来达到防水的目的。屋顶排水采用一定的排水坡度将屋顶的雨水尽快排走。根据《屋面工程技术规范》(GB 50345—2012)规定，屋面工程应根据建筑物的性质、重要程度、使用功能要求以及防水层合理使用年限，按不同等级进行设防，并应符合表 5.2 的要求。

表 5.2　屋面防水等级和防水要求

项　　目	屋面防水等级			
	Ⅰ	Ⅱ	Ⅲ	Ⅳ
建筑物类别	特别重要或对防水有特殊要求的建筑	重要的建筑和高层建筑	一般的建筑	非永久性的建筑
防水层合理使用年限	25年	15年	10年	5年
设防要求	三道或三道以上防水设防	二道防水设防	一道防水设防	一道防水设防
防水层选用材料	宜选用合成高分子防水卷材、高聚物沥青改性防水卷材、金属板材、合成高分子防水涂料、细石防水混凝土等材料	宜选用高聚物沥青改性防水卷材、合成高分子防水卷材、金属板材、合成高分子防水涂料、高聚物沥青改性防水涂料、细石防水混凝土、平瓦、油毡瓦等材料	宜选用高聚物沥青改性防水卷材、合成高分子防水卷材、三毡四油沥青防水卷材、金属板材、合成高分子防水涂料、高聚物沥青改性防水涂料、细石防水混凝土、平瓦、油毡瓦等材料	可选用二毡三油沥青防水卷材、高聚物沥青改性防水涂料等材料

注:1. 本规范中采用的沥青均指石油沥青,不包括煤沥青和煤焦油等材料。

2. 石油沥青纸胎油毡和沥青复合胎柔性防水材料,系限制使用材料。

3. 在Ⅰ、Ⅱ级屋面防水设防中,如仅作一道金属板材时,应符合有关技术规定。

屋顶保温是在屋顶的构造层次中采用保温材料作保温层,并避免产生结露或内部受潮,使寒冷地区保持室内正常的温度。屋顶隔热是在屋顶的构造中采用相应的构造做法,使南方地区在炎热的夏季避免强烈的太阳辐射引起室内温度过高。

(2) 结构安全。

屋顶同时是建筑物上部的承重结构,因此要求屋顶结构应有足够的强度和刚度,承受建筑物上部的所有荷载,以确保建筑物的安全和耐久。

(3) 建筑艺术。

屋顶是建筑物外部形体的重要组成部分,屋顶的形式对建筑的特征有很大的影响。变化多样的屋顶外形,装修精美的屋顶细部,是中国传统建筑的重要特征。在现代建筑中,如何处理好屋顶的形式和细部也是设计中不可忽视的重要方面。

5.2.2　任务实施

屋面排水设计

5.2.2.1　屋面坡度

1. 屋面排水坡度的确定

屋面排水坡度应根据屋顶结构形式,屋面基层类别,防水构造形式,材料性能及当地气候等条件确定,并应符合表5.3的规定。

表 5.3 屋面的排水坡度规定

屋 面 类 别	屋面排水坡度(%)
卷材防水、刚性防水的平屋面	2～5
平瓦	20～50
波形瓦	10～50
油毡瓦	≥20
网架、悬索结构金属板	≥4
压型钢板	3～35
种植土屋面	1～3

注:1. 平屋面采用结构找坡不应小于 3%,采用材料找坡宜为 2%。

2. 卷材屋面的坡度不宜大于 25%,当坡度大于 25%时应采取固定和防止滑落的措施。

3. 卷材防水屋面天沟、檐沟纵向坡度不应小于 1%,沟底水落差不得超过 200 mm。天沟、檐沟排水不得流经变形缝和防火墙。

4. 平瓦必须铺置牢固,地震设防地区或坡度大于 50%的屋面,应采取固定加强措施。

5. 架空隔热屋面坡度不宜大于 5%,种植屋面坡度不宜大于 3%。

2. 屋面坡度的形成方法

(1) 材料找坡。

材料找坡是指屋顶结构层的楼板水平搁置,利用轻质材料垫置坡度,因而材料找坡又称垫置坡度。常用找坡材料有水泥炉渣、石灰炉渣等,找坡材料最薄处应不小于 30 mm 厚。这种做法可获得平整的室内顶棚,但找坡材料增加了屋面荷载,且多费材料和人工。当屋顶坡度不大或需设保温层时采用这种做法。如图 5.5(a)所示。

(2) 结构找坡。

结构找坡是将屋面板倾斜搁置在梁或墙上形成 3%的坡度。结构找坡构造简单,不增加荷载,但天棚顶倾斜,室内空间不平整。该方法一般用于单层工业厂房。如图 5.5(b)所示。

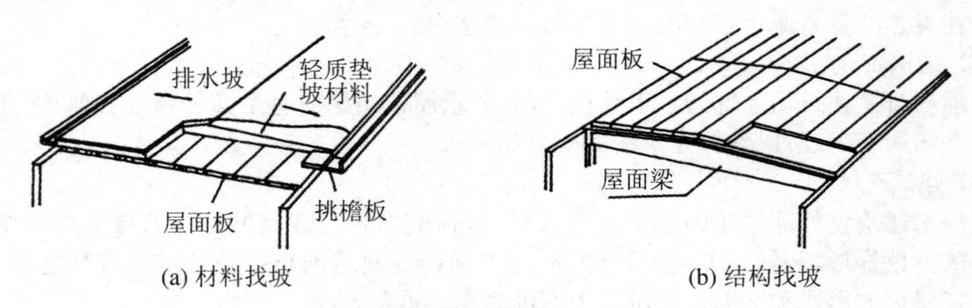

(a) 材料找坡　　(b) 结构找坡

图 5.5 屋顶坡度的形成

5.2.2.2 屋面排水方式

屋面排水方式分为有组织排水和无组织排水两大类。

1. 无组织排水

无组织排水是指屋面雨水直接从檐口滴落至地面的一种排水方式,又称为自由落水。无组织排水具有构造简单,造价低廉的特点。一般用于少雨地区和低层建筑。

2. 有组织排水

有组织排水是把屋面划分成若干排水区，设置排水天沟，把雨水汇集起来，经雨水口和雨水管有组织地排到地面或地下排水系统。有组织排水可分为有组织外排水和有组织内排水。

(1) 有组织外排水。

有组织外排水是将屋面做成四坡水，沿房屋四周做外檐沟，将屋面雨水汇集，经雨水口和室外雨水管排出。如图 5.6、图 5.7 所示。

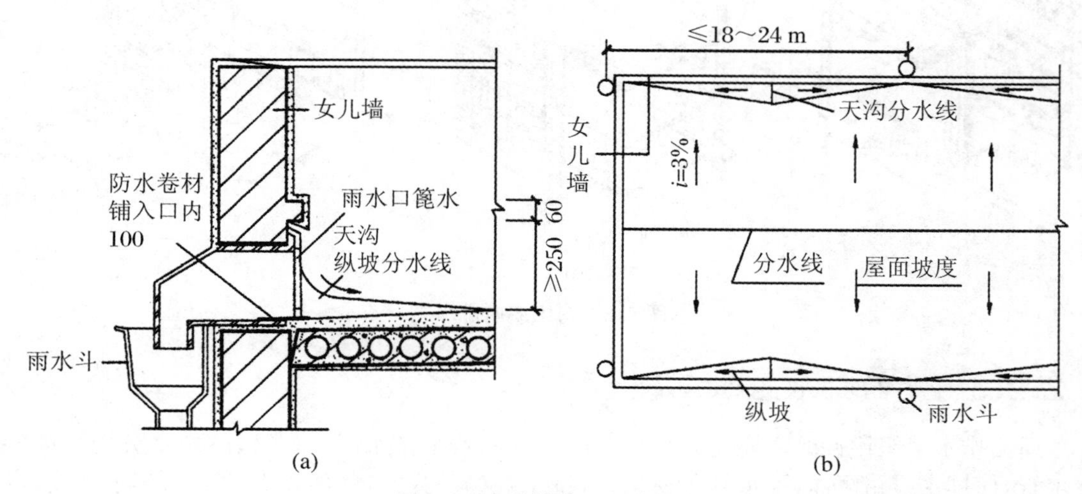

图 5.6 女儿墙有组织外排水

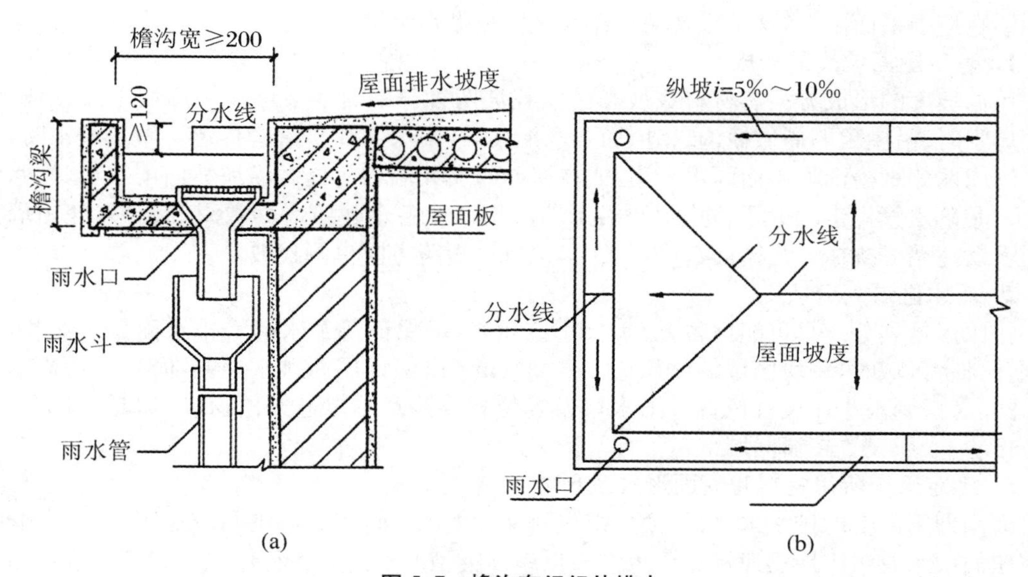

图 5.7 檐沟有组织外排水

(2) 有组织内排水。

有组织内排水指将雨水汇集到屋面天沟，经雨水口和室内雨水管流入到地下排水系统。适用于高层建筑、严寒地区、多跨单层工业厂房等，如图 5.8 所示。

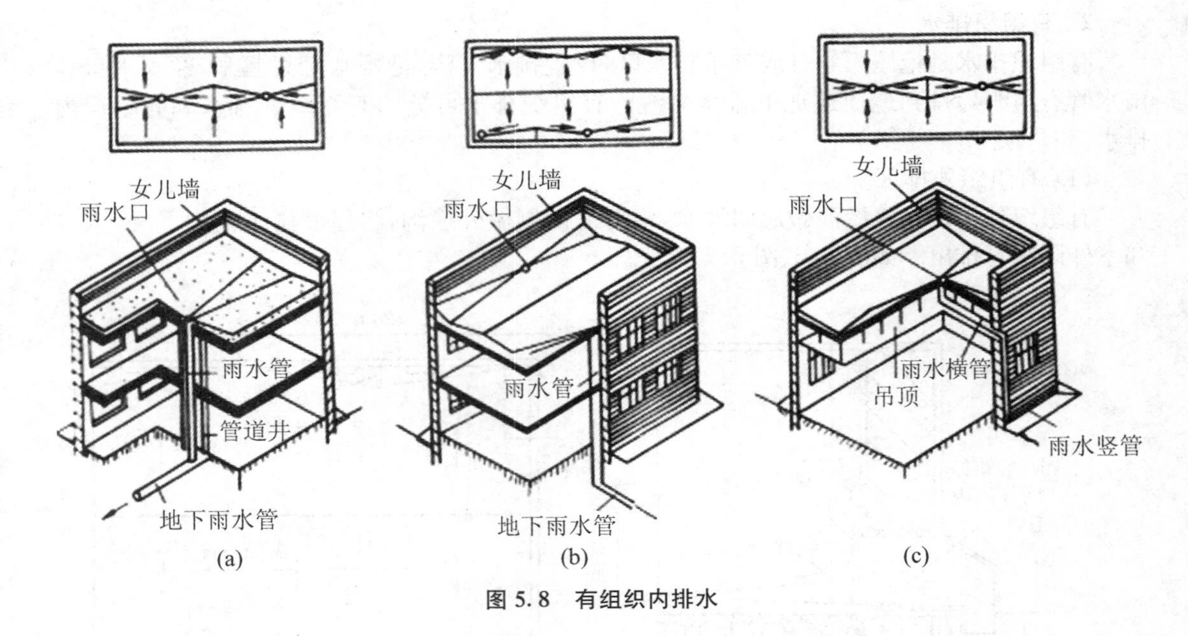

图 5.8 有组织内排水

5.2.2.3 屋面排水组织设计

屋面排水组织设计的主要任务是将屋面划分成若干排水区，将各区的雨水分别引向各雨水管，使排水线路短捷，雨水管负荷均匀，排水顺畅。为此，屋面须有适当的排水坡度，设置必要的天沟、雨水管和雨水口，并合理地确定这些排水装置的规格、数量和位置，最后将它们标绘在屋顶平面图上，这一系列的工作就是屋顶排水组织设计。

1. 确定屋面坡度的形成

屋面坡度的形成方法有材料找坡和结构找坡两种。屋面找坡可以做四坡水或二坡水。做四坡水时，沿屋顶四周做檐沟，将屋面雨水汇集，经雨水口和水落管排走。做二坡水时，在屋顶纵向两侧做檐沟将屋面雨水汇集，或在屋面与女儿墙相交处做纵坡坡向雨水口，雨水经雨水口和落水管排走。为了防止雨水沿山墙溢出以及各个建筑立面效果的统一，在山墙处也要设女儿墙或挑檐。当屋面跨度不大时，也可沿短跨方向单侧找坡。

2. 排水区域划分

排水区域划分应尽可能规整，面积大小应相当，以保证每个水落管排水面积负荷相当。在划分排水区域时，每块区域的面积宜小于 200 m^2，以保证屋面排水通畅，防止屋面雨水积蓄，还要考虑到雨水口设置位置。雨水口设置位置要注意尽量避开门窗洞口和入口的垂直上方位置，一般设置在窗间墙部位。

3. 确定天沟所用材料和断面形式及尺寸

天沟即屋面上的排水沟，位于檐口部位时又称檐沟。设置天沟的目的是汇集屋面雨水，并将屋面雨水有组织地迅速排除。天沟根据屋顶类型的不同有多种做法。如坡屋顶中可用钢筋混凝土、镀锌铁皮、石棉水泥等材料做成槽形或三角形天沟。平屋顶的天沟一般用钢筋混凝土制作，当采用女儿墙外排水方案时，可利用倾斜的屋面与垂直的墙面构成三角形天沟。

檐沟外壁高度一般在 200～300 mm，分水线处最小深度不小于 120 mm，由于檐沟对建筑立面效果影响较大，也可根据设计要求适当加高。檐沟净宽不小于 200 mm，悬挑出墙体部分的长度一般可取 400～600 mm。

4. 确定水落管规格及间距

水落管按材料的不同有铸铁、镀锌铁皮、PVC 管等，目前多采用 PVC 水落管，其直径有 50 mm、75 mm、100 mm、125 mm、150 mm、200 mm 等规格，一般民用建筑最常用的水落管直径为 100 mm。水落管的位置应在实墙面处，其间距一般在 18～24 m，如间距过大，则沟底纵坡面较长，会使沟内的垫坡材料增厚，减少天沟的容水量，造成雨水溢向屋面引起渗漏或从檐沟外侧涌出。

水落管距离墙面不应小于 20 mm，其排水口距离散水坡的高度不应小于 200 mm，水落管应用管箍与墙面固定，管箍的竖向间距小于 1.2 m。水落管经过的带形线脚、檐口线等墙面突出部分处宜用直管，并应预留缺口或孔洞。当必须采用弯管绕过时，弯管的结合角应为钝角。

5.2.3　任务拓展

《屋面工程技术规范》(GB50345—2012)中对屋面工程设计进行了一般规定和要求。

1. 屋面工程设计一般规定

屋面工程设计应包括：确定屋面防水等级和设防要求；屋面工程的构造设计；防水层选用的材料及其主要物理性能；保温隔热层选用的材料及其主要物理性能；屋面细部构造的密封防水措施，选用的材料及其主要物理性能；屋面排水系统的设计。

屋面工程防水设计应遵循“合理设防、防排结合、因地制宜、综合治理”的原则。屋面防水多道设防时，可将卷材、涂膜、细石防水混凝土、瓦等材料复合使用，也可使用卷材叠层。屋面防水设计采用多种材料复合时，耐老化的防水层应放在最上面，相邻材料之间应具相容性。

屋面防水层细部构造，如天沟、檐沟、阴阳角、水落口、变形缝等部位应设置附加层。屋面工程采用的防水材料应符合环境保护要求。

2. 屋面工程构造设计要求

结构层为装配式钢筋混凝土板时，应用强度等级不小于 C20 的细石混凝土将板缝灌填密实；当板缝宽度大于 40 mm 或上窄下宽时，应在缝中放置构造钢筋；板端缝应进行密封处理。

单坡跨度大于 9 m 的屋面宜作结构找坡，坡度不应小于 3%。当材料找坡时，可用轻质材料或保温层找坡，坡度宜为 2%。天沟、檐沟纵向坡度不应小于 1%，沟底水落差不得超过 200 mm；天沟、檐沟排水不得流经变形缝和防火墙。

卷材、涂膜防水层的基层应设找平层，找平层厚度和技术要求应符合表 5.4 中的规定；找平层应留设分格缝，缝宽宜为 5～20 mm，纵横缝的间距不宜大于 6 m，分格缝内宜嵌填密封材料。

表 5.4　找平层厚度和技术要求

类　　别	基层种类	厚度(mm)	技 术 要 求
水泥砂浆找平层	整体现浇混凝土	15～20	1∶2.5～1∶3(水泥∶砂)体积比，宜掺抗裂纤维
	整体或板状材料保温层	20～25	
	装配式混凝土板	20～30	
细石混凝土找平层	板状材料保温层	30～35	混凝土强度等级 C20
混凝土随浇随抹	整体现浇混凝土	—	原浆表面抹平、压光

在纬度40°以北且室内空气湿度大于75%的地区，或室内空气湿度常年大于80%的其他地区，若采用吸湿性保温材料做保温层，应选用气密性、水密性好的防水卷材或防水涂料做隔汽层。隔汽层应沿墙面向上铺设，并与屋面的防水层相连接，形成全封闭的整体。

涂膜防水层应以厚度表示，不得用涂刷的遍数表示。卷材、涂膜防水层上设置块体材料或水泥砂浆、细石混凝土时，应在两者之间设置隔离层；在细石混凝土防水层与结构层间宜设置隔离层。隔离层可采用干铺塑料膜、土工布或卷材，也可采用铺抹低强度等级的砂浆。

柔性防水层上应设保护层，可采用浅色涂料、铝箔、粒砂、块体材料、水泥砂浆、细石混凝土等材料；水泥砂浆、细石混凝土保护层应设分格缝。架空屋面、倒置式屋面的柔性防水层上可不做保护层。

练习与提高

1. 下列哪种建筑的屋面可采用无组织排水方式？（　　）

A. 高度较低的简单建筑　　B. 积灰多的屋面

C. 有腐蚀介质的屋面　　D. 降雨量较大地区的屋面

2. 我国现行的《屋面工程技术规范》(GB 50345—2012)中，将屋面防水等级和设防要求划分为（　　）个等级。

A. Ⅱ　　B. Ⅲ　　C. Ⅳ　　D. Ⅴ

3. 材料找坡适用于坡度为（　　）以内，跨度不大的平屋顶。

A. 3%　　B. 5%　　C. 10%　　D. 15%

4. 屋面排水分区的大小一般按一个雨水口汇集（　　）屋面面积的雨水考虑。

A. 100 m^2　　B. 150 m^2　　C. 200 m^2　　D. 300 m^2

5. 屋顶的坡度形成中材料找坡是指（　　）来形成的。

A. 选用轻质材料找坡　　B. 利用钢筋混凝土板的搁置

C. 利用油毡的厚度　　D. 利用水泥砂浆的找平层

6. 平屋顶采用材料找坡的形式时，垫坡材料不宜用（　　）。

A. 水泥炉渣　　B. 石灰炉渣　　C. 细石混凝土　　D. 膨胀珍珠岩

7. 平屋顶排水坡度的形成方式有________和________。

8. 平屋顶的排水方式分为__________和__________。

9. 屋顶的形式有_________、_________和__________。

10. 屋顶由_________、_________、_________和顶棚组成。

5.3　任务2：平屋顶防水构造

平屋面防水构造

5.3.1　任务资讯

屋面防水可分为卷材防水、刚性防水和涂膜防水等。

5.3.1.1 卷材防水屋面

卷材防水屋面(柔性防水屋面)是指以防水卷材和胶黏剂分层粘贴而构成防水层的屋面。卷材防水屋面所用卷材有沥青类卷材、高分子类卷材、高聚物改性沥青类卷材等,其卷材胶黏剂主要有改性沥青胶黏剂、合成高分子胶黏剂、双面胶黏带。卷材防水屋面适用于防水等级为Ⅰ～Ⅳ级的屋面防水。

5.3.1.2 刚性防水屋面

刚性防水屋面是利用刚性防水材料,形成连续致密的构造层来防水的一种屋面。具有构造简单,施工方便的特点,造价经济和维修较为方便,但对温度变化和结构变形较为敏感,对屋顶基层变形的适应性较差,施工技术要求较高,较易产生裂缝而渗漏。

选择刚性防水设计方案时,应根据屋面防水设防要求、地区条件和建筑结构特点等因素,经技术经济比较确定。刚性防水屋面应采用结构找坡,坡度宜为2%～3%。

刚性防水屋面主要适用于防水等级为Ⅲ级的屋面防水,也可用作Ⅰ级、Ⅱ级屋面多道防水设防中的一道防水层;刚性防水层不适用于受较大震动或冲击的建筑屋面。

5.3.1.3 涂膜防水屋面

涂膜防水屋面是用可塑性和黏结力较强的高分子防水涂料,直接涂刷在屋面基层上形成一层不透水的薄膜层以达到防水目的的一种屋面做法。

涂膜防水屋面主要适用于防水等级为Ⅲ级、Ⅳ级的屋面防水,也可用作Ⅰ级、Ⅱ级屋面多道防水设防中的一道防水层。

5.3.2 任务实施

5.3.2.1 卷材防水屋面构造层次及做法

卷材防水屋面由多层材料叠合而成,其基本构造层次有结构层、找平层、结合层、防水层和保护层,辅助构造层次有找坡层、保温层、隔热层、蒸汽扩散层等。图5.9为卷材防水屋面构造层次及做法。

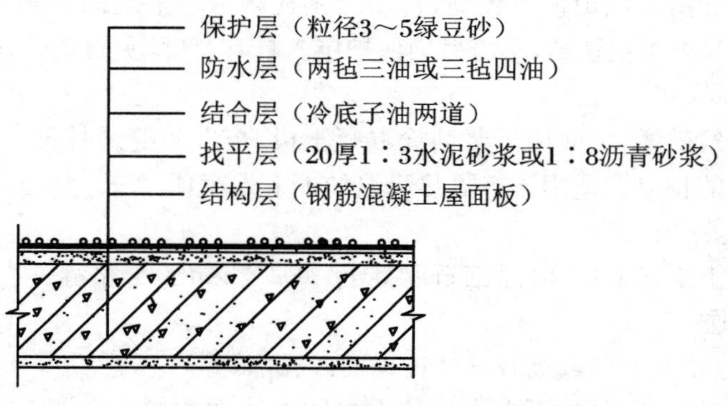

图5.9 卷材防水屋面构造层次及做法

1. 结构层

通常为预制或现浇钢筋混凝土屋面板，要求具有足够的强度和刚度。

2. 找平层

卷材防水层需要铺贴在坚固而平整的基层上，因此必须在保温层或找坡层上设置找平层。

3. 结合层

结合层所用材料应根据卷材防水层材料的不同来选择，如油毡卷材、聚氯乙烯卷材及自粘型彩色三元乙丙复合卷材用冷底子油在水泥砂浆找平层上喷涂一至二道；三元乙丙橡胶卷材则采用聚氨酯底胶；氯化聚乙烯橡胶卷材需用氯丁胶乳等。冷底子油采用沥青加入汽油或煤油等溶剂稀释而成，喷涂时不用加热，在常温下进行，故称冷底子油。

4. 防水层

防水层是由胶结材料与卷材粘合而成，卷材连续搭接，形成屋面防水的主要部分。当屋面坡度较小时，卷材一般平行于屋脊铺设，从檐口到屋脊，层层向上粘贴，上下搭接不小于70 mm，左右搭接不小于100 mm。

5. 屋面保护层

(1) 设置保护层的原因。

因为油毡防水层表面为黑色，容易吸热，夏季在太阳辐射下，表面温度可达60～80 ℃，致使油毡和沥青加速老化，甚至使沥青熔化流淌(沥青软化点为40～60 ℃)，油毡下滑，搭接脱节而渗漏。在防水层上加设浅颜色吸热性差的材料，可对油毡防水屋面起保护作用。

(2) 保护层的种类。

屋面保护层分为不上人屋面保护层和上人屋面保护层。其中，不上人屋面保护层有绿豆砂保护层、铝银粉涂料保护层和架空保护层。上人屋面保护层有混凝土保护层和块材保护层。

(3) 绿豆砂(豆石)保护层。

在油毡防水层上铺设粒径3～6 mm的小石子，称为绿豆砂保护层。绿豆砂要求耐风化、颗粒均匀、色浅。具有保护效果较好，造价较低，但自重大，增加屋顶荷载的特点。

施工方法：首先边刷热沥青边趁热铺撒豆石一层，用刮板刮平刮匀；其次将豆石炒热，铺撒在已刷好的沥青表面，沥青受热软化而将豆石黏结。

(4) 铝银粉涂料保护层。

三元乙丙橡胶卷材采用银色着色剂，直接涂刷在防水层上表面。彩色三元乙丙复合卷材防水层直接用CX-404胶黏结，不需另加保护层。具有厚度薄、自重轻、造价一般的特点。

(5) 架空保护层。

用砖或砌块砌筑砖墩，上面用砂浆铺设混凝土板，板上勾缝或抹面。具有保护效果好，但自重和造价偏高的特点。适用于有隔热降温的不上人屋顶。

(6) 混凝土保护层。

在油毡防水层上浇筑30～40厚细石混凝土，每2×2 m设分格缝。

(7) 块材保护层。

通常采用20厚水泥砂浆或沥青砂浆铺设面砖、缸砖等。

图5.10为有找坡，有保温、不上人油毡卷材防水屋面的构成。图5.11为无找坡，有隔热、隔汽、架空保护层、油毡卷材防水屋面的构成。

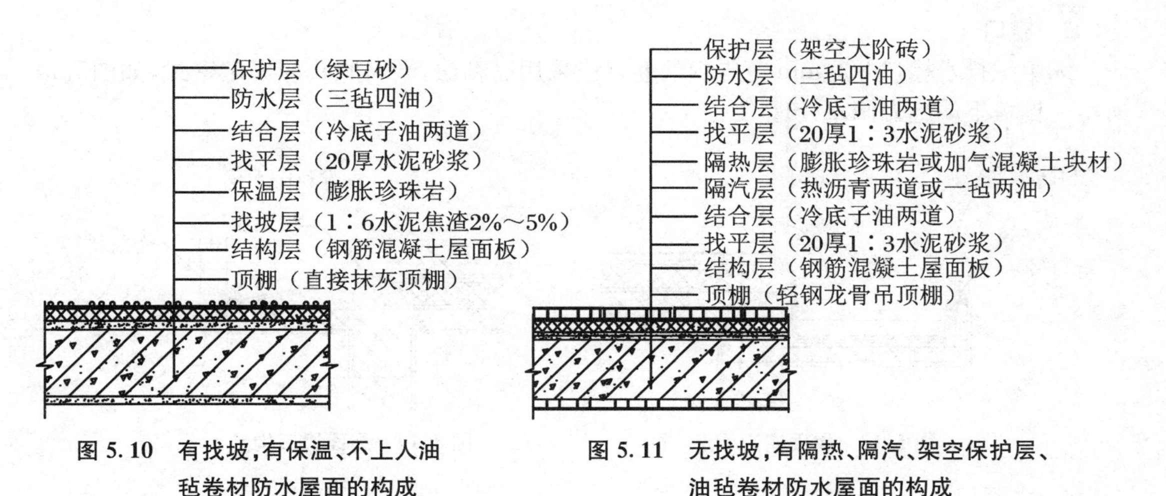

图5.10 有找坡，有保温、不上人油毡卷材防水屋面的构成

图5.11 无找坡，有隔热、隔汽、架空保护层、油毡卷材防水屋面的构成

5.3.2.2 柔性防水屋面细部构造

屋顶细部是指屋面上的泛水、天沟、雨水口、檐口、上人孔等部位。

1. 泛水

泛水指屋面与垂直面相交处的防水处理。《屋面工程技术规范》(GB50345—2012)对泛水防水构造作了相关规定：铺贴泛水处的卷材应采用满粘法。泛水收头应根据泛水高度和泛水墙体材料确定其密封形式。当墙体为砖墙时，卷材收头可直接铺至女儿墙压顶下，用压条钉压固定并用密封材料封闭严密，压顶应做防水处理，如图5.12(a)所示。卷材收头也可压入砖墙凹槽内固定密封，凹槽距屋面找平层高度不应小于250 mm，凹槽上部的墙体应做防水处理，如图5.12(b)所示。当墙体为混凝土时，卷材收头可采用金属压条钉压，并用密封材料封固，如图5.12(c)所示。

泛水宜采取隔热、防晒措施，可在泛水卷材面砌砖后抹水泥砂浆或浇筑细石混凝土保护，也可采用涂刷浅色涂料或粘贴铝箔保护。

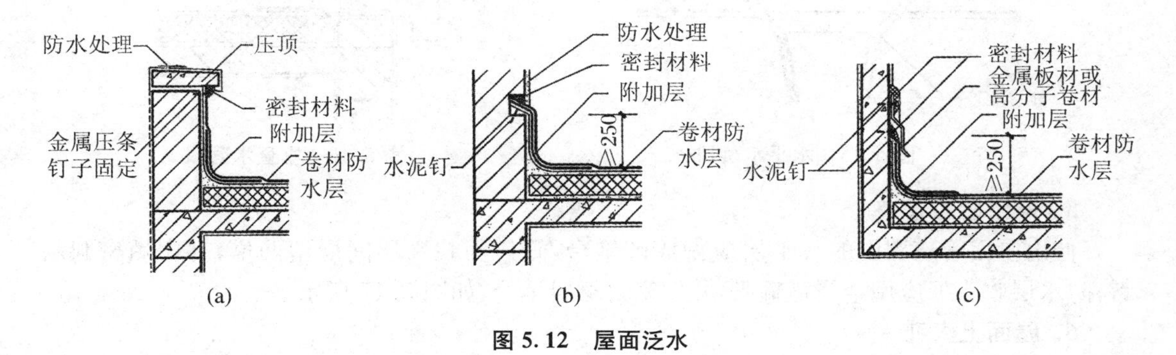

图5.12 屋面泛水

2. 檐沟

《屋面工程技术规范》(GB50345—2012)对天沟、檐沟防水构造作了相关规定：檐沟应增铺附加层。当采用沥青防水卷材时，应增铺一层卷材；当采用高聚物改性沥青防水卷材或合成高分子防水卷材时，宜设置防水涂膜附加层。檐沟与屋面交接处的附加层宜空铺，空铺宽度不应小于200 mm，檐沟卷材收头应固定密封，如图5.13所示。

3．檐口

无组织排水檐口 800 mm 范围内的卷材应采用满粘法，卷材收头应固定密封，如图5.14所示。檐口下端应做滴水处理。

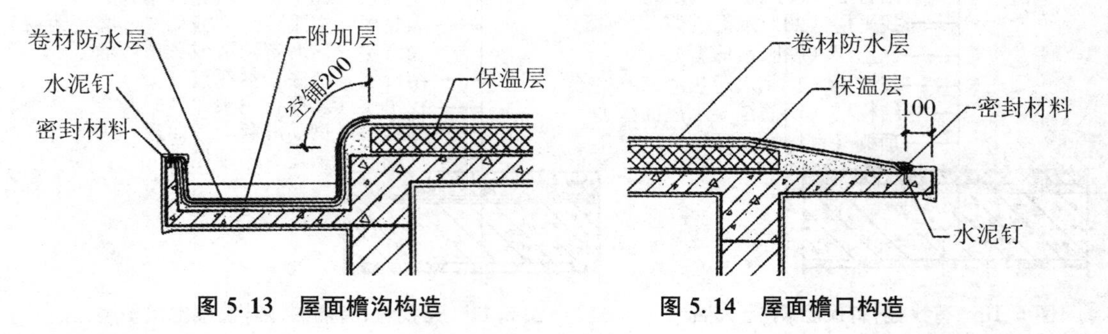

图 5.13　屋面檐沟构造　　图 5.14　屋面檐口构造

4．水落口

水落口的类型有用于檐沟排水的直管式水落口和女儿墙外排水的弯管式水落口两种。水落口在构造上要求排水通畅、防止渗漏水堵塞。直管式水落口为防止其周边漏水，应加铺一层卷材并贴入连接管内 100 mm，水落口上用定型铸铁罩或铅丝球盖住，用油膏嵌缝。弯管式水落口穿过女儿墙预留孔洞内，屋面防水层应铺入水落口内壁四周不小于 100 mm，并安装铸铁蓖子以防杂物流入造成堵塞。

水落口宜采用金属或塑料制品；水落口埋设标高，应考虑水落口设防时增加的附加层和柔性密封层的厚度及排水坡度加大的尺寸；水落口周围直径 500 mm 范围内坡度不应小于5%，并应用防水涂料涂封，其厚度不应小于 2 mm。水落口与基层接触处，应留宽 20 mm、深20 mm 凹槽，嵌填密封材料，如图 5.15、图 5.16 所示。

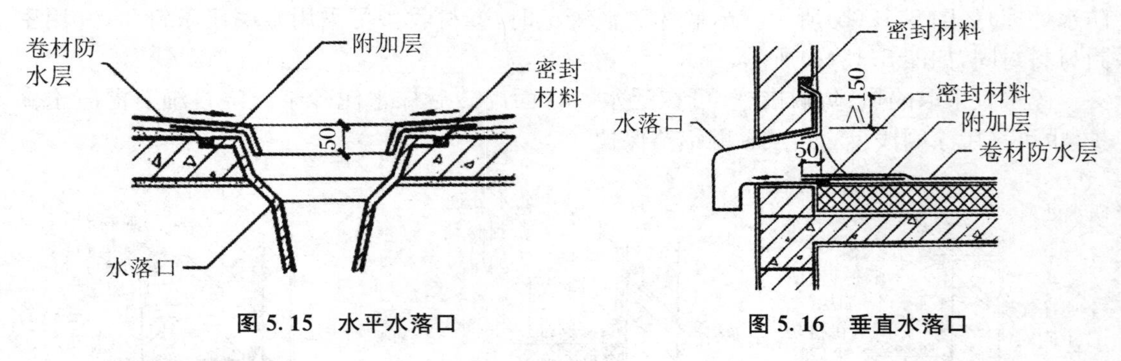

图 5.15　水平水落口　　图 5.16　垂直水落口

5．伸出屋面管道

伸出屋面管道周围的找平层应做成圆锥台，管道与找平层间应留凹槽，并嵌填密封材料；防水层收头处应用金属箍箍紧，并用密封材料填严，如图 5.17 所示。

6．屋面上人孔

不上人屋面须设屋面上人孔。屋面上人孔四周的孔壁可用砖立砌，也可在现浇屋面板时将混凝土上翻制成，其高度为 300 mm 左右，壁外侧的防水层应做成泛水并将卷材用镀锌铁皮盖缝钉压牢固。如图 5.18 所示。

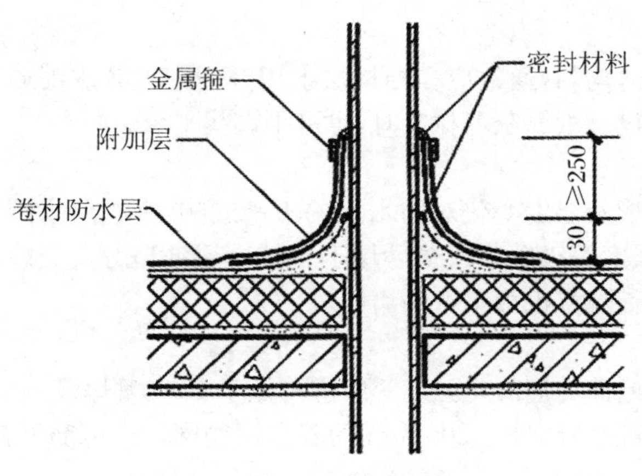

图 5.17　伸出屋面管道

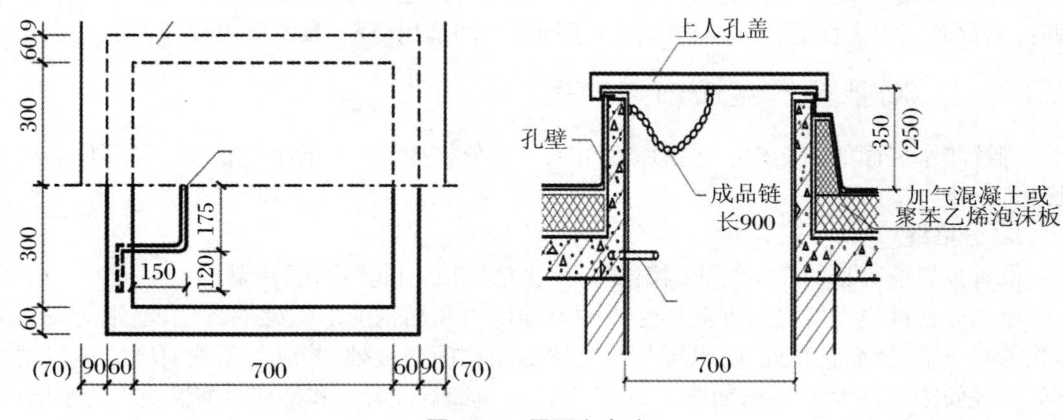

图 5.18　屋面上人孔

5.3.2.3　刚性防水屋面的构造层次及做法

刚性防水屋面一般由结构层、找平层、隔离层和防水层等构造层次组成，如图 5.19 为刚性防水屋面构造做法。

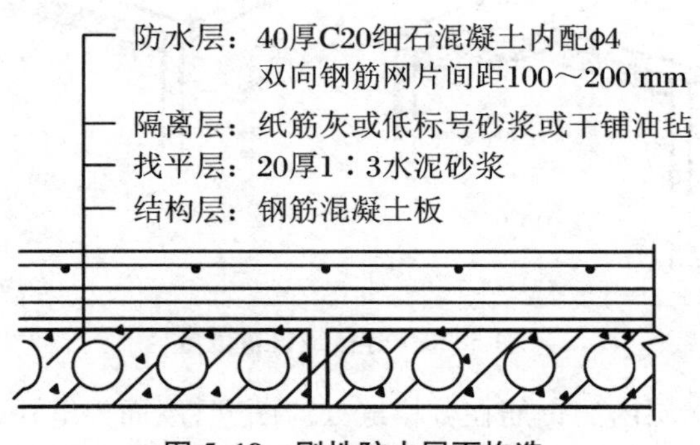

图 5.19　刚性防水屋面构造

1. 结构层

刚性防水屋面的结构层要求具有足够的强度和刚度，一般应采用现浇或预制装配的钢筋混凝土屋面板，并在结构层现浇或铺板时形成屋面的排水坡度。

2. 找平层

为保证防水层厚薄均匀，通常应在结构层上用 20 厚 1∶3 水泥砂浆找平。若采用现浇钢筋混凝土屋面板或设有纸筋灰等材料时，也可不设找平层。

3. 隔离层

为减少结构层变形及温度变化对防水层的不利影响，宜在防水层下设置隔离层。隔离层可采用纸筋灰、低强度等级砂浆或薄砂层上干铺一层油毡等。当防水层中加有膨胀剂类材料时，其抗裂性有所改善，也可不做隔离层。

4. 防水层

细石混凝土防水屋面的混凝土强度等级应不低于 C20，其厚度不应小于 40 mm，并应配置直径为 4～6 mm，间距为 100～200 mm 的双向钢筋网片。钢筋网片在分格缝处应断开，其保护层厚度不应小于 10 mm。

为提高防水层的抗渗性能，可在细石混凝土内掺入适量外加剂，如膨胀剂、减水剂、防水剂等，以提高其密实性能。外加剂应根据不同品种的适用范围、技术要求选择。

5.3.2.4　刚性防水屋面细部构造

刚性防水屋面的细部构造包括屋面防水层的分格缝、泛水、檐口、雨水口等部位的构造处理。

1. 分格缝

设置分格缝其目的在于防止因温度变化、结构变形引起防水层开裂。

屋面分格缝应设置在温度变形允许的范围以内和结构变形敏感的部位，通常应设在屋面板的支承端、屋面转折处、防水层与突出屋面结构的交接处，并应与板缝对齐。一般情况下分格缝间距不宜大于 6 m，如图 5.20 所示。普通细石混凝土和补偿收缩混凝土防水层，分格缝的宽度宜为 5～30 mm，分格缝内应嵌填密封材料，上部应设置保护层。

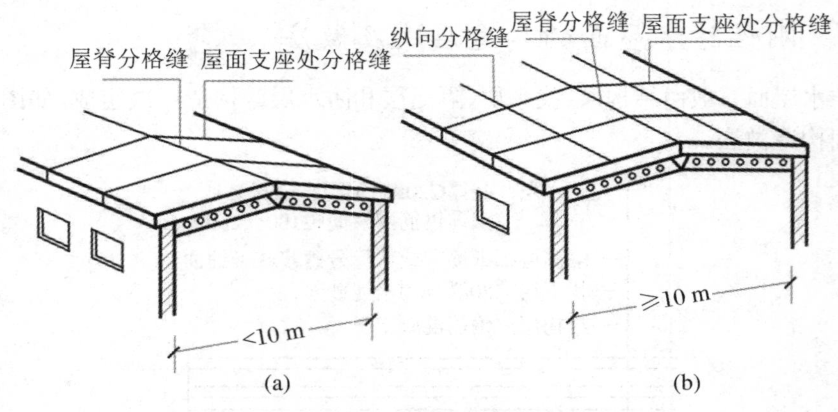

图 5.20　分格缝设置位置

分格缝的构造：防水层内的钢筋在分格缝处应断开；屋面板缝用浸过沥青的木丝板等密封材料嵌填，缝口用油膏等嵌填；缝口表面用防水卷材铺贴盖缝，卷材的宽度为 200～300 mm。如图 5.21、图 5.22 所示。

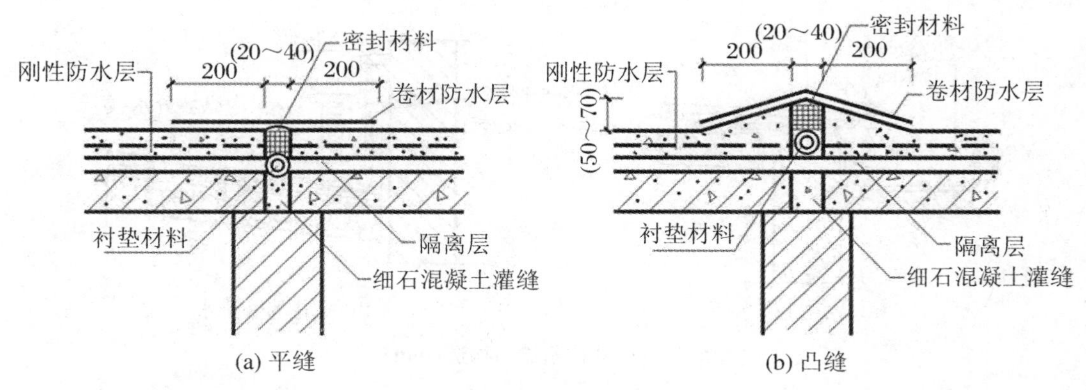

图 5.21　分格缝构造(mm)

图 5.22　分格缝工程实例

2. 泛水

刚性防水屋面的泛水构造要点与卷材屋面基本相同。不同之处是刚性防水层与山墙、女儿墙交接处,应留宽度为 30 mm 的缝隙,并应用密封材料嵌填。泛水处应铺设卷材或涂膜附加层。如图 5.23 所示。

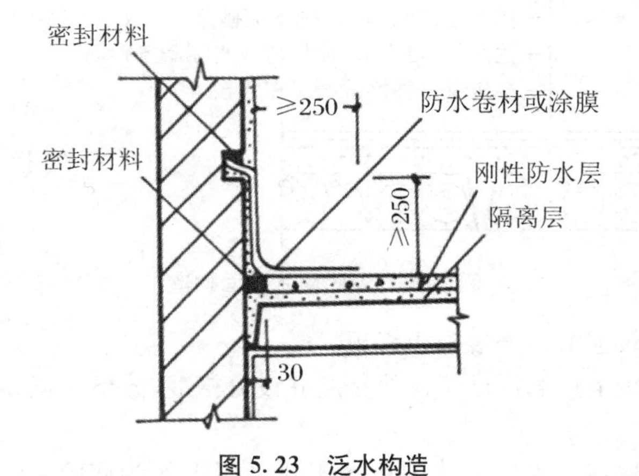

图 5.23　泛水构造

3. 檐口

外排水檐口有挑檐沟外排水檐口和女儿墙外排水檐口。檐沟构件一般采用现浇或预制的钢筋混凝土槽形天沟板,在沟底用低强度等级的混凝土或水泥炉渣等材料垫置成纵向排水坡度,铺好隔离层后再浇筑防水层,悬挑檐沟的底部应做好滴水,如图 5.24、图 5.25 所示。

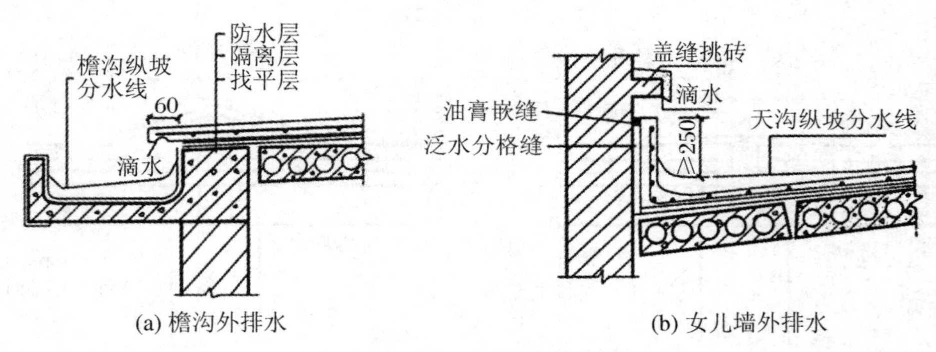

(a) 檐沟外排水　　(b) 女儿墙外排水

图 5.24　外排水檐口构造(mm)

图 5.25　檐沟外排水工程实例

5.3.2.5　涂膜防水屋面的构造层次及做法

涂膜防水屋面的构造层次主要有结构层、找坡层、找平层、结合层、防水层和保护层组成,如图 5.26 所示。

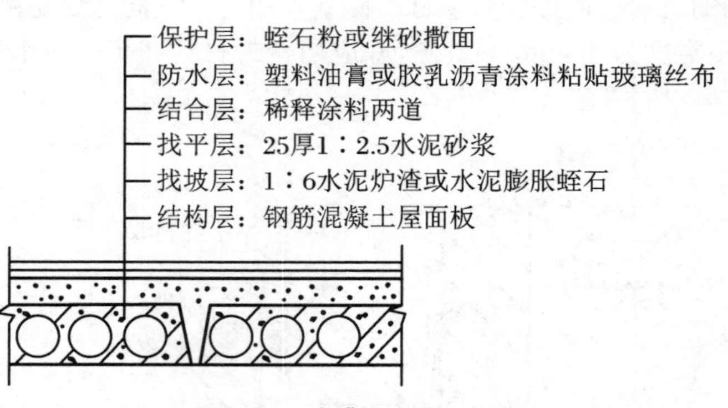

图 5.26　涂膜防水屋面构造

结构层为整体性较强的钢筋混凝土楼板。

找平层是在屋顶板上用水泥砂浆做找平层并设分格缝,分格缝宽 20 mm,其间距不大于 6 m,缝内嵌填密封材料。

防水层是首先将稀释防水涂料均匀涂布于找平层上作为底涂层,干后再刷 2～3 遍涂料。中间层为加胎体增强材料的涂层,要铺贴玻璃纤维网格布,若采取二层胎体增强材料时,上下层不得互相垂直铺设,搭接缝应错开,其间距不应小于幅宽的 1/3。一布二涂的厚度通常大于 2 mm,二布三涂的厚度大于 3 mm。

保护层根据需要可做细砂保护层或涂覆着色层。细砂保护层是在未干的中涂层上抛撒

20厚浅色细砂并辊压，使砂浆牢固地黏结于涂层上；着色层可使用防水涂料或耐老化的高分子乳液作黏合剂，加上各种矿物养料配制成品着色剂，涂布于中涂层表面。

5.3.3　任务拓展

平屋面的保温与隔热

5.3.3.1　平屋顶保温与隔热

保温隔热屋面的类型和构造设计，应根据建筑物的使用要求、屋面的结构形式、环境气候条件、防水处理方法和施工条件等因素，经技术经济比较后确定。

1. 平屋顶保温

保温材料多为轻质多孔材料，常用炉渣、矿渣、膨胀蛭石、膨胀珍珠岩、加气混凝土块材、泡沫混凝土块材、泡沫塑料等。

保温层厚度设计应根据所在地区按现行建筑节能设计标准计算确定。保温层的构造应符合当保温层设置在防水层上部时，保温层的上面应做保护层；当保温层设置在防水层下部时，保温层的上面应做找平层。

(1) 保温层设置。

平屋顶因屋面坡度平缓，适合将保温层放在屋面结构层上。保温层通常设在结构层之上、防水层之下。保温卷材防水屋面需要相应增加找平层、结合层和隔汽层。设置隔汽层的目的是防止室内水蒸气渗入保温层，使保温层受潮而降低保温效果。隔汽层的一般做法是在20厚1∶3水泥砂浆找平层上刷冷底子油两道作为结合层，结合层上做一毡二油或两道热沥青隔汽层。

保温层在屋顶上的设置位置有正铺式保温层(图5.27)、倒铺式保温层(图5.28)、保温层与结构层结合铺设方式(图5.29)三种方法。

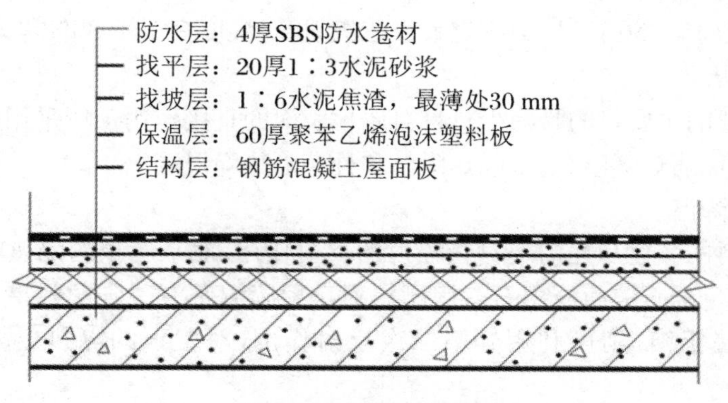

图5.27　正铺式保温层

(2) 保温层施工。

板状材料保温层施工应符合：基层应平整、干燥和干净；干铺的板状保温材料，应紧靠在需保温的基层表面上，并应铺平垫稳；分层铺设的板块上下层接缝应相互错开，板间缝隙应采用同类材料嵌填密实；粘贴板状保温材料时，胶黏剂应与保温材料材性相容，并应贴严、粘牢等规定。

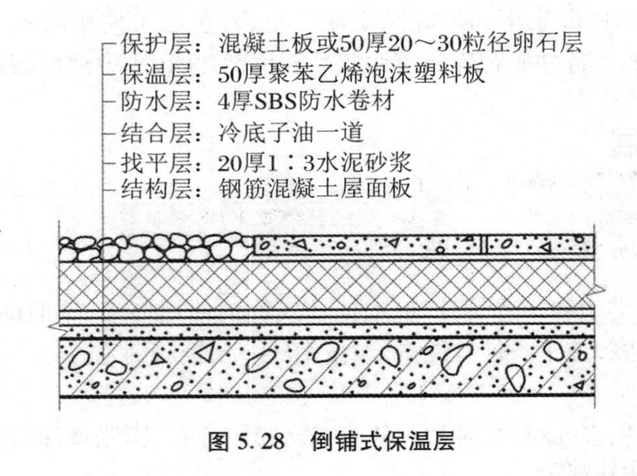

图 5.28　倒铺式保温层

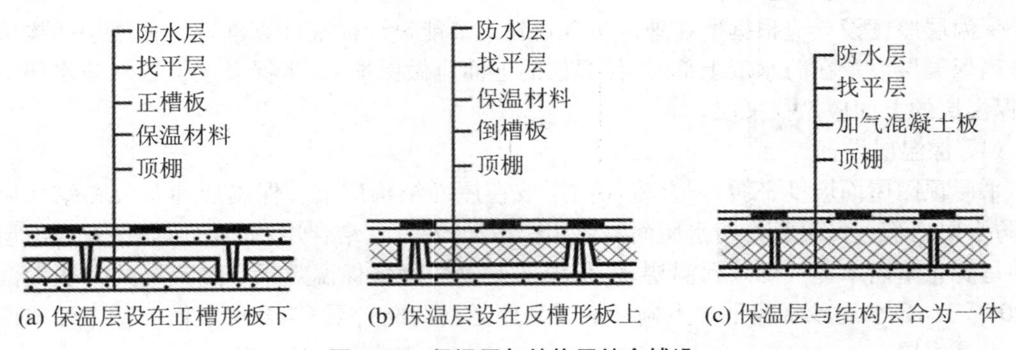

(a) 保温层设在正槽形板下　(b) 保温层设在反槽形板上　(c) 保温层与结构层合为一体

图 5.29　保温层与结构层结合铺设

整体现喷硬质聚氨酯泡沫塑料保温层施工应符合：基层应平整、干燥和干净；伸出屋面的管道应在施工前安装牢固；硬质聚氨酯泡沫塑料的配比应准确计量，发泡厚度均匀一致；施工环境气温宜为 15～30 ℃，风力不宜大于三级，相对湿度宜小于 85%等规定。

2．平屋顶隔热

屋顶隔热降温的主要目的是减少热量对屋顶表面的直接作用。所采用的方法包括反射隔热降温、架空通风隔热降温、蓄水隔热降温和种植隔热降温等。

(1)反射隔热降温。

利用表面材料的颜色和光洁度对热辐射的反射作用，对平屋顶的隔热降温有一定的效果，如屋顶采用淡色砾石铺面或用石灰水刷白对反射降温都有一定的效果。如果在通风屋顶中的基层加一层铝箔，则可利用其第二次反射作用，对屋顶的隔热效果将有进一步的改善。

(2) 架空通风隔热降温。

架空通风隔热降温是指在屋顶中设置通风间层，使上层表面起着遮挡阳光的作用，利用风压和热压作用把间层中的热空气不断带走，以减少传到室内的热量，从而达到隔热降温的目的。架空通风隔热其通风层设在防水层之上，其做法如图 5.30 所示。

(3) 蓄水隔热降温。

蓄水隔热降温屋面是指在屋顶蓄积一层水，利用水蒸发时需要大量的汽化热，从而大量消耗屋面的太阳辐射热，以减少屋顶吸收的热能，从而达到隔热降温的目的。

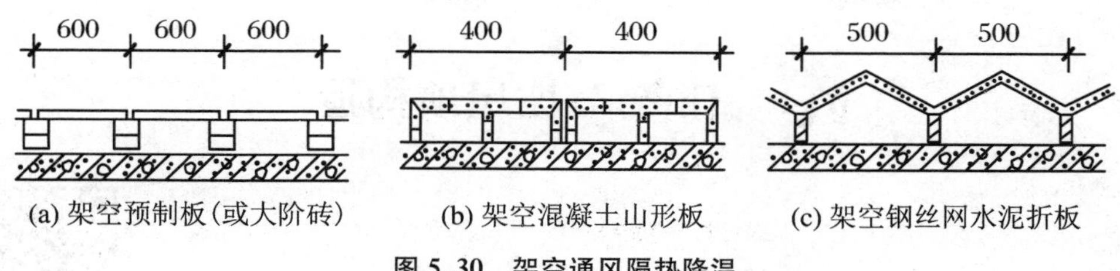

(a) 架空预制板(或大阶砖)　　(b) 架空混凝土山形板　　(c) 架空钢丝网水泥折板

图 5.30　架空通风隔热降温

(4) 种植隔热降温。

种植隔热降温屋面是在平屋顶上种植植物,借助栽培介质隔热及植物吸收阳光进行光合作用和遮挡阳光的双重功效来达到降温隔热的目的。

练习与提高

1. 当采用檐沟外排水时,沟底沿长度方向设置的纵向排水坡度一般应不小于(　　)。

A. 0.5%　　B. 1%　　C. 1.5%　　D. 2%

2. 卷材防水屋面泛水构造中,卷材铺贴高度为(　　)。

A. ≥150 mm　　B. ≥200 mm　　C. ≥250 mm　　D. 180 mm

3. 用细石混凝土做防水的刚性防水屋面,混凝土强度等级为(　　)。

A. ≥C20　　B. ≤C20　　C. ≤C10　　D. ≥C10

4. 刚性防水屋面一般应在(　　)设置分隔缝。

A. 防水屋面与立墙交接处　　B. 纵横墙交接处

C. 屋面板的支承端,屋面转折处　　D. 屋面板跨中处

5. 混凝土刚性防水屋面中,为减少结构变形对防水层的不利影响,常在防水层与结构层之间设置(　　)。

A. 隔汽层　　B. 隔声层　　C. 隔离层　　D. 隔热层

6. 平屋顶刚性防水屋面分格缝间距不宜大于(　　)。

A. 5 m　　B. 3 m　　C. 12 m　　D. 6 m

7. 泛水指＿＿＿＿＿＿＿＿＿＿＿＿,其高度应为＿＿＿＿。

8. 卷材防水屋面的基本构造层次有＿＿＿＿、＿＿＿＿、＿＿＿＿、＿＿＿＿和保护层,辅助构造层次有＿＿＿＿、＿＿＿＿、＿＿＿＿、＿＿＿＿等。

9. 刚性防水屋面分格缝的宽度宜为＿＿＿＿ mm,分格缝内应嵌填密封材料,上部应设置＿＿＿＿。

10. 保温层通常设置在＿＿＿＿层之上,防水层之下。

11. 柔性防水屋面的细部构造有哪些?各自的设计要点是什么?

12. 常用的不上人屋面和上人屋面保护层的做法分别有哪些?

13. 什么是刚性防水屋面,其基本构造层次有哪些?

14. 平屋顶的隔热构造处理有哪几种做法?

5.4　任务3:坡屋顶构造

5.4.1　任务资讯

5.4.1.1　瓦屋面的一般规定

(1) 平瓦屋面适用于防水等级为Ⅱ级、Ⅲ级、Ⅳ级的屋面防水,油毡瓦屋面适用于防水等级为Ⅱ级、Ⅲ级的屋面防水,金属板材屋面适用于防水等级为Ⅰ级、Ⅱ级、Ⅲ级的屋面防水。

(2) 平瓦、油毡瓦铺设在钢筋混凝土或木基层上,金属板材可直接铺设在檩条上。

(3) 平瓦、油毡瓦屋面与山墙及突出屋面结构的交接处,均应做泛水处理。

(4) 在大风或地震地区,应采取措施使瓦与屋面基层固定牢固。

(5) 瓦屋面严禁在雨天或雪天施工,五级风及以上时不得施工。油毡瓦的施工环境气温宜为5~35℃。

(6) 瓦屋面完工后,应避免屋面受物体冲击。严禁任意上人或堆放物件。

5.4.1.2　瓦屋面的设计要点

(1) 平瓦单独使用时,可用于防水等级为Ⅲ级、Ⅳ级的屋面防水;平瓦与防水卷材或防水涂膜复合使用时,可用于防水等级为Ⅱ级、Ⅲ级的屋面防水。

油毡瓦单独使用时,可用于防水等级为Ⅲ级的屋面防水;油毡瓦与防水卷材或防水涂膜复合使用时,可用于防水等级为Ⅱ级的屋面防水。

金属板材应根据屋面防水等级选择性能相适应的板材。

(2) 具有保温隔热的平瓦、油毡瓦屋面,保温层可设置在钢筋混凝土结构基层的上部;金属板材屋面的保温层可选用复合保温板材等形式。

(3) 瓦屋面的排水坡度,应根据屋架形式、屋面基层类别、防水构造形式、材料性能以及当地气候条件等因素,经技术经济比较后确定,并宜符合表5.5的规定。

表5.5　瓦屋面的排水坡度规定

材料种类	屋面排水坡度(%)
平瓦	≥20
油毡瓦	≥20
金属板材	≥10

(4) 基层与突出屋面结构的交接处以及屋面的转角处,应绘出细部构造详图。

(5) 当平瓦屋面坡度大于50%或油毡瓦屋面坡度大于150%时,应采取固定加强措施。

(6) 平瓦屋面应在基层上面先铺设一层卷材,其搭接宽度不宜小于100 mm,并用顺水条将卷材压钉在基层上;顺水条的间距宜为500 mm,再在顺水条上铺钉挂瓦条。

(7) 平瓦可采用在基层上设置泥背的方法铺设,泥背厚度宜为30～50 mm。

(8) 油毡瓦屋面应在基层上面先铺设一层卷材,卷材铺设在木基层上时,可用油毡钉固定卷材;卷材铺设在混凝土基层上时,可用水泥钉固定卷材。

(9) 天沟、檐沟的防水层,可采用防水卷材或防水涂膜,也可采用金属板材。

5.4.2 任务实施

5.4.2.1 坡屋顶的承重结构

1. 承重结构类型

坡屋顶中常用的承重结构有横墙承重、屋架承重和梁架承重,如图5.31所示。

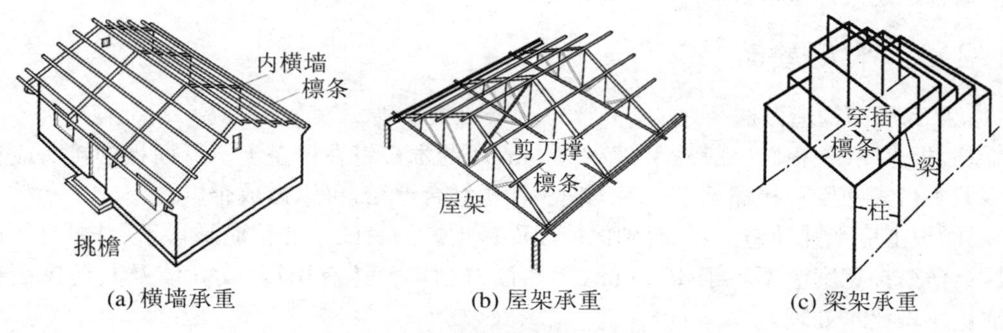

(a) 横墙承重　(b) 屋架承重　(c) 梁架承重

图5.31 坡屋顶的承重结构

(1) 横墙承重。

屋顶根据所要求的坡度,将横墙上部砌成三角形,在墙上直接搁置承重构件(如檩条)来承受屋顶荷载的结构方式。横墙承重构造简单、施工方便、节约材料,有利于屋顶的防火和隔音。适用于开间为4.5 m以内、尺寸较小的房间,如住宅、宿舍、旅馆客房等建筑。

(2) 屋架承重。

屋架承重是由一组杆件在同一平面内互相结合成整体构件屋架,其上搁置承重构件(如檩条)来承受屋顶荷载的结构方式。这种承重方式可以形成较大的内部空间,多用于要求有较大空间的建筑,如食堂、教学楼等。

(3) 梁架承重。

梁架承重是我国的传统结构形式,是用木材做主要材料的柱与梁形成的梁架承重体系,是一个整体承重骨架,墙体只起围护和分隔的作用。

2. 承重结构构件

(1) 屋架。

屋架形式常为三角形,它由上弦杆、下弦杆及腹杆组成,腹杆包括直杆和斜杆。所用材料有木材、钢材及钢筋混凝土等。木屋架一般用于跨度不超过12 m的建筑。将木屋架中受拉力的下弦及直腹杆件用钢筋或型钢代替,这种屋架称为钢木屋架。钢木组合屋架一般用于跨度不超过18 m的建筑。当跨度更大时需采用预应力钢筋混凝土屋架或钢屋架,如图5.32所示。

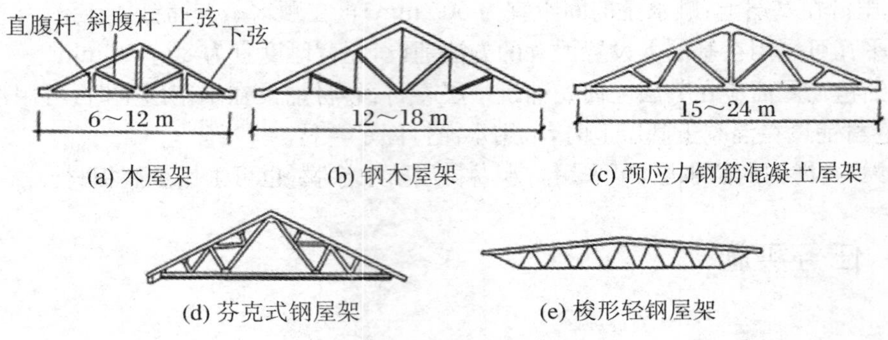

图 5.32 屋架形式

(2) 檩条。

檩条所用材料可为木材、钢材及钢筋混凝土，檩条材料的选用一般与屋架所用材料相同，使两者的耐久性接近。

5.4.2.2 平瓦屋面

1. 平瓦屋面构造做法

屋面板也叫“望板”，一般采用 15～20 mm 厚的木板钉在檩条上。屋面板的接头应在檩条上，但不得集中于一根檩条上。为了使屋面板结合严密，可以做成企口缝。

屋面板上应干铺油毡一层，起到保持屋面板干燥的目的。油毡应平行于屋檐，自下而上铺设，纵横搭接宽度应不小于 100 mm，用热沥青粘牢。遇有山墙、女儿墙及其他屋面突出物，油毡应做泛水处理。

在油毡上顺着屋面水流方向钉顺水条，顺水条为断面 24 mm×6 mm 的木条，起到压油毡的目的。顺水条与屋檐垂直，即顺水方向，故称为“顺水压毡条”。顺水条的间距为 400～500 mm。

挂瓦条固定在顺水条上，与顺水条垂直，断面为 20 mm×30 mm 的木条，间距为平瓦的有效尺寸，一般间距为 280～330 mm。在挂瓦条上挂瓦，如图 5.33 所示。

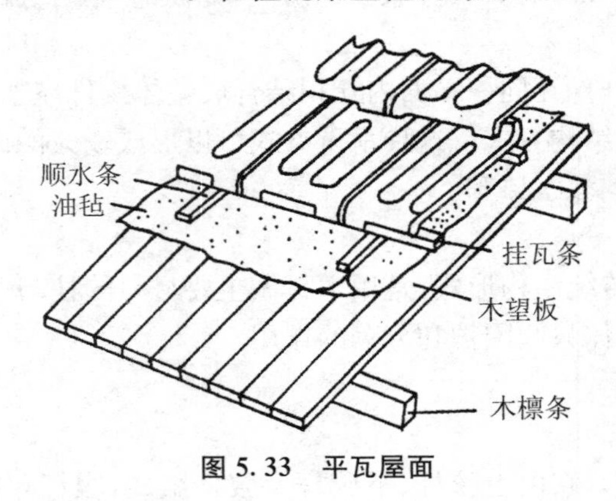

图 5.33 平瓦屋面

2. 平瓦屋面施工

在木望板上铺设卷材时，应自下而上平行屋脊铺贴，搭接顺流水方向。卷材铺设时应压实铺平，上部工序施工时不得损坏卷材。挂瓦条间距应根据瓦的规格和屋面坡长确定。挂瓦条应铺钉平整、牢固。

平瓦应铺成整齐的行列,彼此紧密搭接,并应瓦榫落槽,瓦脚挂牢,瓦头排齐,檐口应成一直线。脊瓦搭盖间距应均匀;脊瓦与坡面瓦之间的缝隙,应采用掺有纤维的混合砂浆填实抹平;屋脊和斜脊应平直,无起伏现象。沿山墙封檐的一行瓦,宜用1∶2.5的水泥砂浆做出坡水线将瓦封固。

铺设平瓦时,平瓦应均匀分散堆放在两坡屋面上,不得集中堆放。铺瓦时,应由两坡从下向上同时对称铺设。在基层上采用泥背铺设平瓦时,泥背应分两层铺抹,待第一层干燥后再铺抹第二层,并随铺平瓦。在混凝土基层上铺设平瓦时,应在基层表面抹1∶3水泥砂浆找平层,钉挂瓦条挂瓦。当设有卷材或涂膜防水层时,防水层应铺设在找平层上;当设有保温层时,保温层应铺设在防水层上。

平瓦屋面施工工序为屋架→檩条→屋面板→油毡→顺水条→挂瓦条→铺瓦。

5.4.2.3 平瓦屋面的细部构造

平瓦屋面应做好檐口、泛水、檐沟、屋脊、天沟等部位的细部处理。

1. 檐口

平瓦屋面的瓦头挑出封檐的长度宜为50～70 mm,如图5.34所示。

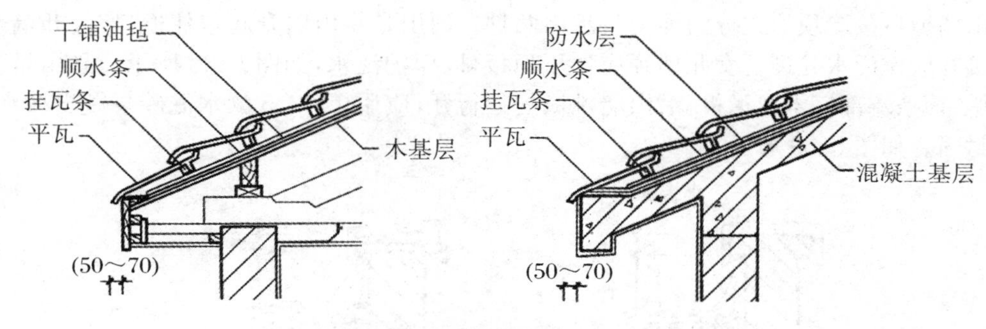

图5.34　平瓦屋面檐口(mm)

2. 檐沟

平瓦伸入天沟、檐沟的长度宜为50～70 mm,如图5.35所示。

3. 屋脊

平瓦屋面的脊瓦下端距坡面瓦的高度不宜大于80 mm,脊瓦在两坡面瓦上的搭盖宽度,每边不应小于40 mm。油毡瓦屋面的脊瓦在两坡面瓦上的搭盖宽度,每边不应小于150 mm,如图5.36所示。

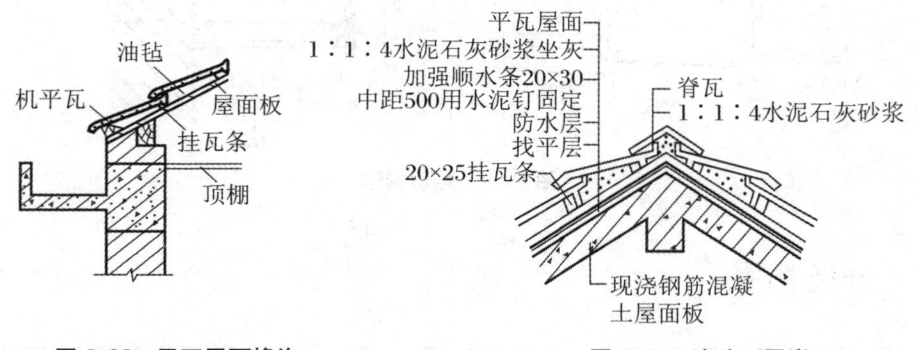

图5.35　平瓦屋面檐沟　　图5.36　油毡瓦屋脊

4. 天沟

在等高跨或高低跨相交处，常常出现天沟，而两个相互垂直的屋面相交处则形成斜沟。沟应有足够的断面积，上口宽度不宜小于 300 mm，一般用镀锌铁皮铺于木基层上，镀锌铁皮伸入瓦片下面至少 150 mm。高低跨与天沟采用镀锌铁皮防水层时，应从天沟延伸至立墙(女儿墙)上形成泛水，如图 5.37 所示。

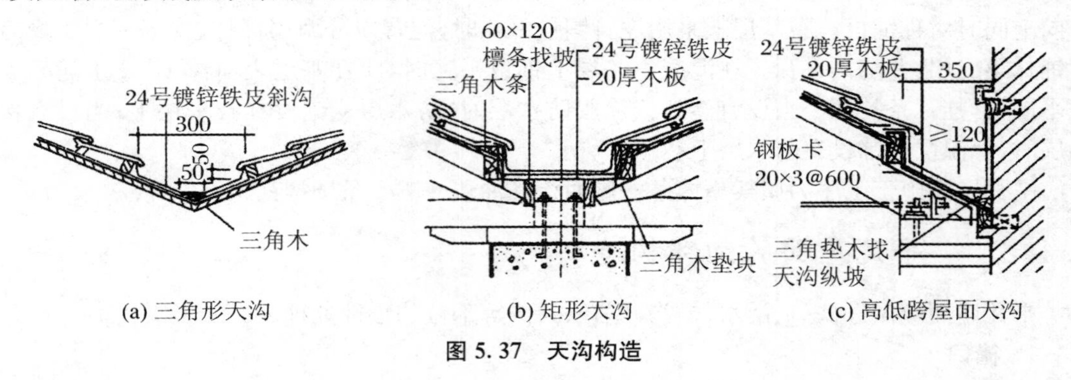

图 5.37　天沟构造

5. 硬山、悬山

山墙檐口按屋顶形式分为硬山与悬山两种。硬山是将山墙升起包住檐口，女儿墙与屋面交接处应作泛水处理。女儿墙顶应作压顶板，以保护泛水，如图 5.38 所示。悬山是将檩条外挑，檩条端部钉木封檐板，沿山墙挑檐的一行瓦，应用 1∶2.5 的水泥砂浆做出披水线，将瓦封固。如图 5.39 所示。

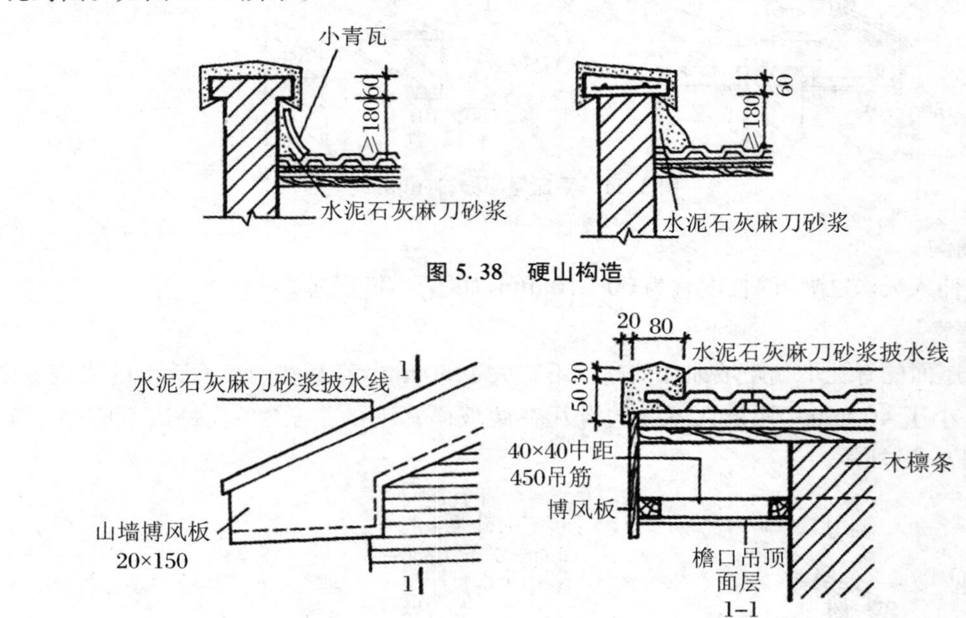

图 5.38　硬山构造

图 5.39　悬山构造

5.4.3　任务拓展

坡屋顶利用顶棚与屋顶之间的空间作隔热层，顶棚通风隔热层设计应满足以下规定：顶棚通风层应有足够的净高，一般为500 mm左右。还需设置一定数量的通风孔，以利空气对流。通风孔应考虑防飘雨措施，如图5.40所示。

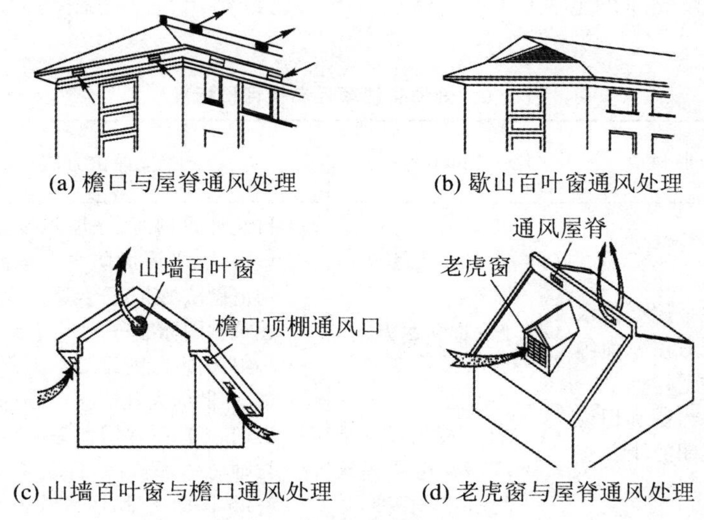

(a) 檐口与屋脊通风处理　　(b) 歇山百叶窗通风处理

(c) 山墙百叶窗与檐口通风处理　　(d) 老虎窗与屋脊通风处理

图5.40　通风隔热处理

练习与提高

1. 瓦屋面的主要承重构件主要有(　　)。

　A. 屋架、檩条　　B. 挂瓦条、椽子　　C. 屋架、椽子　　D. 檩条、椽子

2. 不同屋面防水材料有各自的排水坡度范围，下面(　　)材料的排水坡度最大。

　A. 金属瓦　　B. 平瓦　　C. 小青瓦　　D. 波形瓦

3. 坡屋顶的承重结构有________、________和________三种。

4. 屋架形式常为_______，它由____杆、____杆及腹杆组成，腹杆包括____杆和____杆。

5. 平瓦屋面施工工序为________________________________。

6. 在木望板上铺设卷材时，应自____而____平行____铺贴，搭接顺流水方向。

7. 平瓦屋面的瓦头挑出封檐的长度宜为____ mm。油毡瓦屋面的檐口应设________。

8. 平瓦屋面的脊瓦下端距坡面瓦的高度不宜大于______，脊瓦在两坡面瓦上的搭盖宽度，每边不应小于________。

5.5　实训项目：绘制平屋顶构造图

5.5.1　任务资讯

在分项实训项目和综合实训项目教学时，采取项目教学法进行教学。教学流程主要有

确定项目任务、收集资料、制定方案、小组讨论、确定方案、检查记录、总结评价等主要实施过程。分项实训项目考核评价标准(表5.6)、小组成员活动记录表、实训项目效果反馈信息表、小组成员工作任务成绩评定表(这些表格在3.5节已经给出),均为在教学过程中检查记录所用材料。

表 5.6　分项实训项目考核评价标准

分项实训项目	实训目标	考核内容	考核评价方法	分值
平屋顶构造设计	(1) 掌握平屋面排水设计方法及面细部构造; (2) 训练绘制和识读施工图的能力	(1) 排水方式和檐口形式; (2) 平屋面防水方案; (3) 平屋顶构造及相关做法; (4) 查阅《建筑设计规范》和《房屋建筑制图统一标准》	(1) 自我评价内容:平屋顶排水方式、檐口形式,平屋面防水方案情况,相关构造做法情况,符合建筑设计规范和建筑制图标准; (2) 小组评价:方案设计与工程实际吻合情况,图面表现情况,构造做法情况,实训态度、工作习惯等情况; (3) 教师总体评价:结合现场验收、口头答辩、图面质量、构造做法、设计方案等进行综合考核	2

5.5.2　任务实施

屋顶平面图的识读

5.5.2.1　屋面排水及节点设计实训任务书

1. 任务目标

(1) 能掌握屋面排水设计的步骤、屋顶平面图的绘制、屋顶节点详图的绘制。

(2) 能够提高绘制和识读施工图的能力。

2. 任务设计条件

某学生公寓楼为六层砖混结构,屋面楼板为现浇板,其六层平面图如图5.41所示。底层地面标高为±0.000,室外标高为-0.450 m,屋面标高为19.800 m。墙体厚度为240 mm,定位轴线、墙体中线以及柱子中线相互重合。下部各层门窗及入口的洞口平面位置与顶层门窗洞口的平面位置相同。屋面为不上人屋面,无特别的使用要求,防水层采用卷材防水。学生公寓楼所在地年降雨量为950 mm,每小时最大降雨量为100 mm。设计此学生公寓楼的屋面排水。

3. 任务过程及要求

(1) 工程任务过程。

用一张A3图纸,绘制该学生公寓楼屋顶平面图和屋顶节点详图。屋顶平面图的比例为1∶100。屋顶节点详图比例自定。所绘图示线条、材料符号等均按建筑制图标准表示。字体工整,线型粗细分明,以铅笔绘制完成。

(2)工作任务要求。

屋顶平面图:绘制出屋顶构造的基本平面形状并用定位尺寸明确表示出其平面位置;绘制出建筑的分水线、檐沟轮廓线、檐口边线或女儿墙的轮廓线,并标注其位置;绘制出雨水口的位置;标注出屋面各坡面的坡度方向和坡度值;标注出详图索引号。

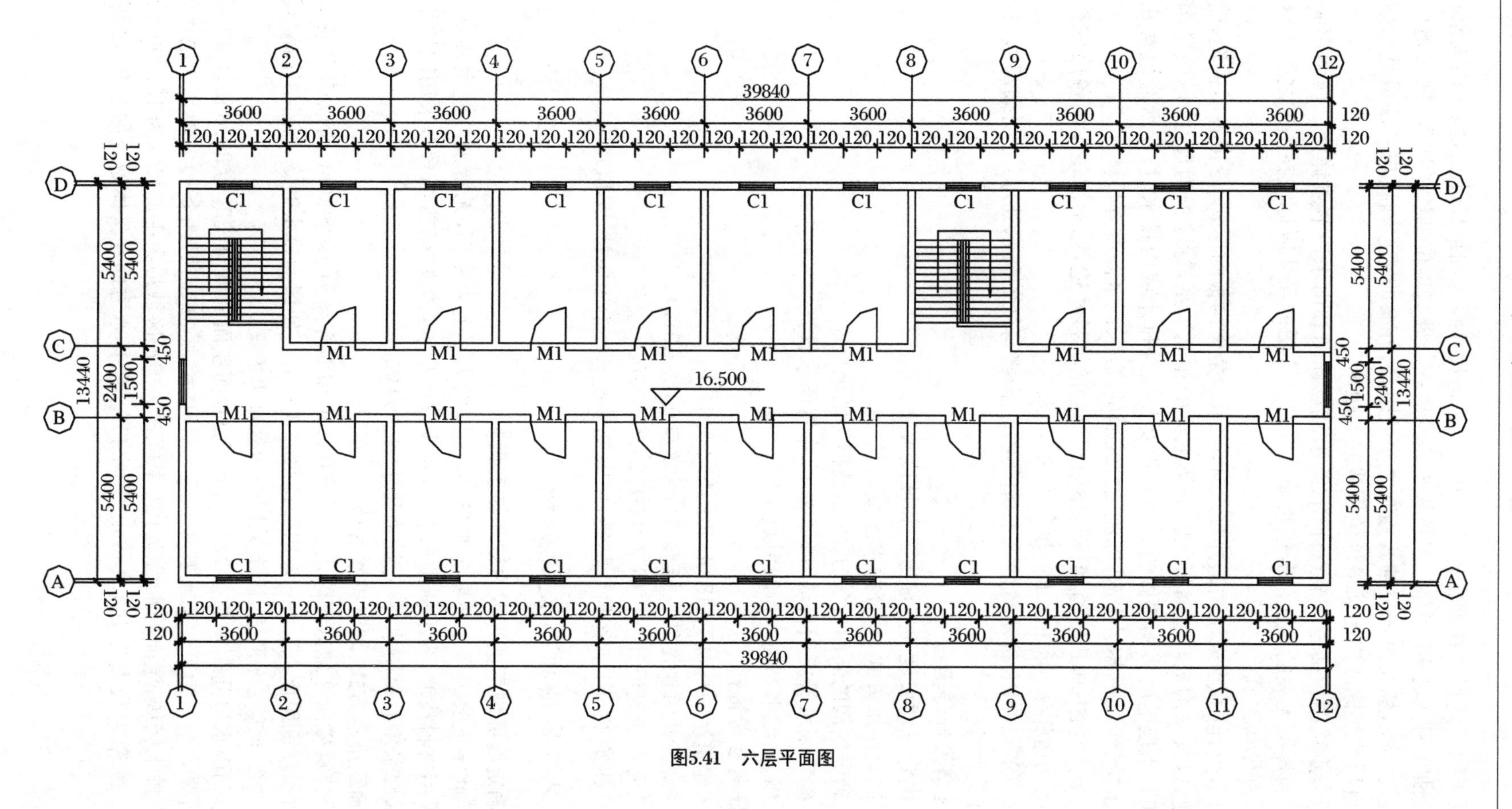
1
2
3
4
5
6
7
8
9
10
11
12
A
B
C
D
39840
3600
120
5400
2400
1500
450
13440
C1
M1
16.500

图5.41 六层平面图

屋顶平面图的尺寸线通常标注三道。第三道尺寸线为细部尺寸线,标注出雨水口、分水线和定位轴线相互之间的距离、屋顶最外侧轮廓线与外墙定位轴线的距离;第二道尺寸线为定位轴线尺寸线,标注出定位轴线相互之间的距离、外墙的定位轴线与屋顶最外轮廓线的距离;第一道尺寸线标注出屋顶最外轮廓线间的距离。

屋顶节点详图包括檐口节点详图、泛水节点详图和雨水口节点详图。详图用断面图形式表示。与详图无关的其他部分用折断线断开。详图的尺寸应标注在图样之外。详图中要标注详图符号和比例。

檐口节点详图:当采用檐沟外排水时,表示清楚檐沟板的形式、屋顶各层构造、檐口处的防水处理,以及檐沟板与屋面板、墙、圈梁或梁的相互关系,标注檐沟尺寸,标注檐沟饰面层的做法和防水层的收头构造做法。当采用女儿墙外排水或内排水时,标示清楚女儿墙压顶构造、泛水构造、屋顶各层构造,标注出女儿墙的高度、泛水高度等尺寸。

泛水节点详图:画出竖直墙体与屋面相接处的连接构造,标示清楚屋面各层构造和泛水构造,注明构造作法,标注泛水高度等有关尺寸。

雨水口节点详图:标示清楚雨水口的形式、雨水口处的防水处理,注明细部做法,标注雨水口等有关尺寸。

4. 任务设计步骤

(1) 确定屋面坡度的形成方法和坡度大小。

(2) 确定排水方式,划分排水区域。

(3) 确定檐沟的断面形状、尺寸以及檐沟的坡度。

(4) 确定雨水管所用材料、口径大小,布置雨水管。

(5) 檐口、泛水和雨水口的节点设计。

5. 任务参考资料

(1)《建筑制图标准》(GB/T 50104—2010)。

(2)《房屋建筑制图统一标准》(GB/T 50001—2017)。

(3)《民用建筑设计统一标准》(GB 50352—2019)。

(4)《建筑工程实训图册》(胡敏,中国科学技术大学出版社,2014)。

5.5.2.2 屋顶排水设计分析

1. 确定屋面坡度的形成方法和坡度大小

由于此学生公寓楼顶面要求平整,而且屋面为不上人屋面,无特别的使用要求,所以确定屋面采用材料找坡,为了使排水迅速,减少屋面积水,体现"防排结合",采用四坡水。由于屋面防水层采用卷材防水,确定屋面排水坡度为3%。

2. 确定排水方式,划分排水区域

由于公寓楼所在地区年降雨量为950 mm,屋面标高为19.800 m,所以确定采用有组织排水。由于屋面跨度13.4 m,采用外排水方式。为了使屋面排水通畅,减少屋面渗漏的可能性,同时结合建筑立面形式,确定采用檐沟外排水方案。

考虑到雨水口间距一般在18～24 m之间,而屋面的纵向长度为39.8 m,所以雨水口每边至少需要3个。为了使雨水管在立面上对称、美观,初步决定:每边安放4个雨水管,每边划分4个排水区域,屋面分水线位于跨中位置。排水区域最大平面尺寸为$10.800\times7.220\approx78\ (m^2)$。水落差最大为144.4 mm。雨水口位置、排水方向和具体划分如图5.42所示。

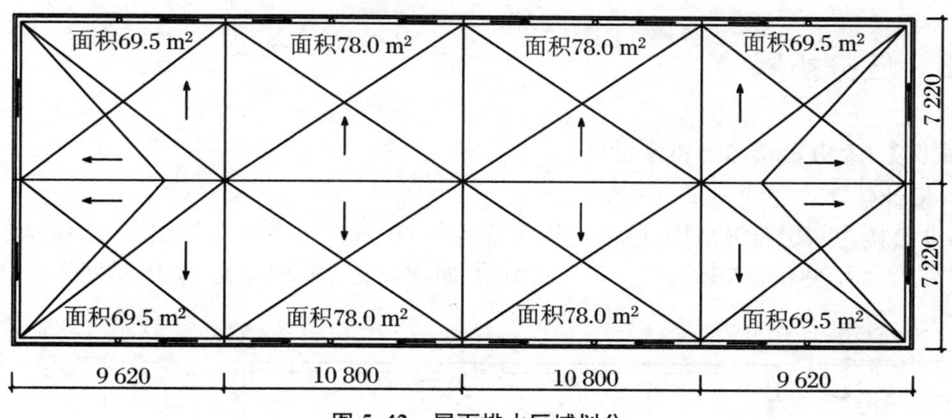

图 5.42 屋面排水区域划分

3．确定檐沟的断面形状、尺寸和檐沟的坡度

檐沟采用与圈梁、现浇板一体现浇的方式。檐沟的分水线确定在排水区域的界线处，檐沟的坡度依据《规范》要求取 1%。

4．确定雨水管所用材料、直径

雨水管选用 PVC 管材、圆口径，直径为 100 mm。该雨水管最大汇水面积为 558 m²，完全能够满足排水要求。雨水管竖直设置、不弯曲，并与雨水口的平面位置相一致。

5．绘制屋顶平面图、绘制檐沟节点详图

如图 5.43、图 5.44 所示。

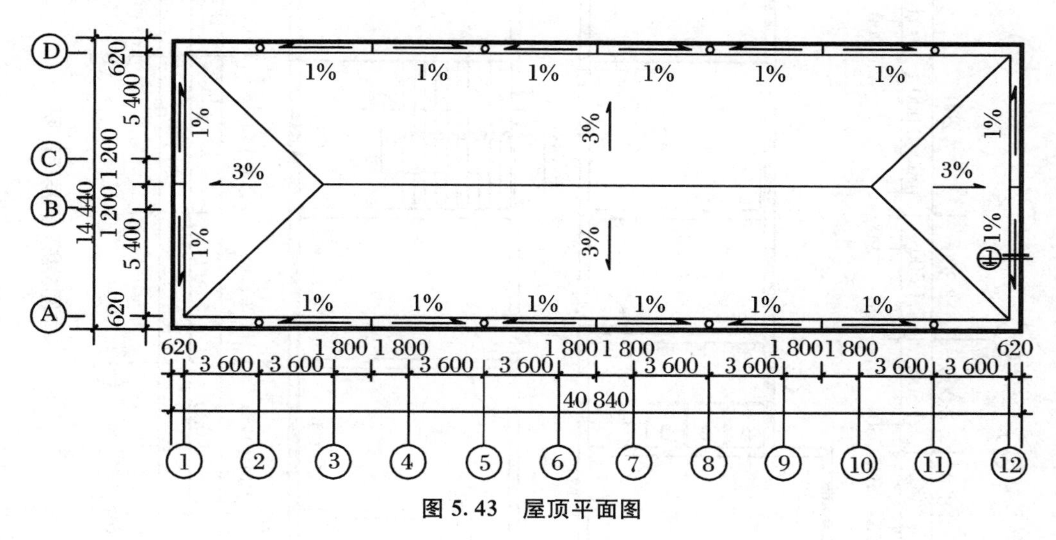

图 5.43 屋顶平面图

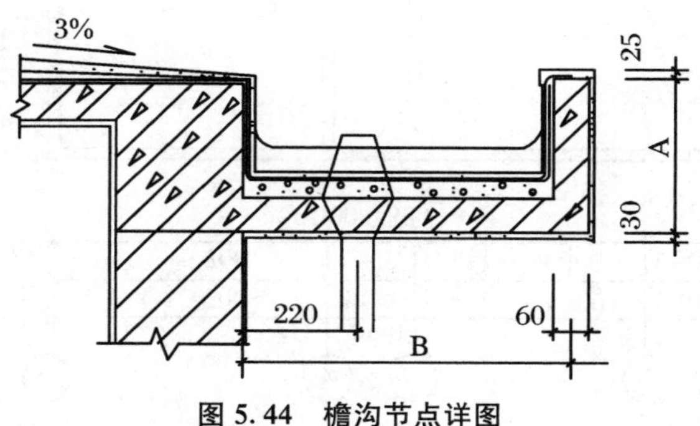

图 5.44 檐沟节点详图

5.5.3　任务拓展

【案例】 某办公楼屋面排水设计

1. 设计条件

某办公楼为六层砖混结构，屋面楼板为现浇板，建筑顶层平面图如图 5.45 所示。底层地面标高为 ±0.000，室外标高为 −0.450 m，屋面标高为 19.800 m。墙体厚度为 240 mm，

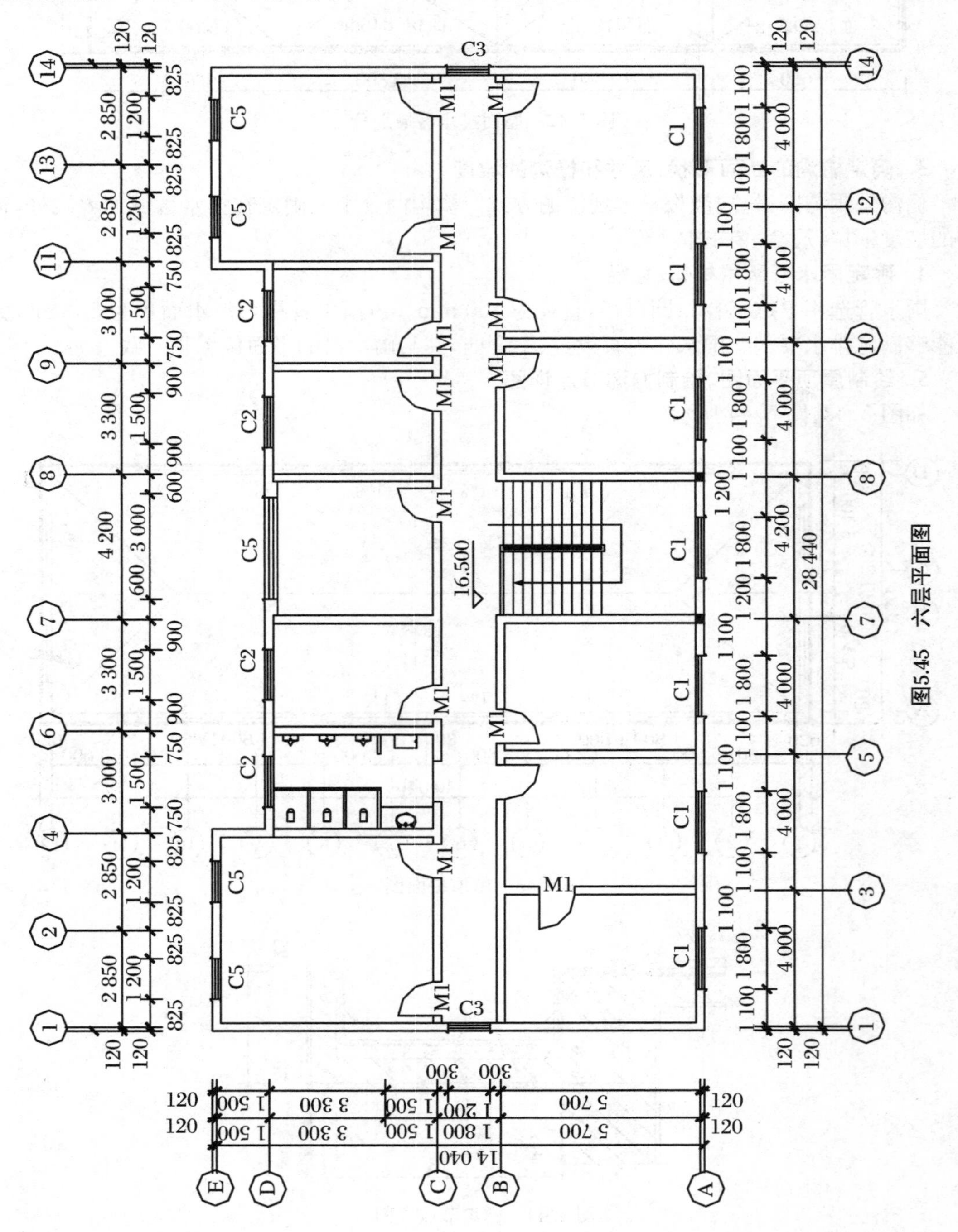

图5.45　六层平面图

定位轴线、墙体中线以及柱子中线相互重合。下部各层门窗及入口的洞口平面位置与顶层门窗洞口的平面位置相同。屋面为不上人屋面，无特别的使用要求，防水层采用卷材防水。办公楼所在地年降雨量为 950 mm，每小时最大降雨量为 100 mm。

2. 具体设计

(1) 确定屋面坡度的形成方法和坡度大小。

由于此办公楼顶面要求平整，而且屋面为不上人屋面，无特别的使用要求，所以确定屋面采用材料找坡，屋面排水采用二坡水，向屋面短跨方向找坡。考虑到屋面防水层采用卷材防水，确定屋面排水坡度为 3%。

(2) 确定排水方式，划分排水区域。

由于办公楼所在地区年降雨量为 950 mm，屋面标高为 19.800 m，所以确定采用有组织排水。由于屋面跨度为 13.8 m，采用外排水方式。为了使立面简洁和施工方便，采用女儿墙外排水方案。

考虑到雨水口间距一般在 18～24 m 之间，而屋面的纵向长度为 28.4 m，所以初步决定：每边安放 2 个雨水管，每边划分 2 个排水区域，屋面分水线位于跨中位置。排水区域最大平面尺寸为 14.220×7.020≈99.8 (m^2)。水落差最大为 140.4 mm。雨水口位置、排水方向和具体划分如图 5.46 所示。

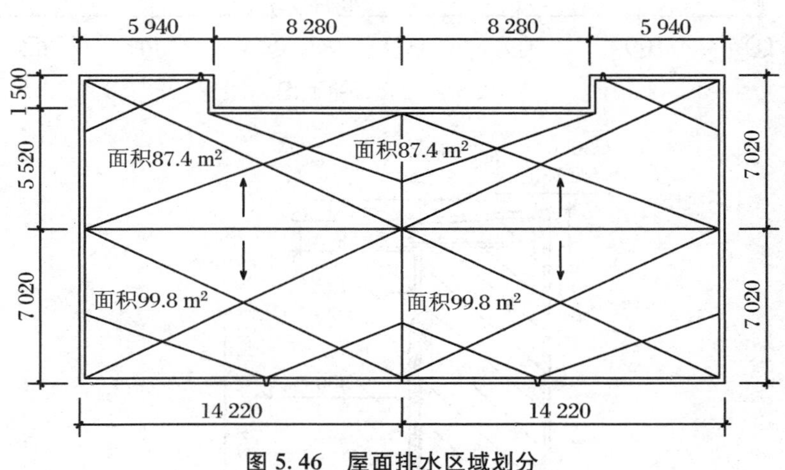

图 5.46 屋面排水区域划分

(3) 确定檐沟的断面形状、尺寸和檐沟的坡度。

屋面采用女儿墙外排水，在屋面靠近女儿墙处设纵坡，坡向雨水口，坡度为 1%。

(4) 确定雨水管所用材料、直径。

雨水管选用 PVC 管材、圆口径，直径为 100 mm。该雨水管最大汇水面积为 558 m^2，完全能够满足排水要求。雨水管竖直设置、不弯曲，并与雨水口的平面位置相一致。

(5) 绘制屋顶平面图、绘制女儿墙节点详图。

如图 5.47、图 5.48 所示。

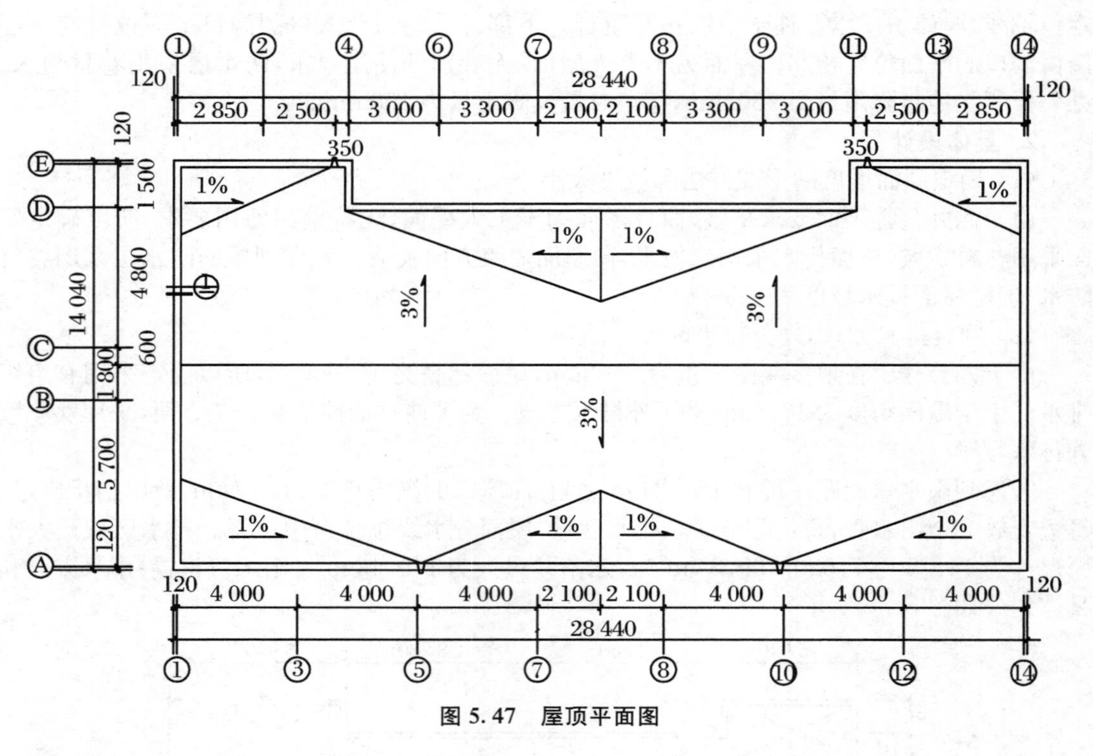

图 5.47　屋顶平面图

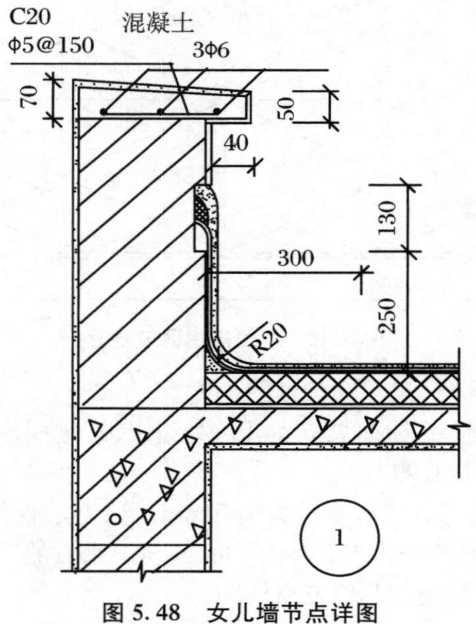

图 5.48　女儿墙节点详图

5.5.4　实战演练

某中学学生公寓屋面排水设计

某中学学生公寓为三层钢筋混凝土框架结构，楼板均为现浇板，其三层平面图如图 5.49

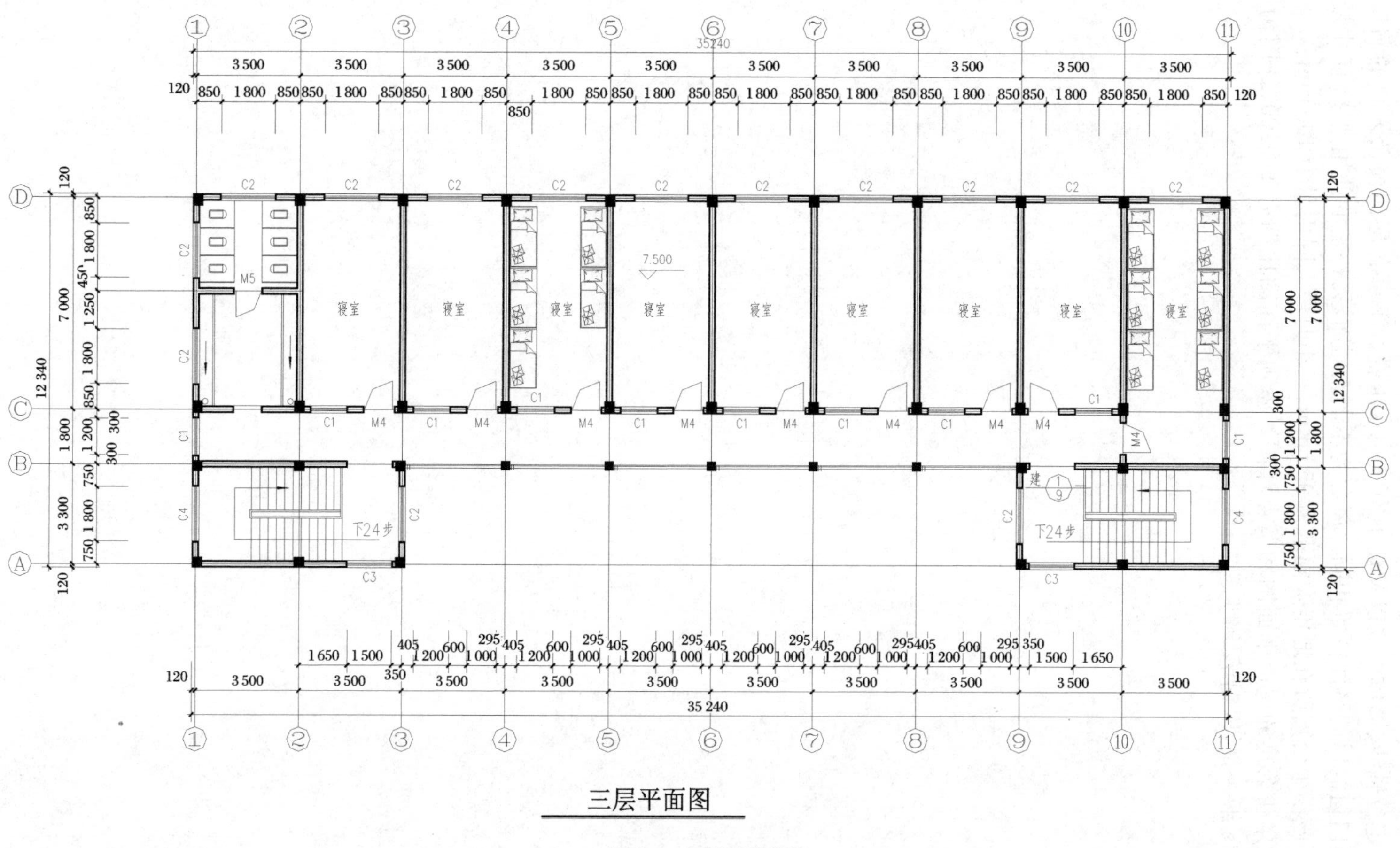

图5.49　三层平面图

所示。底层地面标高为 ± 0.000，室外标高为 − 0.450 m，屋面标高为 11.100 m。墙体厚度为 240 mm，定位轴线、墙体中线以及柱子中线相互重合。下部各层门窗及入口的洞口平面位置与顶层门窗洞口的平面位置相同。屋面为不上人屋面，无特别的使用要求，防水层采用卷材防水。该学生公寓所在地年降雨量为 950 mm，每小时最大降雨量为 100 mm。

设计学生公寓的屋顶平面图和节点详图。屋顶平面图比例为 1 ∶ 100，详图为 1 ∶ 10。采用 3 # 图纸一张，以铅笔绘制。

学习情境6　门　与　窗

6.1　学习情境描述

6.1.1　学习目标

完成本学习情境后，你应当能：

(1) 阐述门窗的作用、要求、组成及类型。

(2) 运用所学知识，分析不同类型建筑物的门窗洞口大小、材料选择、开启方式等构造的异同点。

6.1.2　学习任务

具体学习任务与任务驱动，见表6.1。

表6.1　学习任务与任务驱动

学习任务	任务驱动
门窗构造	(1) 门窗的设置应考虑哪些因素； (2) 分析不同类型建筑物的门窗洞口大小、材料选择、开启方式等构造的异同点

6.2　任务：门窗构造

6.2.1　任务资讯

门窗构造

6.2.1.1　门窗的作用

门窗是建筑物的重要组成部分，也是主要围护构件。

门在房屋建筑中的作用主要是交通联系，并兼采光和通风；窗的作用主要是采光、通风及眺望。在某些情况下,门窗还有分隔空间、保温、隔热、隔声、防风沙等作用。

门窗在建筑立面构图中的影响也较大,它的尺度、比例、形状、组合、透光材料的类型等,都影响着建筑的艺术效果。

6.2.1.2　门窗的要求

1. 窗的要求

(1) 采光的要求。

房间的功能不同对采光的要求不同,超过和低于采光要求对工作和生活都是不利的。房间一般应以自然采光为主,特殊情况下选用人工照明。

房屋的采光面积标准是与房间面积、使用功能有关。用房间开窗的洞口面积与房间的使用面积之比(称为窗地比)作为采光标准。如卧室、起居室的窗地比为1/7,幼儿园活动室为1/5,办公室为1/6,阅览室为1/5,教室为1/6。

(2) 通风的要求。

开启窗扇排除室内污浊空气、补充室内新鲜空气和降低室内温度进行通风,叫作自然通风。借助引风机或排风机进行通风的叫机械通风。一般性建筑应尽量采用自然通风,以降低工程造价,且有利于人体健康。窗扇中应设置足够可开启的窗扇以便通风。

(3) 眺望的要求。

从室内通过窗户向室外观看即为眺望。这是一般窗均具有的功能,可以通过窗面观看室外的自然环境。用于房间过渡或走廊两侧的橱窗还有观察、陈设的功能,多以不开启大面积玻璃窗为主。

(4) 建筑立面装饰的要求。

窗户是建筑的心灵。建筑立面装饰与建筑物的性格紧密相关,而建筑物的性格,如庄重或活泼、开敞或封闭、民族地域风貌或时代特色均可利用窗户的选型、大小、布局、形状、色彩等手段充分表现出来。

位于外墙上的窗,既可以吸收阳光的辐射热和紫外线,也是散失热量的重要缺口,一般通过外窗所散失的热量相当于同面积墙体的2～3倍。设计人员在确定窗的数量、大小、材料、层数、朝向等方面应结合实际情况进行选择。

窗也是传播噪声和进入风沙的途径,在窗扇层数、缝隙处理上应予以可靠的措施保证,以提高房间的安静和洁净程度。

2. 门的要求

(1) 内外交通的要求。

门的主要作用是供人和家具设施出入建筑物和房间以及房间之间联系的交通口。它的大小、数量、位置、用材、开启方式等均需按照规范要求进行设计。

(2) 疏散的要求。

对于不同耐火等级和不同地震烈度地区的建筑,均应设置相应数量的疏散口,以利于在救急情况下供人们能尽快疏散到安全地带。

(3) 采光和通风的要求。

在门扇上设置小玻璃窗,或利用半玻璃门、全玻璃门均可以改善室内采光。门的位置布置应合理,可以与对应的门窗组织空气对流,利于通风。

(4) 防火的要求。

建筑物需按其耐火等级划分若干个防火单元,单元之间的联系口应设置防火门。当发生火灾时关闭防火门以断绝火势蔓延。防火门还可以随时疏散人员,防火门隔断火源之处可作为人员临时避难处。防火门须用不燃烧材料制成,并用弹簧铰链安装。

(5) 建筑立面装饰的要求。

建筑物立面装饰的重点,一般均设在主要出入口处,以体现建筑物主次分明、重点突出,以达到丰富建筑物立面装饰效果的目的。

门也是建筑围护构件,故要求门的材料、构造和施工质量应能满足坚固耐久、防盗、隔声、保温、防风沙、防雨雪等要求。同时门的设置位置、开启方式、开启方向等方面也应力求做到方便简捷、少占空间、开关自如、减少交叉等要求。

目前我国门窗的生产已经实现工厂化制作和加工。门窗的选用应根据建筑所在地区的气候条件、节能要求等因素综合确定,并应符合国家现行建筑门窗产品标准的规定。门窗的尺寸应符合模数,门窗的材料、功能和质地等应满足使用要求。门窗的配件应与门窗主体相匹配,并应满足相应技术要求。

6.2.1.3 门窗的类型

1. 窗的类型

(1) 按使用材料分类。

按使用材料不同,可分为木窗、钢窗、塑钢窗、铝合金窗等类型。

木窗:是用经过干燥的含水率在18%左右的不易变形的木材做成的窗。其优点是适合手工制作,构造简单,制作灵活,密封性较好,保温效果好。缺点是窗料截面较大,遮挡光线较多,易变形,防水、防潮、防火性差,维修费用较高。

钢窗:是用热轧特殊断面的型钢制成的窗。其优点是强度高,坚固耐久,挡光少,防火性能较好。缺点是易生锈,密封和热工性能较差。

塑钢窗:是用硬质塑料制成窗框和窗扇并用型钢加强而制成的窗。其优点是密封和热工性能好,耐腐蚀,不变形,色彩丰富。为我国目前应用最广泛的窗型。

铝合金窗:是用铝镁硅系列合金制成的窗。其优点是质量轻,密闭性能较好。但其强度较低,易变形。

(2) 按开启方式分类。

按开启方式不同,可分为平开窗、推拉窗、固定窗、悬窗、立转窗、百叶窗等类型,如图6.1所示。

固定窗:不能开启的窗。固定窗的玻璃直接嵌固在窗框上,可采光但不通风。其构造简单,密闭性好,多用于门窗亮子。

平开窗:是常用的一种开启方式。窗扇一侧用铰链与窗框相连,开启关闭十分方便。平开窗有单扇、双扇、多扇,有向外或向内水平开启。其构造简单,开启灵活,制作维修方便。

悬窗:窗扇绕水平轴转动的窗。铰链和转轴的位置不同,可分为上悬窗、中悬窗和下悬窗。上悬窗铰链安装在窗扇的上边,一般向外开,防雨好,多用于外门和窗上的亮子。中悬窗是在窗扇两边中部安装水平转轴,窗扇可绕水平轴旋转,开启时窗扇上部向内、下部向外,挡雨、通风较好,常用于单层工业厂房的高侧窗。下悬窗铰链安装在窗扇的下部,一般向内开,通风较好,但不防雨,一般用于内门上的亮子。

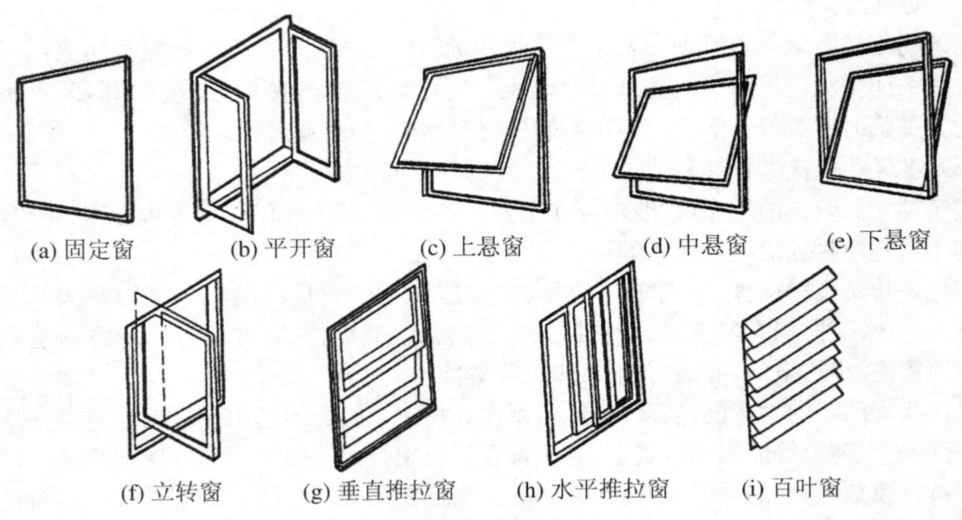

图 6.1　窗的开启方式

立转窗:窗扇绕垂直轴转动的窗。引导风进入室内效果较好,防雨及密封性较差,多用于单层工业厂房的低侧窗。

推拉窗:目前建筑中常用水平推拉窗,其窗扇可以左右水平推拉,不占用空间,窗扇在导槽内滑动,开启后双层窗扇重叠,通风面积受到限制。

百叶窗:有固定式和活动式两种形式。主要用于遮阳、防雨及通风,但采光差。

2. 门的类型

(1) 按使用材料分类。

按使用材料不同,门可分为木门、钢门、塑钢门、铝合金窗门、玻璃钢门、无框玻璃门等类型。其中木门宜用于内门。木门轻便、手感好、封闭性好,应用广泛。

(2) 按开启方式分类。

按开启方式不同,门可分为平开门、推拉门、弹簧门、折叠门、转门等,如图 6.2 所示门的开启方式。

平开门:是水平开启的门,它的铰链装于门扇的一侧与门框相连,使门扇围绕铰链轴转动。其门扇有单扇、双扇和多扇,向内开和向外开之分。平开门构造简单,开启方便,关闭时密封性好,加工制作简便,易于维修,是建筑中最常见、使用最广泛的门。

弹簧门:与普通平开门的开启方式相同,有所不同的是以弹簧铰链代替普通铰链,借助弹簧的力量使门扇能向内、外开启并可经常保持关闭。它使用方便,美观大方,广泛用于商场、学校、医院、办公楼的外门等。

推拉门:是开启时门扇沿轨道左右滑行的门。通常为单扇和双扇。根据轨道的位置,推拉门可分为上挂式和下滑式。当门扇高度小于 4 m 时,一般采用上挂式推拉门,即在门扇的上部装置滑轮,滑轮吊在门过梁的预埋轨道上;当门扇高度大于 4 m 时,一般采用下滑式推拉门,即在门扇下部装滑轮,将滑轮置于预埋在地面的轨道上。为使门保持垂直状态下稳定运行,导轨必须平直,并有一定刚度。推拉门开启时不占空间,受力合理,不易变形,但在关闭时难以严密,构造亦较复杂,较多用于民用建筑的厨房、卫生间、阳台的门,大厅入口处的光电控制无框玻璃门以及工业厂房的大门等。

折叠门:将较大的门洞设置多扇门并用铰链相连,开启后门扇折叠在一起。可分为侧挂

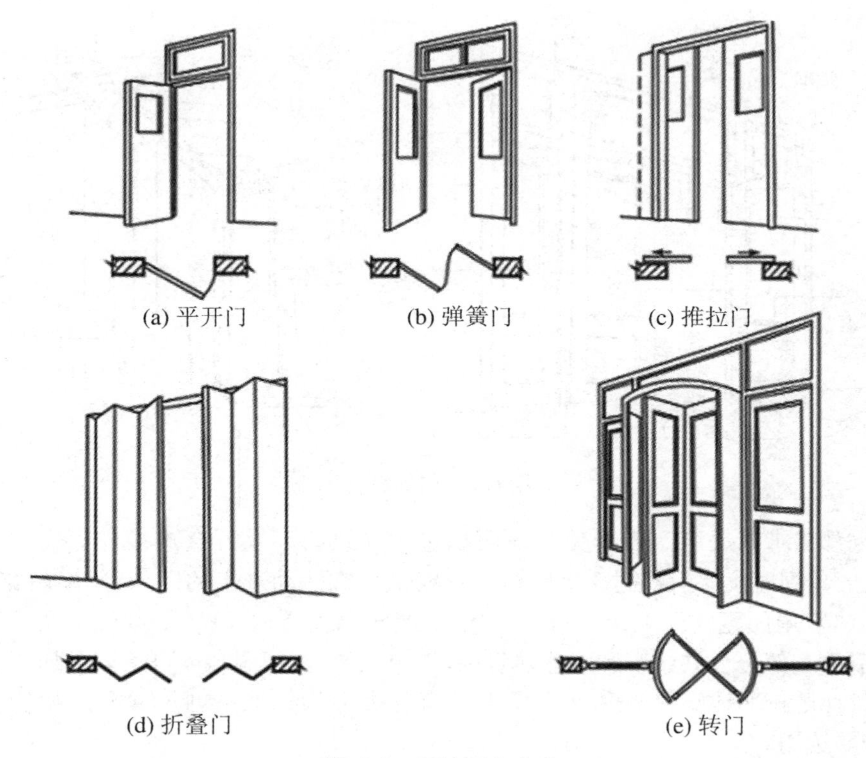

图 6.2 门的开启方式

式折叠门和推拉式折叠门两种。推拉式折叠门与推拉门构造相似,在门顶或门底装滑轮及导向装置,每扇门之间用铰链相连,开启时门扇通过滑轮沿着导向装置移动。折叠门开启时占空间少,但构造较复杂。一般用于学校、医院、企事业单位入口处的大门。

转门:是由两个固定的弧形门套和垂直旋转的门扇构成。门扇可分为三扇或四扇,绕竖轴旋转。转门对隔绝室外空气流向室内有一定作用,可作为寒冷地区公共建筑的外门,但不能作为疏散门,需在转门旁边另设疏散用门。转门构造复杂,造价高,通常用于人流不多,房间洁净要求较高和寒冷地区公共建筑的外门,如宾馆、金店等处。

6.2.2 任务实施

6.2.2.1 平开木门的组成、尺寸及构造

1. 门的组成

门一般由门框、门扇、亮子、建筑五金及其附件组成,如图 6.3 所示。

门框的主要作用是固定门扇和腰窗并与门洞相连。门扇按其所镶嵌的材料不同,有镶板门、夹板门、拼板门、玻璃门等类型。亮子在门的上方,为辅助采光和通风之用,有平开、固定及上、中、下悬几种形式。建筑五金一般有铰链、插销、门锁、拉手等,附件有贴脸板、筒子板等。

2. 门的尺寸

门的尺寸应根据建筑中人员和设备等的日常通行要求、安全疏散要求以及建筑造型艺

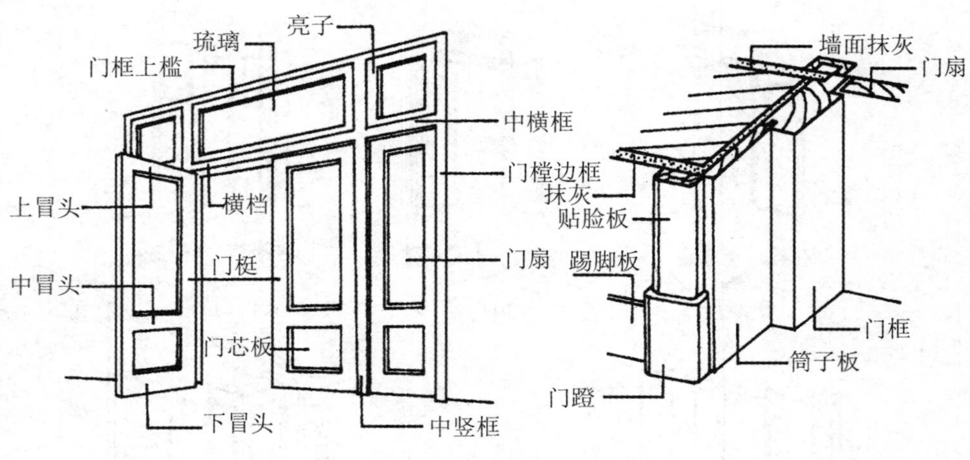

图 6.3 门的组成

术和立面设计要求等决定。为避免门扇面积过大导致门扇及五金连接件等变形而影响使用,平开门的单扇宽度不宜超过 1 000 mm,一般供日常活动进出的门,其单扇门宽度为 800～1 000 mm,双扇门宽度为 1 200～2 000 mm。亮子高度常用 400～900 mm,可根据门洞高度进行调节。在部分公共建筑和工业建筑中,按使用要求,门洞高度可适当增加。

我国各地区按照建筑模数和使用要求均有各类门的标准系列尺寸和定型构造通用图集,可按需要选用。

3. 门的构造

(1) 门框。

门框主要由上槛和边框组成。当门带有亮子时,还有中横框,多扇门则还有中竖框。门框的断面形式与门的类型、层数有关,同时应利于门的安装,并应具有一定的密闭性。

门框的安装根据施工方式分先立口和后塞口两种。先立口是在砌墙前即用支撑先立门框然后砌墙。后塞口是在墙砌好后再安装门框。洞口的宽度应比门框大 20～30 mm,高度比门框大 10～20 mm。门洞两侧砖墙上每隔 500～600 mm 预埋木砖或预留缺口,以便用圆钉或水泥砂浆将门框固定。门框与墙间的缝隙需用沥青麻丝嵌填密实。目前工程上通常采用后塞口的安装方式。

门框在墙中的位置,一般多与开启方向一侧平齐,尽可能使门扇开启时贴近墙面。门框四周的抹灰极易开裂脱落,因此在门框与墙结合处应做贴脸板和木压条盖缝,贴脸板一般为 15～20 mm 厚,30～75 mm 宽。木压条厚与宽约为 10～15 mm,装修标准高的建筑,还可在门洞两侧和上方设筒子板,如图 6.4 所示。

(2) 门扇。

常用的木门门扇有镶板门、夹板门和拼板门等。

镶板门是广泛使用的一种门,门扇由边挺、上冒头、中冒头和下冒头组成骨架,内装门芯板而构成。构造简单,加工制作方便,适用于一般民用建筑作内门和外门。其门扇的边挺与上、中冒头的断面尺寸一般相同,厚度为 40～45 mm,宽度为 100～120 mm。为了减少门扇的变形,下冒头的宽度一般加大至 160～250 mm,并与边挺采用双榫结合。门芯板一般采用 10～12 mm 厚的木板拼成,也可采用胶合板、硬质纤维板、玻璃等,如图 6.5 所示。

夹板门时用断面较小的方木做成骨架,两面粘贴面板而成。门扇面板可用胶合板、塑料

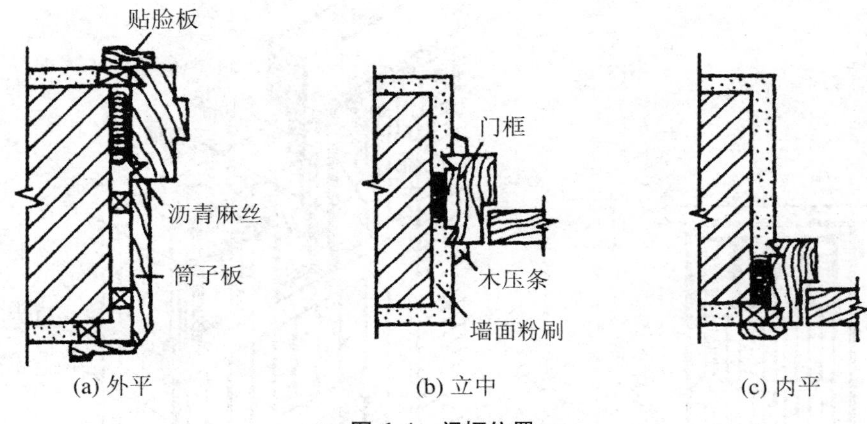

(a) 外平　　(b) 立中　　(c) 内平

图 6.4　门框位置

面板和硬质纤维板，面板和骨架形成一个整体，共同抵抗变形。夹板门的形式可以是全夹板门、带玻璃或带百叶夹板门。夹板门的骨架一般用厚约 30 mm、宽 30～60 mm 的木料做边框，中间的肋条用厚约 30 mm、宽 10～25 mm 的木条，可以是单向排列、双向排列，间距一般为 200～400 mm，安门锁处需加上锁木。为使门扇内通风干燥，避免因内外温度、湿度差异产生变形，在骨架上需设通气孔。由于夹板门构造简单，可利用小料，外形简洁，便于工业化生产，故在一般民用建筑中广泛用作建筑的内门，如图 6.6 所示。

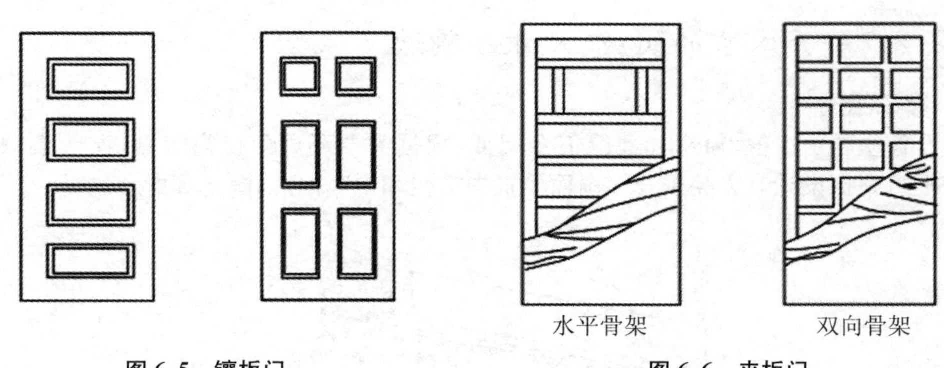

图 6.5　镶板门　　**图 6.6　夹板门**

拼板门常用于车库、车间的外门。拼板门坚固耐久，材料截面较大，自重大。这种门也可不用门框，将门扇直接用门轴与墙体的预埋件相连。门扇由边挺、中挺、上、中、下冒头、门芯拼板组成。门芯拼板是用 35～45 mm 厚的木板拼接而成，接口常用错口或企口相接。门轴是用钢板、圆钢焊接而成，预埋件是用混凝土和钢板做成的，在砌墙时埋入适当部位，焊接门轴后可以承受门扇的较大荷载，如图 6.7 所示。

(3) 亮子和建筑五金。

亮子一般采用中悬开启方式，也可采用上悬、平开及固定窗形式。

建筑五金主要有铰链、门锁、插销、拉手等，均为工厂定型产品，形式多种多样。在选型时，铰链需特别注意其强度，以防止变形，影响门的使用。拉手需结合建筑装修情况选型。

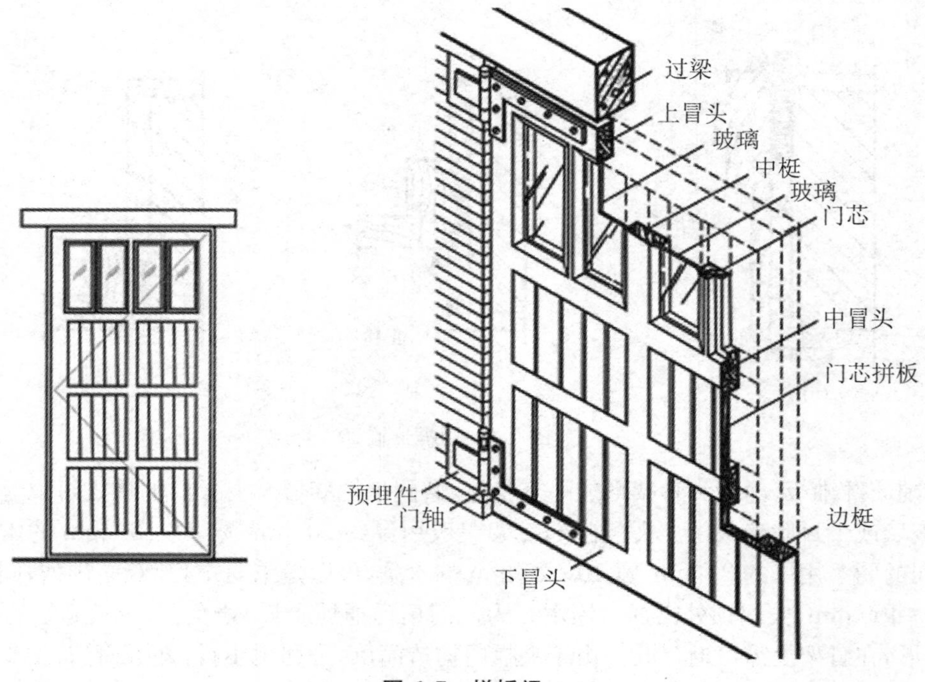

图 6.7　拼板门

6.2.2.2　平开木窗的组成、尺寸及构造

1. 窗的组成

平开窗主要由窗框、窗扇和建筑五金组成，根据需要还可附设窗帘盒、窗台板、贴脸板等。窗框可根据设计有无亮子及多扇而设置中横框和中竖框，如图 6.8 所示。

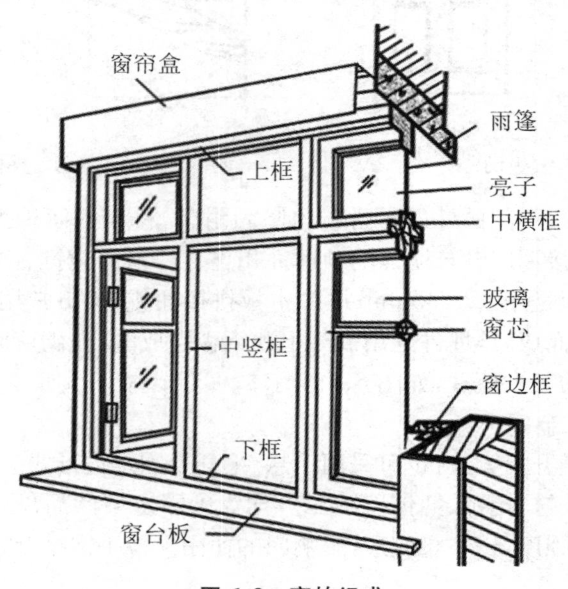

图 6.8　窗的组成

2. 窗的尺寸

按照门窗工业化生产及建筑模数的要求，窗洞口尺寸应符合3M模数系列尺寸，其高度和宽度尺寸主要有600 mm、900 mm、1 200 mm、1 500 mm、1 800 mm、2 100 mm、2 400 mm等尺寸。当洞口尺寸较大时，可进行窗扇的组合。我国各地区按照建筑模数和使用要求均有各类窗的标准系列尺寸和定型构造通用图集，可按需要选用。

3. 窗的构造

(1) 窗框。

窗框主要由上框、下框、边框及中横框、中竖框等组成。窗框主要作用是与墙连接并通过五金件固定窗扇。窗框断面尺寸应考虑接榫牢固，一般单层窗的窗框断面厚40～60 mm，宽70～95 mm，中横框和中竖框因两面有裁口，并且横框常有披水，断面尺寸应相应增大，双层窗窗框的断面宽度应比单层窗宽20～30 mm。

窗框的安装分为先立口和后塞口两种。施工时，一般是先安装窗框，再安装窗扇和五金件。先立口安装是在墙砌至窗台高度时先安装窗框并进行临时固定，然后再砌墙。后塞口安装，是在砌墙时先留出窗洞，洞口的高、宽尺寸应比窗框尺寸大10～20 mm，之后再安装窗框。目前工程上通常采用后塞口的安装方式。

窗框在墙中的位置，一般是与墙内表面平，安装时窗框突出砖面20 mm，以便墙面粉刷后与抹灰面平。框与抹灰面交接处，应用贴脸板搭盖，以阻止由于抹灰干缩形成缝隙后风透入室内，同时可增加美观。贴脸板的形状及尺寸与门的贴脸板相同。当窗框立于墙中时，应内设窗台板，外设窗台。窗框外平时，靠室内一面设窗台板。窗台板可用木板，亦可用预制水磨石板，如图6.9所示。

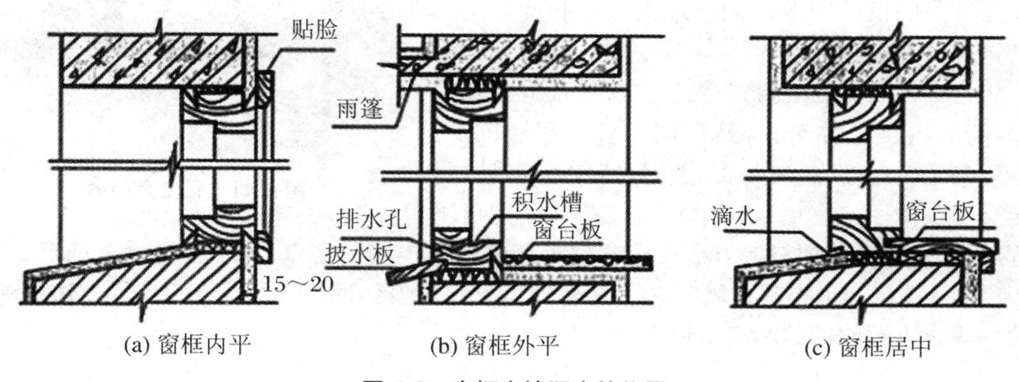

(a) 窗框内平　(b) 窗框外平　(c) 窗框居中

图6.9　窗框在墙洞中的位置

(2) 窗扇。

窗扇由上冒头、下冒头、边挺及窗芯等组成。窗扇的上下冒头、边挺和窗芯均设有裁口，以便安装玻璃或窗纱。裁口深度约10 mm，一般设在外侧。用于玻璃窗的边挺及上冒头断面厚×宽为(35～42) mm×(50～60) mm，下冒头由于要承受窗扇重量，可适当加大。

建筑用玻璃按其性能有普通平板玻璃、磨砂玻璃、压花玻璃、中空玻璃、钢化玻璃、夹层玻璃等。平板玻璃制作工艺简单，价格低，在工程中广泛应用。为了遮挡视线的需要，可选用磨砂玻璃或压花玻璃。

(3) 建筑五金。

窗的建筑五金主要有铰链、插销、窗钩、拉手等。铰链是窗扇和窗框的连接件，窗扇可绕铰链转动。插销是木窗关闭后的定位五金零件。拉手是方便开关窗扇的把手,一般安装在窗扇中挺的中部位置。建筑五金有各种尺寸和规格,应按照窗扇的大小及要求进行选用。

6.2.2.3 钢门窗

钢门窗是用型钢或薄壁空腹型钢在工厂制作而成的。它符合工业化、定型化与标准化的要求。它在强度、刚度、防火、密闭等性能方面,均优于木门窗,但在潮湿环境下易锈蚀,耐久性差,如图 6.10 所示。

图 6.10 钢门窗

钢门窗框的安装方法常采用塞框法。门窗框与洞口四周的连接方法主要有两种:一是在砖墙洞口两侧预留孔洞,将钢门窗的燕尾形铁脚埋入洞中,用砂浆窝牢;二是在钢筋混凝土过梁或混凝土墙体内则先预埋铁件,将钢窗的 Z 形铁脚焊在预埋钢板上。

6.2.2.4 铝合金门窗

铝合金门窗具有用料省、自重轻、密封性好、耐腐蚀、坚固耐用、开闭轻便灵活、安装速度快、色泽美观等特点,如图 6.11 所示。

根据使用和安全要求确定铝合金门窗的风压强度性能、雨水渗漏性能、空气渗透性能综合指标。对于组合门窗设计宜采用定型产品门窗作为组合单元。非定型产品的设计应考虑洞口最大尺寸和开启扇尺寸的选择和控制。

图 6.11 铝合金门窗

铝合金门窗安装时,将门窗框在抹灰前立于门窗洞口,与墙内预埋件对正,然后用木楔将三边固定。经检验确定门窗框水平、垂直、无翘曲后,用连接件将铝合金门窗框固定在墙(柱、梁)上,连接件固定可采用焊接、膨胀螺栓或射钉等方法。门窗框与墙体等的连接固定点,每边不得少于两点,且间距不得大于 0.7 m。在基本风压大于等于 0.7 kPa 的地区,间距不得大于 0.5 m。边框端部的第一固定点距端部的距离不得大于 0.2 m。

6.2.2.5 塑钢门窗

塑钢门窗具有强度好、耐冲击、保温隔热、节约能源、隔音好、气密性水密性好、耐腐蚀性强、防火、耐老化、使用寿命长、外观精美、清洗容易等特点,如图 6.12 所示。

塑钢门窗是以改性硬质聚氯乙烯(简称 UPVC)为主要原料,加上一定比例的稳定剂、着色剂、填充剂、紫外线吸收剂等辅助剂,经挤出机挤出成型为各种断面的中空异型材,经切割后,在其内腔衬以型钢加强筋,用热熔焊接机焊接成型为门窗框扇,配装上橡胶密封条、压条、五金件等附件而制成的门窗即所谓的塑钢门窗。图 6.13 为塑钢窗框与墙体的连接构造。

图 6.12 塑钢门窗

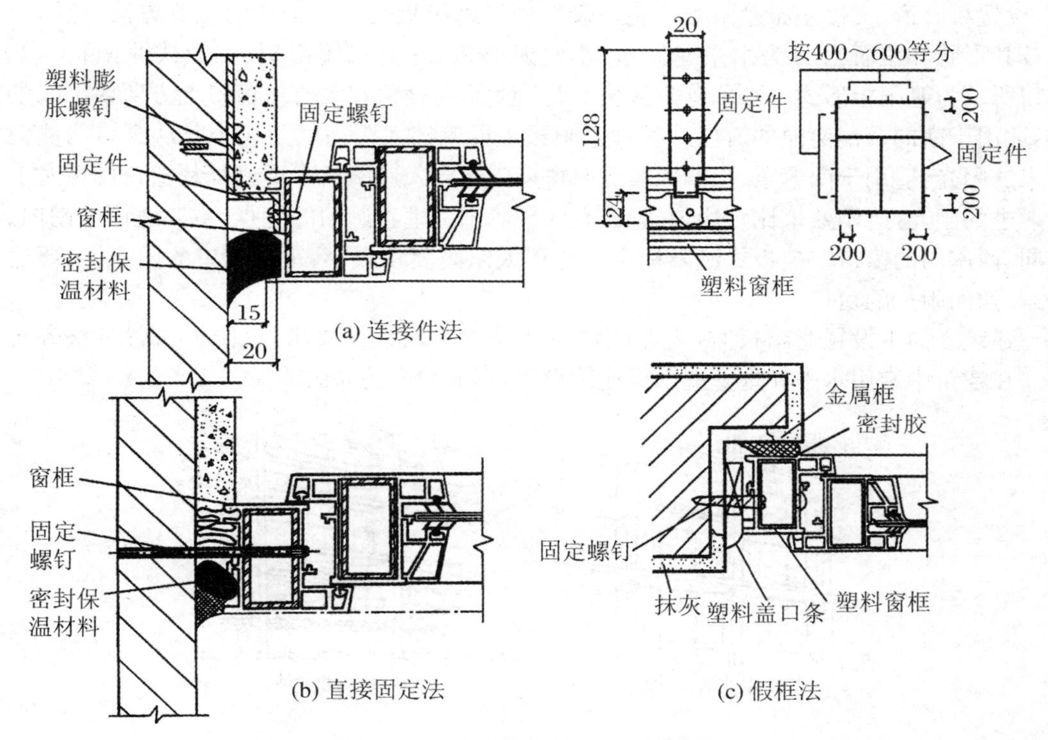

图 6.13 塑钢窗框与墙体的连接构造

6.2.2.6 门窗设置要求

《民用建筑设计统一标准》(GB50352—2019)中对门窗设置作以下规定：门应开启方便、坚固耐用；手动开启的大门扇应有制动装置，推拉门应有防脱轨的措施；双面弹簧门应在可视高度部分装透明安全玻璃；推拉门、旋转门、电动门、卷帘门、吊门、折叠门不应作为疏散门；开向疏散走道及楼梯间的门扇开足后，不应影响走道及楼梯平台的疏散宽度；全玻璃门应选用安全玻璃或采取防护措施，并应设防撞提示标志；门的开启不应跨越变形缝；当设有门斗时，门扇同时开启时两道门的间距不应小于0.8 m；当有无障碍要求时，应符合现行国家标准《无障碍设计规范》(GB50763)的规定。

窗扇的开启形式应方便使用、安全和易于维修、清洗；公共走道的窗扇开启时不得影响人员通行，其底面距走道地面高度不应低于2.0 m；公共建筑、居住建筑临空外窗的窗台距楼地面净高，分别不得低于0.8 m、0.9 m，否则应设置防护设施，防护设施的高度由地面起算分别不应低于0.8 m、0.9 m。

6.2.3　任务拓展

炎热的夏天，阳光直射室内容易产生眩光，且使室内温度升高，影响人们在室内的正常生活和工作，人们长时间停留的房间应采取遮阳措施。遮阳作为有效降低建筑能耗的手段，主要分为建筑遮阳、窗户内外遮阳和绿化遮阳等。

建筑遮阳方法有简易活动遮阳和固定遮阳板遮阳。简易活动遮阳通常是在窗口悬挂窗帘、设置百叶窗、支撑篷布遮阳等措施。设置固定遮阳板是建筑构造的主要方法，遮阳板形式按其形状和位置可分为水平遮阳板、垂直遮阳板、综合式遮阳板、挡板式遮阳板。如图6.14所示为遮阳板形式。水平遮阳板主要遮挡太阳高度角较大时从窗口上方照射下来的阳光，适用于南向及偏南向的窗口。垂直遮阳板主要遮挡太阳高度角较小时从窗口两侧斜射过来的阳光，适用于南偏东、南偏西及北向窗口。综合式遮阳板主要遮挡从窗口两侧及前上方射进的阳光，遮阳效果比较均匀，它兼有水平遮阳和垂直遮阳的优点，主要适用于南向、东南向、西南向的窗口。挡板式遮阳板主要遮挡太阳高度角较小、正射窗口的阳光，主要适用于东、西向附近的窗口。

建筑立面上设置遮阳板时，为兼顾建筑造型和立面设计要求，遮阳板布置宜整齐有规律。在建筑中常用水平和垂直遮阳板连续设置，形成较好的立面效果。

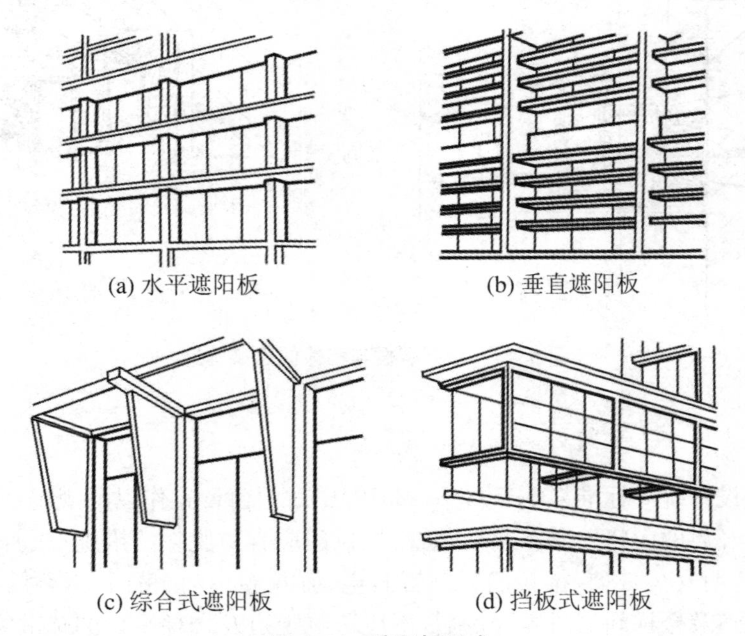

(a) 水平遮阳板　(b) 垂直遮阳板

(c) 综合式遮阳板　(d) 挡板式遮阳板

图6.14　遮阳板形式

练习与提高

1. 普通办公用房门、住宅分户门的常用宽度尺寸为(　　)mm。

A. 900 B. 800 C. 1 000 D. 1 200

2. 民用建筑中,窗面积的大小主要取决于( )的要求。

A. 室内采光 B. 室内通风 C. 室内保温 D. 立面装饰

3. 在住宅建筑中无亮子的木门其高度不低于( ) mm。

A. 1 600 B. 1 800 C. 2 100 D. 2 400

4. 居住建筑中,木门的开启方式主要为( )。

A. 推拉门 B. 弹簧门 C. 转门 D. 平开门

5. 在木门框背后常设背槽,其目的是为了( )。

A. 开启灵活 B. 节约木材

C. 避免产生翘曲变形 D. 利于门窗的安装

6. 门窗洞口与门窗实际尺寸之间预留缝大小主要取决于( )。

A. 门窗框的安装方法 B. 门窗框的断面形式

C. 门窗扇的安装方法 D. 洞口两侧墙体的材料

7. ( )开启时不占室内空间,但擦窗及维修不变;( )擦窗安全方便,但影响家具布置和使用。

A. 上悬窗、内开窗 B. 外开窗、内开窗

C. 内开窗、外开窗 D. 外开窗、固定窗

8. 木窗的窗扇是由( )组成。

A. 上冒头、下冒头、窗芯、玻璃 B. 边框、上下框、玻璃

C. 边框、五金零件、玻璃 D. 亮子、上冒头、下冒头、玻璃

9. 下列( )是对铝合金门窗的特点的描述。

A. 表面氧化层易被腐蚀,需经常维修 B. 色泽单一,一般只有银白和古铜两种

C. 气密性、隔热性较好 D. 框料较重,因而能承受较大的风荷载

10. 窗框的安装分为________和________两种。

11. 门在建筑中的作用________,并兼________和________;窗的作用主要是________、________及________。

12. 用房间开窗的洞口面积与房间的使用面积之比,称为__________作为采光标准。

13. 窗按使用材料不同,可分为________、________、塑钢窗、__________等类型。

14. 门按开启方式不同,可分为平开门、________、______、______、______等。

15. 木门一般由________、________、______、________及其附件组成。

16. 为便于门扇密闭,门框上要有____________。

17. 门扇由______、________、________和下冒头组成骨架。

18. 平开窗主要有________、________和________组成。

19. 塑钢门窗的特点主要有____________________________________。

20. 固定遮阳板遮阳的形式有________、________、________、________。

学习情境7　变　形　缝

7.1　学习情境描述

7.1.1　学习目标

完成本学习情境后,你应当能:

(1) 运用所学知识,分析不同类型建筑物变形缝的设置位置、构造处理有何不同。

(2) 绘制墙面、楼地面、屋面变形缝构造图示。

7.1.2 学习任务

具体学习任务与任务驱动,见表7.1。

表7.1　学习任务与任务驱动

学习任务	任务驱动
变形缝构造	(1) 分析不同类型建筑物变形缝的设置位置、构造处理有何不同; (2) 绘制墙面、楼地面、屋面变形缝构造图示

7.2　任务:变形缝构造

变形缝构造

7.2.1　任务资讯

7.2.1.1　变形缝的作用

建筑物由于温度变化、地基不均匀沉降及地震等因素的影响,使结构内部产生附加应力和变形,当这种应力较大而又处理不当时,会引起建筑构件发生变形,造成建筑物产生裂缝甚至倒塌。

为加强建筑物的整体性，使之具有足够的强度和刚度，以抵抗这些破坏力。可预先在变形敏感部位预留缝隙，将建筑物分成若干个相互独立的部分，以保证各部分建筑物在缝隙中有足够的变形宽度，而不会造成建筑物的损坏。这种人为将建筑物垂直分割开来的预留缝称为变形缝。

7.2.1.2 变形缝的类型及要求

变形缝按其功能不同分为伸缩缝、沉降缝、防震缝三种。

伸缩缝又叫温度缝，是为防止因温度变化，引起建筑物破坏而设置的变形缝。沉降缝是为防止因建筑物各部分不均匀沉降，引起建筑物破坏而设置的变形缝。防震缝是为防止因地震作用，引起建筑物的破坏而设置的变形缝。

《民用建筑设计统一标准》(GB50352—2019)中对变形缝设置作以下规定：变形缝应按设缝的性质和条件设计，使其在产生位移或变形时不受阻，且不破坏建筑物；根据建筑使用要求，变形缝应分别采取防水、防火、保温、隔声、防老化、防腐蚀、防虫害和防脱落等构造措施；变形缝不应穿过厕所、卫生间、盥洗室和浴室等用水的房间，也不应穿过配电间等严禁有漏水的房间。

7.2.2 任务实施

7.2.2.1 伸缩缝的构造处理

1. 设置伸缩缝

伸缩缝应设置在建筑物长度超过一定限度；建筑平面复杂，变化较多；建筑中结构类型变化较大的地方。

伸缩缝要求把建筑物的墙体、楼板层、屋顶等地面以上部分全部断开，并在两个部分之间留出适当的缝隙，以保证伸缩缝两侧的建筑构件能在水平方向自由伸缩。基础部分因受温度变化影响较小，不需断开。

缝宽一般为20～40 mm，通常采用30 mm。伸缩缝的最大间距与建筑结构类型和屋面保温材料有直接关系。表7.2和表7.3分别列出了各种砌体结构和钢筋混凝土结构房屋伸缩缝的最大间距。砖混结构的建筑伸缩缝最好设置在平面图形有变化处，以利于隐蔽处理。框架结构的伸缩缝结构一般采用悬臂梁方案，也可采用双梁双柱方式，但施工较复杂。

表7.2 砌体结构房屋伸缩缝的最大间距

砌体类别	屋盖或楼盖的类别		间距(m)
各类砌体	整体式或装配式钢筋混凝土结构	有保温层或隔热层的屋盖、楼盖	50
		无保温层或隔热层的屋盖	40
	装配式无檩条体系钢筋混凝土结构	有保温层或隔热层的屋盖、楼盖	60
		无保温层或隔热层的屋盖	50
	装配式有檩条体系钢筋混凝土结构	有保温层或隔热层的屋盖	75
		无保温层或隔热层的屋盖	60

续表

砌体类别	屋盖或楼盖的类别	间距(m)
黏土砖、空心砖砌体	黏土瓦或石棉水泥瓦屋面 木屋盖或楼盖 砖石屋盖或楼盖	100
石和硅酸盐砌体		80
混凝土砌块砌体		75

注:层高大于5 m混合结构单层房屋，其伸缩缝间距可按表中数值乘以1.3采用，但当墙体采用硅酸盐砖、硅酸盐砌块和混凝土砌块砌筑时，不得大于75 m。温差较大且变化频繁地区和严寒地区不采暖的房屋及构筑物墙体的伸缩缝最大间距，应按表中数值予以适当减小后采用。

表7.3　钢筋混凝土结构伸缩缝的最大间距

结　构	类　型	室内或土中(m)	露天(m)
排架结构	装配式	100	70
框架结构 框架-剪力墙结构	装配式	75	50
	现浇式	55	35
剪力墙结构	装配式	65	40
	现浇式	45	30
挡土墙及地下室墙壁等类结构	装配式	40	30
	现浇式	30	20

注:当采用适当留出施工后浇带、顶层加强保温隔热等构造或施工措施时，可适当增大伸缩缝的间距。当屋面无保温或隔热措施时，或位于气候干燥地区、夏季炎热且暴雨频繁地区时，或施工条件不利(如材料的伸缩较大)时，宜适当减小伸缩缝的间距。当有充分依据或经验时，表中数值可以适当加大或减小。

2．伸缩缝构造

伸缩缝是在建筑的同一位置将基础以上的建筑构件在垂直方向全部分开，并在两部分之间留出适当的缝隙，以达到伸缩缝两侧的建筑构件能在水平方向自由伸缩的目的。图7.1为伸缩缝基础构造。

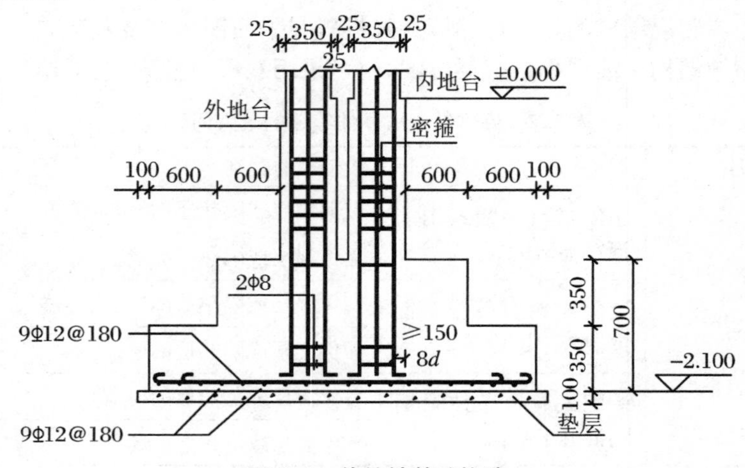

图7.1　伸缩缝基础构造

（1）墙体伸缩缝构造。

墙体伸缩缝一般做成平缝、错口缝、企口缝和凹缝等截面形式。砖墙伸缩缝的截面形式如图7.2所示。变形缝外墙外一侧常用浸沥青的麻丝或木丝板及泡沫塑料条、橡胶条、油膏等有弹性的防水材料塞缝。内墙可用具有一定装饰效果的金属片、塑料片或木盖缝条覆盖。图7.3为内墙伸缩缝构造，图7.4、图7.5分别为外墙伸缩缝和内墙伸缩缝。

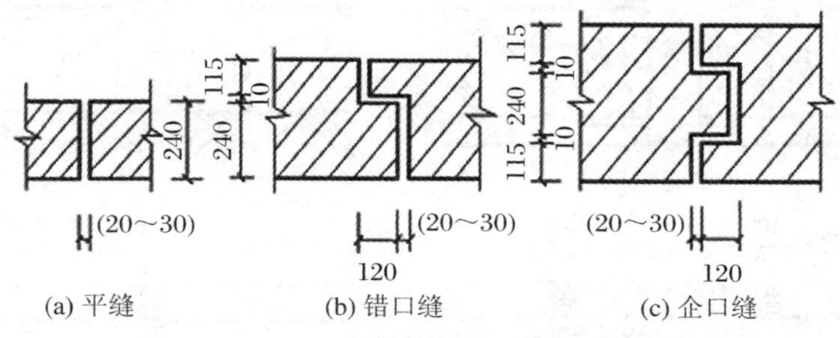

图7.2　砖墙伸缩缝的截面形式

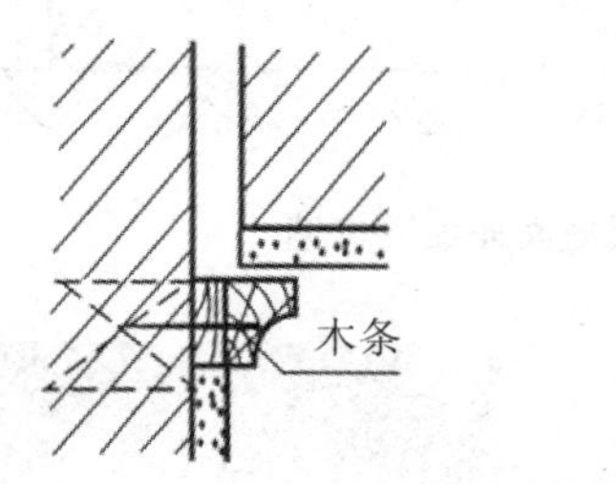

图7.3　内墙伸缩缝构造

图7.4　外墙伸缩缝

图7.5　内墙伸缩缝

（2）楼地面伸缩缝构造。

楼板层变形缝的位置和大小应与墙体、屋面变形缝一致。在构造上要求面层和结构层完全脱开，在上下表面做盖缝条，盖缝条应能满足缝两侧构件自由变形，且能满足防水要求，在缝内填塞有弹性的松软材料，用金属调节片封缝。地面变形缝的位置大小应根据建筑物的使用情况而定，如图7.6为楼地面伸缩缝构造，图7.7为楼地面伸缩缝。

（3）屋面伸缩缝构造。

常见的有等高屋面伸缩缝和高低屋面伸缩缝两种。屋面变形缝的构造处理原则是既不能影响屋面的变形，又要防止雨水从变形缝处渗入室内。

等高屋面变形缝的做法是：在缝两边的屋面板上砌筑矮墙，挡住屋面雨水。矮墙常为半砖墙厚。屋面卷材防水层与矮墙面的连接处理类同泛水构造，缝内嵌填沥青麻丝。矮墙顶部可用镀锌铁皮或混凝土盖板压顶。图 7.8 为不上人等高屋面伸缩缝构造，图 7.9 为上人屋面伸缩缝构造。

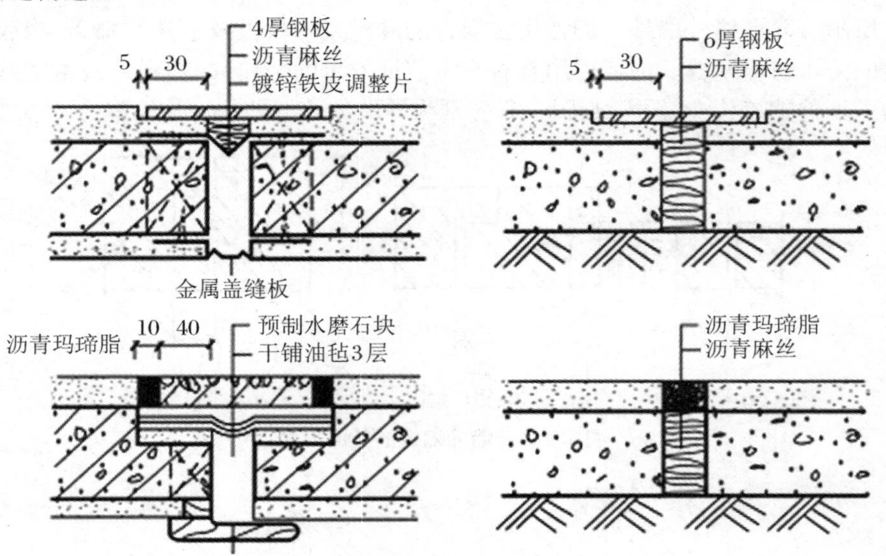

图 7.6　楼地面伸缩缝构造

图 7.7　楼地面伸缩缝

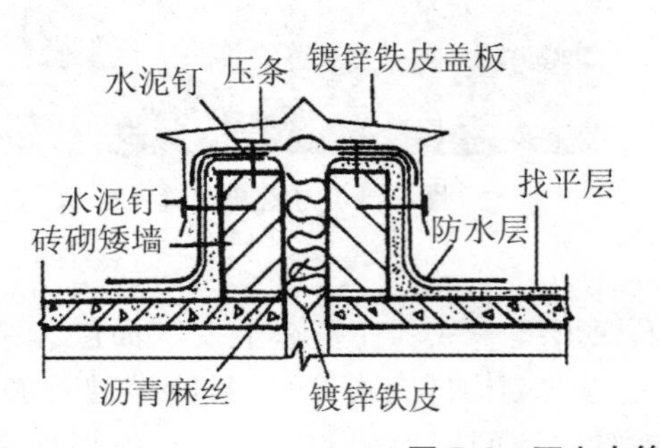

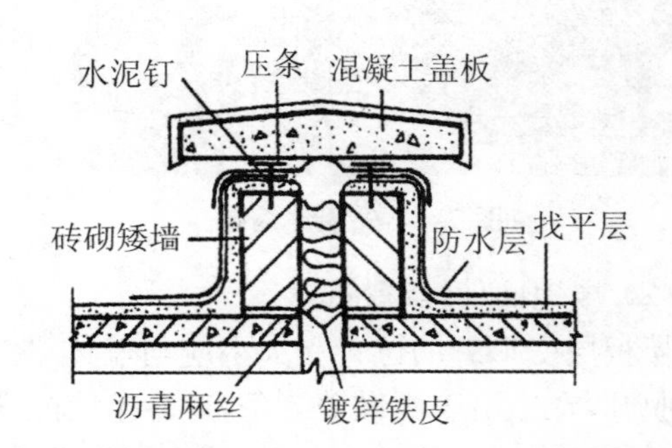

图 7.8　不上人等高屋面伸缩缝构造

高低屋面变形缝则是在低侧屋面板上砌筑矮墙。当变形缝宽度较小时，可用镀锌铁皮盖缝并固定在高侧墙上，做法同泛水构造，也可以从高侧墙上悬挑钢筋混凝土板盖缝，图 7.10为高低屋面变形缝构造。

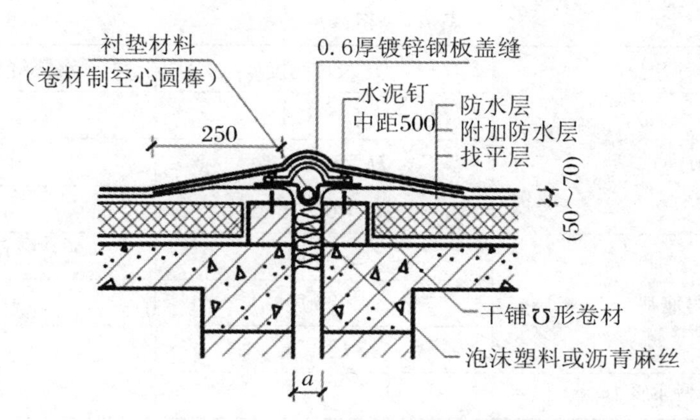

图 7.9　上人屋面伸缩缝构造

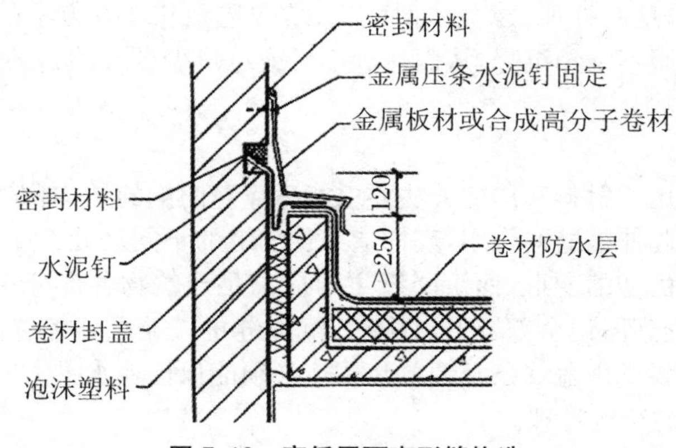

图 7.10　高低屋面变形缝构造

7.2.2.2　沉降缝的构造处理

1. 设置沉降缝

沉降缝是为了预防建筑物各部分由于不均匀沉降引起的破坏而设置的变形缝。沉降缝与伸缩缝的不同在于从建筑物基础底面至屋顶全部断开。凡属于下列情况的，应考虑设置沉降缝：

① 当建筑物建造在不同的地基上，并难以保证均匀沉降时。

② 同一建筑物相邻部分高度相差很大，或荷载相差悬殊，或结构形式不同时。

③ 当相邻基础的结构形式、基础宽度和埋深相差很大时。

④ 新建建筑物和原有建筑物相连时。

⑤ 建筑物平面复杂，高度变化较多，有可能产生不均匀沉降时。

沉降缝的宽度与地基情况和建筑物高度有关，见表 7.4。一般情况为 50～70 mm。地基越弱，建筑产生沉陷的可能越大；建筑越高，沉陷后产生的倾斜越大。

表 7.4　沉降缝的宽度

地基情况	建筑物高度	沉降缝宽度(mm)
一般地基	$H<5$ m	30
	$H=5\sim10$ m	50
	$H=10\sim15$ m	70
软弱地基	2～3 层	50～80
	4～5 层	80～120
	5 层以上	＞120
湿陷性黄土地基		≥30～70

沉降缝构造复杂，给建筑、结构设计和施工带来一定的难度，因此，在工程设计时，应尽可能通过合理的选址、地基处理、建筑体型优化、结构选型和计算方法的调整以及施工程序上的配合来避免或克服不均匀沉降，从而达到不设或尽量少设缝的目的，应根据不同情况区别对待。

2. 沉降缝构造

沉降缝处理时采用的材料和构造方法要求能适应缝两侧的结构构件在垂直方向的自由沉降。沉降缝一般兼起伸缩缝的作用，其构造与伸缩缝的不同之处在于，伸缩缝只需保证建筑物在水平方向的自由伸缩变形，而沉降缝主要应满足建筑物各部分在垂直方向的自由沉降变形，所以要从基础到屋顶全部断开。同时，沉降缝也应兼顾伸缩缝的作用，应在设计时满足伸缩和沉降双重要求。盖缝条及调节片构造必须能保证在水平方向和垂直方向变形。

(1) 基础沉降缝的结构处理。

沉降缝的基础必须断开，并应避免因不均匀沉降造成的相互影响。对于砖混结构墙下条形基础通常有双墙偏心基础、挑梁基础和交叉式基础三种处理形式。框架结构通常采用双柱偏心基础、挑梁基础、柱交叉布置等处理形式。

(2) 墙体、楼地面、屋顶沉降缝构造处理。

墙体沉降缝常用镀锌铁皮盖缝，其盖缝条应满足水平伸缩和垂直沉降的要求，图 7.11 为外墙沉降缝构造，图 7.12 为沉降缝双墙处理实例。

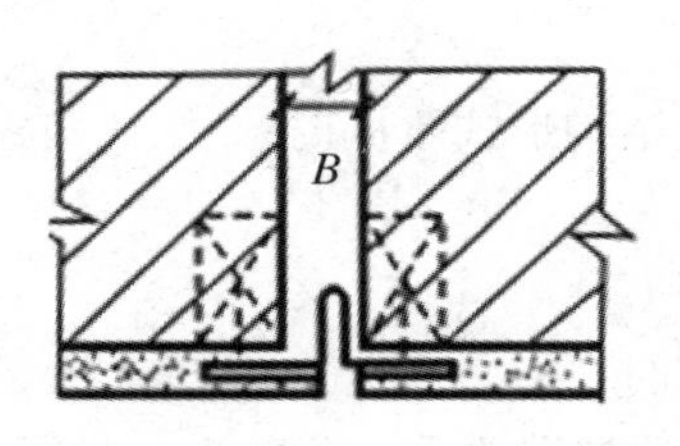

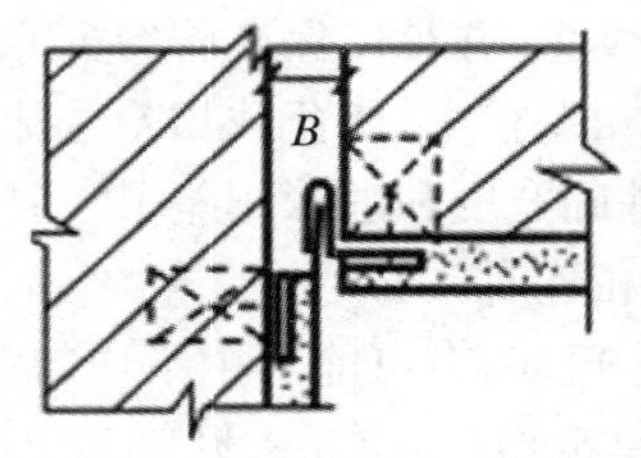

图 7.11　外墙沉降缝构造

图 7.12　沉降缝双墙处理实例

楼地面、屋顶沉降缝的盖缝与伸缩缝构造基本相同。屋顶沉降缝应充分考虑不均匀沉降对屋面、泛水带来的影响，可用镀锌铁皮做调节。楼板层应考虑沉降对地面交通和装修带来的影响。顶棚盖缝处理要注意变形方向，图 7.13 为顶棚盖缝处理。当地下室出现变形缝时，为使变形缝处能保持良好的防水性，必须做好地下室墙身及地板层的防水构造。

图 7.13　顶棚盖缝处理实例

7.2.2.3　防震缝的构造处理

1. 设置防震缝

在我国抗震设防烈度在 6 度及 6 度以上地区，必须考虑地震对建筑物的影响。为此，我国制定相应的建筑抗震设计规范，对多层砌体房屋，应优先采用横墙承重或纵横墙混合承重的结构体系，在地震设防烈度为 6～9 度的地区，有下列情况之一的要设置防震缝：

① 建筑物立面高差在 6 m 以上。

② 建筑物平面型体复杂。

③ 建筑物有错层且楼板高差较大。

④ 建筑物各部分的结构刚度、重量相差悬殊时。

防震缝同伸缩缝、沉降缝统一布置，并满足防震缝的要求。一般情况下，防震缝基础可不分开，但在平面复杂的建筑中，当与震动有关的建筑物相连部分的刚度差别很大时，也需将基础分开。缝的两侧一般应布置双柱或双墙，以加强防震缝两侧房屋的整体刚度。防震缝的宽度一般为 50～100 mm。

对于多层和高层钢筋混凝土结构房屋，应尽量选用合理的建筑结构方案，不设防震缝。当必须设置防震缝时，其最小宽度要符合下列要求：

① 当高度不超过 15 m 时，缝宽 70 mm。

② 当高度超过 15 m 时，按不同设防烈度增加缝宽：6 度地区，建筑每增高 5 m，缝宽增加 20 mm；7 度地区，建筑每增高 4 m，缝宽增加 20 mm；8 度地区，建筑每增高 3 m，缝宽增加 20 mm；9 度地区，建筑每增高 2 m，缝宽增加 20 mm。

2. 防震缝构造

建筑物的抗震，一般只考虑水平地震作用的影响，所以，防震缝构造及要求与伸缩缝相似。但墙体不应做成错口缝和企口缝形式。由于防震缝一般较宽，通常采取覆盖的做法，盖缝板应满足牢固性、防风和防水等要求，同时，还应具有一定的适应变形的能力。盖缝条两侧钻有长形孔，加垫圈后打入钢钉，钢钉不能钉实，应给盖板和钢钉之间留有上下少量活动的余地，以适应沉降要求。盖板呈 V 形或 W 形，可以左右伸缩，以适应水平变形的要求，图 7.14 为外墙防震缝构造。

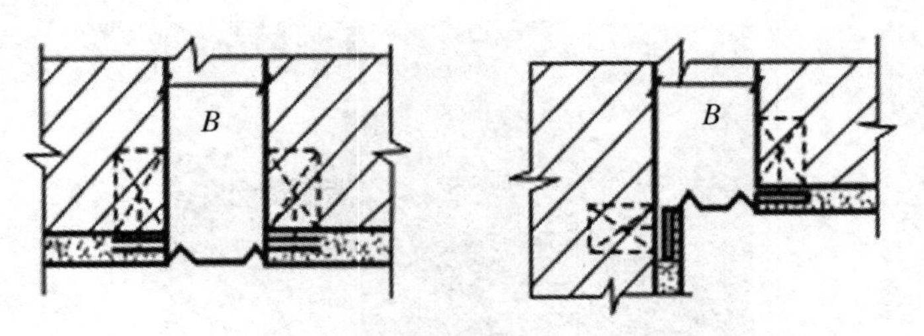

图 7.14　外墙防震缝构造

7.2.3　任务拓展

【案例】 变形缝的制作与安装施工方案

1.环境要求

某市朝阳住宅小区二期工程，变形缝处采用 26 号镀锌白铁皮、2 mm 厚薄钢板盖缝处理。

2. 主要机具

电烙铁、烙铁钳、剪子、圆钢管、咬口机、剪板机、电焊机、折尺、直尺、划线规等。

3. 作业条件

屋面找平层施工和外墙面找平完成后，经隐蔽工程检查验收合格。

4. 施工方法

(1) 工艺流程。

划线下料→裁剪→成形→刷油漆→安装。

(2) 制作安装。

首先要熟悉图纸和相应的图集，认真考虑安装方法。

① 划线下料：依照图纸尺寸规格，做好划线放样工作，为节约材料宜合理进行裁剪。划线并检查尺寸无误后先剪出样板，然后依照样板成批下料，先裁大料、后配小料，下料要做到尺寸准确，裁口垂直平正。如实际需要的形状较多时，应分类制作样板，需要焊接的部位应在安装后量好尺寸再行焊接。屋面、外墙缝口上盖板用 24～26 号白铁皮制作，室内地面为钢板制作。

② 变形缝的薄铁板罩制成后，先将其表面的污迹灰尘除净，然后在内外涂刷防锈漆一道。用镀锌薄铁板制作的罩，刷调和漆之前，应先刷锌磺类或磷化底漆，交活后再刷色铅油二道。

③ 变形缝铁板罩安装前，应检查缝口伸缩片、缝内填充的沥青麻丝、油膏嵌缝等工序的完成情况，经检查确无漏项时，再进行安装。安装前要上下吊线变形缝与外墙、变形缝与挑檐等交接处，先用 50 mm 元钉钉牢，用锡焊死钉头，经检查合格后，刷罩面漆一道。

④ 楼地面变形缝装置与钢筋混凝土主体结构用膨胀螺栓固定。一般有两种情况：先固定变形缝装置，后做楼地面装修时，钢筋混凝土主体结构应按构造详图的要求向上做翻边或向下凹槽。当先做楼地面装修层后固定变形缝装置时，将由生产厂家配合提供准确的槽口尺寸，并在项目中交待。

5. 质量标准

(1) 保证项目。

变形缝的制作必须符合设计要求,接缝无开焊,咬口无开缝,以防产生漏水隐患。变形缝的安装必须牢固,钢钉间距固定方法正确。

(2) 基本项目。

变形缝的上下连接紧密,承插方向、长度、正视应基本顺直,弯曲的结合角度应成钝角。使用镀锌铁皮制作时,应涂刷锌磺类或磷化底漆,涂刷要均匀,不得漏刷。如用薄钢板制作时,两面都涂刷两度防锈漆,颜色均匀、无脱皮、漏刷。

6. 成品保护

涂刷油漆应按要求进行,涂刷和安装完成的成品要防止碰撞。安装后涂刷最后一道罩面漆时,应注意防止污染墙面。

7. 应注意的质量问题

安装时没有找垂直,产生正视不顺直。安装时没有清理砂浆找平层,接缝开焊,咬口开缝,形成单摆浮搁,产生漏水隐患。

8. 安全事项

搬运铁皮(钢板)要戴手套或用布纸垫包边口锐利部分,以免伤手。堆放在屋面和外墙作业面上,应平稳,防止倾斜坠落。不准在垂直方向的上下两层同时进行作业,以免铁皮(钢板)掉落伤人。严禁与酸碱等物一起存放。

练习与提高

1. 关于变形缝的构造做法,下列不正确的是(　　)。

   A. 当建筑物的长度或宽度超过一定限度时,要设伸缩缝

   B. 在沉降缝处应将基础以上的墙体、楼板全部断开,基础可不分开

   C. 当建筑物相邻部分高度相差很大,荷载相差悬殊时,应设沉降缝

   D. 当建筑物各部分的结构刚度、重量相差悬殊时,应设防震缝

2. 地震烈度8度、9度区不需设抗震缝的是(　　)。

   A. 立面高差大于6 m　　B. 建筑相邻部分质量和刚度相差较大

   C. 建筑物有错层　　D. 新旧建筑交界处

3. 伸缩缝要求建筑物从________分开,沉降缝要求建筑物从________分开。当伸缩缝与防震缝设在同一位置时,缝的宽度应按__________缝处理。

4. 变形缝类型包括________、________和________。

5. ________须将建筑物的基础、墙体、楼地面、屋顶等构件全部断开。

6. 伸缩缝的宽度一般为______,沉降缝的宽度为______,防震缝的宽度为______。

7. 在我国抗震设防烈度在____度及____度以上地区,必须考虑地震对建筑物的影响。

8. 墙体伸缩缝一般做成______、错口缝、______和凹缝等截面形式。

9. 沉降缝基础构造处理通常有______基础、______基础和______基础等形式。

10. 防震缝构造及要求与______缝相似,但墙体防震缝不应做成____缝和______缝截面形式。

学习情境 8　装配式建筑构造

8.1　学习情境描述

8.1.1　学习目标

完成本学习情境后,你应当能:

(1) 运用所学知识,分析装配式建筑的类型和结构体系。

(2) 在教师指导下,熟练识读装配式建筑预制构件工艺详图和节点构造详图。

8.1.2　学习任务

具体学习任务与任务驱动,见表 8.1。

表 8.1　学习任务与任务驱动

学习任务	任务驱动	
1	装配式建筑预制构件	(1) 分析装配式建筑结构体系和预制构件类型; (2) 识读各种装配式建筑预制构件工艺详图
2	装配式建筑节点构造	(1) 掌握装配式建筑深化设计及拆分要点; (2) 识读并分析装配式建筑各种节点构造详图和设计要求

8.2　任务 1:装配式建筑预制构件

8.2.1　任务资讯

8.2.1.1　装配式建筑概述

大力发展装配式建筑是建造方式的重大变革,它有利于节约资源能源、减少污染、提升劳动生产效率和质量安全水平，实现建筑建造过程中的工业化、集约化和社会化，达到节能、节水、节材、环保的绿色化发展目标。我国在“十三五”时期，装配式建筑发展全面启动。2016年国务院办公厅印发《关于大力发展装配式建筑的指导意见》（以下简称《意见》），明确发展装配式建筑的指导思想、基本原则和工作目标，为未来我国装配式建筑发展指明了方向。

《意见》指出，以京津冀、长三角、珠三角三大城市群为重点推进地区，常住人口超过300万的其他城市为积极推进地区，其余城市为鼓励推进地区，因地制宜发展装配式建筑。力争用10年左右时间，使装配式建筑占新建建筑面积的比例达到30%。同时，逐步完善法律法规、技术标准和监管体系，推动形成一批设计、施工、部品部件规模化生产企业，具有现代装配式建造水平的工程总承包企业和与之相适应的专业化技术队伍。

表 8.2　装配式混凝土建筑与现浇混凝土建筑对比

对比因素 建造模式	装配式混凝土结构	现浇混凝土结构
生产效率	现场装配，生产效率高，减少人力成本，人工减少50%以上	现场工序多，生产效率低，人力投入大，靠人海战术和低价劳动力
工程质量	误差控制毫米级，墙体无渗漏、无裂缝，室内可实现100%无抹灰工程	误差控制厘米级，空间尺寸变形较大，部品安装难以实现标准化，基层质量差
技术集成	可实现设计、生产、施工一体化、精细化，通过标准化、装配化形成集成技术	难以实现装修部品的标准化、精细化，难以实现设计施工一体化、信息化
资源节约	施工节水60%，节材20%，节能20%，建筑垃圾减少80%，脚手架减少70%	水耗大、用电多、材料浪费严重，建筑垃圾多，需大量脚手架、支撑架
环境保护	施工现场无扬尘、无废水、无噪声	施工现场有扬尘、废水、垃圾、噪声

装配式建筑是用预制部品部件在工地装配而成的建筑，具有设计标准化、生产工厂化、装修一体化、管理信息化、应用智能化等特征，体现了建设领域的技术创新、产品创新、管理创新和机制创新。装配式混凝土建筑与现浇混凝土建筑对比见表8.2。装配式建筑体系主要包括装配式混凝土结构、装配式钢结构、装配式木结构等体系类型。本章主要介绍装配式混凝土建筑结构体系。

8.2.1.2　装配式混凝土建筑结构体系

装配式混凝土建筑结构是以预制混凝土结构为主要构件，在工厂预制，现场进行组装连接，并在各构件结合处（面）现浇混凝土或采用干挂方式而成的建筑结构。根据结构体系不同，装配式混凝土建筑主要可分为装配式框架结构体系、装配式剪力墙结构体系、装配式框架—剪力墙结构体系、装配式墙板体系、装配式无梁楼盖体系等几种。图8.1、图8.2分别为装配式混凝土框架结构和装配式混凝土剪力墙结构。

8.2.1.3　预制混凝土构件设计内容

预制构件设计包含的内容主要有预制构件设计说明、预制构件平面布置图、预制构件详图和物料清单等。

图 8.1　装配式混凝土框架结构

图 8.2　装配式混凝土剪力墙结构

1．预制构件设计总说明

项目工程概况、设计依据、预制构件编号说明、通用设计说明、脱模、起吊、运输及堆放要求、图例及允许偏差范围。

2．预制构件平面布置图

构件编号、构件重量、楼层、层高、混凝土等级、节点索引、技术说明、图例、下沉区域标高标识，特殊厚度、底筋避让示意、各楼层构件规格等。当尺寸、位置、数量等有变化时，应单独绘制平面布置图，以便施工吊装进行楼层构件区分。

3．预制构件详图

外形尺寸、预埋位置、钢筋信息、粗糙度部位及要求、水电预埋、大样图、预埋件图例、设计说明等。

4．预制构件物料清单

预制构件物料清单主要内容是统计预制构件的物料信息，包括构件外形尺寸、混凝土用量、预埋钢筋信息、预埋件规格数量及其他生产辅材。

8.2.2　任务实施

8.2.2.1　预制剪力墙构件

1．预制剪力墙的定义

预制剪力墙是指运用工业化的方式，在工厂生产预制的、可以在施工现场快速拼装的剪力墙，如图8.3所示。预制剪力墙拼装、施工完成之后，在结构受力上等同现浇。预制剪力墙的应用，大幅提升了建筑的预制率和施工效率，进一步缩短了施工周期。

预制剪力墙技术的核心是受力钢筋的连接。传统施工中剪力墙受力钢筋的连接方式主要有搭接、焊接和机械连接三种。而预制剪力墙受力钢筋的连接，主要有搭接和灌浆套筒连接两种。其中，水平方向通过留后浇带进行钢筋搭接，竖直方向通过灌浆套筒进行连接。灌浆套筒分为半灌浆套筒和全灌浆套筒两种，预制剪力墙适合使用半灌浆套筒。灌浆套筒连接原理如图8.4所示。

图8.3　预制剪力墙板

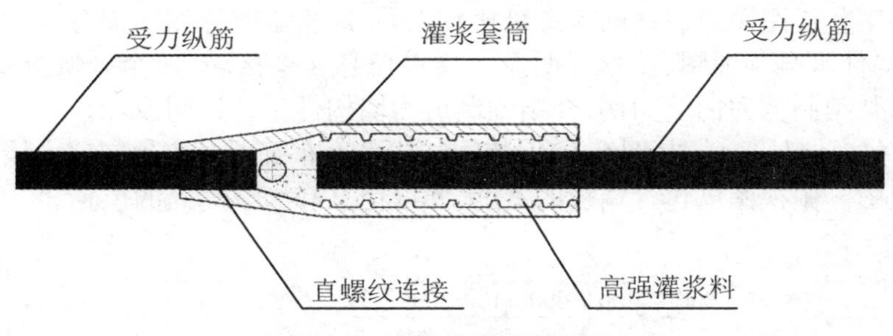

图8.4　灌浆套筒连接原理

2. 预制剪力墙的分类

广义上的预制剪力墙可分为预制内剪力墙（简称内墙）和预制夹心保温外剪力墙（简称外墙）两种。本节介绍的是狭义上的预制剪力墙，即预制内剪力墙。

在实际应用中，综合考虑灌浆成本（灌浆套筒、高强灌浆料的材料成本及人工成本）、吊装难度、结构受力等因素，预制剪力墙的设计（除暗柱纵筋外）并不是直接将传统设计的网片纵筋逐一用套筒连接起来，而是另用直径较大的连接钢筋连接，增大钢筋间距，从而减少灌浆套筒的数量。按纵向连接钢筋的布置方式，大体可以分为三类：

(1) 连接钢筋位于剪力墙厚度方向的正中间（图8.5），这种方式工厂生产及现场安装相对简单，但是为满足结构受力计算，灌浆套筒和连接钢筋的直径较大。

(2) 连接钢筋位于剪力墙两侧，呈梅花形布置（图8.6），这种方式结构受力较好，灌浆套筒和连接钢筋稍小，还可以节省部分网片筋，但是生产和吊装难度稍大。

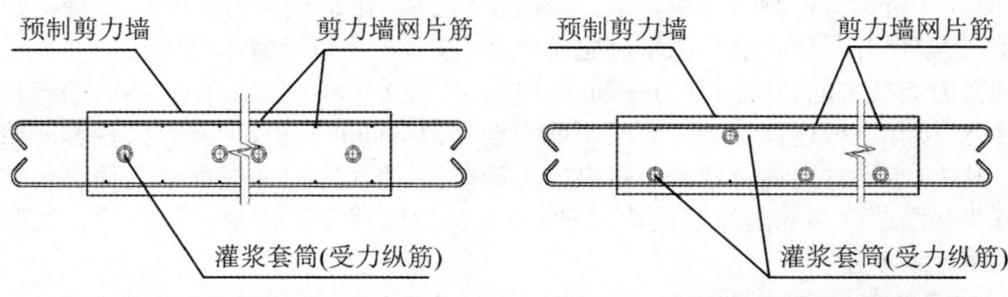

图 8.5　纵向钢筋在剪力墙中间　　图 8.6　纵向钢筋在两侧,梅花形布置

(3) 连接钢筋位于剪力墙两侧(图 8.7),直接将纵向受力钢筋连接起来,这种受力方式最好,但是套筒较密集,生产和吊装难度较大,一般用于剪力墙暗柱部分。

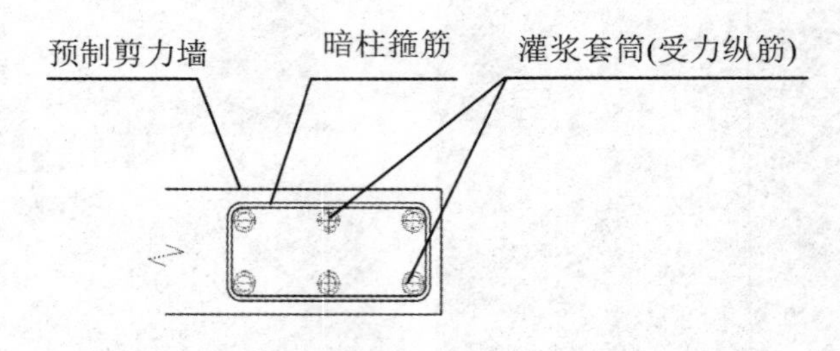

图 8.7　纵向钢筋在两侧

3. 预制剪力墙构件详图

由于构件工艺详图需要表达的信息量比较大,一般将工艺详图图面分为构件外形详图、构件配筋图、构件水电预埋图、技术说明及大样等信息 4 个区域,每个区域分别表达不同的内容。下面以某预制剪力内墙为例,介绍预制剪力墙构件工艺详图设计。

(1) 预制剪力墙外形详图(图 8.8)。依据结构平面布置图对应预制剪力墙位置,绘制剪力墙构件俯视图。俯视图已包含墙板的宽度、厚度信息和灌浆套筒的位置。

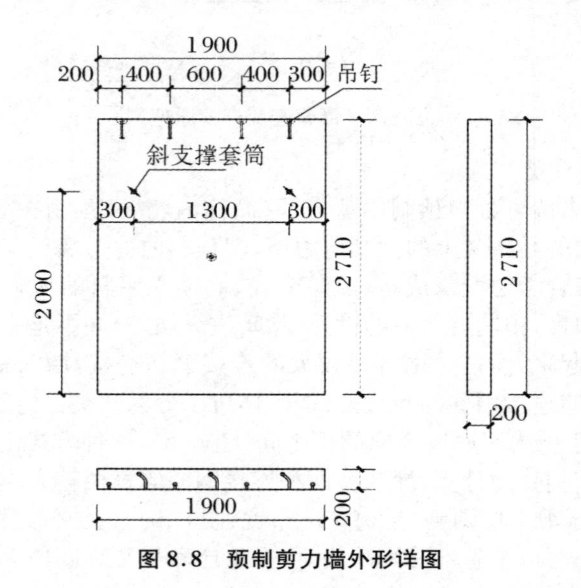

图 8.8　预制剪力墙外形详图

根据层高、楼板厚度、垫浆厚度确定墙板的预制高度。根据预制墙板吊装规则、施工需要,在主视图上布置吊钉、斜支撑套筒。

(2) 预制剪力墙配筋图(图8.9)。配筋图的外形依据于构件外形详图,根据结构规范、结构施工图的节点及配筋来确定墙板钢筋的直径、间距、伸出长度等。灌浆套筒的位置与施工图完全一致,确保套筒连接钢筋的伸出长度满足装配要求。钢筋绘制应按一定规则对所有不同的尺寸的钢筋进行编号,并根据编号绘制钢筋明细表和相关配筋节点大样图。

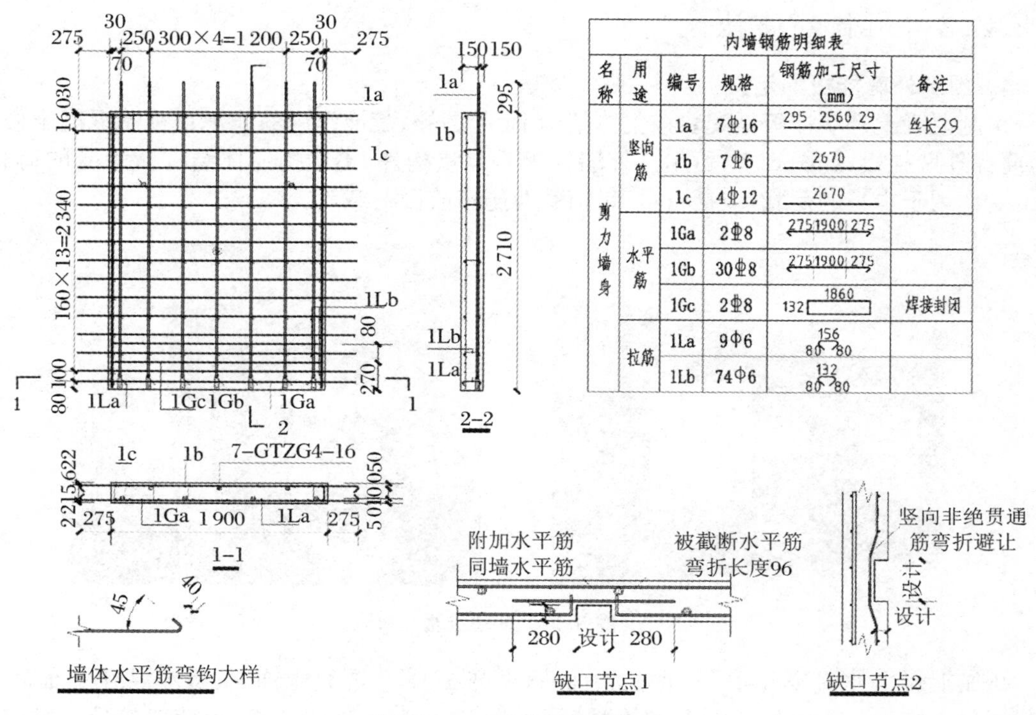

内墙钢筋明细表					
名称	用途	编号	规格	钢筋加工尺寸(mm)	备注
剪力墙身	竖向筋	1a	7Φ16	295 2560 29	丝长29
		1b	7Φ6	2670	
		1c	4Φ12	2670	
	水平筋	1Ga	2Φ8	275 1900 275	
		1Gb	30Φ8	275 1900 275	
		1Gc	2Φ8	132 1860	焊接封闭
	拉筋	1La	9Φ6	156 80 80	
		1Lb	74Φ6	132 80 80	

图8.9　预制剪力墙配筋图

(3) 预制剪力墙水电预埋图(图8.10)。水电预埋图依据水电专业绘制的水电施工图进

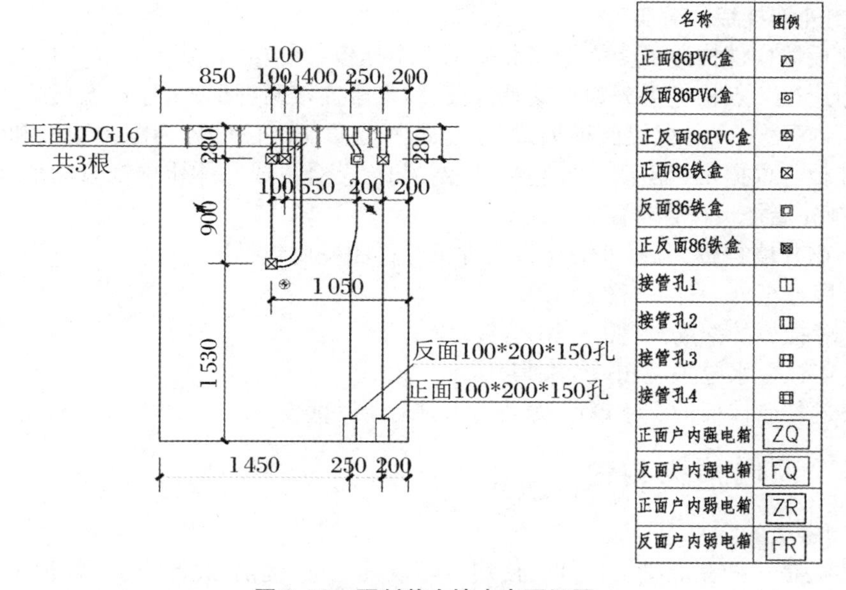

名称	图例
正面86PVC盒	
反面86PVC盒	
正反面86PVC盒	
正面86铁盒	
反面86铁盒	
正反面86铁盒	
接管孔1	
接管孔2	
接管孔3	
接管孔4	
正面户内强电箱	ZQ
反面户内强电箱	FQ
正面户内弱电箱	ZR
反面户内弱电箱	FR

图8.10　预制剪力墙水电预埋图

行设计。在进行水电预埋设计的时候,要检查预埋件是否与吊钉、套筒、钢筋等干涉,若有干涉,根据实际情况进行调整。若有较大的孔洞,则需要根据结构规范和结构施工图的要求,对其进行钢筋加强。

(4) 完成技术说明、图例说明、节点大样等信息,同时填写标题栏相关内容。

8.2.2.2　预制外墙挂板构件

1. 预制外墙挂板的定义

预制混凝土外墙挂板是安装在主体结构上,起围护、装饰作用的非承重预制混凝土外墙板,简称外墙挂板,如图 8.11 所示。外墙挂板是自重构件,不分担主体结构所承受的荷载,只承受作用于本身的荷载,包括自重、风荷载及施工阶段荷载等。

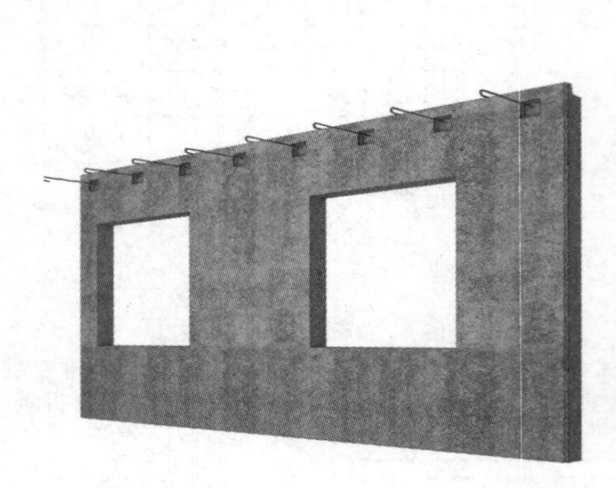

图 8.11　外墙挂板

预制混凝土外墙挂板可采用面砖饰面、石材饰面、彩色混凝土饰面、清水混凝土饰面、露骨料混凝土饰面及表面带装饰图案的混凝土饰面等类型的外墙挂板,可使建筑外墙具有独特的表现力。预制混凝土外墙挂板采用工业化方式生产,具有施工速度快、质量好、维修费用低的优点。

2. 预制外墙挂板的分类

外墙挂板按构件构造可分为钢筋混凝土外墙挂板、预应力混凝土外墙挂板两种形式;按与主体结构连接节点构造可分为点支承连接、线支承连接两种形式;按保温形式可分为无保温、外保温、内保温、夹心保温四种形式;按建筑外墙功能定位可分为围护墙板和装饰墙板。各类外墙挂板可根据工程需要与外装饰、保温、门窗结合形成一体化预制墙板系统。

3. 预制外墙挂板构件详图

以某预制外墙挂板为例,外墙挂板构件工艺详图主要包括:

(1) 外墙挂板外形详图(图 8.12)。

(2) 外墙挂板的配筋图(图 8.13)。

(3) 外墙挂板水电预埋图(图 8.14)。

(4) 表述外墙挂板的文字说明及预埋件的统计信息表。

8.2.2.3　预制楼板构件

1. 预制楼板的定义

预制楼板是一种在混凝土构件厂使用专用模具定型,提前预埋钢筋及各种预埋件,经混凝土浇灌振捣,经养护窑养护至强度达到设计规定后,运输到安装位置按设计要求进行施工

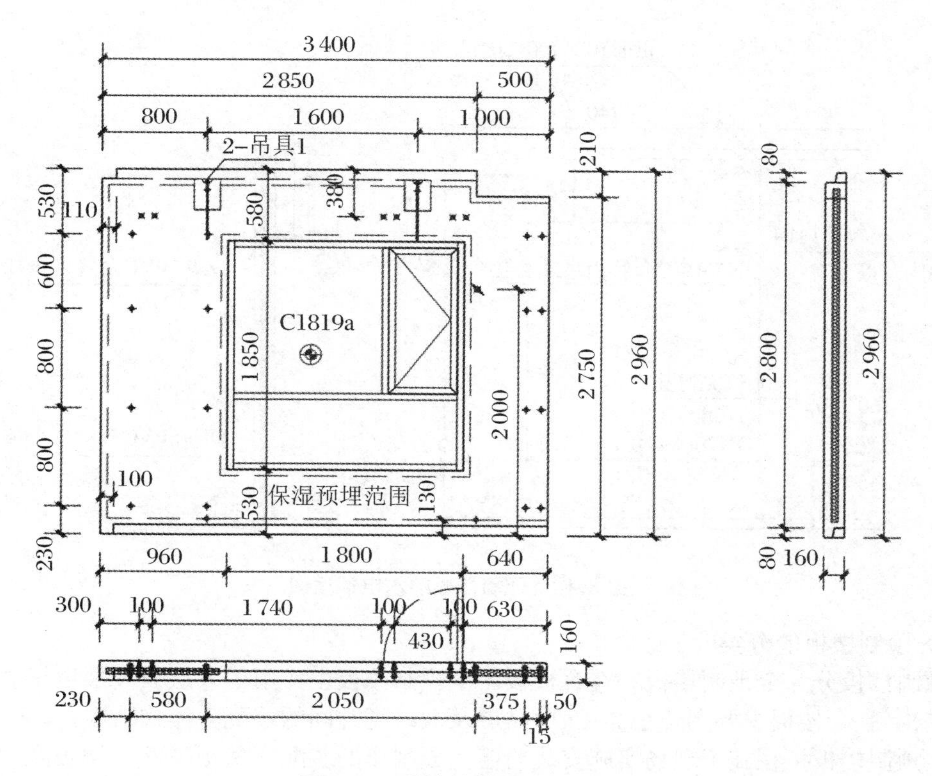

图 8.12　外墙挂板的外形详图

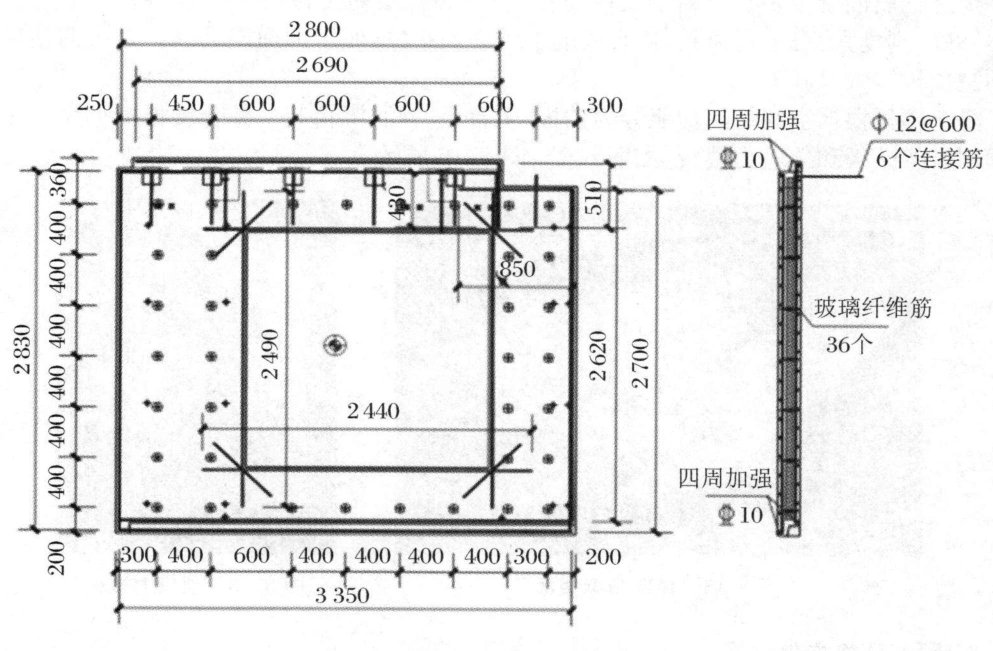

图 8.13　外墙挂板的配筋图

固定的混凝土构件。预制楼板是楼板层中的承重部分，它将房屋沿垂直方向分隔为若干层，并把人和家具等竖向荷载及楼板自重通过墙体、梁或柱传给基础。

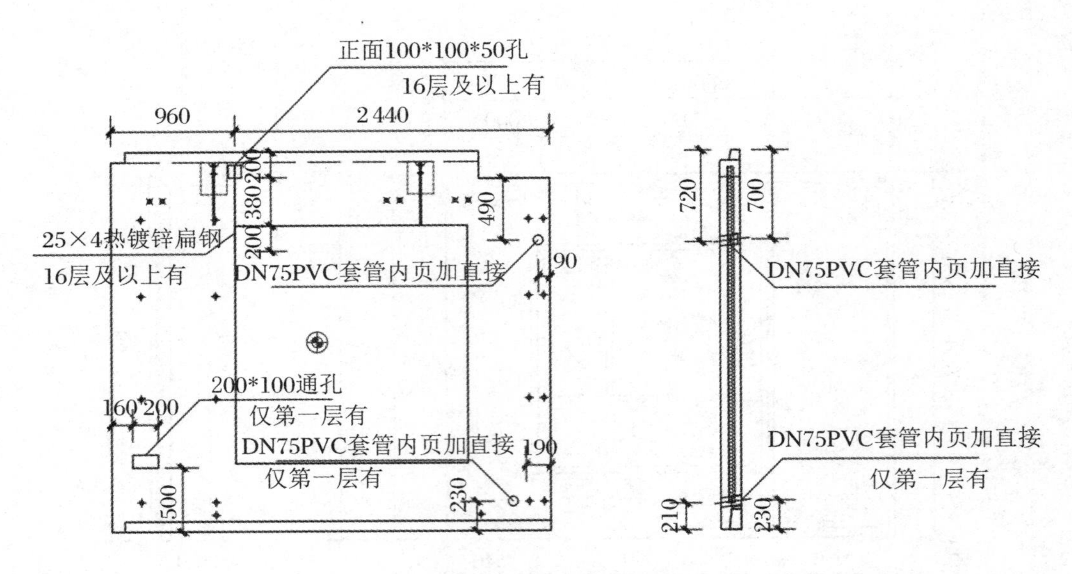

图 8.14　外墙挂板的水电预埋图

2．预制楼板的分类

预制楼板分为全预制楼板和叠合楼板。全预制楼板主要用于 6 层及 6 层以下整体全装配式结构，叠合楼板主要用于小高层、中高层及大跨度开间的装配整体式结构。

全预制楼板指在施工现场实施安装前已完成制作的装配式楼板。叠合楼板是由预制板和现浇钢筋混凝土层叠合而成的装配整体式楼板。预制板既是楼板结构的组成部分之一，又是现浇钢筋混凝土叠合层的永久性模板，现浇叠合层内可敷设水平设备管线。叠合楼板整体性好，刚度大，可节省模板，而且板的上下表面平整，便于饰面层装修。是目前使用最广的预制楼板：

叠合楼板根据空间使用功能分为楼板、阳台板、预制沉箱等。叠合楼板根据生产工艺分为预制桁架楼板和预应力楼板，如图 8.15、图 8.16 所示。

图 8.15　预制桁架楼板

图 8.16　预应力楼板

3．预制楼板构件详图

预制楼板的工艺详图是在预制楼板平面布置图的基础上，以结构建筑施工蓝图为依据，根据实际项目需求，在满足相关规范要求的基础上进一步深化设计的结果。工艺详图是工厂生产预制构件的重要生产资料，工艺详图主要包括外形详图、水电预埋图、配筋图及文字说明四部分内容，如图 8.17、图 8.18、图 8.19 所示。

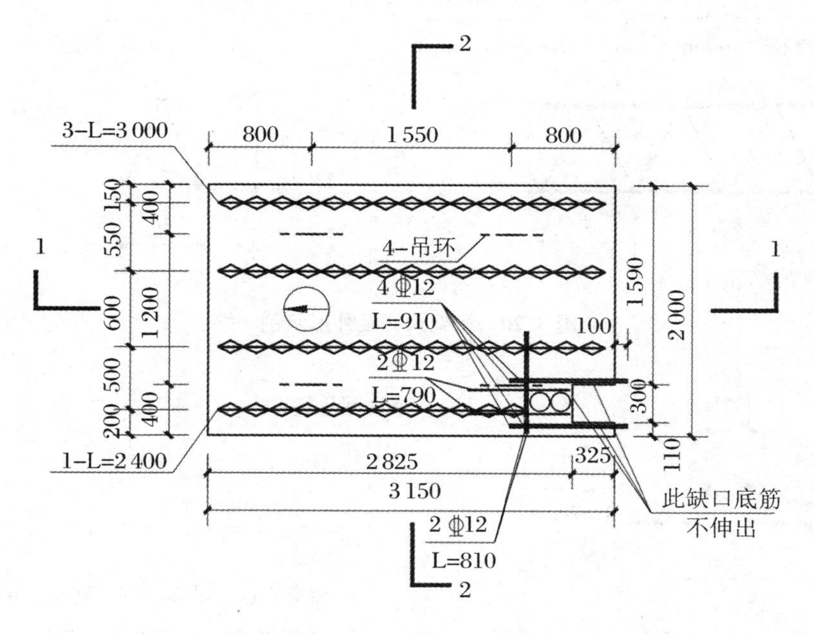

图 8.17　预制楼板的外形详图

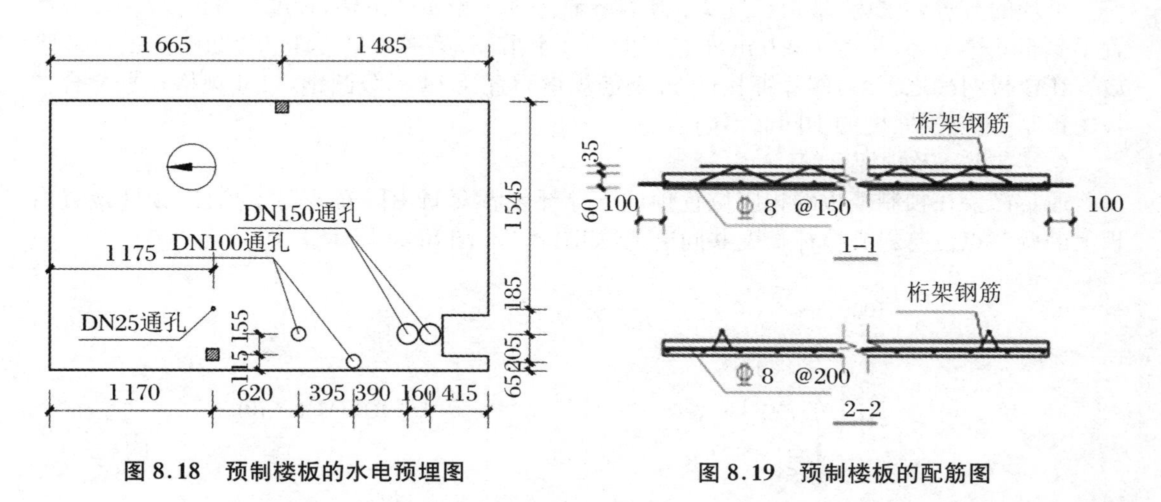

图 8.18　预制楼板的水电预埋图　　图 8.19　预制楼板的配筋图

外形详图表达预制楼板的外形、预埋件的定位；水电预埋图表达水电专业的预埋孔洞尺寸及定位；配筋图表达楼板的配筋信息；文字说明表达有关预制楼板的各项技术说明；此外在图纸下部空白处可加上各种所需的大样图。

在预制楼板中几种主要预埋件及其布置要求如下：

(1) 桁架钢筋。

桁架钢筋用于桁架楼板(图 8.20)，其作用有：在不参与结构受力的情况下，桁架钢筋沿板长方向布置，增强楼板自身刚度；在参与结构受力的情况下，桁架钢筋沿主受力方向布置，增强楼板自身刚度；桁架的筋连接新旧混凝土，增强楼面结合力。

(2) 楼板吊环。

楼板吊环是用来吊装楼板和生产时脱模起吊的预埋件，如图 8.21、图 8.22 所示。

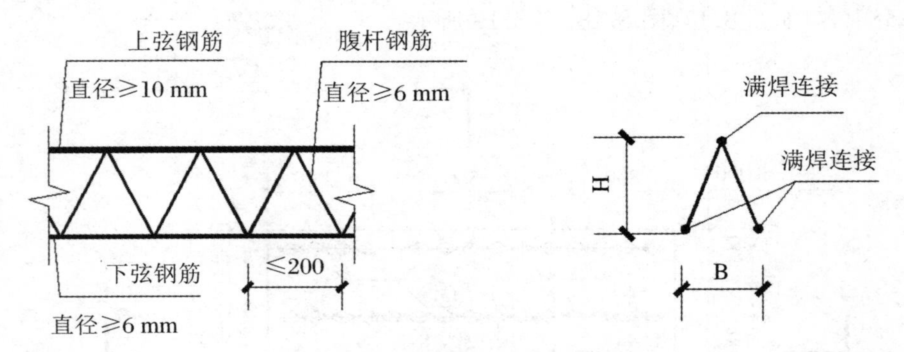

图 8.20 桁架大样及外形示例

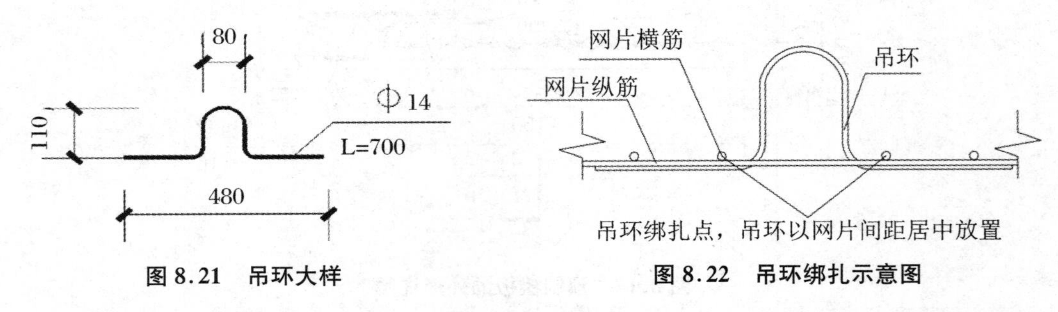

图 8.21 吊环大样 **图 8.22 吊环绑扎示意图**

吊环的布置要求为：楼板长度 $L<3.5$ m 布置不少于 4 个吊环，长度 $3.5\text{ m}\leqslant L<6$ m 布置不少于 6 个吊环，长度 $L\geqslant 6$ m 布置不少于 8 个吊环；第一个吊点距边≥300 mm；吊环需放置在楼板网片之下，与网片绑扎；吊环钢筋规格为直径 14 一级圆钢，尺寸规格根据叠合楼板的预制、现浇层厚度的不同而不同。

(3) 支撑环及预埋套筒。

通常需要在预制楼板的相应位置预埋支撑环或者套筒用以安装斜支撑杆，预埋位置由板上的调节点位与斜支撑杆长度共同决定，如图 8.23、图 8.24 所示。

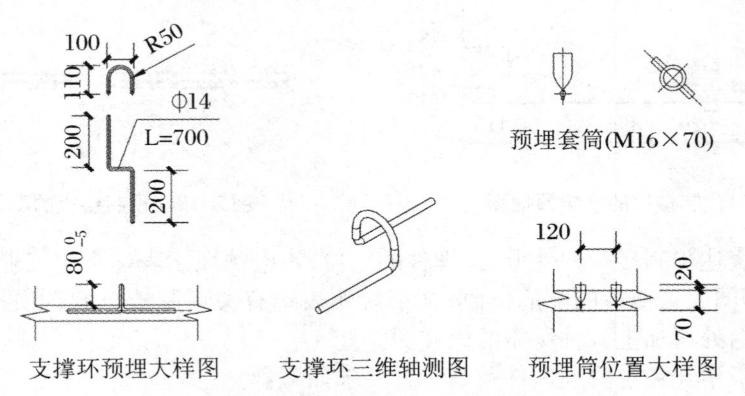

图 8.23 支撑环及预埋套筒详图

(4) 预埋钢板及成品滴水槽。

预埋钢板用于栏杆的安装，其预埋位置由成品栏杆规格决定，与成品滴水槽常预埋于预制阳台板和空调板，如图 8.25、图 8.26 所示。

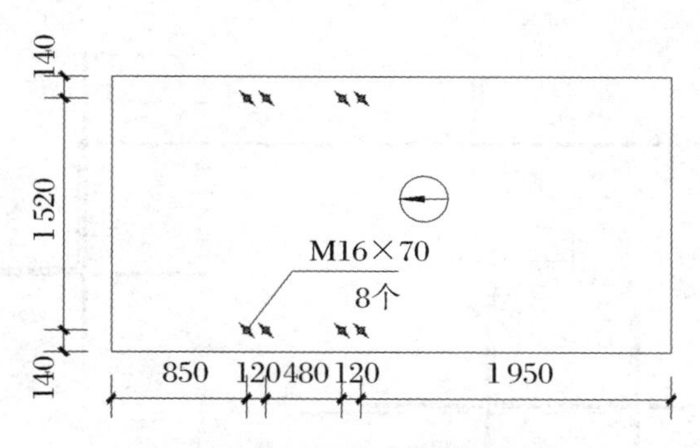

图 8.24　支撑环预埋套筒定位图

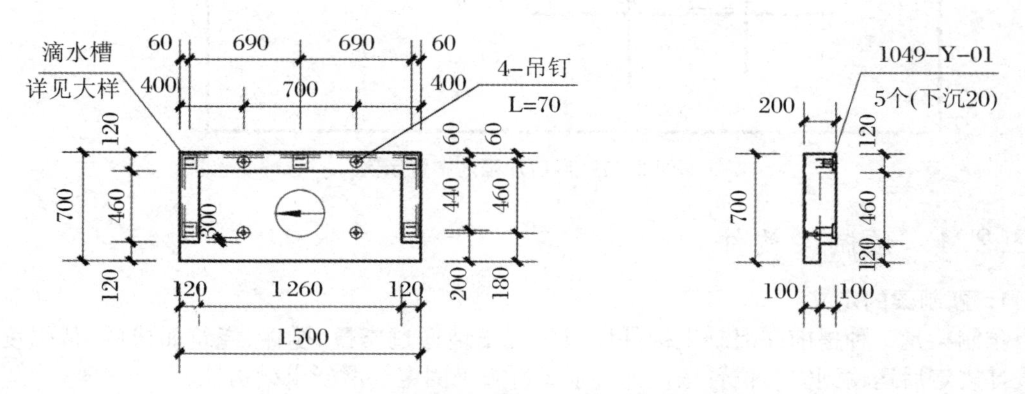

图 8.25　有预埋钢板及成品滴水槽的空调板

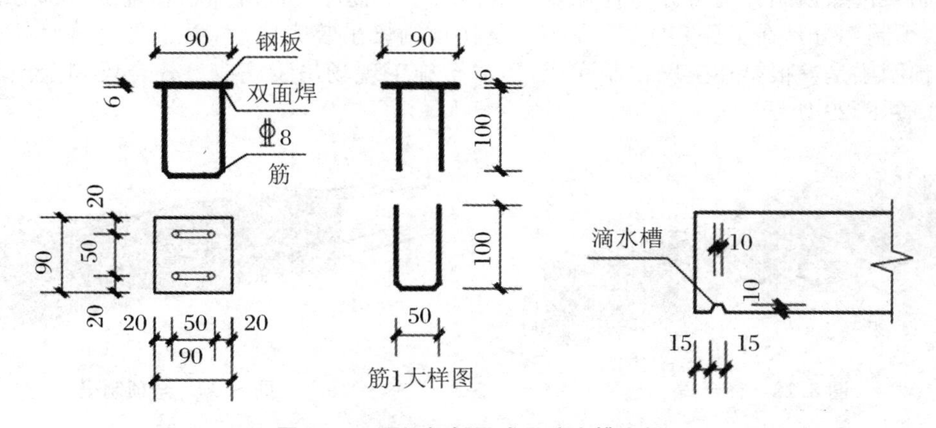

图 8.26　预埋钢板及成品滴水槽大样

（5）预制楼板洞口加强筋。

洞口加强筋原则上保证楼板强度，对于采用焊接网片生产的楼板洞口尺寸超过 150 mm ×150 mm 或单边 150 mm 时必须设置双层加强筋，且加强筋只需超出洞口边缘 LaE 即可；对于采用手扎网片生产的楼板洞口尺寸小于 300 mm 时底筋绕过洞口不截断，可不做加强；构施工图有要求时应按照结构施工图布置加强筋。当洞口靠近板边时加强筋应伸出板边，如图 8.27 所示（L 为板底筋伸出搭接长度）。

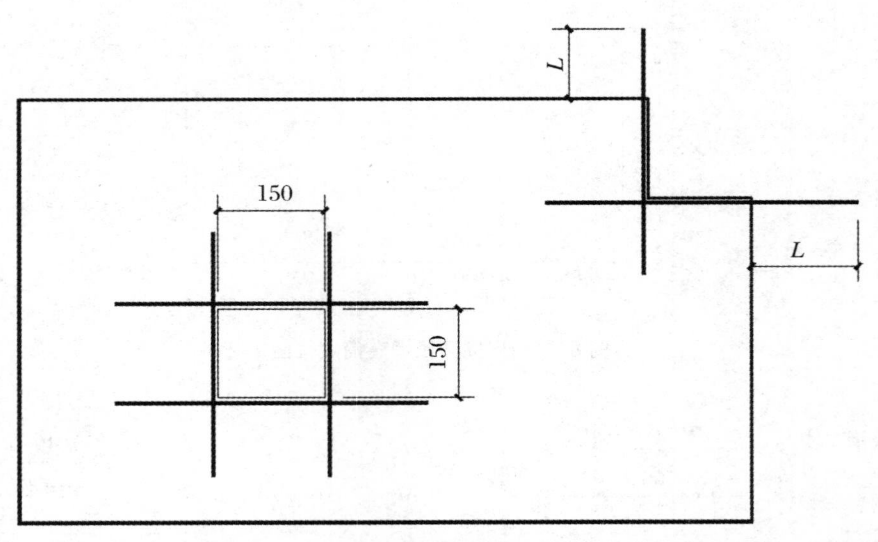

图 8.27　洞口加强筋布置示例

8.2.2.4　预制梁构件

1. 预制梁的定义

预制梁是一种提前在混凝土构件厂或施工工地通过支模、搅拌、浇筑而成的，待强度达到设计规定后运输到安装位置按设计要求进行施工固定的混凝土梁构件。

2. 预制梁的分类

预制梁按照预制程度可分为叠合梁与全预制梁。叠合梁是由预制和现浇两部分接合形成的梁，预制部分是在工厂完成，现浇部分是在预制梁吊装完成后，再布筋浇筑使其连成整体。全预制梁是整根梁在工厂预制完成，运输至施工现场吊装完成。叠合梁和全预制梁如图 8.28、图 8.29 所示。

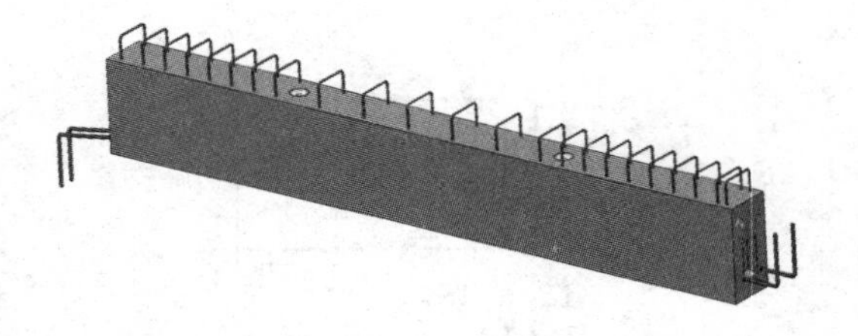

图 8.28　叠合梁

图 8.29　全预制梁

采用叠合梁时，由于有后浇混凝土存在，能与其他构件装配浇筑后的整体性也相对较好。叠合梁与楼板、剪力墙连接时，其预制部分与后浇部分通过结合面及钢筋连接，各构件在布筋浇筑后形成整体。当叠合梁的上部纵筋过长，不便于施工现场布筋时，可在设计阶段按相关要求设置组合封闭箍。

3. 预制梁构件详图

预制梁的工艺详图是在平面布置图的基础上，以结构建筑施工蓝图为依据，根据实际项目需求，在满足相关规范要求的基础上进一步深化设计的结果，是构件工厂预制的重要生产资料。预制梁构件详图主要包含外形详图、配筋图、水电预埋图和钢筋下料表四部分内容。

预制梁的外形详图（图 8.30）主要表达预制梁的外形特征、相关预埋件及定位信息。预制梁外形详图根据建筑结构施工蓝图核对预制梁的总体尺寸(总长、总宽、总高),按照项目要求和平面布置图确认梁的预制部分高度。根据预制梁生产方式设置预埋吊钉(包括吊装吊钉和脱模吊钉),按照预制梁的重量和长度设置吊钉的数量,预埋吊钉应按梁的重心对称布置,梁端需设置抗剪键。

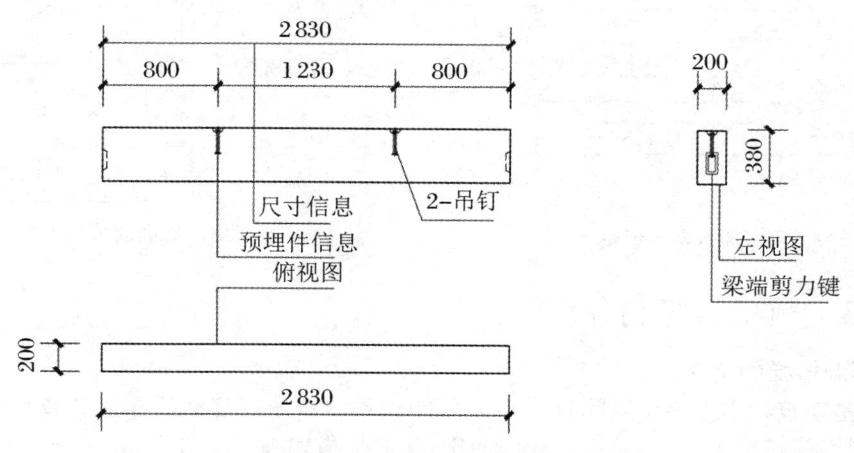

图 8.30　预制梁的外形详图

预制梁的配筋图(图 8.31)主要表达预埋钢筋的规格型号与排布要求。预制梁配筋图从结构施工图中准确获取对应梁的钢筋信息,如底筋、箍筋、抗扭钢筋、构造钢筋、拉筋等,及钢筋规格、抗震等级、布置间距等要求。在配筋图中预制梁的每根钢筋的规格及定位尺寸均应表达准确,部分异形钢筋可以通过增设钢筋大样图来表达。

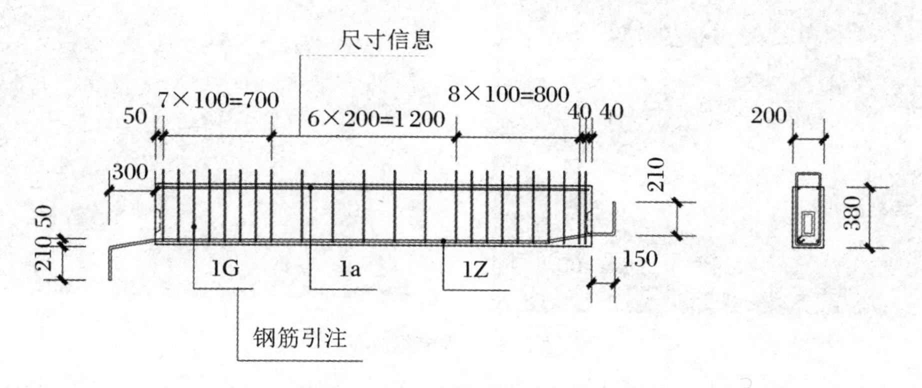

图 8.31　预制梁的配筋图

预制梁的水电预埋图(图 8.32)主要表达预制梁中预留的水电孔洞、线槽、预埋件的规格和定位信息。预制梁水电预埋图需从电气、设备专业施工图中核对预留洞口、预埋件规格及定位尺寸,按设计要求绘制。

预制梁的钢筋下料表(图 8.33)主要表达对应钢筋的楼层段、编号、混凝土等级、种类、规格、长度及形状。钢筋下料表在相同项目中宜使用相同格式,钢筋编号应与配筋图中标注相一致。

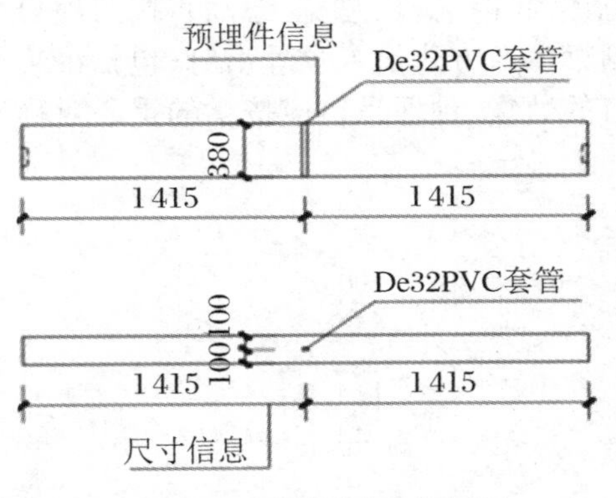

图 8.32　预制梁水电预埋图

梁钢筋下料表

楼层	钢筋编号	混凝土等级	种类	规格	长度	钢筋示意图
2-17	1Z	C35	下部纵筋	2⏀14	3700	50 210 300 2830 50 150 210
2-17	1b	C35	架立筋	2⏀10	2790	2790
2-17	1G	C35	箍筋	23⏀8	1360	150 80 450

图 8.33　预制梁钢筋下料表

8.2.2.5　预制楼梯构件

1．预制楼梯的定义

楼梯是建筑物中作为楼层间垂直交通用的构件。传统现浇楼梯施工速度缓慢、模板搭建复杂、耗费模板量大、现浇后不能立即使用，还需另搭建施工垂直通道，现浇楼梯必须做表面装饰处理，而楼梯精度误差对后续装修施工也会产生不良影响。

预制楼梯是在混凝土构件厂使用专用模具定型，提前预埋钢筋及各种预埋件，经混凝土浇灌振捣，经养护窑养护至强度达到设计规定后，运输到安装位置按设计要求进行施工固定的混凝土构件。预制楼梯如图 8.34 所示。

图 8.34　预制楼梯

装配式预制楼梯的优势正好弥补了现浇楼梯的缺点，预制楼梯在工厂一次成型后在施工现场安装，成品楼梯表面平整度、密实度和耐磨性能都达到甚至超过了传统楼梯的要求，因此可以直接作为完成面使用，避免了瓷砖饰面日久维护和维护后新旧砖面不一致的情况。成型后的楼梯可直接预留防滑槽线条和滴水线条，既能够满足功能需求又对清水混凝土起到独特的装饰作用。

2．预制楼梯的分类

常见预制钢筋混凝土板式楼梯主要分为预制双跑楼梯（图 8.35）和预制剪刀楼梯（图 8.36）。预制钢筋混凝土板式楼梯可根据楼梯的连接方式不同分为锚固式楼梯和搁置式楼梯。

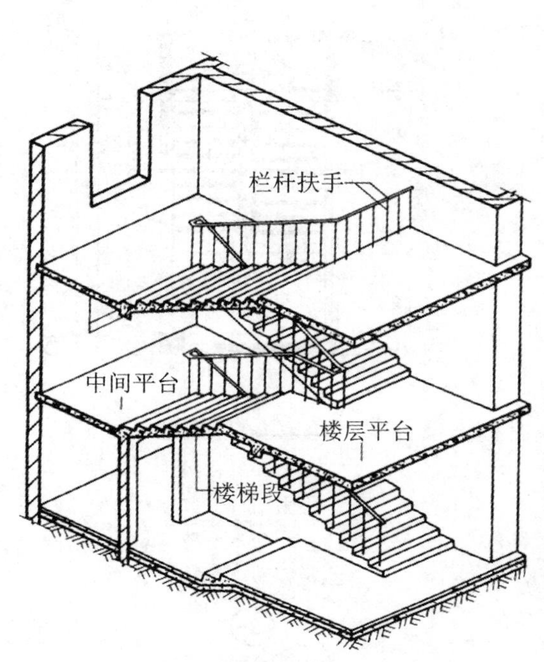

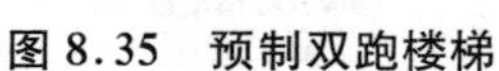
图 8.35　预制双跑楼梯

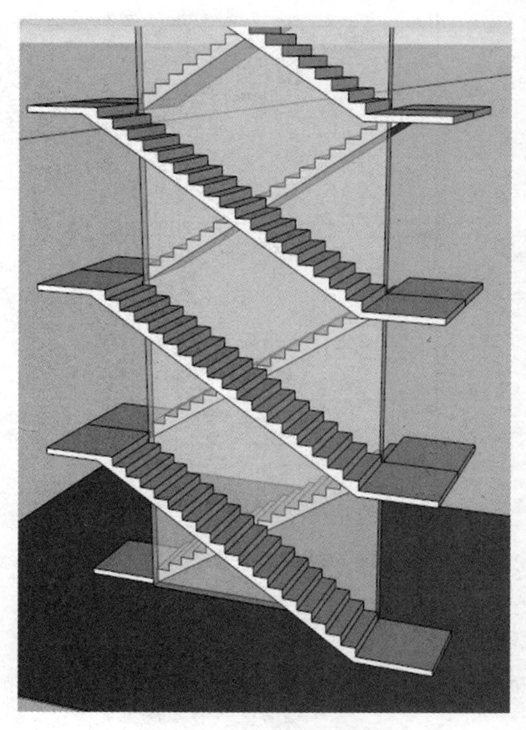
图 8.36　预制剪刀楼梯

3. 预制楼梯构件详图

使施工图中的楼梯转换成工厂生产所需的预制楼梯深化图纸，主要包括楼梯装配图和楼梯构件详图的设计。

(1) 预制楼梯装配图。

预制楼梯的装配图(图 8.37)中需要表达的主要内容如下：

① 楼梯定位，根据施工图确定楼梯所在轴线及楼梯间位置。

② 预制楼梯的起始层和结束层层数及标高。

③ 楼梯的安装间隙。

④ 楼梯的上下方向。

⑤ 预制楼梯和现浇混凝土梯梁梯板连接节点图。

(2) 预制楼梯构件详图。

预制楼梯构件详图中需要表达的主要内容如下：

① 楼梯的外形详图(图 8.38)。

② 预制楼梯配筋图(图 8.39)，需给出钢筋尺寸、型号、定位及大样图。

③ 文字说明、大样图(图 8.40)。

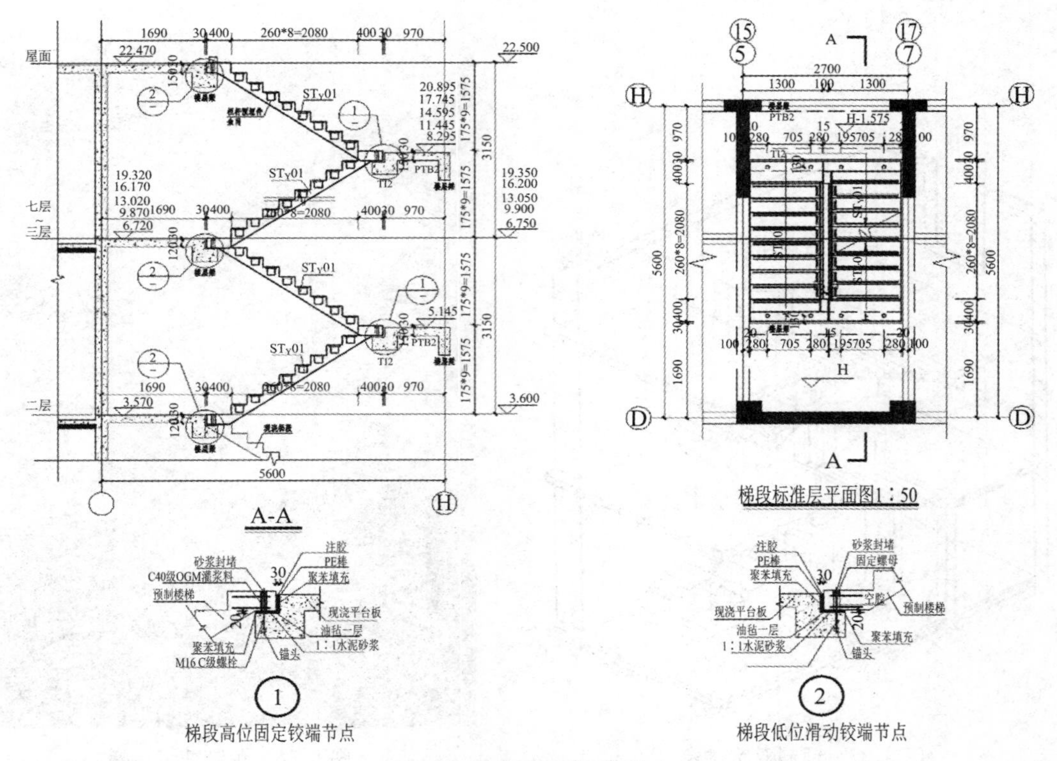

图 8.37　预制楼梯装配图

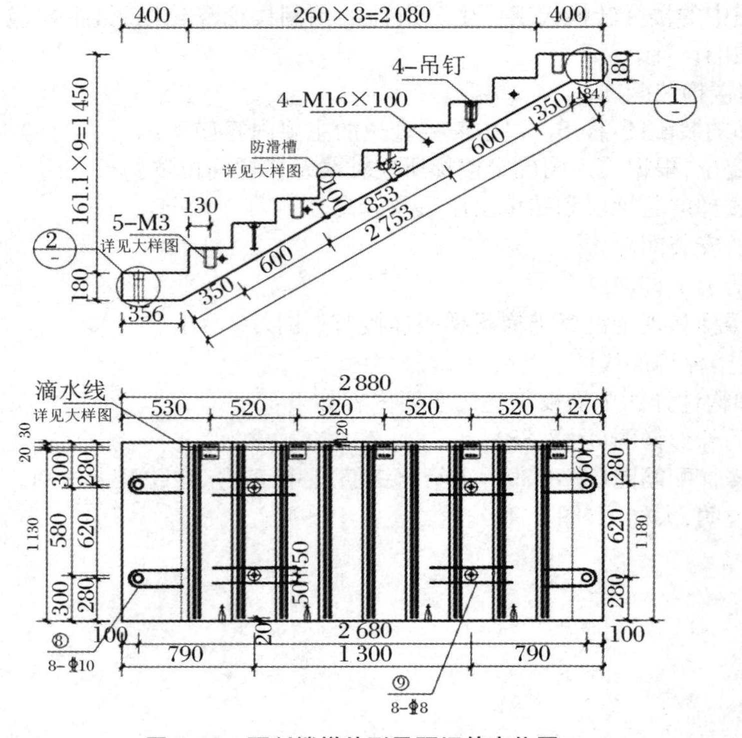

图 8.38　预制楼梯外形及预埋件定位图

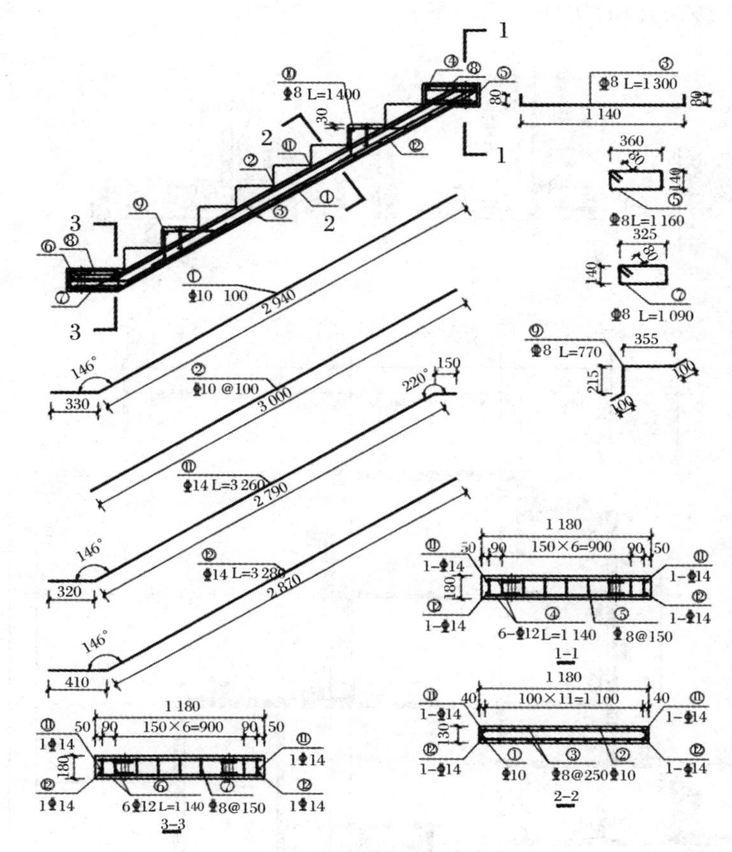

图 8.39　预制楼梯配筋图

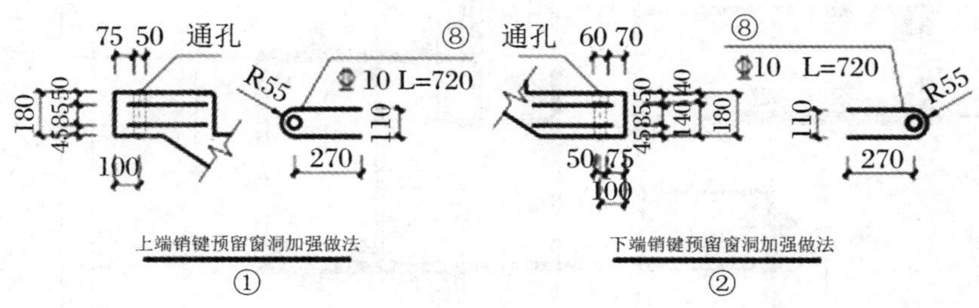

说明：
1. 图中①②④⑥⑪⑫号钢筋为HRB400E,其余为ERB400;
2. 图中未注明钢筋保护层厚度均为20 楼梯混凝土强度等级为30;
3. 图中吊氏规格为L=170,尾部绑孔2 Φ10 L=200加强;
4. 数量：2块/层/单元。

图 8.40　钢筋大样及文字说明

8.2.3　任务拓展

【案例】

已知某装配式混凝土建筑项目的标准层夹心保温外剪力墙的平面布置图，如图 8.41 所示。本项目标准层的层高为 2 900 mm，依据该平面布置图以及相关设计要求，绘制出其中编号为 WH102 外剪力墙板的构件工艺详图。

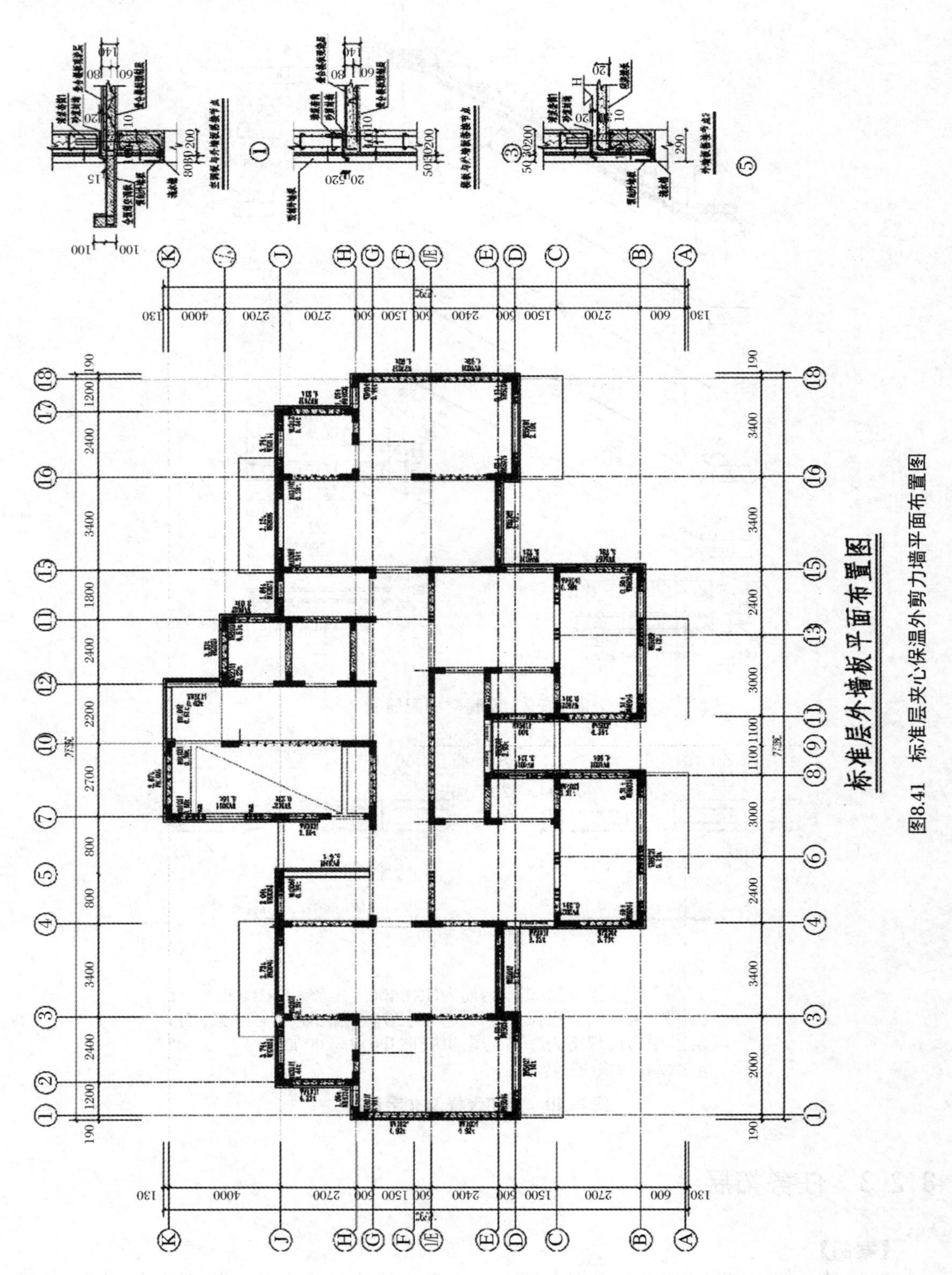

图8.41　标准层夹心保温外剪力墙平面布置图

图示分析：

(1) 绘制墙板外形详图。在平面布置图里面找到外墙板 WH102，将其复制到工艺详图的第一个区域，作为工艺详图的俯视图。俯视图已经表达了墙板的宽度、厚度信息和灌浆套筒的位置。如图 8.42 所示。

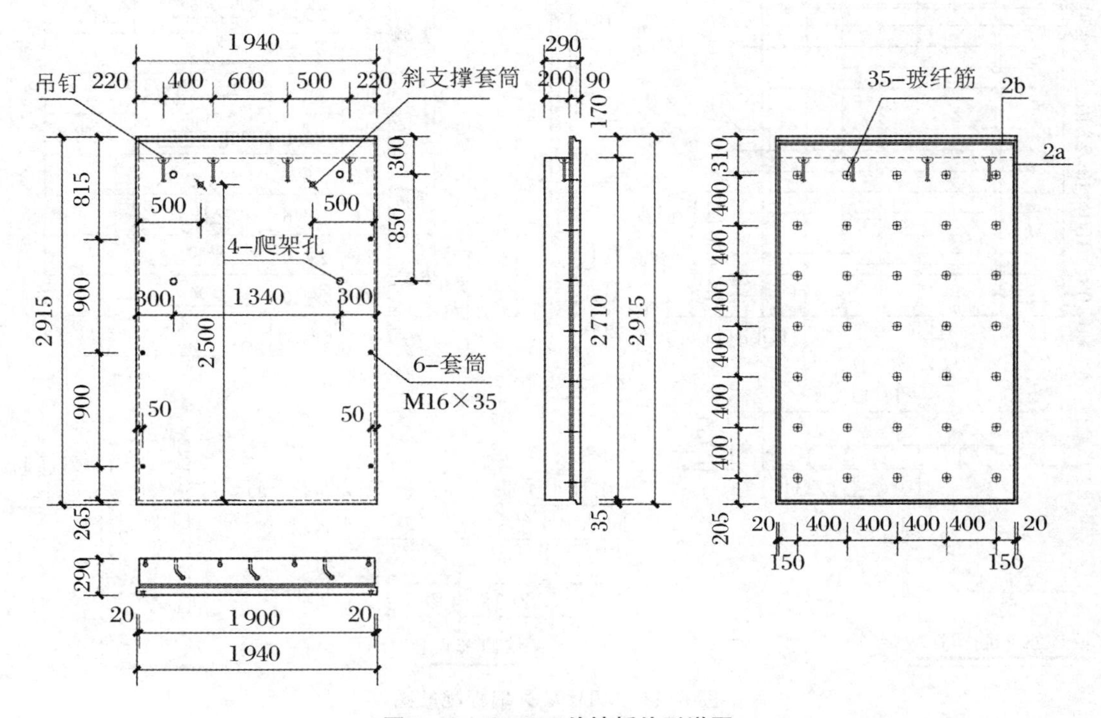

图 8.42　WH102 外墙板外形详图

剪力墙预制高度根据层高、楼板厚度、垫浆厚度确定。本项目层高为 2 900 mm，此处楼板厚度为 120 mm(下沉 50 mm)，坐浆厚度为 20 mm，那么墙板的预制高度为：2 900 − 120 − 50 − 20 = 2710 (mm)。

剪力墙外叶板的高度根据层高、企口高度、分缝尺寸确定。本项目层高为 2 900 mm，企口高度为 35 mm，分缝尺寸为 20 mm，那么外叶的预制高度为：2 900 + 35 − 20 = 2915 (mm)。

至此，主视图、左视图的外形尺寸都已得出，然后根据工艺规范布置玻璃纤维筋，根据吊装规则、施工需要，在主视图上布置吊钉、斜支撑套筒。

(2) 绘制外墙板配筋图。配筋图的外形，直接复制已绘制好的外墙板详图，根据结构施工图的节点、配筋来确定墙板钢筋的直径、间距、伸出长度等。其中最重要的是，要确保灌浆套筒的位置与施工图完全一致，确保套筒连接钢筋的伸出长度满足装配要求。钢筋绘制完成之后，按一定规则对所有不同的尺寸的钢筋进行编号。最后，根据表达需要绘制相关配筋节点大样图。如图 8.43 所示。

(3) 绘制墙板的水电预埋图。水电预埋图的墙板外形也是直接复制外墙板详图。水电预埋图依据水电专业绘制的水电施工图进行设计。在进行水电预埋设计的时候，要检查预埋件是否与吊钉、套筒、钢筋等干涉，若有干涉，则根据实际情况进行调整。若有较大的孔洞，则需要根据规范和结构图的要求，对其钢筋加强，如图 8.44 所示。

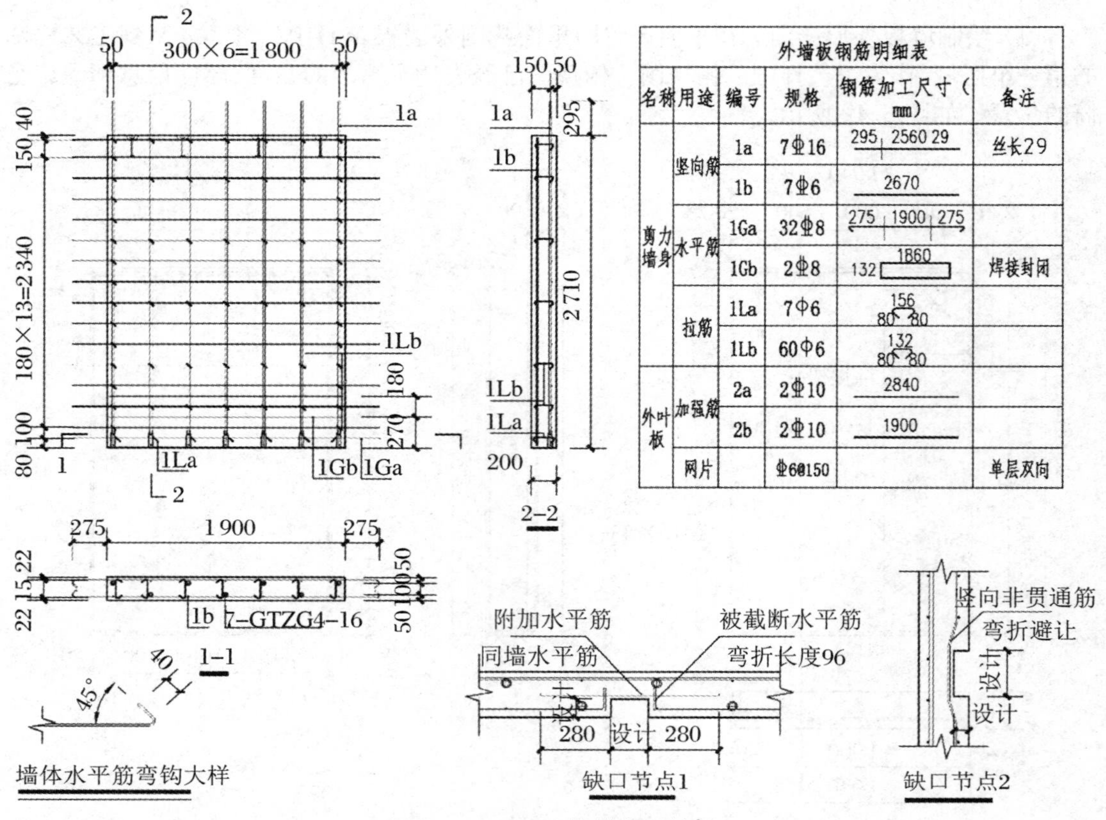

外墙板钢筋明细表

名称	用途	编号	规格	钢筋加工尺寸（mm）	备注
剪力墙身	竖向筋	1a	7Φ16	295 2560 29	丝长29
		1b	7Φ6	2670	
	水平筋	1Ga	32Φ8	275 1900 275	
		1Gb	2Φ8	132 1860	焊接封闭
	拉筋	1La	7Φ6	156 80 80	
		1Lb	60Φ6	132 80 80	
外叶板	加强筋	2a	2Φ10	2840	
		2b	2Φ10	1900	
	网片		Φ6@150		单层双向

图 8.43 WH102 外墙板配筋图

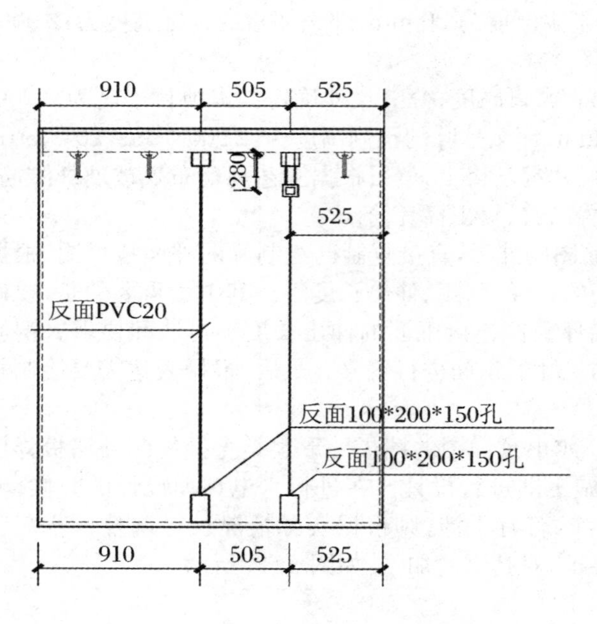

名称	图例
正面86PVC盒	
反面86PVC盒	
正反面86PVC盒	
正面86铁盒	
反面86铁盒	
正反面86铁盒	
接管孔1	
接管孔2	
接管孔3	
接管孔4	
正面户内强电箱	ZQ
反面户内强电箱	FQ
正面户内弱电箱	ZR
反面户内弱电箱	FR

图 8.44 WH102 外墙板水电预埋图

练习与提高

1. 预制剪力墙技术的核心是________的连接。

2. 预制楼板按其预制程度的不同主要可分为__________和__________两种。

3. 叠合楼板预制层厚度不宜小于______,后浇混凝土叠合层厚度不应小于______。

4. 预制楼梯根据其在建筑中布置形式的不同可以分为______和______。

5. 预制梁根据其预制程度的不同可以分为______和______。

6. 某个项目层高3 000 mm,某处预制夹心保温外剪力墙(简称外墙)的企口高度为50 mm,分缝为宽度为20 mm,楼板厚度为130 mm,下沉50 mm,请算出该外墙外叶板的高度。

7. 预制楼板的构件详图设计主要表达哪几部分内容?作用是什么?

8.3 任务2:装配式建筑节点构造

8.3.1 任务资讯

8.3.1.1 装配式混凝土预制构件深化拆分设计

预制构件设计(图8.45)是以机械设计的思维,在满足建筑、结构、水暖电等各专业的设

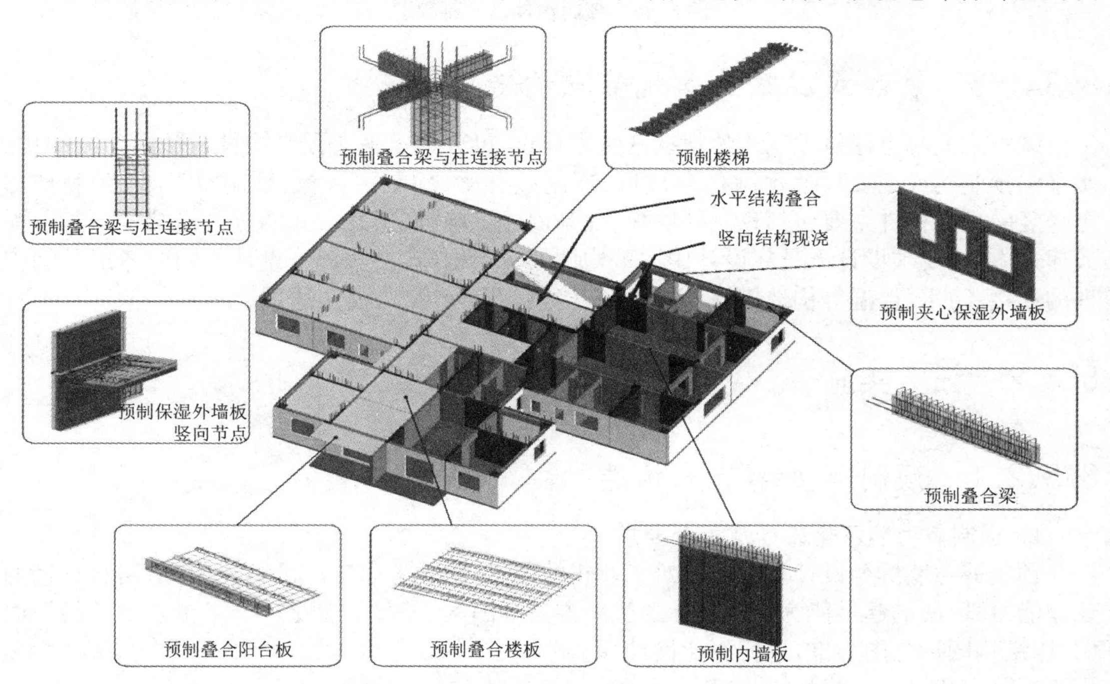

图8.45　装配式建筑预制构件拆分示意图

计要求的前提下，以各专业最终纸质施工蓝图为准，并以现有国标、省标、图集为参考，兼顾构件生产、储存、施工、运输等可行性及便捷性，将建(构)筑物拆分为外墙(挂)板、内墙、内隔墙、楼板、梁、楼梯等各类构件。最终完成预制构件详图绘制，并完成材料清单的制作。

预制构件设计是将预制构件的钢筋进行精细化排布，设备预埋进行准确定位，吊点进行脱模承载力和吊装承载力验算，使每个构件均能满足生产、运输、安装和使用的要求。

预制构件详图是装配式各专业和各环节对预制构件要求的集中体现，同时也是工厂各个构件生产与施工现场吊装的重要依据。

8.3.1.2　预制混凝土构件深化拆分设计流程

装配式混凝土建筑设计在原有传统建筑设计专业基础之上增加了预制构件深化设计环节。预制构件设计是传统建造方式向建筑工业化进行变革的重要一环，是搭接传统设计与工厂化生产、装配化施工的桥梁和纽带。其深化设计流程如图 8.46 所示。

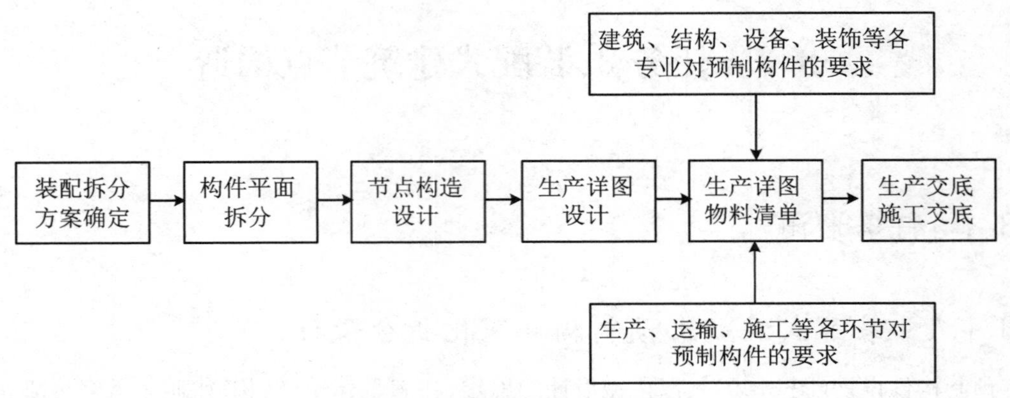

图 8.46　预制构件设计流程图

8.3.1.3　装配式混凝土建筑节点构造要求

装配式混凝土建筑预制构件根据其受力特点，可分为水平向预制构件与竖向预制构件。水平向预制构件主要包括预制叠合楼板、预制叠合梁、预制阳台板、预制空调板、预制楼梯等。竖向预制构件主要包括预制外墙板、预制内(隔)墙板、预制女儿墙等。当结构采用装配式建造方式，要求设计人员在设计中注重构件的节点构造，在做拆分设计的同时考虑预制构件的连接、防水、保温等构造措施，以确保结构整体安全可靠、耐久适用。

8.3.2　任务实施

8.3.2.1　预制剪力墙节点构造

1. 预制剪力墙深化设计及拆分要求

预制剪力墙拆分设计是根据建筑工业化的节点，综合考虑工厂设备能力、道路和车辆的运输能力、塔吊的起吊能力以及具体的施工方法等因素，进行工业化拆分。工艺设计的平面图，以结构图拆分图为准，进行深化设计。

拆分深化设计包括如下步骤：

(1) 核对施工图。对建筑、结构的平面图进行核对，确认建筑、结构专业的平面图是一致的，没有表达不清或表达错误的地方。

(2) 绘制工艺底图。以建筑、结构施工图为基础，保留与预制剪力墙相关的内容，形成工艺底图。

(3) 绘制构件俯视图。结合建筑结构施工图，在底图上编制预制构件的俯视图。俯视图要表达出预制剪力墙的位置和长宽尺寸，灌浆套筒的精确位置等信息，并制作成块。最后对所有的预制剪力墙进行编号。

(4) 在平面图上添加相关节点、图例和技术说明等信息。

2. 预制剪力墙节点构造

预制剪力墙及相关构件水平方向的钢筋连接，在装配式拆分设计的时候，需要留出现浇区域，这些现浇区域一般选在配筋相对复杂，钢筋比较密集的暗柱部分，如图 8.47 所示。因此结构施工图中的暗柱是预制剪力墙拆分的重要依据。

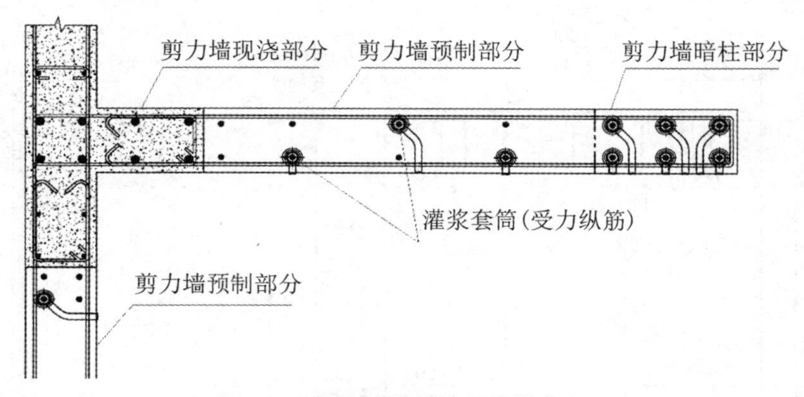

图 8.47　预制剪力墙水平连接节点

剪力墙纵向钢筋连接主要采用灌浆套筒连接。竖向拆分选在结构楼面处，同时留出部分现浇区域，主要是为了搭接楼板的底筋和面筋，如图 8.48、图 8.49 所示。

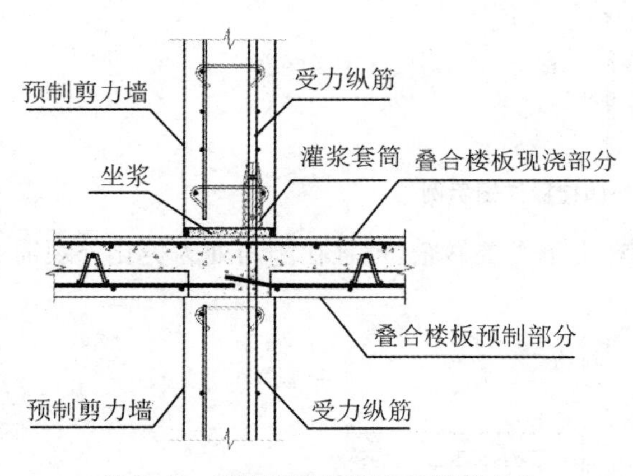

图 8.48　预制剪力墙竖向连接节点 Ⅰ

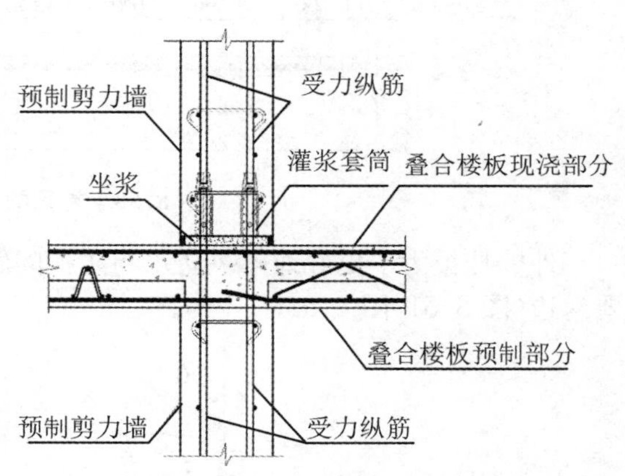

图 8.49 预制剪力墙竖向连接节点 Ⅱ

8.3.2.2　预制外墙挂板节点构造

预制外墙挂板节点设计与构造

1. 预制外墙挂板的设计要求

常见的外墙挂板(图 8.50)尺寸为 160 mm 厚预制夹芯保温外墙挂板，由 60 mm(外页板)+50 mm(保温层)+50 mm(内页板)组成；其内、外叶墙板的厚度均不宜小于 50 mm，保温材料的厚度不宜小于 30 mm，且不宜大于 120 mm，其保温材料为挤塑聚苯板(简称 XPS)，厚度应结合每个地区的节能保温计算确定，XPS 上下两端至板的上下企口及门窗洞四周一般都需要采用混凝土封边。

在阳台板、空调板处外墙挂板的外形需开缺，且两边各留 10 mm 空隙。若阳台外围护墙板不需要做保温时则无 XPS，按施工图墙板厚度预制外墙挂板，也可按需要和飘板这样的构造外形做成一个整体。

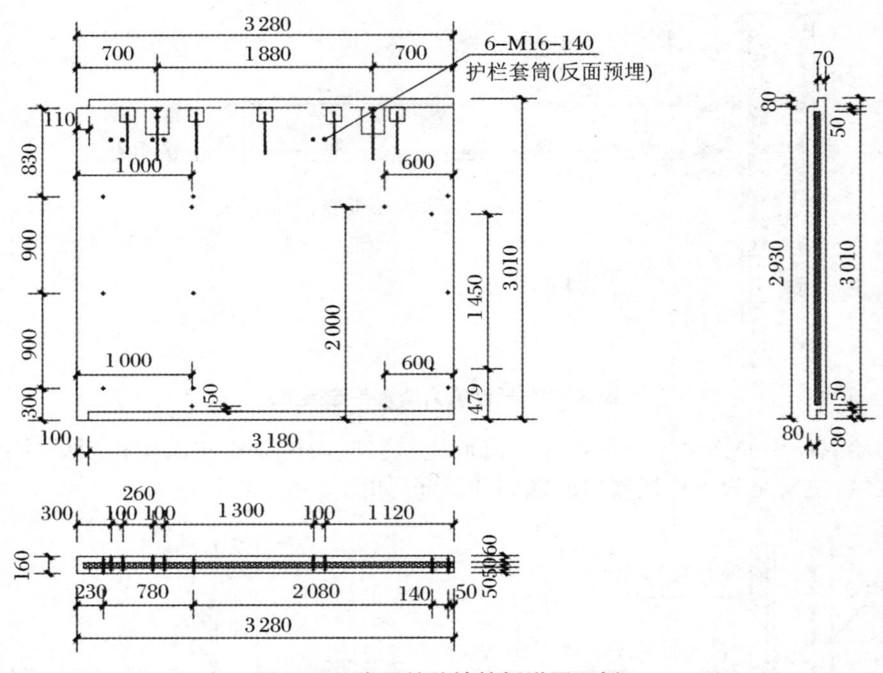

图 8.50　常见的外墙挂板详图示例

外墙挂板为了更好地解决防水与防护问题，上下需要做企口，且在阳角处为美化外观需要封边(图 8.51、图 8.52)。

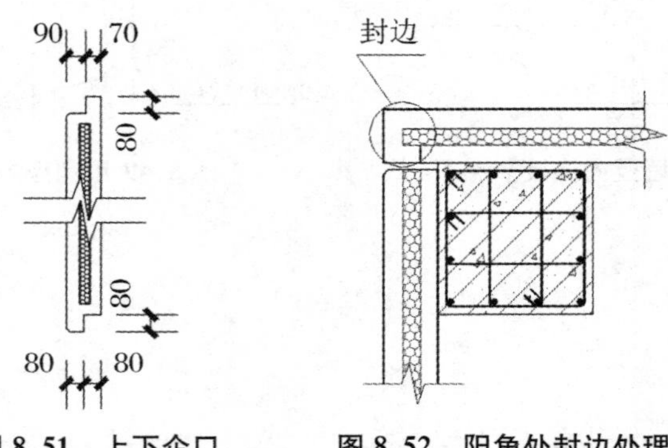

图 8.51　上下企口　　　　图 8.52　阳角处封边处理

为增加外墙挂板与现浇混凝土连接抗剪强度应在连接筋弯折处开抗剪键(图 8.53、图 8.54)。

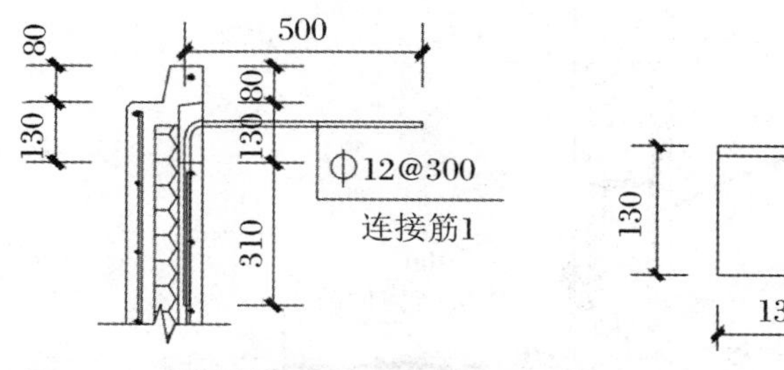

图 8.53　外墙挂板连接筋大样

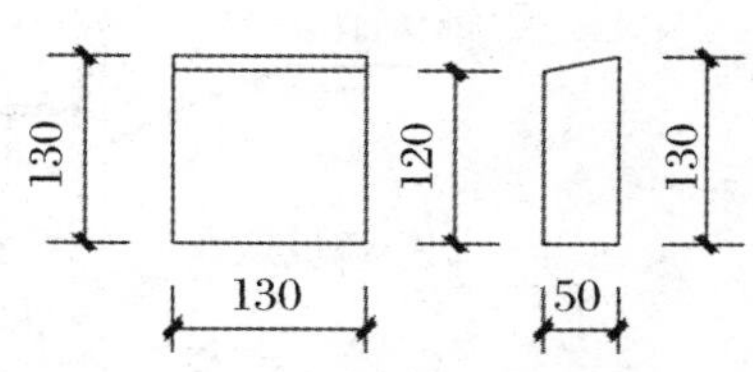

图 8.54　外墙挂板剪力键大样

2．预制外墙挂板节点构造

外墙挂板连接节点表示外墙挂板与梁、楼板等其他构件连接的方式，比较常见的几种连接节点如下：

图 8.55 为外墙挂板与梁连接节点。

图 8.56 为外墙挂板与带楼板的梁连接节点。

图 8.57 为外墙挂板与空调板连接节点。

图 8.58 为外墙挂板与叠合阳台板连接节点。

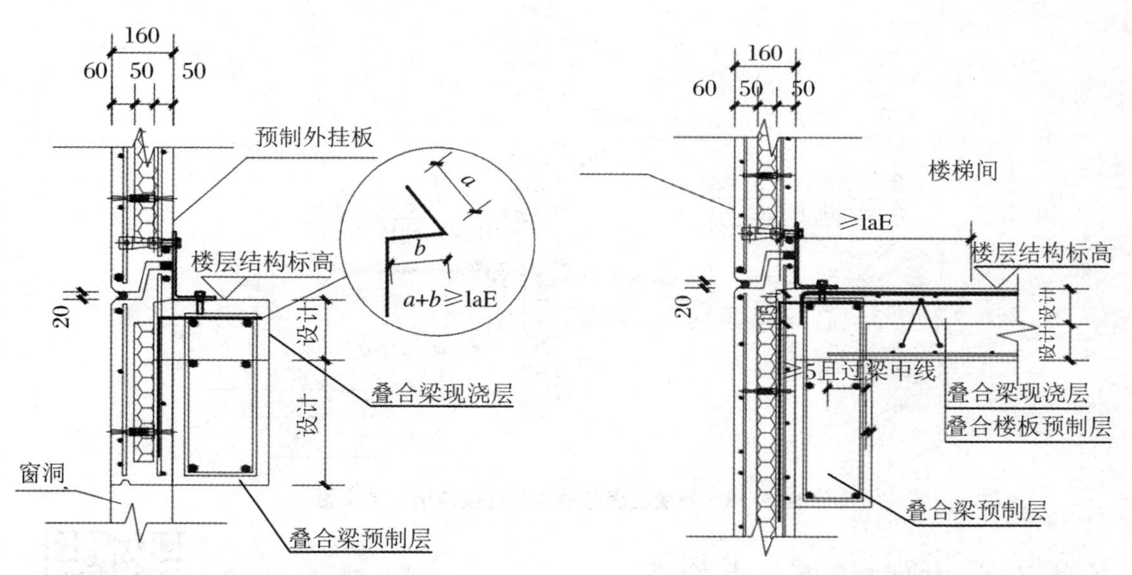

图 8.55　外墙挂板与梁连接节点详图

图 8.56　外墙挂板与带楼板的梁连接节点详图

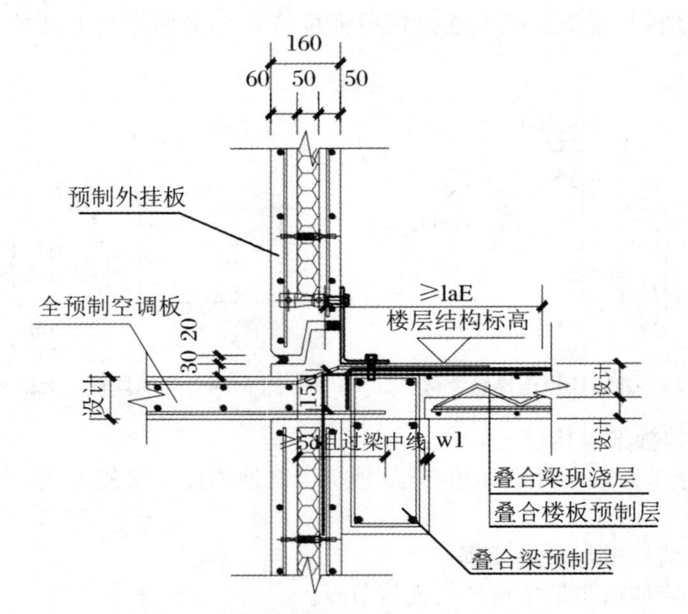

图 8.57　外墙挂板与空调板连接节点详图

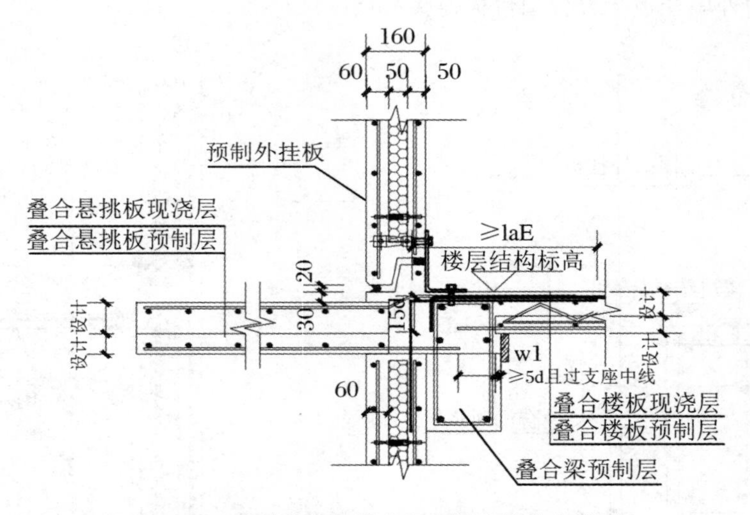

图 8.58　外墙挂板与叠合阳台板连接节点详图

8.3.2.3　预制楼板节点构造

预制叠合楼板节点设计与构造

1. 预制楼板的设计要求

预制楼板的设计应遵循标准化、模数化原则。应尽量减少构件类型，提高构件标准化程度，降低工程造价，应充分考虑生产的便利性、可行性以及成品保护的安全性。拆分的主要原则为：安全、实用、经济及模数化。复杂部位可考虑现浇的方式，注意预制构件重量及尺寸，综合考虑项目所在地区构件加工生产能力及运输、吊装等条件。

普通叠合楼板的拆分要求为：叠合板的预制厚度不宜小于 60 mm，后浇混凝土的叠合层厚度不应小于 60 mm；楼板的搭接方向，单向板沿支座短边搭接，双向板四面搭接；搭接范围为 10～15 mm；一个开间在满足其他条件下，宜拆为一块楼板，减少拼缝，且卫生间不应出现干拼缝。

楼板拆分时需注意事项包括：水电井及公共区若预埋管道及管线较多时，不宜预制；楼板外形短边尺寸不宜大于 3 200 mm，由工厂台车尺寸决定(3 500 mm)。工厂常用台车尺寸为 9 m×3.5 m、12 m×3.5 m；设计时应根据项目实际塔吊情况校核预制楼板重量是否超标。

阳台板及空调板设计拆分要求为：阳台板及空调板的外形尺寸皆由施工图确定，如果存在整块长度过长的阳台板时可考虑拆分为两块在现场再进行组合装配。阳台板分为全预制阳台板和叠合阳台板。阳台板为悬挑板时，悬挑长度不宜超过 1.5 m。空调板一般设计为 100 mm 厚全预制悬挑板，在悬挑长度超过 1 m 时，宜采用叠合形式。

2. 预制楼板节点构造

预制楼板连接节点表示预制楼板与梁、墙板等其他构件连接的方式和钢筋排布构造信息。绘制时应详尽表达各种不同的预制楼板与其他构件的连接，如普通预制楼板、预制阳台板、预制空调板与其他构件的连接，以及单向板双向板之间缝处理的节点和体现沉降处连接方式的节点等。

预制楼板节点绘制要求：(1) 在绘制节点时，结合实际项目的具体要求，符合相关标准规范。(2) 节点图与平面布置图中的索引位置一一对应。(3) 节点图中应清晰表示各个构件的属性关系、现浇与预制的范围、配筋信息及细部构造尺寸。比较常见的几种连接节点如下：

图 8.59 为楼板与楼板拼缝节点。

图 8.60 为楼板与梁连接节点。

图 8.61 为楼板与内墙连接节点。

图 8.62 为空调板与外墙板连接节点。

图 8.63 为阳台板与外墙板连接节点。

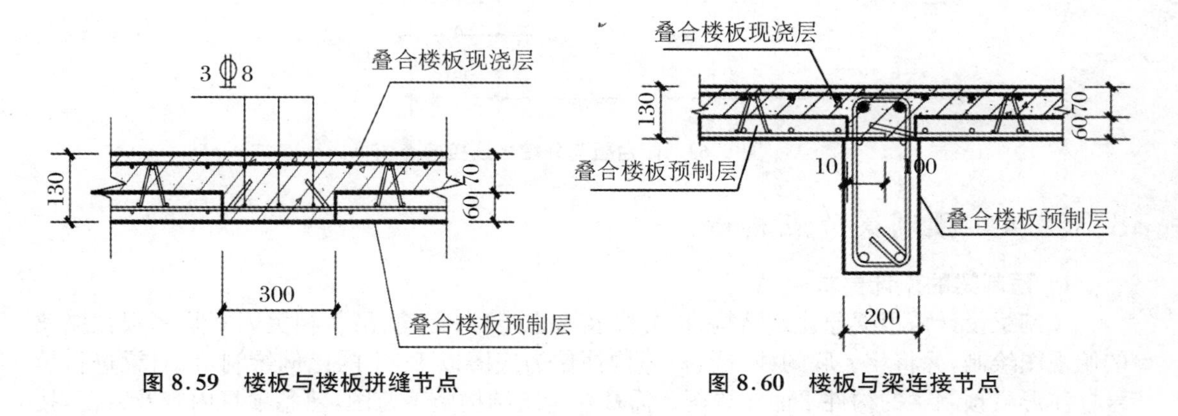

图 8.59　楼板与楼板拼缝节点　　**图 8.60　楼板与梁连接节点**

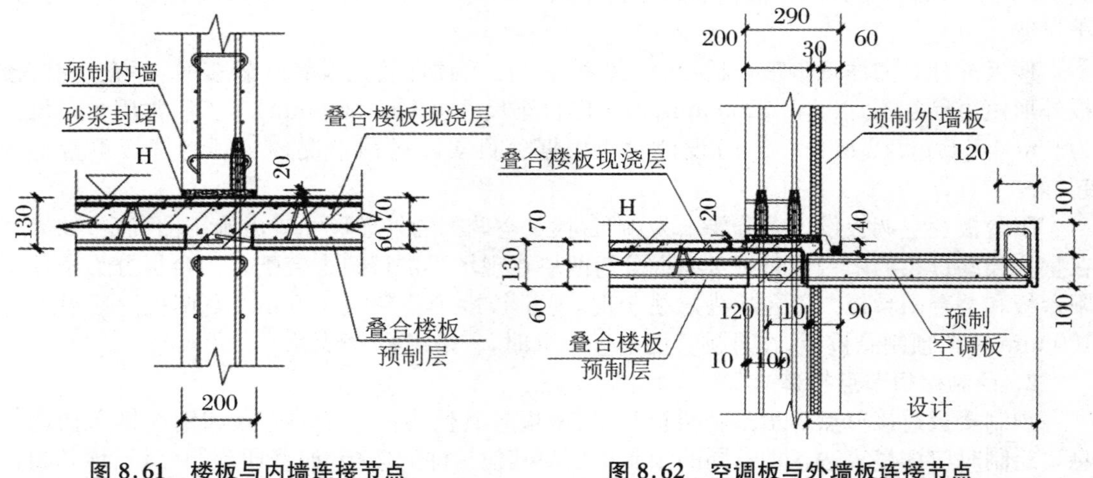

图 8.61　楼板与内墙连接节点　　　　图 8.62　空调板与外墙板连接节点

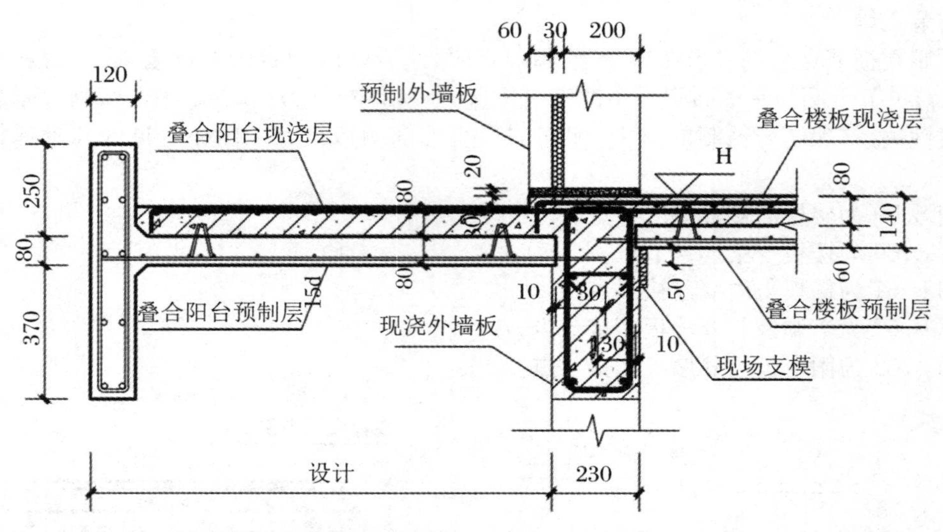

图 8.63　阳台板与外墙板连接节点

8.3.2.4　预制梁节点构造

1. 预制梁的设计要求

预制梁设计需根据原建筑结构、拆分图及考虑工厂、运输、吊装相关因素将每根预制梁的俯视图绘制，并将相关联的柱、墙、板等构件作为底图以 1∶1 的比例绘制，再对梁进行编号标注形成预制梁的构件平面布置图。需核对建筑结构施工蓝图，熟悉项目内容及特征，按要求绘制平面布置图底图；确定梁的预制范围，核对梁的尺寸及配筋信息；完成尺寸标注及编号，完善节点设计及索引标注；预制梁平面布置图需直观体现预制梁的编号、重量、吊装顺序、位置、施工安装节点索引、图例说明及特殊标高信息。

预制梁与结构中相关构件的位置关系应在平面布置图中体现。一般预制梁搭接入墙、柱 15 mm，若预制梁在搭接处有阻碍干涉时，需要在其中一根梁上预留 25 mm×25 mm 的槽口，如图 8.64 所示。

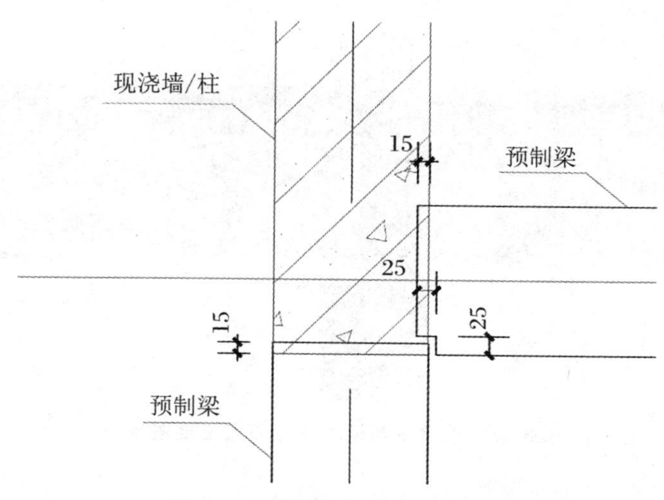

图 8.64　预制梁搭接入墙(柱)图示

2. 预制梁节点构造

根据预制梁的类型(加腋梁、悬挑梁),与其他预制构件的节点:梁与梁搭接节点、梁与墙(柱)搭接节点、梁与楼板搭接节点等;特殊搭接关系应设计详细节点:主次梁搭接、叠合梁返边构造、梁上起柱等;表达预制梁与其他构件的位置搭接关系、节点处钢筋排布构造及其他特殊情况(如下沉、板厚不同、梁底筋有避让、特殊的搭接方式等)。

预制梁节点构造设计注意事项为:节点设计应满足项目的具体要求,符合相关标准规范;节点图与平面布置图中的索引位置一一对应;节点图中应清晰表达各个构件的属性关系、信息表达完整、配筋信息及细部构造尺寸。常见的几种连接节点如图 8.65、图8.66、图 8.67 所示。

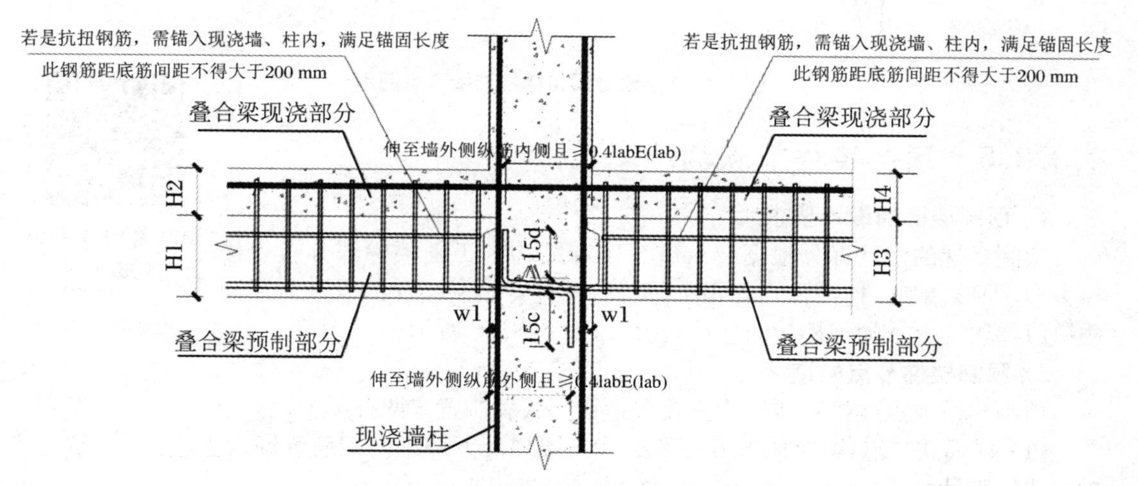

图 8.65　叠合梁与墙柱连接节点详图

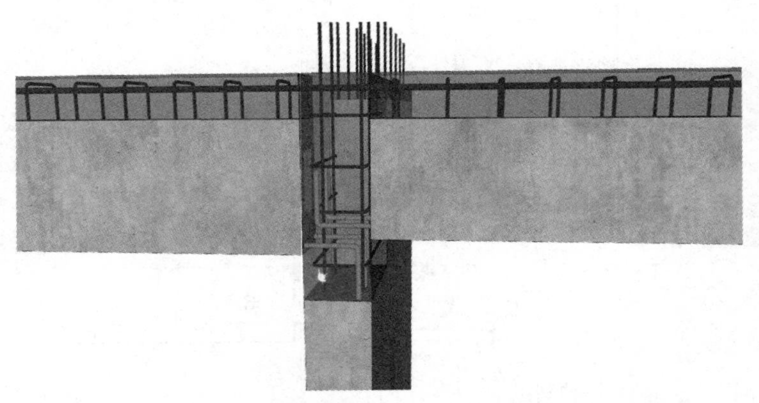

图 8.66　叠合梁与墙柱连接节点三维图示

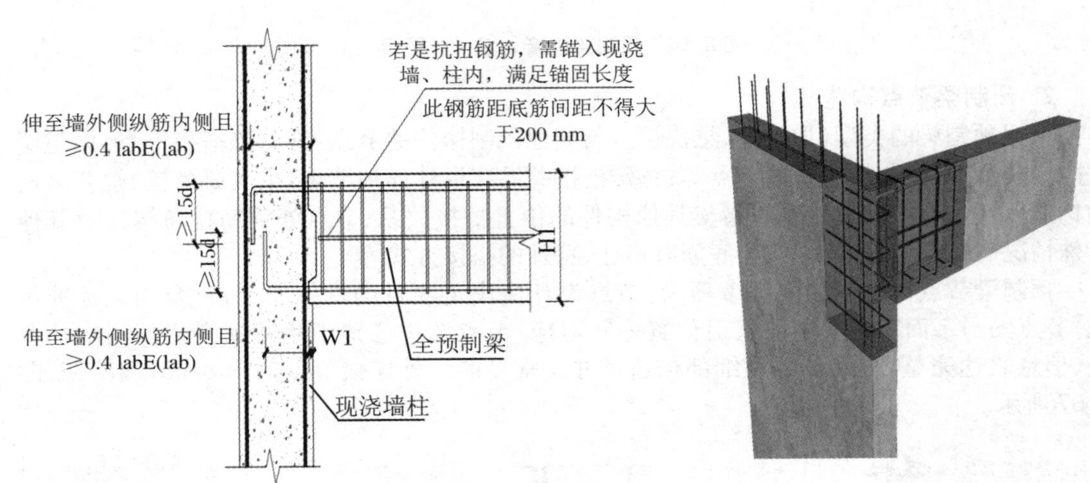

图 8.67　全预制梁与墙柱连接节点图示

预制楼梯节点设计与构造

8.3.2.5　预制楼梯节点构造

1. 预制楼梯的设计要求

预制楼梯的设计拆分根据建筑施工图和结构施工图楼梯部分获得楼梯类型、外形、配筋、连接方式等相关信息后可进行预制楼梯的设计。预制楼梯由梯段的上下端与楼板的连接处拆分，如图 8.68 所示。

2. 预制楼梯节点构造

预制梯段节点连接构造方式主要包括锚固式和搁置式两种类型。

(1) 锚固式节点构造(图 8.69、图 8.70)：楼梯上下部纵向钢筋皆锚入支座内，须参与结构整体抗震计算。

(2) 搁置式节点构造(图 8.71、图 8.72)：楼梯支座处为销键连接，上端支座为固定铰支座，下端支座为滑动铰支座，梯段板按简支计算模型考虑，可不参与结构整体抗震计算。考虑到楼梯对建筑整体抗震和受力的影响一般优先考虑搁置式楼梯。

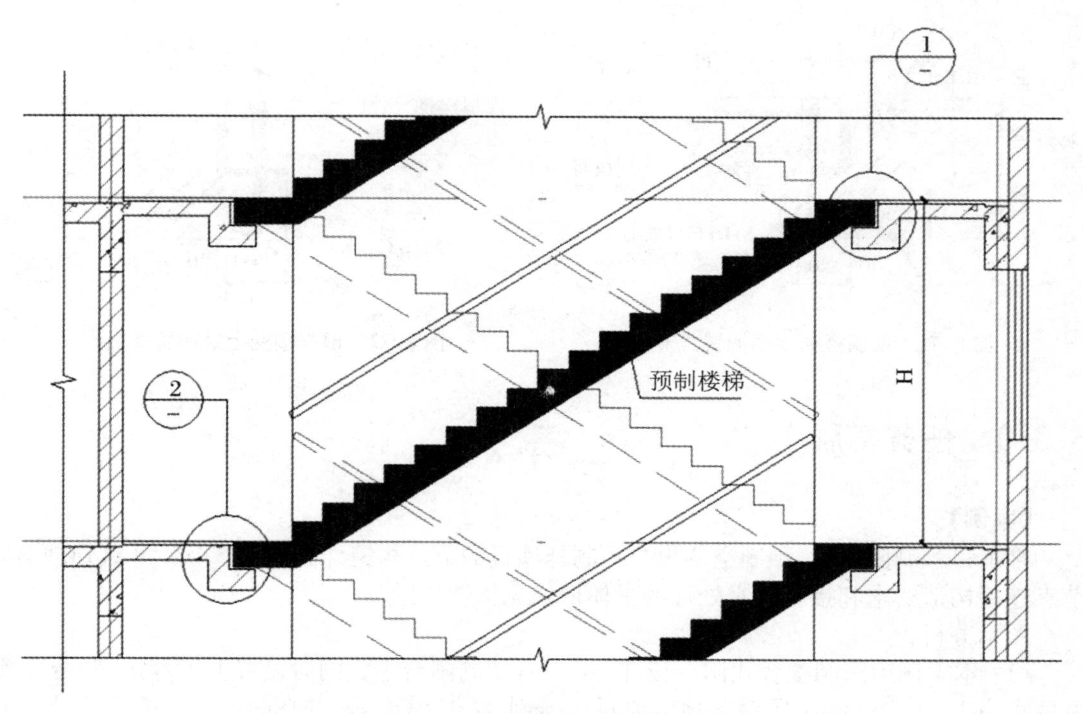

图 8.68 预制楼梯上下端拆分图示

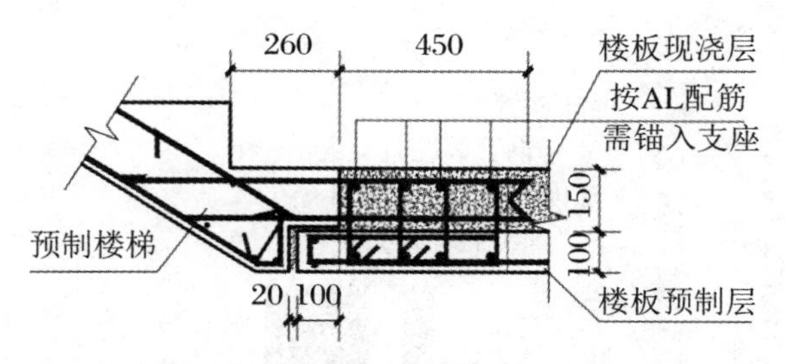

图 8.69 预制楼梯下端锚固式节点

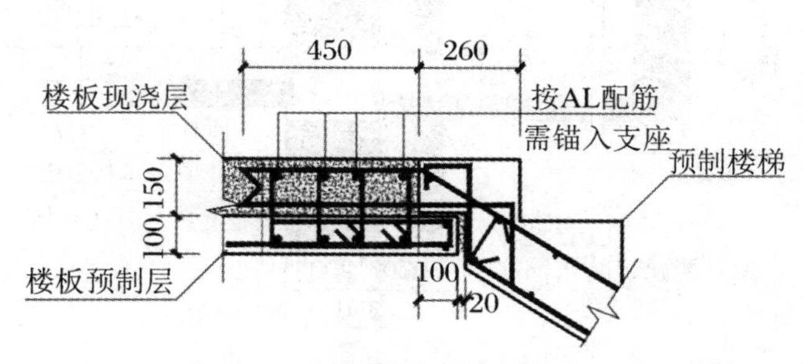

图 8.70 预制楼梯上端锚固式节点

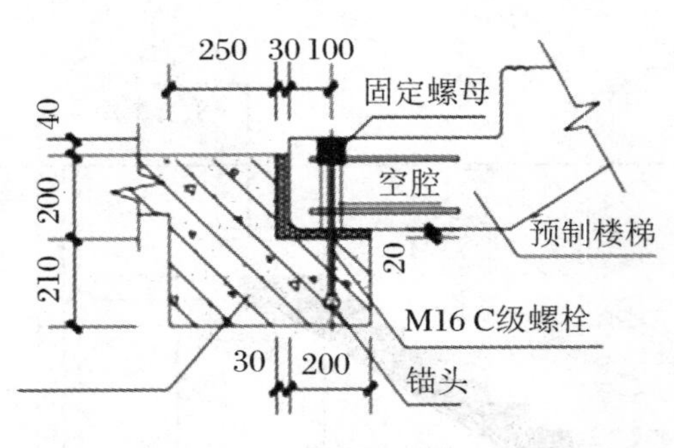

图 8.71 预制楼梯下端搁置式节点

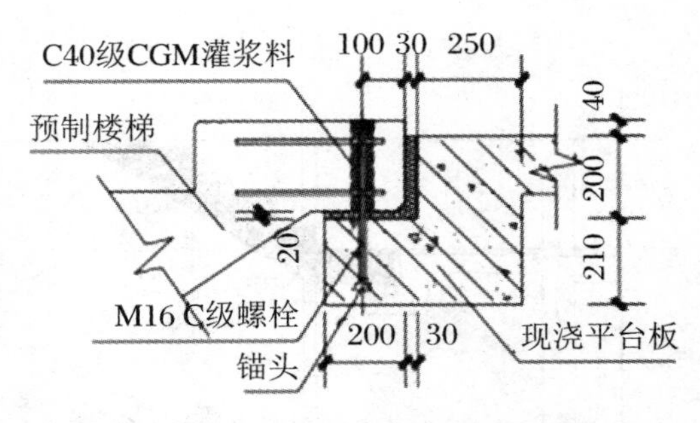

图 8.72 预制楼梯上端搁置式节点

8.3.3 任务拓展

【案例】

某项目预制阳台板、预制空调板与预制外墙板的节点构造详图如图 8.73、图 8.74 所示。节点连接构造要求和接缝防水处理的具体做法见构造详图。

图示分析：

(1) 本案例为预制叠合式阳台板(图 8.73)，预制阳台不宜同时设置上下翻边，阳台反坎宽度宜为 120～180 mm，阳台需预留地漏孔、落水管孔、线盒等，并在图纸标注规格型号和定位尺寸。预制叠合阳台板与主体结构连接，将预制阳台搁置在预制外墙板外页与保温处，再浇筑现浇混凝土叠合层。

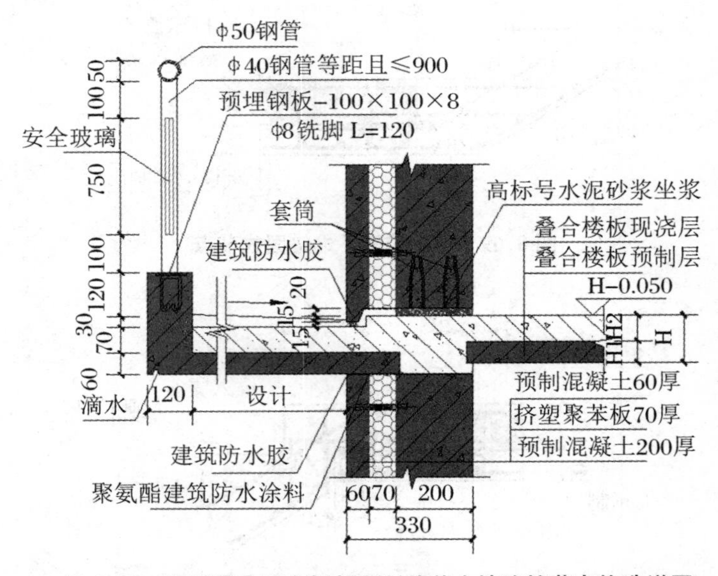

图 8.73 预制叠合阳台板与预制外剪力墙连接节点构造详图

(2) 本案例空调板(图 8.74)尺寸规格较小，为全预制式。尺寸设计应根据其空调外机尺寸来设计，以满足空调外机安装和散热空间要求。为防止空调板室外积水反流，外挑全预制空调板不宜设置上翻边，其标高尺寸宜低于室内标高 30 mm，并向外找坡。空调板下应设滴水线，其预留地漏孔、落水管孔、线盒等应在图纸标注规格型号和定位尺寸。

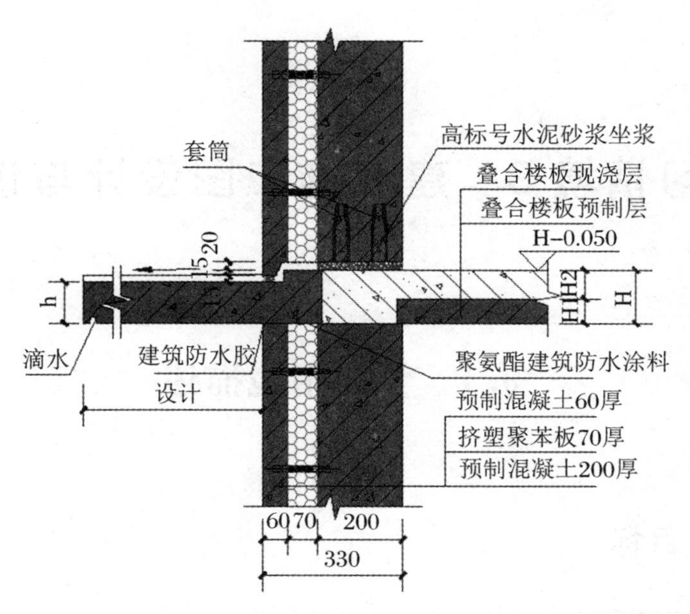

图 8.74　预制空调板与预制外剪力墙连接节点构造详图

(3) 装配式混凝土建筑预制构件是现场拼装完成的，外墙上有很多水平拼缝和竖向拼缝，拼缝部位容易成为渗水的通道。此外预制装配式建筑为抵抗地震等影响，需要将外墙板设计成为有限范围内可活动的构件连接形式，这就进一步增加了墙板拼缝防水的难度。因此预制外墙板与其他构件的节点需采用结构防水、构造防水、材料防水和构造导水等多种方式相结合来进行防水处理。

本案例中预制阳台板、预制空调板与外墙板连接节点防水方式采用构造防水和材料防水相结合形式。其中，构造防水做法是在上下墙板间设置用于配套连接的企口，将墙板横向拼缝设计成内高外低的企口缝，利用水流受重力作用自然垂流原理，可有效防止渗水；材料防水做法是在阳台、空调板侧边及下部墙体相交拼缝处，用聚乙烯材料塞缝，并且打入防水密封胶嵌缝，以防止水汽渗进墙体内部。

练习与提高

1. 平面布置图的设计包括如下步骤：__________，绘制工艺底图，__________，在平面图上添加相关节点、图例和技术说明等信息。

2. 为了解决防水与防护的问题，预制外墙挂板需要在其上下边预留__________。

3. 预制楼梯根据其与平台板连接方式的不同可以分为__________和__________。

4. 预制梁的节点设计内容主要可从两个方面考虑__________和__________。

5. 当水电预留预埋与吊钉、套筒或钢筋干涉时，应该如何处理？

6. 预制楼板的拆分设计需要注意哪些问题？

7. 请简单列举预制叠合楼板中几种常见的预埋件并说明其作用。

学习情境9　建筑施工图设计与识读

9.1　学习情境描述

9.1.1　学习目标

完成本学习情境后，你应当能：

(1) 通过对本章的学习掌握民用建筑设计的一般知识，建立与相关专业及设计人员交流的基础；掌握平面设计、立面设计、剖面设计的规则和方法。

(2) 运用所学知识，了解民用建筑设计的依据、程序和主要设计文件的内容；了解建筑体型设计的基本要求和方法。

(3) 结合由胡敏等编绘的《建筑工程实训图册》(中国科学技术大学出版社 2014 年 8 月出版)一书中的建筑施工图，识读住宅楼、办公楼、教学楼、商住楼等施工图纸，并分析它们在设计上的特点，提出你的建议及看法。

9.1.2　学习任务

具体学习任务与任务驱动，见表 9.1。

表 9.1　学习任务与任务驱动

序号	学习任务	任务驱动
1	建筑平面图设计与识读	(1) 参观住宅楼、教学楼、办公楼等建筑物，分析它们在满足使用功能处理方法上的异同点； (2) 识读建筑平面图； (3) 设计一间教室、卧室或旅馆客房的平面图
2	建筑立面图设计与识读	(1) 参观住宅楼、教学楼、办公楼等建筑物，分析它们在建筑立面处理方法上的异同点； (2) 识读建筑立面图； (3) 分析建筑平面图、立面图、剖面图三者之间的关系
3	建筑剖面图设计与识读	(1) 结合所学知识分析建筑剖面图的剖切位置及方法； (2) 识读建筑剖面图； (3) 绘制你所居住的学生宿舍建筑剖面图

9.2　任务1:建筑平面图设计与识图

建筑施工图首页图与总平图

9.2.1　任务资讯

建造房屋是一个复杂的过程,需要多方面的配合,从拟订计划到建成使用需要经历编制工程设计任务书、选择建设用地、场地勘测、设计、施工、工程验收及交付使用等过程。设计工作是其中重要环节,需对房屋的建造做一个总体的研究,制订一个合理的方案,编制一套完整的施工图纸和文件,为建筑施工提供依据。

建筑工程设计工作包括建筑设计、结构设计和设备设计等几个方面的内容。

1. 建筑设计

建筑设计是在总体规划的前提下,根据设计任务书的要求,综合考虑基地环境、使用功能、结构施工、材料设备、建筑经济及建筑艺术等问题,运用科学技术知识和美学方案,正确处理各种要求之间的相互关系,以便使整个工程在预定的投资限额范围内,按照周密考虑的预定方案顺利进行。因此,建筑设计是一项涉及建筑功能、建筑结构、建筑材料、建筑设备、建筑经济、建筑艺术和建筑环境的创作活动。

建筑设计在整个工程设计中起着主导和先行的作用,包括建筑空间环境的组合设计和构造设计两部分内容。一般由建筑工程师来完成。

2. 结构设计

结构设计主要是根据建筑设计选择切实可行的结构方案,进行结构计算及构件设计、结构布置及构造设计等。一般是由结构工程师来完成的。

3. 设备设计

设备设计主要包括给水排水、电气照明、通讯、采暖通风等方面的设计,一般是由设备工程师来完成的。

以上几方面的工作既有分工,又密切配合,形成一个整体。各专业设计的图纸、计算书、说明书及预算书汇总构成一个建筑工程的完整文件,作为建筑工程施工的依据。

9.2.1.1　建筑设计的要求

《民用建筑设计统一标准》(GB50352—2019)中规定,民用建筑设计除应执行国家有关法律、法规外,尚应符合以下规定:应按可持续发展战略的原则,正确处理人、建筑和环境的相互关系;必须保护生态环境,防止污染和破坏环境;应以人为本,满足人们物质与精神的需求;应贯彻节约用地、节约能源、节约用水和节约原材料的基本国策;应满足当地城乡规划的要求,并与周围环境相协调,宜体现地域文化、时代特色;建筑和环境应综合采取防火、抗震、防洪、防空、抗风雪和雷击等防灾安全措施;应在室内外环境中提供无障碍设施,方便行动有障碍的人士使用;涉及历史文化名城名镇名村、历史文化街区、文物保护单位、历史建筑和风景名胜区、自然保护区的各项建设,应符合相关保护规划的规定。

9.2.1.2　建筑设计的依据

1. 使用功能

(1) 人体尺度及人体活动的空间尺度。

人体尺度及人体活动所占的空间尺度是确定民用建筑内部各种空间尺度的主要依据。图 9.1(a)为中等身材男子的人体基本尺度,图 9.1(b)为人体基本动作尺度。

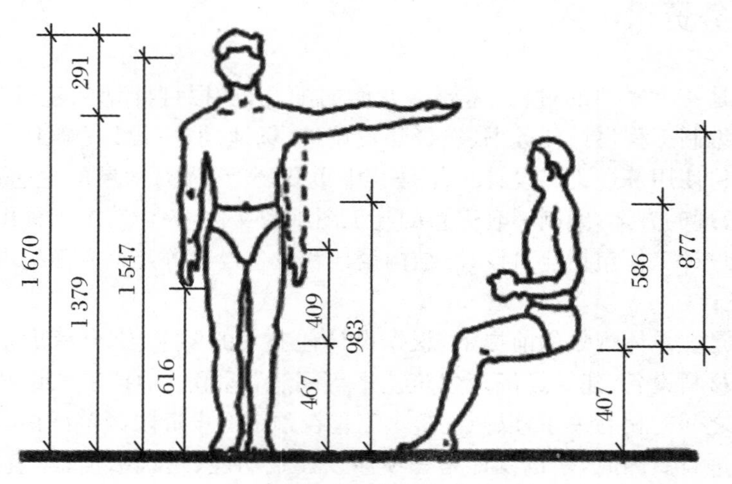

(a) 中等身材男子的人体基本尺度

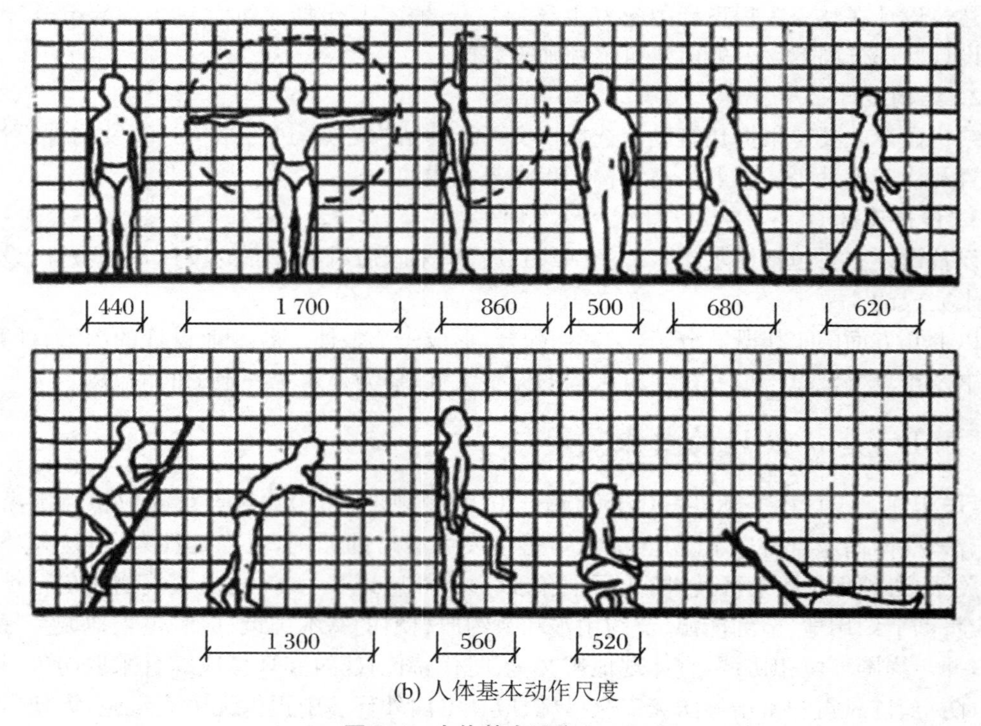

(b) 人体基本动作尺度

图 9.1　人体基本尺度(mm)

(2) 家具、设备尺寸及使用空间。

房间内家具设备的尺寸,以及人们使用它们所需活动空间是确定房间内部使用面积的重要依据，图 9.2 为家具设备尺寸。

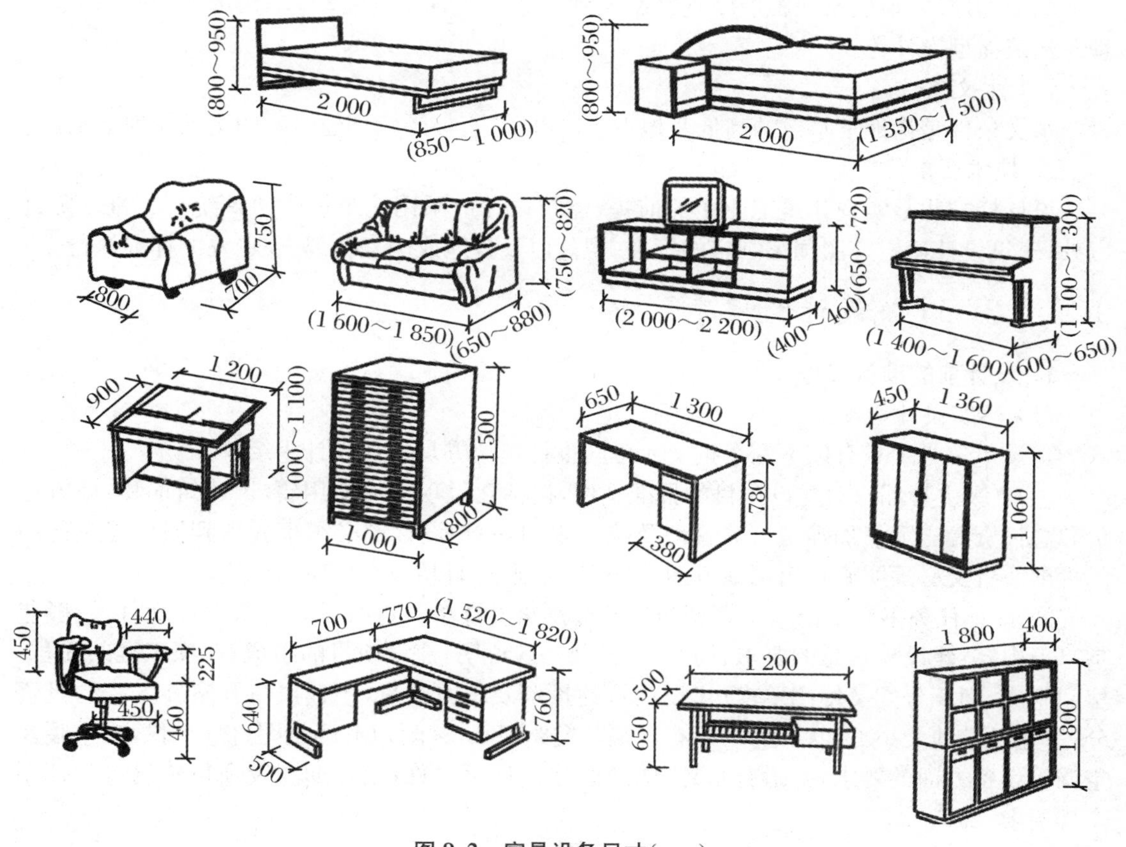

图 9.2　家具设备尺寸(mm)

2. 自然条件

(1) 气象条件。

建设地区的温度、湿度、日照、雨雪、风向、风速等是建筑设计的重要依据。

图 9.3 为我国部分城市的风向频率玫瑰图，图中实线部分表示全年风向频率，虚线部分表示夏季风向频率。风向是指由外吹向地区中心。风向频率玫瑰图(简称风玫瑰)是依据该地区多年统计的各个方向风向的平均日数的百分数按比例绘制而成的，一般用 16 个罗盘方位表示。

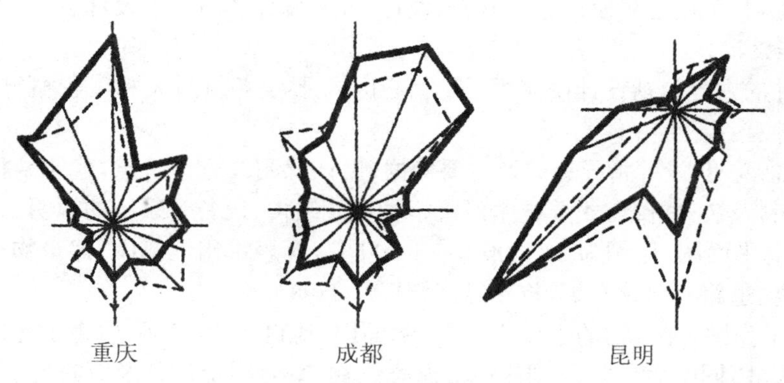

图 9.3　风向频率玫瑰图

(2) 地形、地质及地震烈度。

基地的地形、地质及地震烈度直接影响到房屋的平面空间组织、结构选型、建筑构造处理及建筑体型设计等。

(3) 水文条件。

水文条件是指地下水位的高低及地下水的性质,直接影响到建筑物的基础及地下室。

3. 技术要求

设计标准化是实现建筑工业化的前提,建筑设计应采用建筑模数协调统一标准。除此以外,建筑设计还应遵照国家制定的标准、规范以及各地或国家各部、委颁发的标准执行。

9.2.1.3 建筑设计的程序

1. 设计前的准备工作

(1) 落实设计任务。

建设单位必须具有以下两个批文才可向设计单位办理委托设计手续。

① 上级主管部门对建设项目的批准文件,包括建设项目的使用要求、建筑面积、单方造价和总投资等。为了加强城市的管理及统一规划,一切设计都必须事先得到城市建设部门的批准。批文必须明确指出用地范围,以及有关规划、环境及个体建筑的要求。

② 设计任务书是经上级主管部门批准提供给设计单位进行设计的依据性文件,一般包括以下内容:建设项目总的要求、用途、规模及一般说明;建设项目的组成,单项工程的面积,房间组成,面积分配及使用要求;建设项目的投资及单方造价,土建设备及室外工程的投资分配;建设基地大小、形状、地形,原有建筑及道路现状,并附地形测量图;供电、供水、采暖及空调等设备方面的要求,并附有水源、电源的使用许可文件;设计期限及项目建设进度计划安排要求。

(2) 调查研究、收集资料。

除设计任务书提供的资料外,建设单位还应当收集必要的设计资料和原始数据,如建设地区的气象、水文地质资料;基地环境及城市规划要求;施工技术条件及建筑材料供应情况;与设计项目有关的定额指标及已建成的同类型建筑的资料;当地文化传统、生活习惯及风土人情等等。

2. 设计阶段的划分

建筑设计过程按工程复杂程度、规模大小及审批要求,划分为两阶段设计或三阶段设计。一般建筑工程通常采用两阶段设计,即初步设计和施工图设计。对于大型民用建筑或技术复杂的工程,采用三阶段设计,即初步设计、技术设计和施工图设计。

(1) 初步设计。

初步设计的内容包括设计说明书、设计图纸、主要设备材料表和工程概算四部分,具体的图纸和文件有:

① 设计总说明:设计指导思想及主要依据,设计意图及方案特点,建筑结构方案及构造特点,建筑材料及装修标准,主要技术经济指标以及结构、设备等系统的说明。

② 建筑总平面图:比例为1∶500、1∶1 000等,应表示用地范围,建筑物位置、大小、层数及设计标高,道路及绿化布置,技术经济指标。

③ 各层平面图、建筑物的主要立面图、剖面图:比例为1∶100,应表示建筑物的总尺寸和定位轴线尺寸,同时表示阳台、雨篷、门窗等位置,室内固定设备及有特殊要求的厅、室的

具体布置，立面处理及材料选用等。

④ 工程概算书：建筑物投资估算，主要材料用量及单位消耗量。

⑤ 大型民用建筑及其他重要工程，必要时可绘制透视图、鸟瞰图或制作模型。

(2) 技术设计。

在初步设计的基础上进一步解决各种技术问题。技术设计的图纸和文件与初步设计大致相同，但更详细些。具体包括整个建筑物和各个局部的具体做法，各部分确切的尺寸关系，内外装修的设计，结构方案的计算和具体内容、各种构造和用料的确定，各种设备系统的设计和计算，各技术工种之间各种矛盾的合理解决，设计预算的编制等。

(3) 施工图设计。

施工图设计是建筑设计的最后阶段，是提交施工单位进行施工的设计文件。

施工图设计的主要任务是满足施工要求，解决施工中的技术措施、用料及具体做法。

施工图设计的内容包括建筑、结构、水电、采暖通风等设计图纸、工程说明书、结构及设备计算书和概算书。具体图纸和文件有：

① 建筑总平面图：与初步设计基本相同。

② 建筑物各层平面图、剖面图、立面图，比例为1∶100。除表达初步设计或技术设计内容以外，还应详细标出门窗洞口、墙段尺寸及必要的细部尺寸、详图索引等。

③ 建筑构造详图：应详细表示各部分构件关系、材料尺寸及做法、必要的文字说明。根据节点需要，比例可分别选用1∶20、1∶10、1∶5、1∶2、1∶1等。

④ 相应配套的施工图纸有基础平面图、结构布置图、钢筋混凝土构件详图、水电平面图及系统图、建筑防雷接地平面图等。

⑤ 设计说明书：包括施工图设计依据、设计规模、面积、标高定位、用料说明等。

⑥ 结构和设备计算书。

⑦ 工程概算书。

9.2.2 任务实施

建筑平面图设计

1. 平面图设计的内容

建筑平面图表示的是建筑物在水平方向房屋各部分的组合关系，并集中反映建筑物的使用功能关系，是建筑设计中的重要一环。建筑设计应从平面设计入手，对建筑的功能、布局进行分析和处理。可以说平面设计是建筑设计的开篇之作，对建筑的整体效果起着至关重要的作用。

平面设计的任务，就是通过充分研究各部分的特征和相互关系，以及平面与周围环境的关系，在各种复杂的关系中找出平面设计的规律，使建筑物满足功能、技术、经济、美观的要求，包括单个房间平面设计及平面组合设计。

2. 使用功能的平面设计

根据使用功能，建筑的使用空间应充分利用日照、采光、通风和景观等自然条件。对有私密性要求的房间，应防止视线干扰。建筑按使用功能要求分为主要使用空间、辅助使用空间和交通联系空间，通过交通联系空间将主要使用空间和辅助使用空间连成一个有机的整体。主要使用空间，如住宅中的起居室、卧室，学校建筑中的教室、实验室等；辅助使用空间，如厨房、厕所、储藏室等。交通联系空间是建筑物中各个房间之间、楼层之间和房间内外之间联系通行的面积，即各类建筑物中的走廊、门厅、过厅、楼梯、坡道、电梯和自动扶梯等所占的面积。

（1）主要使用房间的设计。

使用部分是构成建筑空间的主体，在进行设计时，一般先从构成建筑的基本单元——房间着手，然后再进行组合设计。

① 房间的设计要求。

a. 房间的面积、形状和尺寸要满足室内使用、活动和家具、设备的布置要求。

b. 门窗的大小和位置，必须使房间出入方便，疏散安全，采光、通风良好。

c. 房间的构成应使结构布置合理，施工方便，要有利于房间之间的组合，所用材料要符合建筑标准。

d. 要考虑人们的审美要求。

② 房间面积的组成。

a. 房间的面积主要由三部分组成：家具设备所占的面积；使用活动面积；房间内部交通面积。

b. 影响房间面积大小的因素。

容纳人数。在实际工作中，房间面积的确定主要是依据我国有关部门及各地区制定的面积定额指标。应当指出：每人所需的面积除面积定额指标外，还需通过调查研究并结合建筑物的标准综合考虑。表 9.2 是部分民用建筑房间面积定额参考指标。

表 9.2　部分民用建筑房间面积定额参考指标

项目 建筑类型	房间名称	面积定额（m^2/人）	备　注
中小学	普通教室	1～1.2	小学取下限
办公楼	一般办公室	3.5	不包括走道
	会议室	0.5	无会议桌
		2.3	有会议桌
铁路旅客站	普通候车室	1.1～1.3	
图书馆	普通阅览室	1.8～2.5	4～6 座双面阅览桌

有些建筑的房间面积指标未作规定，使用人数也不固定，如展览室、营业厅等。这就要求设计人员根据设计任务书的要求，对同类型、规模相近的建筑物进行调查研究，通过分析比较得出合理的房间面积。

图 9.4 为卧室和教室室内使用面积分析示意图。

③ 房间的平面形状。

民用建筑常见的房间形状有矩形、方形、多边形、圆形、扇形等。绝大多数的民用建筑房间形状为矩形，因为矩形平面便于家具设备的布置，提高面积利用率。房间的开间、进深易于调整统一，便于平面组合。结构布置和预制构件的选用较易解决，便于结构设计与施工。

图 9.5 为矩形、六边形教室平面形状。

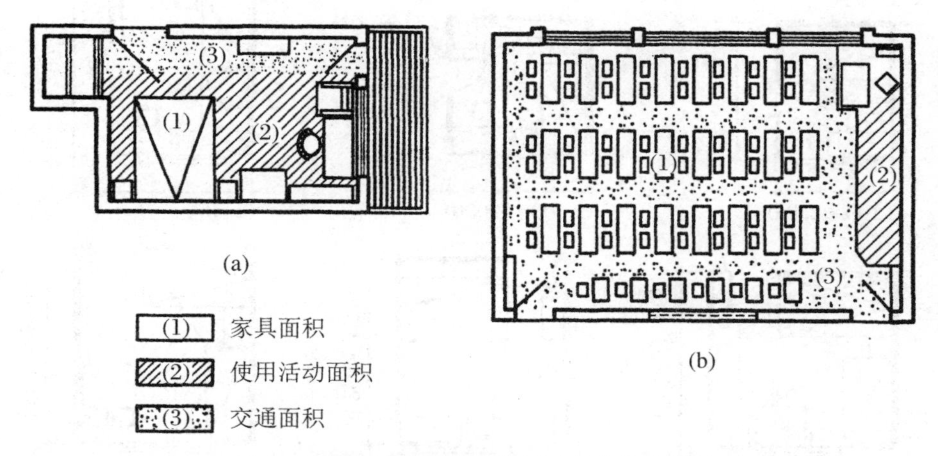

图 9.4　卧室和教室室内使用面积分析示意图

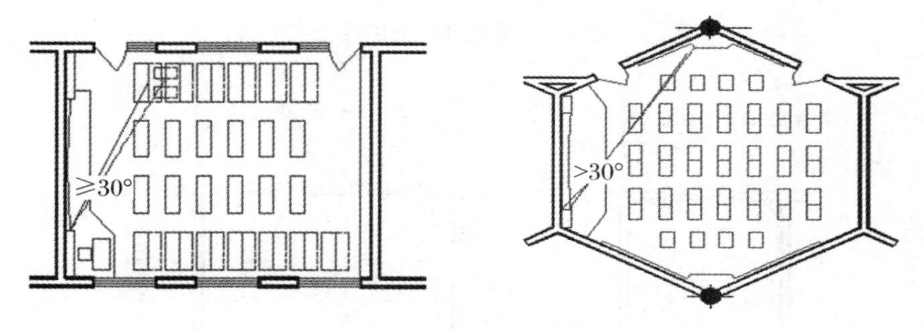

图 9.5　矩形、六边形教室平面形状

④ 房间的尺寸。

房间尺寸是指房间的开间和进深。房间尺寸确定的主要依据有房间的使用要求，采光通风等室内环境的要求，精神和审美要求，技术经济方面的要求，结构布置和施工要求等。

a. 家具设备的布置要求。

单一房间的平面尺寸首先取决于室内家具和设备的布置，满足人们在里面进行活动的要求。如主卧室要求床能两个方向布置，开间尺寸常取 3.6 m，深度尺寸常取 3.90～4.50 m。次卧室开间尺寸常取 2.70～3.00 m。医院病房主要是满足病床的布置及医护活动的要求，3～4人的病房开间尺寸常取 3.30～3.60 m，6～8 人的病房开间尺寸常取 5.70～6.00 m，图 9.6 为卧室开间进深尺寸，图 9.7 为病房开间进深尺寸。

b. 满足视听要求。

对于如教室、礼堂、观众厅等的平面尺寸除满足家具设备布置及人们活动要求外，还应保证有良好的视听条件。中小学教学楼设计规范对普通教室内课桌椅的布置有以下规定：

课桌椅的排距：小学不宜小于 850 mm，中学不宜小于 900 mm；纵向走道宽度均不应小于 550 mm。课桌端部与墙面（或突出墙面的内壁柱及设备管道）的净距离均不应小于 120 mm。

前排边座的学生与黑板远端形成的水平视角不应小于 30°。

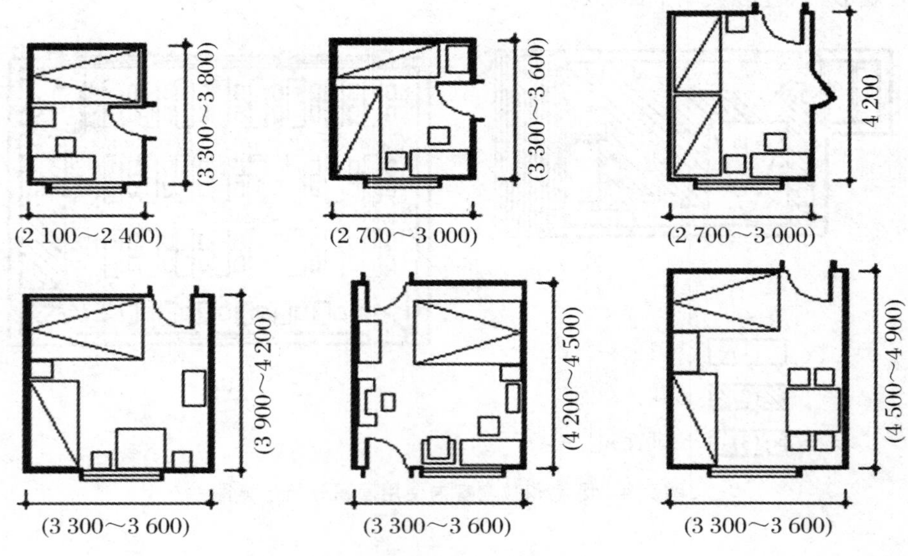

图 9.6　卧室开间进深尺寸

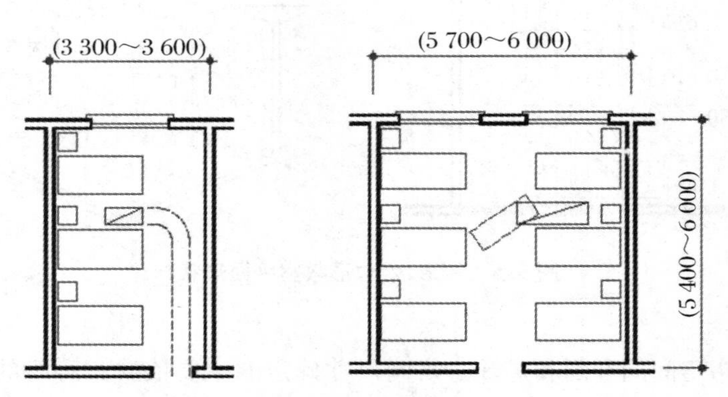

图 9.7　病房开间进深尺寸

教室第一排课桌前沿与黑板的水平距离不宜小于 2 000 mm；最后一排课桌后沿与黑板的水平距离：小学不宜大于 8 000 mm，中学不宜大于 8 500 mm。教室后部应设置不小于 600 mm的横向走道。

下面以一个可容纳 50 名学生的小学普通教室为例，通过计算确定教室的开间与进深尺寸。

开间尺寸 = 2 000 +（排数 − 1）× 排距 + 教室后部应设置的横向走道
+ 横墙内表面到横向定位轴线距离 × 2
= 2 000 + 6 × 850 + 1 020 + 120 × 2 = 8 360（mm）

因 8 360 mm 不符合建筑模数，考虑楼板的经济跨度，教室开间取 8 400 mm。

进深尺寸 = 8 × 桌长 + 3 × 通道宽度 + 纵墙内表面到纵向定位轴线距离 × 2
= 8 × 550 + 3 × 550 + 250 × 2 = 6 550（mm）

因 6 550 mm 不符合建筑模数，调整为 6 600 mm。图 9.8 为教室平面布置。

中小学教学楼设计规范对普通教室内黑板讲台设计有以下规定：黑板高度尺寸不应小于 1 000 mm；宽度尺寸小学不宜小于 3 600 mm，中学不宜小于 4 000 mm。黑板下沿与讲台面的垂直距离小学宜为 800～900 mm、中学宜为 1 000～1 100 mm。讲台两端与黑板边缘的水平距离不应小于 200 mm，宽度不应小于 650 mm，高度宜为 200 mm。图 9.9 为教室的视线要求。

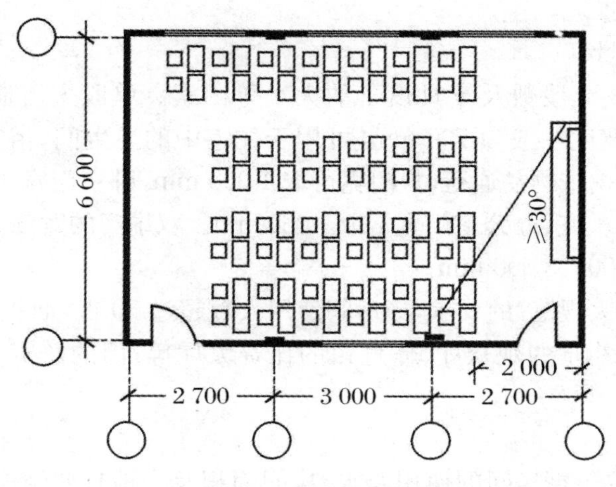

图 9.8　教室平面布置

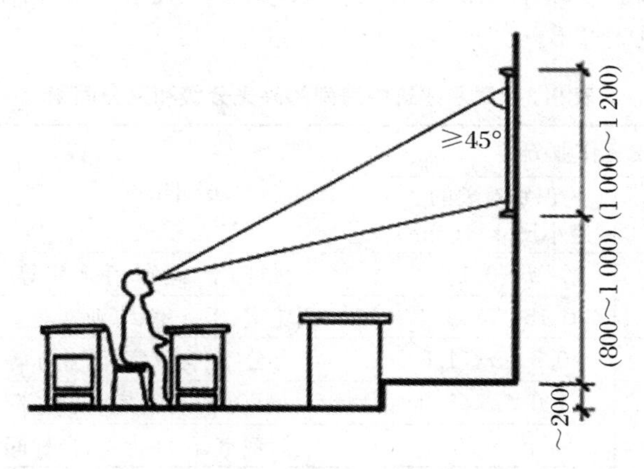

图 9.9　教室的视线要求

c. 良好的天然采光。

一般房间多采用单侧或双侧采光，因此，房间的深度常受到采光的限制。一般单侧采光时进深不大于窗上口至地面距离的 2 倍，双侧采光时进深可较单侧采光时增大 1 倍。图 9.10为采光方式与进深的关系。

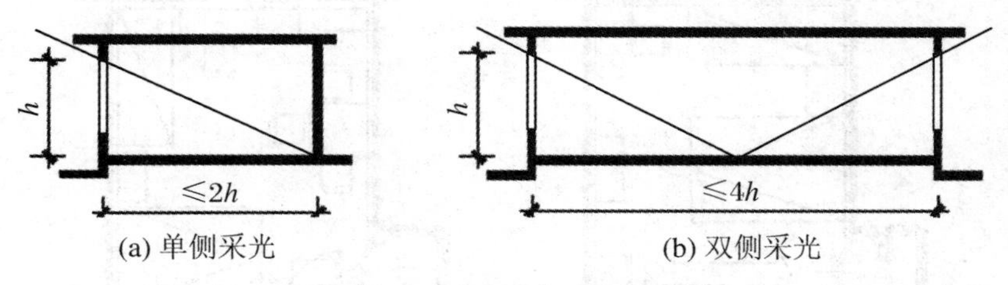

图 9.10　采光方式与进深的关系

d. 经济合理的结构布置。

较经济的开间尺寸是不大于 4.00 m，钢筋混凝土梁较经济的跨度是不大于 9.00 m。对于由多个开间组成的大房间，如教室、会议室、餐厅等，应尽量统一开间尺寸，减少构件类型。

e. 符合建筑模数协调统一标准。

⑤ 房间的门窗设置。

a. 门的宽度及数量。

门的宽度取决于人流股数及家具设备的大小等因素。单股人流通行最小宽度取 550 mm。因此，门的最小宽度一般为 700 mm，可用于住宅中的卫生间、浴室。住宅的户门、卧室、厨房门应考虑一人携带物品通行，户门宽可取 1 000 mm，卧室门宽可取 900 mm，厨房门宽可取 800 mm。普通教室、办公室门宽常取 1 000 mm。双扇门的宽度为 1 200～1 800 mm，四扇门的宽度可为 2 400～3 600 mm。

按照《建筑设计防火规范》的要求，当房间使用人数超过 50 人，面积超过 60 m² 时，至少需设两个门。影剧院、礼堂的观众厅、体育馆的比赛大厅等，门的总宽度可按 600 mm/100 人计算。

b. 窗的面积。

窗的面积大小主要根据房间的使用要求、房间面积及当地日照情况等因素来考虑。根据房间的使用要求不同，建筑采光标准分为五级，每级规定相应的窗地比，即房间窗的总面积与地面积的比值，见表 9.3。

表 9.3　民用建筑中房间的采光分级和采光面积

采光等级	视觉作业分类		房间名称	窗地比
	作业精确度	识别对象的最小尺寸 d(mm)		
Ⅰ	特别精细	$d \leqslant 0.15$	绘图室、画廊、手术室等	1/3～1/5
Ⅱ	很精细	$0.15 < d \leqslant 0.3$	阅览室、医务室、专业实验室等	1/4～1/6
Ⅲ	精细	$0.3 < d \leqslant 1.0$	办公室、会议室、营业厅等	1/6～1/8
Ⅳ	一般	$1.0 < d \leqslant 5.0$	观众厅、休息室、厕所等	1/8～1/10
Ⅴ	粗糙	$d > 5.0$	储藏室、门厅走廊、楼梯间	1/10 以下

c. 门窗的位置。

门窗的位置应尽量使墙面完整，便于家具设备布置和充分利用室内有效面积。门的位置应交通线路短，设备布置方便，面积充分利用，便于安全疏散，图 9.11 为门的位置对家具布置的影响，图 9.12 为套间房间门的布置。门窗的位置应有利于采光、通风。为满足室内

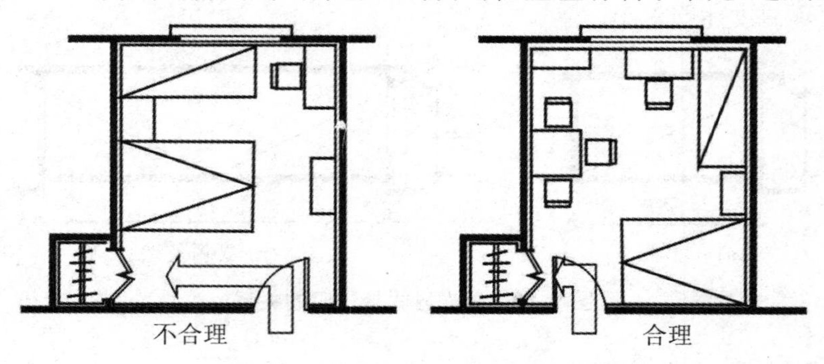

图 9.11　门的位置对家具布置的影响

通风要求，一般可将窗与窗或窗与门对正布置，有利于穿堂风顺利通过室内的使用空间，图9.13为门窗位置对通风组织的影响。

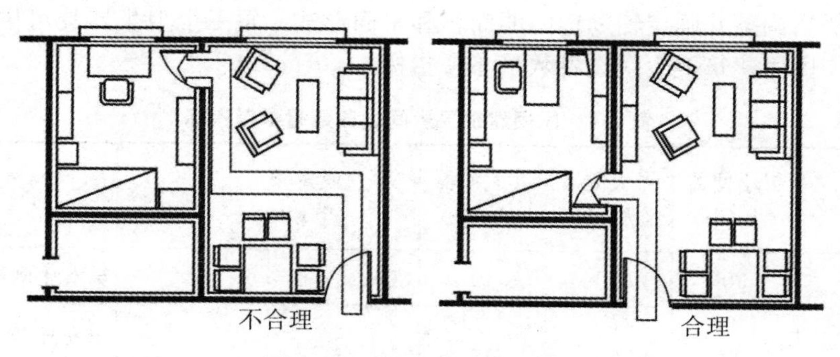

图9.12　套间房间门的布置

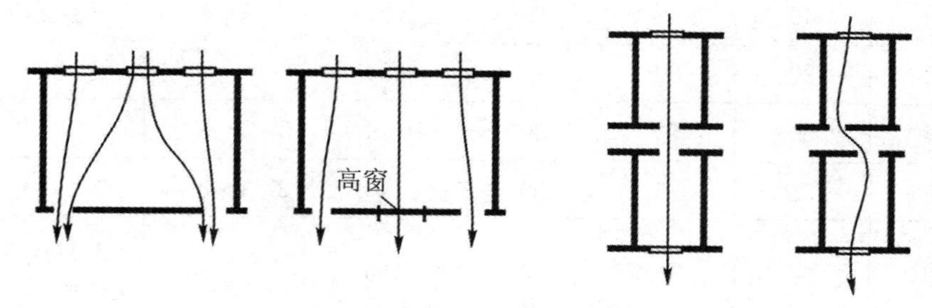

图9.13　门窗位置对通风组织的影响

d. 门的开启方向。

门的开启方向一般原则是内门内外，外门外开，小空间内开，大空间外开。当门较为集中时，必须精心协调，防止紧靠在一起的门扇相互碰撞。图9.14为门的开启方向。

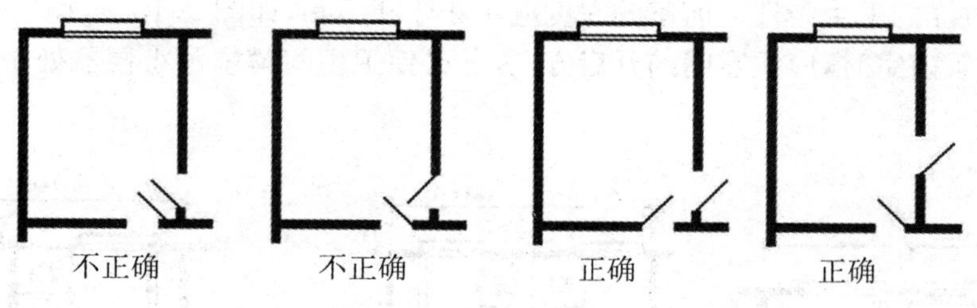

图9.14　门的开启方向

(2) 辅助房间的平面设计。

① 公共卫生间的设计。

a. 卫生间设计的一般要求。

卫生间在建筑物中常处于人流交通线上与走道及楼梯间相联系，应设前室。前室作为公共交通空间和卫生间的缓冲地，并使卫生间隐蔽一些。公共卫生间应有良好的天然采光与通风。卫生间位置应有利于节省管道，减少立管并靠近室外给排水管道。同层平面中男、女卫生间最好并排布置，避免管道分散。多层建筑中应把卫生间布置在上下相对应的位置。

b. 卫生设备的类型及数量。

卫生设备的类型有大便器、小便器、洗手盆和污水池等。

在建筑设计中，根据各建筑物的使用特点和使用人数的多少，根据计算确定所需设备的数量，然后考虑在建筑物中卫生间、盥洗室的分布情况，最后在建筑平面组合中，根据建筑物的使用要求适当调整并确定辅助房间的面积和平面形式。每一个卫生器具可供使用的人数可参考表 9.4 民用建筑卫生间设备数量参考指标。

表 9.4　民用建筑卫生间设备数量参考指标

建筑类型	男小便器（人/个）	男大便器（人/个）	女大便器（人/个）	洗手盆或龙头（人/个）	男女比例	备　注
旅馆	20	20	12			男女比例按设计要求
宿舍	20	20	15	15		男女比例按实际使用情况
中小学	40	40	25	100	1∶1	小学数量应适当增加
火车站	80	80	50	150	2∶1	
办公楼	50	50	30	50～80	3∶1～5∶1	
影剧院	35	75	50	140	2∶1～3∶1	
门诊部	50	100	50	150	1∶1	总人数按全日门诊人次计算
幼儿园、托儿所		5～10	5～10	2～5	1∶1	

c. 卫生间的布置。

建筑物中公共卫生间通常应设置前室，带前室的卫生间有利于隐蔽，可以改善通往卫生间的走道和过厅的卫生条件。前室的深度应不小于 1.5 m，如图 9.15 所示。当卫生间面积小，不便于布置前室时，应注意门的开启方向，务必使卫生间蹲位及小便器处于隐蔽位置，如图 9.16 所示。

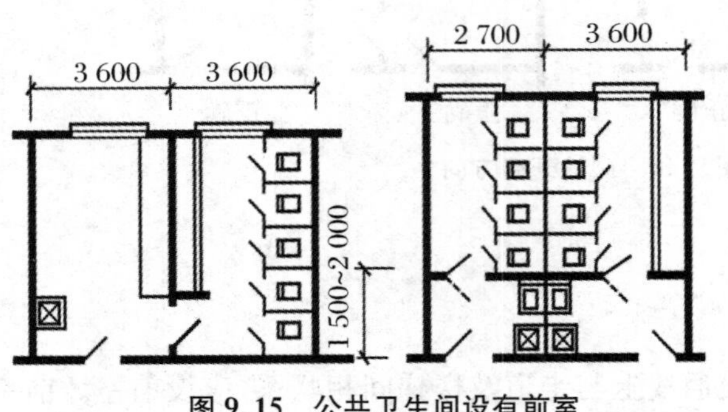

图 9.15　公共卫生间设有前室

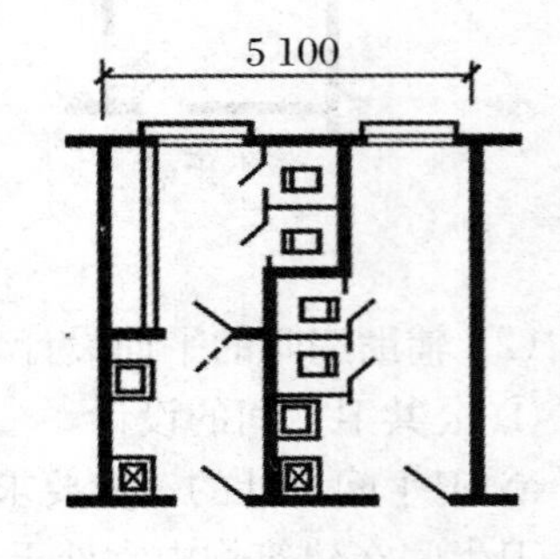

图 9.16　公共卫生间无前室

② 专用卫生间的设计。

在满足设备及使用功能的前提下，应力求经济，节约面积，应有自然采光和通风，如图 9.17所示。

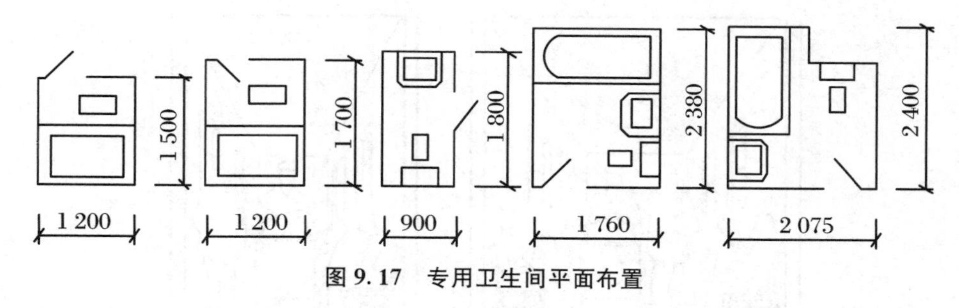

图 9.17　专用卫生间平面布置

③ 厨房的设计。

厨房设备有洗涤池、案台、灶台及排烟装置等。厨房设计应有直接采光和自然通风，并有足够的面积保证必要的操作空间。厨房室内布置应符合操作流程，布置形式有单排、双排、L 形、U 形等，如图 9.18 所示。

(a) 单排布置　(b) 双排布置　(c) L形布置

(d) L形布置　(e) U形布置

图 9.18　厨房布置实例

(3) 交通联系部分的设计。

一幢建筑物除了有满足使用功能的各种房间外，还需要有交通联系部分把各个房间之间以及室内外之间联系起来。建筑物内部的交通联系部分包括：水平交通空间——走道；垂直交通空间——楼梯、电梯、自动扶梯、坡道；交通枢纽空间——门厅、过厅等。

交通联系部分的设计应力争做到：交通路线简捷明确，人流通畅，联系通行方便；紧急疏散时迅速安全；满足一定的采光、通风要求；力求节省交通面积，同时综合考虑空间造型等问题。

① 过道(走廊)的设计。

过道必须满足人流通畅和建筑防火的要求。单股人流的通行宽度为 550～600 mm。例如住宅中的过道，考虑到搬运家具的要求，最小宽度应为 1 100～1 200 mm。根据不同建筑类型的使用特点，过道除了交通联系外，也可以兼有其他的使用功能。例如教学楼中的过道，兼有学生课间休息活动的功能；医院门诊部的过道，兼有患者候诊的功能，如图 9.19 所示。过道宽度除应按交通要求设计，还要根据建筑物的耐火等级、层数和过道中通行人数的多少决定，其具体数值可参见表 9.5 过道的最小宽度。

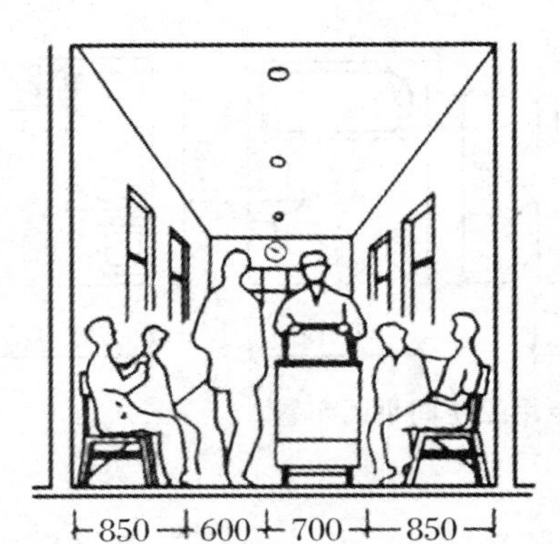

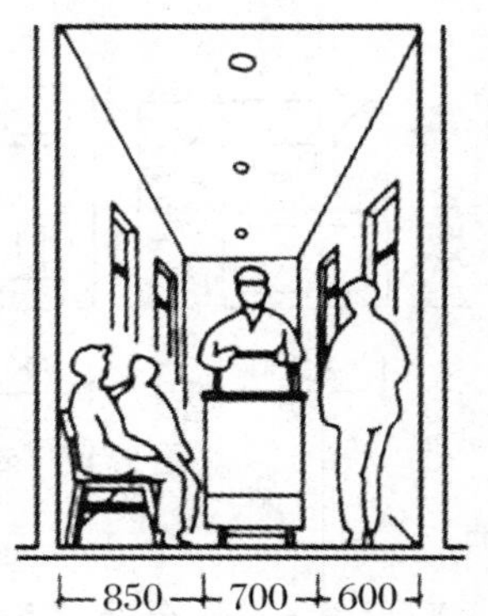

图 9.19　医院门诊部过道

表 9.5　过道的最小宽度

宽度(m/100 人)		房屋耐火等级		
		一、二级	三级	四级
层数	1、2 层	0.63	0.80	1.00
	3 层	0.80	1.00	—
	>3 层	1.00	1.25	—

《建筑设计防火规范》(GB50016—2014)要求民用建筑的安全疏散距离应符合下列规定：

直接通向疏散走道的房间疏散门至最近安全出口的距离应符合表 9.6 的规定；直接通向疏散走道的房间疏散门至最近非封闭楼梯间的距离，当房间位于两个楼梯间之间时，应按表中的规定减少 5 m；当房间位于袋形走道两侧或尽端时，应按表中的规定减少 2 m；楼梯间的首层应设置直通室外的安全出口或在首层采用扩大封闭楼梯间。当层数不超过 4 层时，可将直通室外的安全出口设置在离楼梯间小于等于 15 m 处；房间内任一点到该房间直接通向疏散走道的疏散门的距离，不应大于表中规定的袋形走道两侧或尽端的疏散门至安全出口的最大距离。

表 9.6　房门至外部出口或封闭楼梯间的最大距离　　(单位：m)

建筑类型	位于两个外部出口或楼梯之间的房间			位于袋形走廊两侧或尽端的房间		
	耐火等级			耐火等级		
	一、二级	三级	四级	一、二级	三级	四级
托儿所、幼儿园	25	20	—	20	15	—
医院、疗养院	35	30	—	20	15	—
学 校	35	30	25	22	20	15
其他民用建筑	40	35	25	22	20	15

对于一、二级耐火等级的建筑物内的观众厅、多功能厅、餐厅、营业厅和阅览室等，室内

任何一点至最近安全出口的直线距离不大于 30 m。敞开式外廊的房间疏散门至安全出口的最大距离可按表增加 5 m;建筑物内全部设置自动喷水灭火系统时,其安全疏散距离可按本表规定增加 25%;房间内任一点到该房间直接通向疏散走道的疏散门的距离计算:住宅最远房间内一点到户门的距离,跃层式住宅内的户内楼梯的距离可按其梯段总长度的水平投影尺寸计算。

② 楼梯、坡道的设计。

楼梯是建筑物各层间的垂直交通联系部分,是楼层人流疏散必经的通路。楼梯的宽度取决于通行人数的多少和建筑防火要求,通常应大于 1 100 mm。辅助楼梯应大于 800 mm,楼梯梯段和平台的通行宽度如图 9.20 所示。

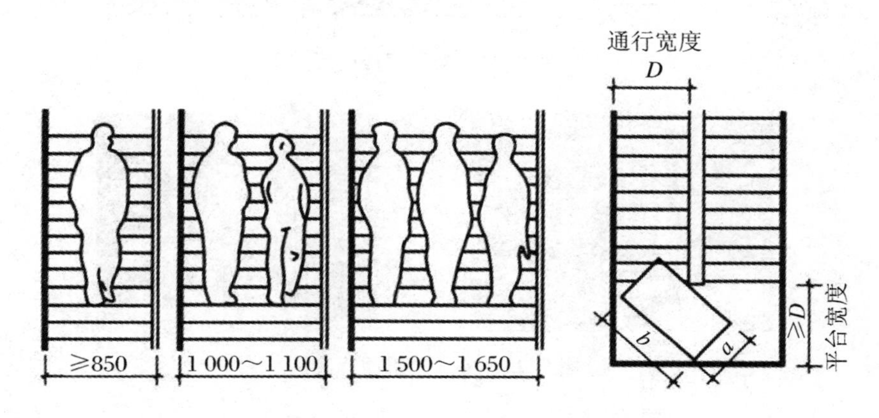

图 9.20　楼梯梯段和平台的通行宽度(mm)

不同位置的坡道,其坡度和宽度应符合表 9.7 的规定。

表 9.7　不同位置的坡道坡度和宽度规定

坡道位置	最大坡度	最小宽度(m)
有台阶的建筑入口	1∶12	≥1.2
只设坡道的建筑入口	1∶20	≥1.5
室内走道	1∶12	≥1.0
室外通路	1∶20	≥1.5
困难地段	1∶10~1∶8	≥1.2

③ 门厅、过厅的设计。

门厅是建筑物主要出入口处的内外过渡空间,人流集散的交通枢纽。此外,一些建筑物中,门厅常兼有服务、等候、展览等功能,图 9.21 为某写字楼门厅,图 9.22 为公共建筑门厅实例。

门厅的设计要求:明显突出的位置;导向明确,交通线路简捷畅通,避免人流交叉干扰;良好的天然采光,适宜的空间比例关系;良好的疏散能力;门厅对外出入口的总宽度,应不小于通向该门厅的过道、楼梯宽度的总和;较好的空间过度功能。人流比较集中的建筑物,门厅对外出入口的宽度,可按每 100 人 0.6 m 计算。外门必须向外开启或尽可能采用弹簧门内外开启,图 9.23 为建筑平面中的门厅设置。

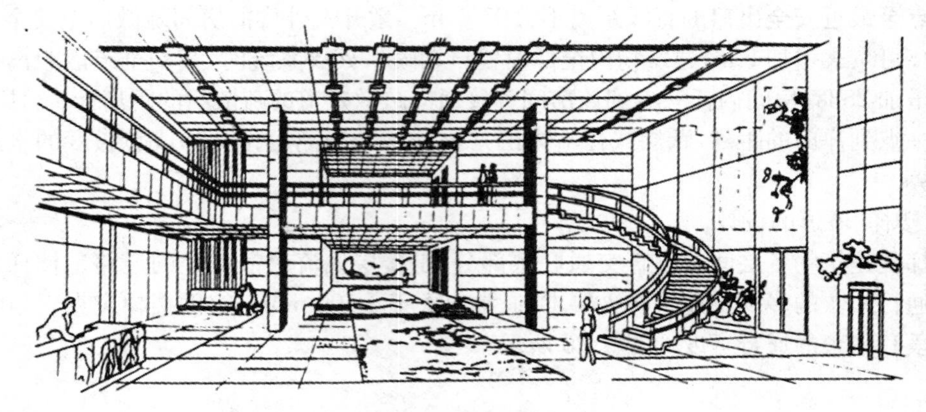

图 9.21　某写字楼门厅

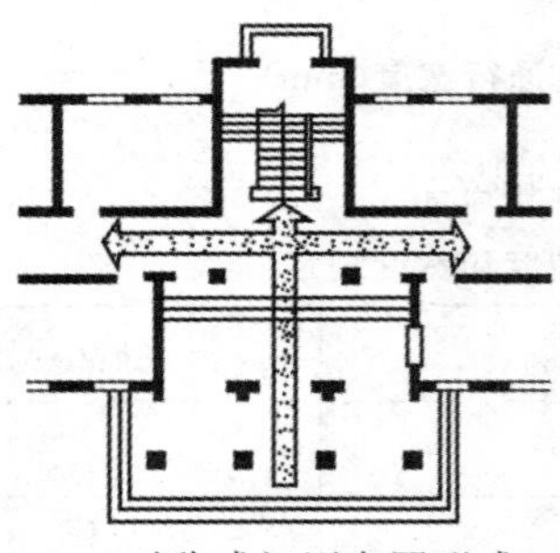

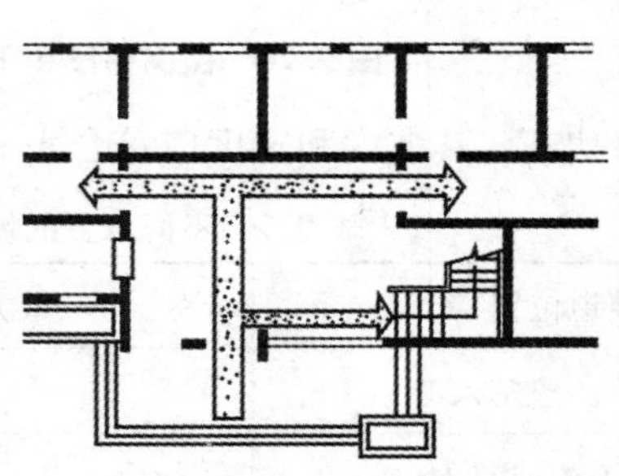

图 9.22　公共建筑门厅实例

(a) 对称式门厅布置形式

(b) 非对称式门厅布置形式

图 9.23　建筑平面中的门厅设置

过厅通常设置在走道与走道的交汇处、走道与楼梯的交汇处。它起人流经门厅的再分流和缓冲、过渡的作用。为了改善过道的采光、通风条件,有时也可以在走道的中部设置过厅,图 9.24 为过厅在走道与楼梯的交汇处,图 9.25 为过厅在走道与走道的交汇处,图 9.26 起空间过渡作用的过厅。

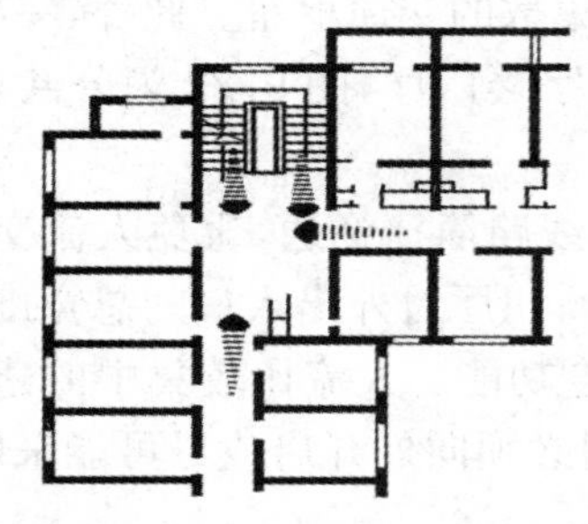

图 9.24　过厅在走道与楼梯的交汇处

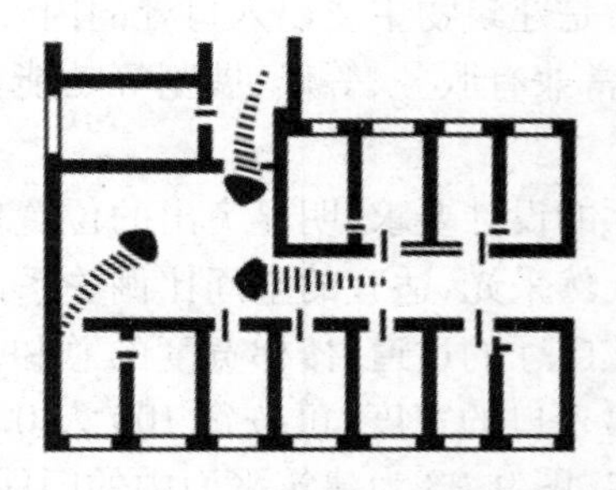

图 9.25　过厅在走道与走道的交汇处

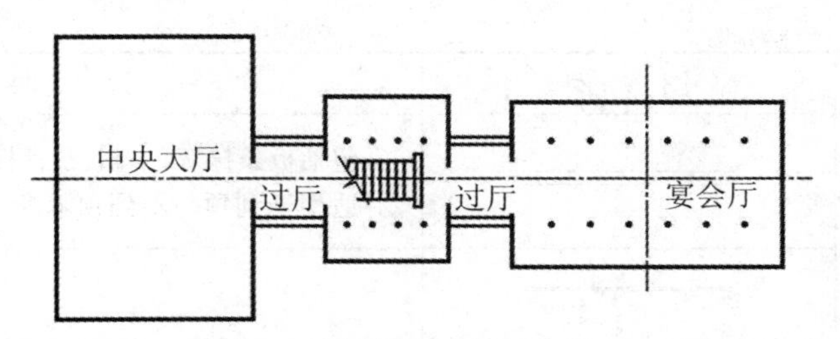

图 9.26　起空间过渡作用的过厅

④ 门廊、门斗的设计。

在建筑物的出入口处，常设置门廊或门斗，以防止风雨或寒气的侵袭。开敞式的做法叫门廊，封闭式的做法叫门斗，图 9.27 为出入口的设置。

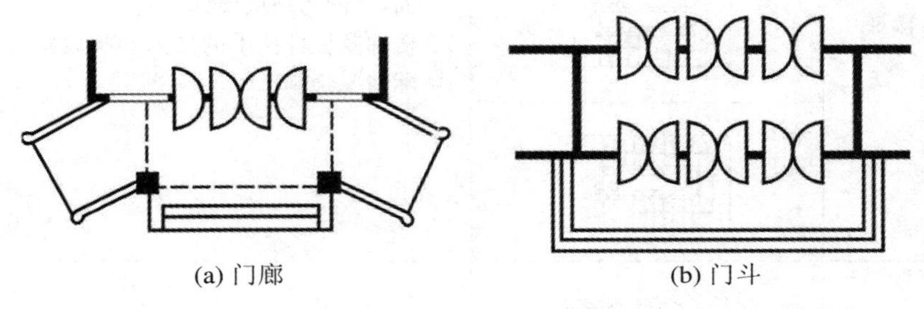

(a) 门廊　　(b) 门斗

图 9.27　出入口的设置

9.2.3　任务拓展

识读建筑平面图

建筑平面图识读

1. 建筑平面图的形成

假想用一个水平的剖切面沿建筑物窗台以上的部位剖开，移去剖切平面以上的部分，从上往下进行投影所得到的水平投影图称为建筑平面图，简称平面图。

建筑平面图主要反映建筑的平面形状、大小和房间布置，墙（柱）的位置、厚度和材料，门窗的位置、大小和开启方向等。建筑平面图可作为施工放线、砌筑墙、柱、安装门窗和室内装修及编制预算的依据。

一般来说，建筑物有几层就应画出几张平面图，并在图的下方标注相应的图名，如底层平面图（也称首层、一层平面图）、二层平面图、屋顶平面图等，在图名下方画一粗实线。当建筑物的中间楼层平面布置相同时，则相同的楼层可用一个平面图表示，称为标准层平面图。

建筑平面图常用的比例有 1∶100、1∶200。建筑平面图常用图例见表 9.8。

表 9.8　建筑平面图常用图例

序号	名称	图　例	说　明
1	墙体		应加注文字或填充图例表示墙体材料，在项目设计图样说明中列材料图例表给予说明

续表

序号	名称	图　例	说　明
2	隔断		1. 包括板条抹灰、木制、石膏板、金属材料等隔断； 2. 适用于到顶与不到顶隔断
3	栏杆		
4	楼梯	上 下 上 下	1. 上图为底层楼梯平面，中图为中间层楼梯平面，下图为顶层楼梯平面； 2. 楼梯及栏杆扶手的形式和梯段踏步数应按实际情况绘制
5	坡道	下 下 下	上图为长坡道，下图为门口坡道
6	烟道		1. 阴影部分可以涂色代替； 2. 烟道与墙体为同一材料，其相接处墙身线应断开
7	通风道		1. 阴影部分可以涂色代替； 2. 烟道与墙体为同一材料，其相接处墙身段应断开
8	孔洞		阴影部分可以涂色代替

续表

序号	名称	图 例	说 明
9	单扇双面弹簧门	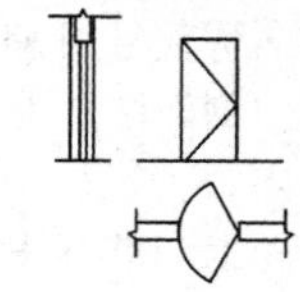	1. 门的名称代号用M； 2. 图例中剖面图左为外、右为内，平面图下为外、上为内； 3. 立面图上开启方向线交角的一侧为安装合页的一侧，实线为外开，虚线为内开； 4. 平面图上门线应90°或45°开启，开启弧线宜绘出； 5. 立面图上的开启线在一般设计图中可不表示，在详图及室内设计图上应表示； 6. 立面形式应按实际情况绘制
10	双扇双面弹簧门	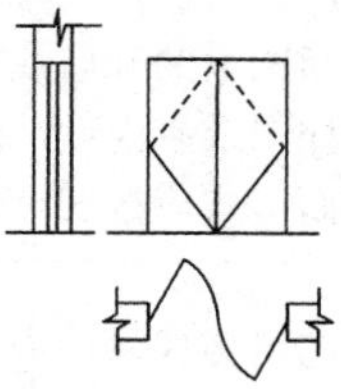	
11	单扇内外开双层门(包括平开或单面弹簧)	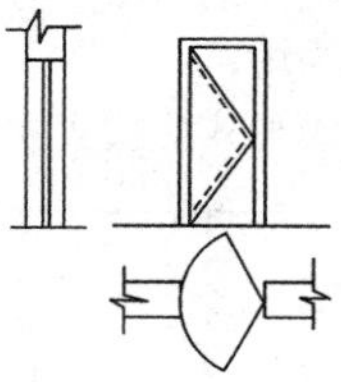	
12	单扇门(包括平开或单面弹簧)	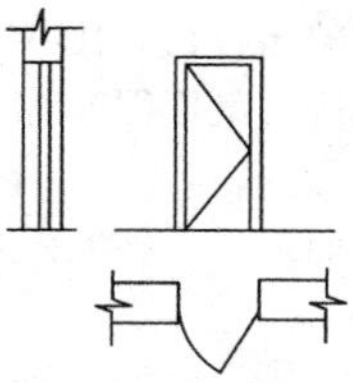	
13	双扇门(包括平开或单面弹簧)	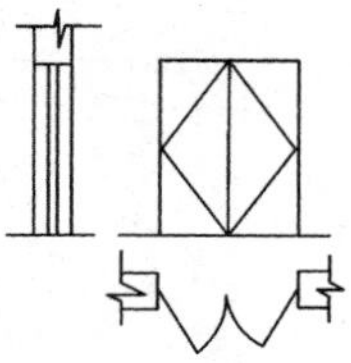	同9～12
14	墙外双扇推拉门	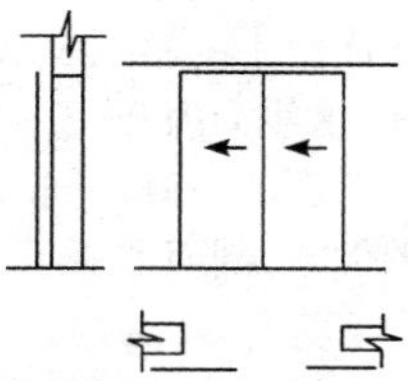	1. 门的名称用M； 2. 图例中剖面图左为外、右为内，平面图下为外、上为内； 3. 立面形式应按实际情况绘制
15	墙中单扇推拉门	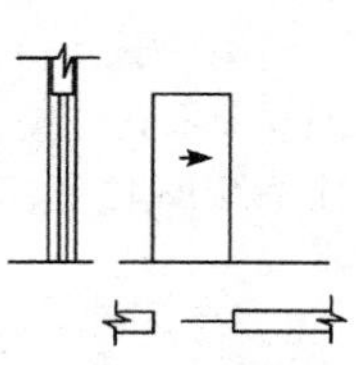	

续表

序号	名称	图　例	说　明
16	转门	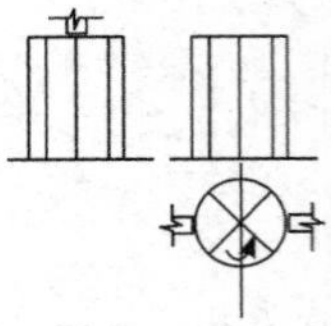	1. 门的名称代号用 M； 2. 图例中剖面图左为外、右为内，平面图下为外、上为内； 3. 平面图上门线应 90°或 45°开启，开启弧线宜绘出； 4. 立面图上的开启线在一般设计图中可不表示，在详图及室内设计图上应表示； 5. 立面形式应按实际情况绘制
17	自动门	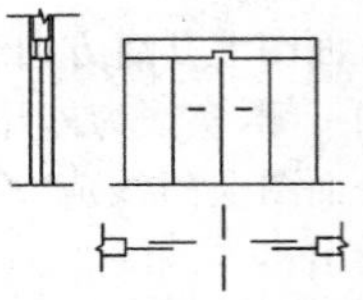	1. 门的名称代号用 M； 2. 图例中剖面图左为外、右为内，平面图下为外、上为内； 3. 立面形式应按实际情况绘制
18	竖向窗帘门	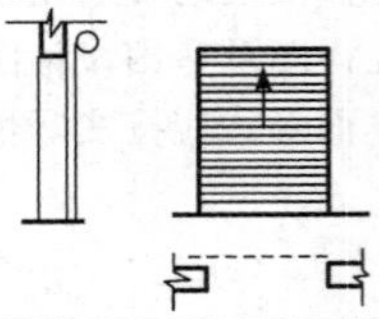	1. 门的名称代号用 M； 2. 图例中剖面图左为外、右为内，平面图下为外、上为内； 3. 立面形式应按实际情况绘制
19	提升门	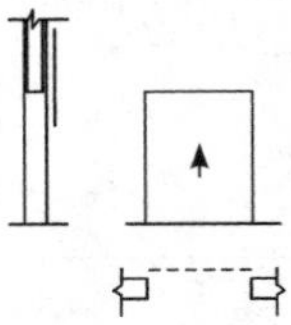	
20	单层固定窗	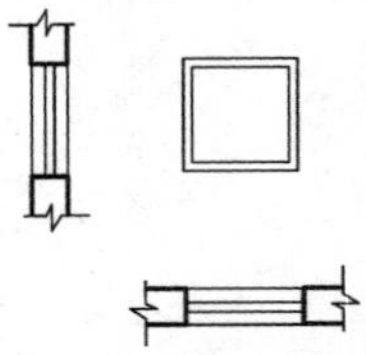	1. 窗的名称代号用 C 表示； 2. 立面图中的斜线表示窗的开启方向，实线为外开，虚线为内开；开启方向线交角的一侧为安装合页的一侧，一般设计图中可不表示； 3. 图例中，剖面图所示左为外，右为内，平面图所示下为外，上为内； 4. 平面图和剖面图上的虚线仅说明开关方式，在设计图中不需表示； 5. 窗的立面形式应按实际绘制； 6. 小比例绘图时平、剖面的窗线可用单粗实线表示
21	单层外开上悬窗	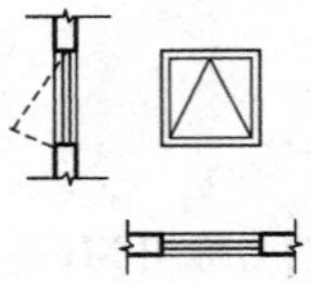	
22	单层中悬窗	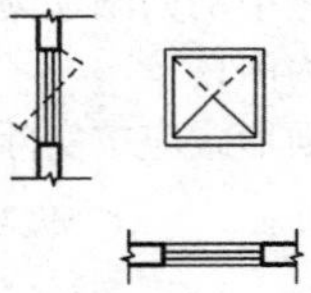	
23	单层内开下悬窗	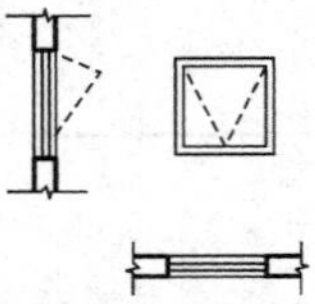	

续表

序号	名称	图　例	说　明
24	单层外开平开窗		同上
25	百叶窗		1. 窗的名称代号用C表示； 2. 立面图中的斜线表示窗的开启方向，实线为外开，虚线为内开；开启方向线交角的一侧为安装合页的一侧，一般设计图中可不表示； 3. 图例中，剖面图所示左为外，右为内，平面图所示下为外，上为内； 4. 平面图和剖面图上的虚线仅说明开关方式，在设计图中不需表示； 5. 窗的立面形式应按实际绘制

2. 建筑平面图的图示内容

(1) 注写图名、比例，显示建筑物朝向。

(2) 表示房屋内、外部尺寸和定位轴线、轴线编号。定位轴线是用于确定各构件在长宽方向的定位，以及墙、柱等主要结构的位置。

(3) 表示建筑物的平面形状，房屋内各房间的名称和面积大小、平面布置情况；表示电梯、楼梯的位置及楼梯上下行方向及主要尺寸。

(4) 表示所有房间的名称及其门窗的位置、编号与大小，门的开启方向。门的代号为M，窗的代号为C，在代号后数字编号，如M－1，M－2，…，C－1，C－2，…。同一编号的门窗形式、尺寸、材料、构造均相同。

(5) 表示阳台、台阶、雨篷、雨水管、散水、烟道等位置及尺寸。

(6) 表示各部位尺寸、标高。建筑平面图有外部尺寸和内部尺寸。

外部尺寸表示房屋外墙外侧的三道尺寸。

第一道(最外一道)是外包尺寸：表示房屋外轮廓的总尺寸，即从一端的外墙边到另一端外墙边的总长和总宽，可用于计算建筑面积和占地面积。

第二道(中间一道)是轴线尺寸，表示房屋定位轴线之间的距离，反映房屋的开间和进深的尺寸。开间指房屋相邻横向轴线之间的尺寸，进深指房屋相邻纵向轴线之间的尺寸。

第三道(最里一道)是细部尺寸，表示沿外墙上的门窗洞口宽度和位置、窗间墙、柱等部位的细部尺寸。

内部尺寸是指外墙以内的全部尺寸。主要用于标注内墙门窗洞口的位置及宽度、内墙厚度、卫生器具、灶台、洗涤盆等固定设备的位置及大小。此外，还应标明室内、外楼地面的标高、房间名称、门窗编号等。

(7) 底层(首层)平面图是房屋建筑底层的布置情况。在底层平面图上应反映室外可见的台阶、散水、花台、花池等。此外，还应标注剖面图的剖切位置、详图、索引符号、指北针等。

指北针表示建筑物的朝向，其圆圈直径为 24 mm，指北针尾部宽 3 mm，线型为细实线。

(8) 楼层平面图是建筑物中间各层及最上一层的房屋布置情况，楼层平面图应绘制出本层的室外阳台和下一层的雨篷、遮阳板等。

(9) 屋顶平面图是在建筑物的上方，向下作屋顶外形的水平投影而得到的投影图。用它表示屋顶现状，包括屋顶类型、排水坡度、雨水管的位置、檐口、女儿墙、上人孔、消防梯及其他构筑物、详图、索引符号等。

(9) 标高用标高符号加数字表示。标高符号以细实线绘制，数字以米为单位，注写到小数点以后第三位。

3. 建筑平面图的线型

平面图实质上是剖面图，被剖切到的墙、柱断面轮廓线用粗实线表示，没有剖切到的可见轮廓线，如台阶、窗台、梯段、散水、卫生设备、家具陈设、门的开启线等用细实线表示。

平面图中的线型应粗细分明，尺寸线、尺寸界线、索引符号、标高符号等用细实线画出，定位轴线用细单点长画线画出，起止符号用粗实线画出。

4. 建筑平面图的识读步骤

(1) 读图纸的图名、比例及文字说明。

(2) 读建筑平面图定位轴线、尺寸标注及指北针。

读纵、横向定位轴线及其编号，从外向内读三道尺寸标注的内容。读指北针确定房屋的朝向。了解建筑物的总长、总宽尺寸，建筑的开间、进深尺寸，墙柱的平面布置，门窗洞口位置、尺寸，窗间墙的长度等。

(3) 读房间布局、室内设备配置等情况。

按从左向右顺序读房间布局、室内设备配置。读楼梯间梯段上下行、踏步数、踏步尺寸、梯段宽、楼梯井宽度等，读楼地面标高，读房间的名称，读房间内部细部尺寸，读建筑物各房间之间的交通关系。

(4) 读房屋外部的设施。

读建筑物外部的散水、台阶、雨篷、阳台、遮阳设施、空调外机隔板等位置及尺寸；读剖面图的剖切位置、编号、详图索引符号等。

5. 建筑平面图的绘制步骤

(1) 根据开间和进深尺寸，绘制定位轴线。

(2) 根据墙厚尺寸，绘制内外墙身的基本轮廓线，在墙体上确定门窗洞口的位置，画楼梯、散水、台阶等细部内容。

(3) 仔细检查底图，没有错误后，按建筑平面图的线型要求进行图线加深。

(4) 标注图名、比例、轴线、数字、房间名称等文字内容。

6. 建筑平面图识读示例

现以《建筑工程实训图册》第 52 至 57 页《阳光小区住宅楼》的建筑平面图为例，阐述建筑平面图的图示内容和识读步骤。

分析底层平面图如下：

(1) 该住宅为两个单元，底层为储藏室，所有储藏室的入口均设置在南北两侧。图中涂黑部分为框架柱。建筑物总长 33 m，总宽 10.4 m。墙厚均为 200 mm。

(2) 由指北针可知该住宅坐北朝南。

(3) 定位轴线通常按从左向右、自下而上的顺序编写。该底层平面图的横向定位轴线 9

根，横向附加定位轴线 8 根，纵向定位轴线 4 根。底层定位轴线主要确定框架柱的位置，也基本反映各房间开间进深情况。

(4) 室内首层地面标高为±0.000，室外地面较室内地面低 150 mm。楼梯入口处设室外单面台阶 5 步，台阶宽 270 mm，台阶顶部标高为 0.700 m，台阶两侧构件高 900 mm，宽 240 mm，其做法按照《皖 01J307》第 15 页的 1 号详图施工。除楼梯入口处，其他位置均设置散水，南北两侧储藏室入口处，净宽 1 500 mm，向外找坡，其构造做法按照《皖 01J307》第 7 页 1 号详图施工。其余位置的散水，净宽 1 000 mm，其构造做法按照《皖 01J307》第 1 页 4 号详图施工。

(5) 楼梯间入口处设 M7 门，电子对讲机，保温、防火、防盗、隔声防护门。其余储藏室门均为铝合金框卷帘门。储藏室面积总有 5 种。M1 对应的储藏室开间为 2.3 m，进深为 6.4 m。M2 对应的储藏室开间为 2.7 m，进深为 2.7 m，M3 对应的储藏室开间为 3.7 m，进深为 3.8 m，M4 对应的储藏室开间为 3.4 m，进深为 2.7 m，M5 和 M6 对应的储藏室开间为4.5 m，进深为 7.5 m。

(6) 底层平面图中绘制剖切符号，对应建筑剖面图的图名。Ⅰ-Ⅰ剖切位置在④～⑤定位轴线之间，Ⅱ-Ⅱ剖切位置在②～③定位轴线之间，剖切过楼梯间。

(7) 楼梯间设置在建筑物北部，第一梯段踏步数 10 步，楼梯间平台标高 0.800 m。

分析二层平面图如下：

(1) 该住宅楼从二层开始为住宅，图中涂黑的部分为结构框架柱，位置同底层。该建筑物为框架结构。

(2) 一梯两户，两个单元，对称设置，户型相同，均为两室一厅一厨一卫。客厅、厨房和卫生间朝北，客厅在 C5 窗上设置空调外机搁板，空调预留洞均为 $\phi 75$，客厅洞中距楼面 150 mm，孔边距墙边或柱边 150 mm。其余洞中距楼面 2 100 mm，孔边距墙边或柱边 100 mm。厨房设置烟道。两卧室朝南，其中主卧设 C5 的外飘窗，次卧内设置走入式衣柜。

(3) 二层楼面标高为 2.5 m。卫生间、厨房、阳台处的房间门在图纸中都有一条细线，表示门口线，由图纸说明可知，厨房、卫生间、阳台地面均低于同层楼地面 30 mm，楼地面坡 0.5%，坡向地漏。

(4) 建筑平面图上的尺寸线。外部尺寸第一道是总长 33 m，总宽 10.4 m，与底层相同。建筑南面的卧室均设阳台，兼作底层雨篷，宽度 1 800 mm，找坡 0.5%，坡向地漏。1＃楼梯间入口处设置雨篷，找坡 1%，设置水舌排水，$\phi 50$ 的钢管水舌，伸出 150 mm。

第二道尺寸线表示定位轴线间距离，反映各房间的开间和进深：

北面各间，客厅开间 1 800＋2 700＋2 300＝6 800 mm，即 6.8 m，进深 3.7 m。厨房开间 2.7 m，进深 2.7 m。卫生间开间 2.3 m，进深 2.7 m。

南面各间，主卧开间 4.5 m，进深 3.8 m。次卧开间 3.7 m，进深 3.8 m，楼梯间开间为 2.8 m。南面卧室均设阳台，主卧阳台尺寸为 4.5 m×1.8 m，次卧阳台尺寸为 3.7 m×1.8 m。

第三道尺寸线标注外墙门窗的细部位置大小和定位：

北面客厅设 C3 窗，窗宽 1.4 m。厨房设 C2 窗，窗宽 1.5 m。卫生间设 C1 窗，窗宽 1.2 m，楼梯间设 C15 窗，窗宽 1.5 m。均居中布置。

南面主卧设 C5 的外飘窗，窗宽为 1.8 m。次卧设门 M11，宽度为 900 mm。C4 窗，宽度为 1 500 mm。东西两侧客厅设 C6 窗，宽度为 1.2 m，居中设置。

(5) 门均为平开门，入户门 M8 为外平开门，套间门均为内平开门。窗除 C5 为外飘窗，其余窗均为推拉窗。

(6) 楼梯间平面图可知，第一梯段总 10 步，对照底层和二层平面图可知，1＃楼梯第一梯段休息平台标高为 0.800 m，楼层平台标高为 2.500 m。

(7) 建筑物北面中部两厨房⑤号定位轴线右侧设 1 号详图索引符号，该图纸右下部绘制 1 号详图。图示表明此处设置高 600 mm，厚 80 mm 的墙段。

该图纸左下部绘制楼地面防水坎详图，地面防水坎沿厨房、卫生间及前室的四周墙体设置，做上翻梁处理，高度 200 mm 内配纵筋 1Φ6，拉筋Φ6@200。

分析三至五层平面图如下：

(1) 户型设置均和二层相同。一梯两户，两个单元。

(2) 三至五层的标高分别为 5.500 m、8.500 m 和 11.500 m，每层层高均为 3 m。

(3) 所有客厅 C5 窗边均设空调外机搁板。相邻两户次卧之间设阳台隔墙，具体做法按照图《皖 J-06-1》集第 17 页的详图施工。阳台、晒衣架做法按照图集《皖 J-06》第 12 页 3 号详图设置。

(4) 楼梯形式为平行双跑楼梯，每层均设两个梯段，两梯段踏步数量之和为 20 步。

分析六层平面图如下：

(1) 六层平面图的标高为 14.500 m。厨房开间 2.7 m，进深 2.7 m。卫生间开间 2.3 m，进深 2.7 m。客厅开间 4.5 m，进深 3.8 m。餐厅开间 1.8＋2.7＋2.3＝6.8 (m)，进深 3.7 m。卧室开间 3.7 m，进深 3.8 m。

(2) 六层四户均设置跃层，在客厅设置 2＃平行双跑楼梯，两梯段踏步数量之和 16 步。

分析跃层平面图如下：

(1) 跃层平面图的标高为 17.500 m。客厅开间 4.5 m，进深 2.7＋3.7＝6.4 (m)。主卧开间 4.5 m，进深 3.8 m。次卧开间 3.7 m，进深 3.7 m。卫生间开间 2.3 m，进深 2.7 m。

(2) 设置露台，由卧室的 M11 门到露台。露台地面为上人平屋面，露台地面标高为 17.300 m，地面向雨水管口找坡 0.5%。

(3) 在 3 号定位轴线左侧，卫生间右侧设置上人孔，上人孔尺寸为 700 mm×800 mm。

分析屋顶平面图如下：

(1) 该屋顶为坡屋顶，檐口处标高为 18.9 m，屋脊处标高为 20.9 m。屋脊处平屋顶宽度 2.7 m，平屋顶上设置的两道细线为平屋顶上的过水孔，共 12 个。平屋顶向过水孔处设找坡，将雨水汇集流向坡屋顶，再由坡屋面、檐沟汇集雨水到雨水管口处，经雨水管向下流淌。檐沟底部设 1% 找坡。排水方式为有组织外排水，共设置 16 根雨水管。

(2) 该屋顶平面图共绘制 5 个节点详图。1 号详图表示檐沟宽度为 330 mm，构造层次为钢筋混凝土挑檐沟，1% 找坡，1∶3 水泥砂浆找平，聚氨酯防水层。檐沟收头处标高为 19 m。

2 号详图表示屋顶东西两侧设挑檐，挑檐宽为 350 mm。

3 号详图表示屋脊处平屋顶的净宽为 2.5 m，做上翻梁处理，上翻梁高度 200 mm，宽度为 100 mm。屋脊顶部标高为 21.1 m。

4 号详图表示上翻梁内部钢筋设置二级钢筋直径为 6 mm，间距为 200 mm。

5 号详图表示坡屋顶挑檐宽度为 330 mm，厚度为 70 mm。

练习与提高

1. 平面设计包含哪些基本内容？
2. 确定房间面积大小时应考虑哪些因素？举例分析。
3. 影响房间形状的因素有哪些？
4. 房间尺寸指的是什么？确定房间的尺寸应考虑哪些因素？
5. 如何确定房间门窗数量、面积大小及具体位置？
6. 辅助使用房间包括哪些内容？辅助使用房间设计应注意哪些问题？
7. 交通联系部分包括哪些内容？如何确定楼梯的数量、宽度和选择楼梯的形式？

9.3 任务2:建筑立面图设计与识读

9.3.1 任务资讯

建筑的体型和立面是建筑形象的具体体现，建筑的外观形象应当体现建筑特性和时代感，还要与室内空间、结构及材料特性相适应。建筑体型与立面设计不等于房屋内部空间组合的直接表现，它必须符合建筑造型和立面构图方面的规律性，如均衡、韵律、对比、统一等，把适用、经济、美观三者有机地结合起来。建筑艺术问题涉及的知识较多，以下就建筑体型与立面设计的基本要求作简单介绍。

1. 反映建筑功能和建筑类型的特征

建筑的体型和立面应是建筑功能在建筑外观的具体反映，因此不同类型的建筑其外观形象也不相同。设计者充分利用这种特点，使不同类型的建筑各具独特的个性特征，如住宅建筑开窗面积小、间距小、阳台及楼梯间数量多，建筑进深小；影剧院建筑占地面积大、入口尺寸大、标志性强，图9.28为使用功能对建筑体型和外观的影响。

(a) 剧院建筑

(b) 城市住宅建筑

图9.28 使用功能对建筑体型和外观的影响

2. 符合材料性能、结构、构造和施工技术的特点

由于建筑物内部空间组合和外部形体的构成，只能通过一定的物质技术手段来实现，所以建筑物的形体和所用材料、结构形式以及采用的施工技术、构造措施关系极为密切。同时随着建筑材料的改进和施工技术的发展，建筑结构形式产生了飞跃性的进步。如混合结构建筑体型比较规则，立面相对封闭和稳重；框架结构建筑立面相对轻巧，明快；空间结构建筑的屋顶变化丰富，立面个性鲜明。图 9.29 为结构、材料和施工方法对建筑形象的影响实例。

图 9.29　结构、材料和施工方法对建筑形象的影响实例

3．符合国家建筑标准和相应的经济指标

各种不同类型的建筑物，根据其使用性质和规模，必须严格把握国家规定的建筑标准和相应的经济指标。在建筑标准、所用材料、造型要求和外观装饰等方面要区别对待，防止片面强调建筑的艺术性而忽略建筑设计的经济性。应在合理满足使用要求的前提下，用较少的投资建造美观、简洁、朴素、大方的建筑物。

4．适应基地环境和城市规划要求

任何一幢建筑都处于一定的外部环境之中，它是构成该处景观的重要因素。建筑外形不可避免地要受外部空间的制约，建筑和立面设计要与所在地区的地形、气候、道路以及原有建筑物等基地环境相协调，同时也要满足城市总体规划的要求。图 9.30 为基地环境对建筑形象的影响。

图 9.30　基地环境对建筑形象的影响

9.3.2　任务实施

9.3.2.1　建筑造型设计规律

在建筑设计中，除了满足功能要求、技术经济条件以及总体规划和基地环境等因素外，还要符合一些美学法则。多样统一，既是建筑艺术形式的普遍法则，也是建筑创作中的重要原则。达到多样统一的手段是多方面的，如对比、主从、韵律、重点等形式美的规律。

1．简单与统一

一些艺术学家认为简单的几何形状可以给人以美感，他们特别推崇棱柱、棱锥、球等几何形体，认为几何形体具有抽象的一致性。许多杰出的建筑如图9.31所示的圣彼得大教堂，图9.32所示的古埃及的金字塔，图9.33所示的法国卢浮宫，图9.34所示的天津奥运场馆——水滴，均因采用简单的几何形状构图达到高度完整、统一的境地。

图9.31 圣彼得大教堂

图9.32 古埃及金字塔

图9.33 法国卢浮宫

图9.34 天津奥运场馆——水滴

2. 主从与重点

在由若干要素组成的整体中，每一要素在整体中所占的比重和所处的地位，都会影响到整体的统一性。倘使所有要素都竞相突出自己，或处于同等重要的地位，不分主次，将会削弱整体的完整统一性。在一个有机统一的整体中，各组成部分应当有主与从的差别；有重点与一般的差别；有核心与外围组织的差别。

在建筑设计中，主从处理采用左右对称构图形式的建筑较为普遍，对称的构图形式通常呈一主二从的关系，主体部分位于中央，不仅地位突出，而且可以借助两翼部分次要要素的对比、衬托，从而形成主从关系异常分明的有机统一整体，如图9.35所示。

近现代建筑，由于功能日趋复杂或受地形条件的限制，多采用一主一从的形式使次要部分从一侧依附于主体，还可采用突出重点的方法来体现主从关系。所谓突出重点就是指在设计中充分利用功能特点，有意识地突出其中的某个部分并以此为重点，而使其他部分明显处于从属地位，这也同样可以达到主从分明、完整统一的要求，如图9.36所示。

图9.35 一主二从构图形式

图9.36 一主一从构图形式

3. 均衡与稳定

存在决定意识，也决定着人们的审美观念。在古代人们崇拜重力，并从与重力作斗争的过程中逐渐地形成了一整套与重力有联系的审美观念，这就是均衡与稳定。以静态均衡来讲，有两种基本形式：一种是对称的形式，如我国北京的革命历史博物馆（图 9.37）和印度泰姬陵（图 9.38）；另一种是非对称的形式，如美国古根海姆美术馆（图 9.39）。对称的形式天然就是均衡的，加之它本身又体现出一种严格的制约关系，因而具有一种完整统一性。

图 9.37　我国北京革命历史博物馆

尽管对称的形式本身就是均衡的，但是人们并不满足于这一种均衡形式，而且还要用不对称的形式来体现均衡。不对称形式的均衡虽然相互之间的制约关系不像对称形式那样明显、严格，但要保持均衡本身也就是一种制约关系。而且与对称形式的均衡相比较，不对称形式的均衡显得要轻巧活泼得多，如美国古根海姆美术馆（图 9.39）。

图 9.38　印度泰姬陵

图 9.39　美国古根海姆美术馆

除静态均衡外，还有依靠运动来求得平衡，这种形式的均衡称为动态均衡。如美国肯尼迪国际机场 TWA 航站楼（图 9.40）似大鸟展翅的形体，表现建筑形体的稳定感与动态感的高度统一，这是静中求动的建筑形式美。和均衡相联的是稳定。如果说均衡所涉及的主要是建筑构图中各要素左与右、前与后之间相对轻重关系的处理，那么稳定所涉及的则是建筑物整体上下之间的轻重关系处理，在多功能超高层现代建筑中得以体现，如我国深圳国际贸易中心大厦（图 9.41）。

图 9.40　美国肯尼迪国际机场 TWA 航站楼

图 9.41　我国深圳国际贸易中心大厦

4. 对比与微差

对比指的是要素之间显著的差异，微差指的是不显著的差异。对比可以借彼此之间的烘托陪衬来突出各自的特点以求得变化；微差则可以借相互之间的共同性以求得和谐。没有对比会使人感到单调，过分地强调对比以至失去了相互之间的协调一致性，则可能造成混乱，只有把这两者巧妙地结合在一起，才能达到既有变化又有和谐一致，既多样又统一。

对比和微差只限于同一性质的差异之间，如大与小、直与曲、虚与实，以及不同形状、色调、质地等。在建筑设计领域中，无论是整体还是局部，单体还是群体，内部空间还是外部形体，为了求得统一和变化，都离不开对比与微差手法的运用，如巴西国会大厦(图9.42)，我国香港中银大厦(图9.43)。

图9.42　巴西国会大厦

图9.43　我国香港中银大厦

5. 韵律与节奏

建筑的形体处理，还存在着韵律与节奏的问题。所谓韵律，常指建筑构图中有组织的变化和有规律的重复，使变化与重复形成有节奏的韵律感，从而可以给人以美的感受。在建筑中，常用的韵律手法有连续韵律、渐变韵律、起伏韵律、交错韵律等。

(1) 连续韵律。

在建筑构图中，由一种或几种组成部分的连续运用和有组织排列所产生的韵律感、节奏感。图9.44为英国牛津大学。

(2) 渐变韵律。

这种韵律的构图特点常将某些组成部分，如体量的高低、大小，色彩的冷暖、浓淡，质感的粗细、轻重等，作有规律的增减，以造成统一和谐的韵律感，如我国古代塔身(图9.45)，就是运用相似的每层檐部与墙身的重复与变化而形成的渐变韵律，使人感到既和谐统一又富于变化。

(3) 起伏韵律。

是将某些组成部分作有规律的增减变化形成韵律感，但是它与渐变的韵律有所不同，而是在形体处理中，更加强调某一因素的变化，使组合或细部处理高低错落，起伏生动。如图9.46所示的澳洲悉尼歌剧院，整个轮廓逐渐向上起伏，因此增加了建筑形体及街景面貌的表现力。

(4) 交错韵律

是在建筑构图中，运用各种造型因素，如体型的大小、空间的虚实、细部的疏密等手法，作有规律的纵横交错、相互穿插的处理，形成一种丰富的韵律感。如图 9.47 所示的西班牙巴塞罗那博览会德国馆，它无论是空间布局、形体组合，还是在运用交错韵律而取得的丰富空间上都是非常突出的。

图 9.44　英国牛津大学

图 9.45　我国古代塔身

图 9.46　澳洲悉尼歌剧院

图 9.47　西班牙巴塞罗那博览会德国馆

9.3.2.2　建筑立面设计

建筑立面是建筑各个墙面的外观形象。立面设计要结合建筑体型、内部空间、使用功能和技术经济条件。墙面、外露构件、门窗、阳台、檐口、勒脚、台阶及装饰线等是建筑立面的主要组成部分。立面设计的任务就是合理的确定这些部件的形状、色彩、尺度、排列方式、比例和质感。通过形的变换、面的虚实对比、线的方向变化，获得外形的统一与变化，内部空间与外形的协调统一。

在建筑立面设计时不能孤立地处理某个面，必须注意几个面的相互协调和相邻面的衔接以取得统一。建筑造型是一种空间艺术，研究立面造型不能只局限在立面的尺寸大小和形状，应考虑到建筑空间的透视效果。建筑立面设计的处理方法主要有：

1. 比例与尺度

立面的比例与尺度的处理是与建筑功能、材料性能和结构类型分不开的，由于使用性质、容纳人数、空间大小、层高等不同，形成全然不同的比例和尺度关系。通常抽象的几何形状以及若干几何形状之间的组合，处理得当就可获得良好的比例而易于为人们所接受。在建筑的外观上，矩形最为常见，建筑物的轮廓、门窗和开间等都形成不同的矩形，如果这些矩形的对角线有某种平行或垂直、重合的关系，将有助于形成和谐的比例关系。以对角线相互重合、垂直及平行的方法，使窗与窗、窗与墙之间保持相同的比例关系。

2. 虚实与凹凸

建筑立面中“虚”的部分是指窗、空廊、凹廊等，给人以轻巧、通透的感觉；“实”的部分主要是指墙、柱、屋面、栏板等，给人以厚重、封闭的感觉。巧妙地处理建筑外观的虚实关系，可以获得轻巧生动、坚实有力的外观形象。以虚为主、虚多实少的处理手法能获得轻巧、开朗的效果。以实为主、实多虚少能产生稳定、庄严、雄伟的效果。

虚实相当的处理容易给人以单调、呆板的感觉。在功能允许的条件下，可以适当将虚的部分和实的部分集中，使建筑物产生一定的变化，如图9.48所示。

(a) 实的效果

(b) 虚的效果

图9.48　立面虚实处理

由于功能和构造上的需要，建筑外立面常出现一些凹凸部分。凸的部分一般有阳台、雨篷、遮阳板、挑檐、凸柱、突出的楼梯间等。凹的部分有凹廊、门洞等。通过凹凸关系的处理可以加强光影变化，增强建筑物的体积感，丰富立面效果。

3．线条处理

任何线条本身都具有一种特殊的表现力和多种造型的功能。从方向变化来看，垂直线条具有挺拔、高耸、向上的气氛；水平线条使人感到舒展与连续、宁静与亲切；斜线具有动态的感觉；网格线有丰富的图案效果，给人以生动、活泼而有秩序的感觉。从粗细、曲折变化来看，粗线条表现厚重、有力；细线条具有精致、柔和的效果；直线表现刚强、坚定；曲线则显得优雅、轻盈。

建筑立面上客观存在着各种线条，如立柱、墙垛、窗台、遮阳板、檐口、通长的栏板、窗间墙、分格线等，如图9.49所示。

(a) 垂直线条

(b) 水平线条

(c) 网格线条

(d) 斜向线条

图9.49　立面线条处理

4. 色彩与质感

建筑外形色彩设计包括大面积墙面的基调色的选用和墙面上不同色彩的构图，设计中应注意色彩处理必须和谐统一且富有变化，在用色上可采取大面积基调色为主，局部运用其他色彩形成对比而突出重点。色彩的运用必须与建筑物性质相一致、与环境相呼应。基调色的选择应结合各地的气候特征。寒冷地区宜采用暖色调，炎热地区多偏于采用冷色调。

不同的色彩具有不同的表现力，给人以不同的感受。以浅色为基调的建筑给人以明快清新的感觉，深色显得稳重，橙黄等暖色调使人感到热烈、兴奋。青、蓝、紫、绿等色使人感到宁静。运用不同色彩的处理，可以表现出不同建筑的性格、地方特点及民族风格。

建筑立面由于材料质感的不同，也会给人以不同的感觉。如天然石材和砖的质地粗糙，具有厚重及坚固感。金属及光滑的表面感觉轻巧、细腻。立面设计中常常利用质感的处理来增强建筑物的表现力。如图 9.50 所示。

图 9.50　色彩与质感的处理

5. 重点与细部

根据功能和造型需要，在建筑物某些局部位置进行重点和细部处理(图 9.51)，可以突出主体，打破单调感。立面的重点处理常常是通过对比手法取得的。建筑物重点处理的部位有：

(1) 建筑物的主要出入口及楼梯间是人流最多的部位。

(2) 根据建筑造型上的特点，重点表现有特征的部分，如体量中转折、转角，立面的突出部分及上部结束部分。如车站钟楼、商店橱窗、房屋檐口等。

(3) 为了使建筑统一中有变化，避免单调以达到一定的美观要求，也常在反映该建筑性格的重要部位，如对住宅阳台、长廊、公共建筑中的柱头、檐口等部位进行处理。

图 9.51　重点与细部的处理

在立面设计中，对于体量较小或人们接近时才能看得清的部分，如墙面勒脚、花格、漏窗、檐口细部、窗套、栏杆、遮阳板、雨篷、花台及其他细部装饰等的处理称为细部处理。细部处理必须从整体出发，接近人体的细部应充分发挥材料色泽、纹理、质感和光泽度的美感作用。对于位置较高的细部，一般应着重于总体轮廓和注意色彩、线条等大效果，而不宜刻画得过于细腻。

9.3.3　任务拓展

识读建筑立面图

建筑立面图识读

1．建筑立面图的形成

为了反映建筑物的外形，将建筑物向与其立面平行的投影面投射，得到建筑立面图，简称立面图。建筑立面图主要用于表达建筑外貌、外墙面装修、立面上的构配件、建筑纵向的主要尺寸和各层标高等。

2．建筑立面图的图示内容

(1) 图名和比例。

有定位轴线的建筑物，应根据两端定位轴线号编注立面图名称，编注顺序为从左到右，如①～④立面图、Ⓐ～Ⓒ立面图。也可以根据建筑物各立面的朝向确定名称，如南立面图、东立面图、西立面图。

建筑立面图通常采用与建筑平面图相同的比例。

(2) 立面图的内容。

① 房屋的立面造型、层数、总高度。

② 外墙面装修：建筑立面图中，外墙面的装修可以用图例列表或文字说明的形式表示。

③ 建筑立面的细部内容有：勒脚、花台、坡道、栏杆、门窗、阳台、雨篷、台阶、门廊、墙柱、檐口、屋顶、雨水管、墙面分格、可见洞口等细部的形状和位置。

④ 建筑立面的标高：室外地坪标高、室内地面标高、各层楼面标高、各层门窗洞口标高、台阶、阳台雨篷、檐口、女儿墙顶，突出屋面各部分如楼梯间、机房顶等标高。

标高一般标注在立面图的外侧，要求符号大小一致，排列在同一条竖线上。标高间一般不标注尺寸线，对于复杂的建筑立面，可加入尺寸标注以便对窗台、立面分格等元素表达得更加清晰。

⑤ 详图索引：因立面图比例较小，通常只绘出各部分的轮廓线，细部做法可通过详图索引，在详图中详细表示。

3．建筑立面图的线型

为了使立面图外形清晰、层次感强，立面图应采用多种线型绘制。一般立面图的外轮廓用粗实线表示。室外地坪线用加粗实线表示。门窗洞、檐口、阳台、雨篷、台阶、花池等突出部分的轮廓用中实线表示。门窗扇及其分格线、花格、雨水管、文字说明的引出线及标高等均用细实线表示。

4．建筑立面图的识读步骤

(1) 读图名及比例。

(2) 读建筑立面图与平面图的对应关系。

(3) 读建筑物的体形和外貌特征。

(4) 读建筑物各部分的高度及标高数值。

(5) 读门窗的形式、位置及数量。

(6) 读建筑物外墙面的装修做法。

5. 建筑立面图的绘制步骤

(1) 绘制室外地坪线、横向定位轴线、室内地面线、门窗洞口线、建筑物外轮廓线。

(2) 绘制墙面细部,如阳台、楣线、门窗细部分格、壁柱、室外台阶、花池等。

(3) 仔细检查底图,没有错误后,按建筑立面图的线型要求进行图线加深。

(4) 标注标高、首尾轴线、墙面装修、图名、比例等文字内容。

6. 建筑立面图识读示例

现以《建筑工程实训图册》第 58 至 60 页《阳光小区住宅楼》建筑立面图为例,说明立面图的图示内容和识读步骤。

(1)《阳光小区住宅楼》建筑立面图有南立面图、北立面图、东立面图和西立面图。

(2) 外轮廓线的范围表达了该建筑的总长 32.8 m,宽 10.2 m,高 20.9 m。按观察面方向可见的内容画出了墙面凹凸进退、门窗及窗台、阳台、雨篷、女儿墙。屋顶为坡屋顶。空调外机搁置在 C5 的窗上部,并设置装饰性百叶窗栏板。

(3) 由立面标高可知,建筑物共 6 层。底层设置卷帘门,门顶标高为 2 m,室内外高差 150 mm,底层层高为 2.5 m,跃层 2.6 m,其余各层层高为 3 m。每层房间窗台高 900 mm,窗高 1 700 mm,跃层窗台高 300 mm,窗高 700 mm,窗顶距上层楼面 400 mm,屋檐标高 18.9 m,屋脊标高 20.9 m。

(4)C 建筑一层、二层外墙做蘑菇石饰面,三至五层白色外墙乳胶漆,并设置 20 mm 宽黑塑胶条分格缝,缝间距不大于 1 600 mm,六层及跃层淡黄色外墙乳胶漆,20 mm 宽黑塑胶条分格缝,缝间距 430 mm、60 mm、宽 30 mm 厚水泥砂浆窗套,灰色水泥瓦屋面。

(5) 建筑住宅入口设置在北面,设置室外台阶,踏步数为 5 个。楼梯间防盗门为双扇平开门,楼梯间入口处上方设悬挑雨篷。

(6) 南立面图中有三个索引符号,分别为 1、2 和 3 号详图。

1 号详图表示在 5.5 m 和 14.5 m 处外墙设置装饰线条的具体尺寸及做法。其尺寸为向外出挑两层,第一层出挑宽 60 mm,厚 60 mm,第二层出挑宽 120 mm。厚 120 mm,内配纵筋 1 根直径为 6 mm 的光圆钢筋,以及直径为 6 mm、间距 200 mm 的光圆钢筋。

2 号详图表示在二层阳台处的柱的做法。该柱截面为 400 mm×400 mm,顶部向外放大设置两层,第一层高 60 mm,四边向外放 60 mm,第二层高 80 mm,四边向外放 60 mm,柱高 1 460 mm,内配纵筋 8 根二级钢筋,直径 12 mm,箍筋一级光圆钢筋直径 6 mm,间距 200 mm。并设置直径 60 mm×2.5 不锈钢管,后衬 10 mm 厚安全玻璃,栏杆材料为直径 50 mm ×2.5 不锈钢管。

3 号详图表示在二层阳台处的栏杆做法,高度 1 200 mm,竖杆为直径 60 mm×2.5 不锈钢管,横杆为直径 50 mm×2.5 不锈钢管,横杆间距为 230 mm,后衬 10 mm 厚安全玻璃,全高设置,立杆净间距不大于 400 mm。

练习与提高

1. 建筑立面的重点处理通常采用(　　)方法。

A. 韵律　　B. 对比　　C. 统一　　D. 均衡

2. 建筑立面中的(　　)可作为尺度标准,建筑整体和局部通过与它相比较,可获得一定的尺度感。

A. 台阶　B. 窗　C. 雨篷　D. 窗间墙

3. 亲切的尺度是指建筑物给人感觉的大小(　　)其真实大小。

A. 等于　B. 小于　C. 小于或等于　D. 大于

4. 根据建筑功能要求,(　　)的立面适合采用以虚为主的处理手法。

A. 电影院　B. 体育馆　C. 博物馆　D. 纪念馆

9.4　任务3:建筑剖面设计

9.4.1　任务资讯

建筑剖面设计确定建筑物各部分高度,建筑层数,建筑空间的组合与利用,以及建筑剖面中的结构、构造关系等。它与平面设计是从两个不同的方面来反映建筑物内部空间的关系的。平面设计着重解决内部空间的水平方向上的问题,而剖面设计则主要研究竖向空间的处理,两个方面同时都涉及建筑的使用功能、技术经济条件、周围环境等问题。

建筑剖面设计要根据房间的功能要求确定房间的剖面形状,同时必须考虑剖面形状与在垂直方向房屋各部分的组合关系,具体的物质技术、经济条件和空间的艺术效果等方面的影响,既要适用又要美观,才能使设计更加完善、合理。

具体要求有:确定建筑物的各部分高度和剖面形式;确定建筑的层数;分析建筑空间的组合和利用;在建筑剖面中研究有关的结构、构造关系。

9.4.2　任务实施

9.4.2.1　房间的剖面形状

房间的剖面形状分为矩形和非矩形两类,大多数民用建筑均采用矩形。这是因为矩形剖面简单、规整、便于竖向空间的组合,容易获得简洁而完整的体型,同时结构简单,施工方便。非矩形剖面常用于有特殊要求的房间。图9.52为非矩形剖面形式(跳水要求)。

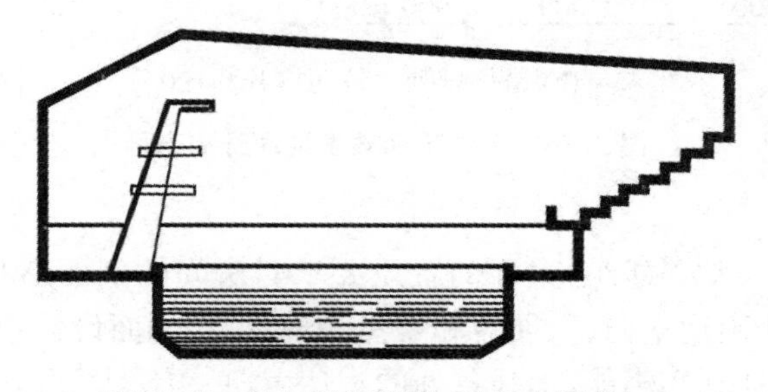

图9.52　非矩形剖面形式(跳水要求)

房间的剖面形状主要是根据使用要求和特点来确定的，同时也要结合具体的物质技术条件及特点的艺术构思考虑，使之既满足使用又能达到一定的艺术效果。在民用建筑中，绝大多数的建筑是属于一般功能要求的，如住宅、学校、办公楼、旅馆、商店等，这类建筑房间的剖面形状多采用矩形。对于某些特殊功能要求（如视线、音质等）的房间，则应根据使用要求选择适合的剖面形状。

1. 视线要求

有视线要求的房间主要是指影剧院的观众厅、体育馆的比赛大厅、教学楼中阶梯教室等。这类房间除平面形状、大小满足一定的视距、视角要求外，地面应有一定的坡度，以保证良好的视觉要求。在剖面设计中，为了保证良好的视觉条件，即视线无遮挡，需要将座位逐排升高，使室内地面形成一定的坡度。地面的升起坡度主要与设计视点的位置及视线升高值有关，另外，第一排座位的位置、排距等对地面的升起坡度也有影响，如图 9.53 所示。

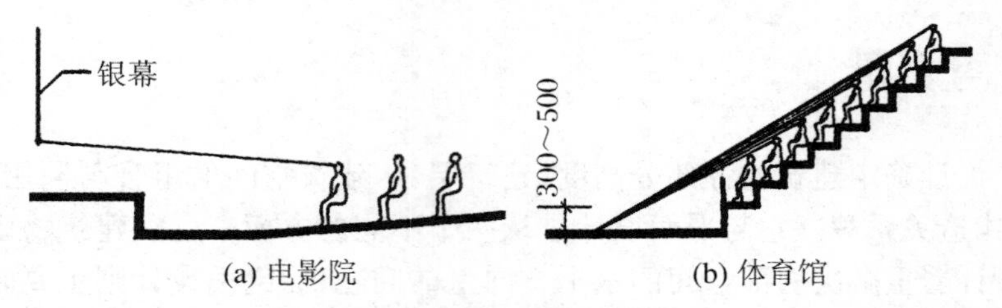

图 9.53 设计视点与地面坡度的关系

视线升高值 C 的确定与人眼到头顶的高度和视觉标准有关。当错位排列（即后排人的视线擦过前面隔一排人的头顶而过）时，C 值取 60 mm；当对位排列（即后排人的视线擦过前排人的头顶而过）时，C 值取 120 mm，图 9.54 为中学阶梯教室地面升高剖面图。

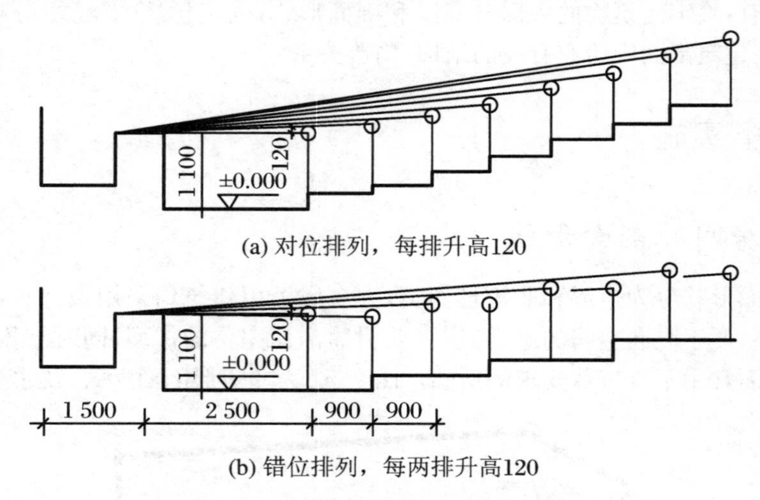

图 9.54 中学阶梯教室地面升高剖面图

2. 音质要求

凡剧院、电影院、会堂等建筑，大厅的音质要求对房间的剖面形状影响很大。为保证室内声场分布均匀，防止出现空白区、回声和聚焦等现象，在剖面设计中要注意对顶棚、墙面和地面的处理。为有效地利用声能，加强各处的直达声，必须使大厅地面逐渐升高。顶棚的高度和形状是保证听得清楚、声音真实的一个重要因素。为使大厅各座位都能获得均匀的反射声，同时能加强声压不足的部位。大厅的顶部剖面可以做成一定的折线形，以取得良好的音响效果。图9.55为观众厅的两种剖面形状示意图。

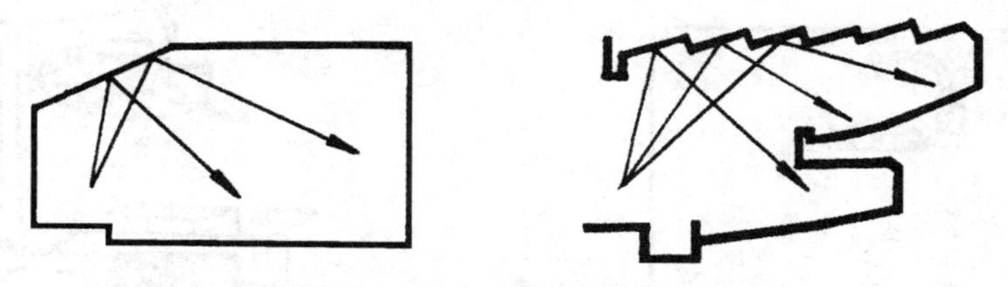

图9.55 观众厅的两种剖面形状示意图

9.4.2.2 房屋各部分高度的确定

1. 房间的层高与净高

层高是建筑物各层之间以楼、地面面层计算的垂直距离，屋顶层由该层楼面面层至平屋面的结构面层或至坡顶的结构面层与外墙外皮延长线的交点计算的垂直距离。

室内净高是从楼、地面面层至吊顶或楼盖、屋盖底面之间的有效使用空间的垂直距离。图9.56为房间净高(H_1)与层高(H_2)示意图。

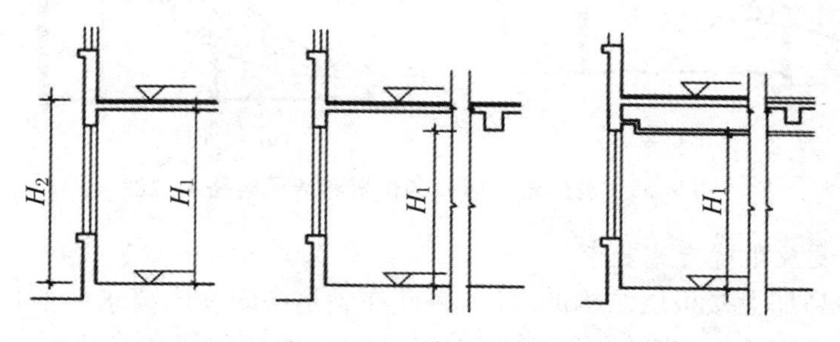

图9.56 房间净高(H_1)与层高(H_2)示意图

影响房间高度的因素主要有：

(1) 人体活动及家具设备的使用要求。

房间的净高与人体活动尺度有很大关系，一般情况下，室内最小净高应使人举手不接触到顶棚为宜。为此，房间净高应不低于2.2 m。

室内使用性质和活动特点，随房间用途而异。对于住宅中的卧室和旅馆中的客房等生活用房，从人体活动及家具设备在高度方向的布置考虑，净高2.7 m已能满足正常的使用要求。对于使用人数较多、面积较大的公用房间，如教室、办公室等，室内净高通常为3.3～3.6 m。公共建筑的门厅是联系各部分的交通枢纽，也是人们活动的集散地，人流较多，高度可较其他房间适当提高。

房间的家具设备以及人们使用家具设备的必要空间，也直接影响到房间的净高和层高。如学生宿舍设置双层床，层高不宜小于3.3 m；医院手术室净高应考虑手术台、无影灯以及手术操作所必要的空间，净高不应小于3.0 m，如图9.57所示。

(2) 采光、通风要求。

房间的高度应有利于天然采光和自然通风。通常房间层高越大，窗口上沿越高，光线照射深度越远。当房间采用单侧采光时，通常窗的上沿离地的高度，应大于房间进深的1/2；当双侧采光时，房间的净高不小于总深度的1/4。

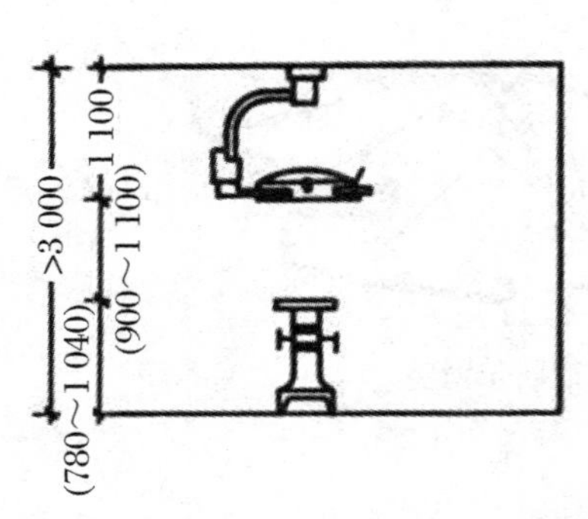

图 9.57　医院手术室中照明设备和房间净高的关系

房间内的通风要求与室内进出风口在剖面上的位置有关，也与房间净高有一定的关系。潮湿和炎热地区的民用建筑，通常利用空气的气压差来组织室内穿堂风，如图9.58所示。

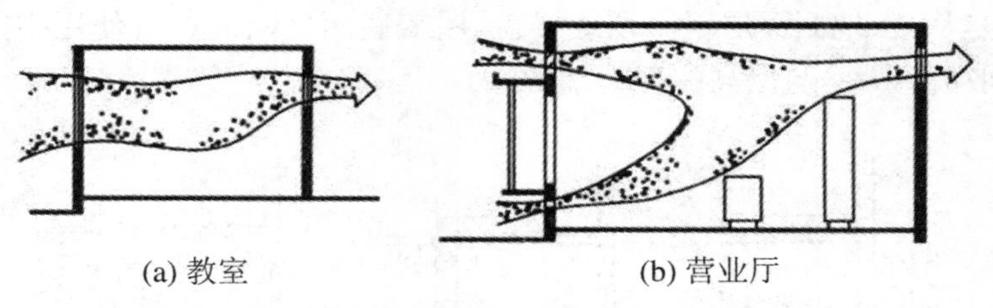

(a) 教室　　(b) 营业厅

图 9.58　房间进出风口的位置和通风线路示意图

(3) 结构高度及布置方式要求。

层高等于净高加上楼板层结构的高度，因此在满足房间净高要求的前提下，其层高尺寸随结构层的高度而变化，应考虑梁所占的空间高度。如预制梁板的搭接，由于梁底下凸较多，楼板层结构厚度较大，相应房间的使用空间降低，如把矩形梁改成花篮梁，楼板结构层的厚度减少，在层高不变的情况下，提高了房间的使用空间。

(4) 室内空间比例关系。

室内空间宽而低通常会给人以压抑的感觉，狭而高的房间又会使人感到拘谨。一般应根据房间面积、室内顶棚的处理方式、窗洞口的比例关系等因素来考虑室内空间比例，创造出舒适、宁静的空间。

2. 窗台的高度

窗台的高度与使用要求、人体尺度、家具尺寸及通风要求有关，通常为900～1 000 mm，保证桌面上充足的光线。

对于有特殊要求的房间，如托儿所、幼儿园窗台高度应考虑儿童的身高及较小的家具设备，窗台高度一般为650～700 mm。

公共建筑的房间如餐厅、休息厅、娱乐活动场所、疗养院等，为使室内阳光充足和便于观赏室外景色，丰富室内空间，常将窗台做得较低，甚至采用落地窗。

3. 室内外地面高差

民用建筑为防止室外雨水流入室内，常把室内地坪适当提高。对于公共建筑，如纪念性建筑、体育场馆、法庭等，常通过提高底层地坪，以增加建筑物室外台阶的踏步，从而使建筑物显得更加宏伟庄重。

建筑设计常取底层室内地坪相对标高为±0.000，低于底层地坪为负值，高于底层地坪为正值，逐层累计。

9.4.2.3 建筑层数

建筑层数是在建筑方案设计阶段就需要考虑的问题，层数不确定，建筑各层平面就无法布置，剖面、立面高度也无法确定。影响建筑层数的因素主要有：建筑的使用要求、城市规划、结构和材料的要求、抗震设防烈度、建筑防火以及经济条件等要求。

1．建筑使用要求

建筑用途不同，使用对象不同，往往对建筑层数有不同要求。如托儿所、幼儿园等建筑，考虑到儿童的生理特点和安全，同时为便于室内与室外活动场所的联系，其层数不宜超过3层。医院门诊部为方便患者就诊，层数也以不超过3层为宜。影剧院、体育馆、车站等建筑物，由于人流量大，考虑人流集散方便，也应以1层或低层为主。对于中小学教学楼，考虑到学生活泼好动的特点，为了安全及保护学生健康成长，小学教学楼不宜超过3层，中学教学楼不宜超过4层。对于住宅、办公楼、宿舍等建筑，一般可采用多层和高层。

2．结构、材料和抗震设防烈度的要求

建筑物的结构和材料不同，允许建造的层数也不同。在6度及以上抗震设防烈度地区，建筑物允许建造的层数和高度，根据结构形式和地震烈度的不同，受抗震规范的限制。如7度区，砖混结构，一般以1～6层为宜；框架结构，建筑物高度不宜超过50 m；框架－剪力墙结构，建筑物高度不宜超过120 m。

3．城市规划要求

位于城市主干道、广场、道路交叉口的建筑，对城市面貌影响很大，城市规划中，往往对建筑物层数有严格的要求。位于风景区的建筑，其体量和造型对周围景观有很大影响，为了保护风景区，使建筑与环境协调，一般不宜建造体量大、层数多的建筑物。如当代著名建筑设计大师贝聿铭设计的苏州博物馆，为充分尊重所在街区的历史风貌，博物馆采用地下一层、地面一层为主，主体建筑檐口高度控制在6 m之内，中央大厅和西部展厅设计了局部二层，高度16 m，未超出周边古建筑的最高点。该馆体现"中而新、苏而新"的设计理念、追求"不高不大不突出"的设计原则，成为一座既有苏州传统建筑特色又有现代建筑艺术风格的现代化博物馆，是当今苏州的一个标志性公共建筑。

4．防火要求及经济条件

房屋的耐火等级不同，允许建造的层数也不同。建筑层数与工程造价的关系很密切。一般情况下，5～6层砖混结构的建筑物较经济，但如果综合考虑征地、搬迁、小区建设及市政设施等投资费用，10～12层住宅建筑也可能是比较经济合理的层数。

9.4.3 任务拓展

识读建筑剖面图

1．建筑剖面图的形成

为了清楚地表达建筑物的内部情况，各房间的净高，各部分的竖向联系、高度及材料等，假想用一个或多个平行于外墙的铅垂面将房屋从屋顶到基础全部剖开，移开靠近观察者的部分，把余下部分投射到与剖切平面平行的投影面上，得到建筑剖面图，简称剖面图。剖面图中基础部分可用折断线折断，省略不画，其内容在结施图的基础图中表示。

建筑剖面图主要用于反映建筑物内部的构造形式，垂直方向的分层情况，各楼层地面、屋顶的构造及相关尺寸、标高等。它与平面图、立面图相互配合，采用的比例也一致。剖面图的数量应根据房屋的复杂程度和施工需要而定。

剖切平面一般应选择在房屋内部能反映构造特征、有代表性的、比较复杂或有变化的部位，如门窗洞、楼梯等处。剖切平面可平行于房屋的宽度方向，形成横剖；也可平行于房屋的长度方向，形成纵剖。若一个剖切平面不能满足要求时，可作阶梯剖。

在剖面图下方注写图名，图名的编号应与平面图中所标注的剖切位置编号相一致，如Ⅰ-Ⅰ剖面图、Ⅱ-Ⅱ剖面图等。

2. 建筑剖面图的图示内容

各房间的净高、楼(地)面、屋面的高度、构造和做法，各层楼之间上下交通情况，楼梯间的位置、形式等，外墙(柱)的定位轴线及其编号。

(1) 图名、比例和定位轴线。

标注被剖切位置到墙体的定位轴线及与平面图一致的轴线编号和尺寸。

(2) 剖切到的建筑构配件及未剖切到的可见构配件。

绘制室内底层地面，各层楼面、屋顶、门窗、楼梯、阳台、雨篷、防潮层、踢脚板、室外地面、散水、明沟及室内外装修等剖切到和可见的内容。

(3) 建筑的竖向尺寸及标高。

建筑剖面图中应标注竖向尺寸和标高。

标高包括标注被剖切到的外墙门窗口的标高，室外地面的标高，檐口、女儿墙顶的标高，以及各层楼地面的标高。

尺寸包括一般标注三道尺寸，门窗洞口高度、层间高度和建筑总高。室内还应标注内墙上门窗洞口的高度以及内部设施的定位和定形尺寸。

(4) 楼地面、屋顶各层的构造、做法。

剖面图中一般用引出线说明楼地面、屋顶的构造做法。如果另画详图或已有说明，则在剖面图中用索引符号引出说明。

3. 建筑剖面图的线型

在剖面图中，室内外地坪线用加粗实线绘制，剖切到的建筑构配件用粗实线绘制，未剖切到的可见轮廓线用细实线绘制。

4. 建筑剖面图绘制步骤

(1) 根据进深尺寸，画出墙身的定位轴线；根据标高尺寸定出室内外地坪线，各楼面、屋面及女儿墙的高度位置。

(2) 画出墙身、楼面、屋面轮廓线。

(3) 定门窗和楼梯位置，画出梯段、台阶、阳台、雨篷、烟道等。

(4) 检查没有错误后，擦去多余图线，按图线层次加深。画材料图例，注写标高、尺寸、图名、比例、数字等文字说明。

5. 建筑剖面图识读步骤

(1) 读图名及比例。

(2) 读剖面图与平面图的对应关系。

(3) 了解房屋的结构形式。

(4) 读屋顶、楼地面的构造层次及做法。

(5) 读房屋各部位的尺寸和标高情况。

(6) 读楼梯的形式和构造。

(7) 了解索引详图所在的位置及编号。

6. 建筑剖面图识读示例

现以《建筑工程实训图册》第61页《阳光小区住宅楼》建筑剖面图为例，说明剖面图的图示内容和识读步骤。

(1) 该套图纸有两个剖面图，分别为Ⅰ-Ⅰ剖面图和Ⅱ-Ⅱ剖面图。

(2) 从底层平面图可见Ⅰ-Ⅰ剖面图经过南北两面④～⑤定位轴线之间，为横向剖切面，该剖切面从主卧穿过客厅到厨房。剖切后移除左半部分向右看，得到的房屋正投影图。Ⅱ-Ⅱ剖面图经过南北两面②～③定位轴线之间，为横向剖切面，该剖切面从次卧穿过楼梯间到建筑入口。剖切后移除左半部分向右看，得到的房屋正投影图。

(3) Ⅰ-Ⅰ剖面图中墙柱梁轴线Ⓐ、Ⓑ、Ⓒ、Ⓓ，均在剖面图中绘制并标注，由此可知被剖到的墙柱梁构件。图中被剖到的构件还有各层楼地面、阳台、通向阳台的门、雨篷、屋面、跃层2#楼梯。

(4) Ⅱ-Ⅱ剖面图中墙柱梁轴线Ⓐ、Ⓑ、Ⓓ，均在剖面图中绘制并标注，由此可知被剖到的墙柱梁构件。图中被剖到的构件还有各层楼地面、阳台、主卧的窗、主卧的衣柜、雨篷、屋面、1#楼梯间。

(5) 根据标高及尺寸标注，可知底层层高2.5 m，跃层层高2.6 m，局部3.4 m，其他层层高均为3 m。

练习与提高

1. 层高是建筑物各层之间以__________计算的______距离。

2. 室内净高是从________至________之间的有效使用空间的______距离。

3. 假想用一个或多个平行于外墙的______将房屋从______全部剖开，移开______的部分，把余下部分投射到与________的投影面上，得到建筑剖面图，简称剖面图。

识读建筑详图

学习情境10　设 计 实 例

10.1　学习情境描述

10.1.1　学习目标

完成本学习情境后,你应当能:

运用所学知识,掌握建筑设计方案的确定,解决功能布置和结构选择,绘制建筑平面、立面、剖面图。

10.1.2　学习任务

具体学习任务与任务驱动,见表10.1。

表10.1　学习任务与任务驱动

序号	学习任务	任 务 驱 动
1	建筑施工图设计	(1) 参观住宅楼、教学楼、实验楼,分析满足其使用功能的处理方法; (2) 识读住宅楼、教学楼建筑施工图; (3) 熟悉住宅楼、教学楼设计规范及设计任务书,确定设计方案,绘制建筑施工图
2	建筑施工图识读	根据建筑施工图,识读综合楼、教学楼、商住楼、住宅楼等建筑施工图,完成对应任务工单中的任务

10.2 任务1:建筑施工图设计

10.2.1 任务资讯

10.2.1.1 住宅设计规范(摘要)

1. 总则

(1) 为保障城镇居民的基本住房条件,提高城镇住宅功能质量,使住宅设计符合适用、安全、卫生、经济等要求,制定本规范。

(2) 本规范适用于全国城镇新建、改建和扩建的住宅设计。

(3) 住宅设计必须执行国家有关方针、政策和法规,遵守安全卫生、环境保护、节约用地、节约能源、节约用材、节约用水等有关规定。

(4) 住宅设计除应符合本规范外,尚应符合国家现行的有关强制性标准的规定。

2. 术语

(1) 住宅:供家庭居住使用的建筑。

(2) 套型:按不同使用面积,由居住空间和厨房、卫生间组成的基本住宅单位。

(3) 居住空间:卧室、起居室(厅)的使用空间。

(4) 卧室:供居住者睡眠、休息的空间。

(5) 起居室(厅):供居住者会客、娱乐、团聚等活动的空间。

(6) 厨房:供居住者进行炊事活动的空间。

(7) 卫生间:供居住者进行便溺、洗浴、盥洗等活动的空间。

(8) 使用面积:房间实际能使用的面积,不包括墙、柱等结构构造的面积。

(9) 层高:上下两层楼面或楼面与地面之间的垂直距离。

(10) 室内净高:楼面或地面至上部楼板底面或吊顶底面之间的垂直距离。

(11) 阳台:由住宅外墙面伸出的、供居住者休息、活动、晾晒衣物等的空间。

(12) 平台:供居住者进行室外活动的上人屋面或由住宅底层地面伸出室外的部分。

(13) 过道:住宅套内使用的水平交通空间。

(14) 壁柜:住宅套内与墙壁结合而成的落地贮藏空间。

(15) 跃层住宅:套内空间跨越两个楼层且设有套内楼梯的套型。

(16) 自然层数:按楼板、地板结构分层的楼层数。

(17) 走廊:住宅套外使用的水平通道。

(18) 住宅单元:由多套住宅套型组成的建筑部分,该部分内的住户可通过共用楼梯和安全出口进行疏散。

(19) 地下室:室内地平面低于室外地平面的高度超过室内净高的1/2的房间。

(20) 半地下室:室内地平面低于室外地平面的高度超过室内净高的1/3,且不超过1/2的房间。

3. 基本规定

(1) 住宅设计应符合城镇规划及居住区规划的要求，经济、合理、有效地利用土地和空间。

(2) 住宅设计应使建筑与周围环境相协调，创造方便、舒适、优美的生活空间。

(3) 住宅设计应以人为本，除满足一般居住使用要求外，根据需要尚应满足老年人、残疾人等特殊群体的使用要求。

(4) 住宅设计应满足居住者所需的日照、天然采光、通风和隔声要求。

(5) 住宅设计必须满足节能要求，住宅建筑应能合理利用能源。宜结合各地能源条件，采用常规能源与可再生能源结合的供能方式。

(6) 住宅设计应推行标准化、模数化及多样化，积极采用新技术、新材料、新产品，积极推广工业化设计、建造技术和模数应用技术。

(7) 住宅的结构设计应满足安全、适用和耐久的要求。

(8) 住宅设计应符合相关防火规范的规定，并应满足安全疏散要求。

(9) 住宅设计应满足设备系统功能有效、运行安全、维修方便等基本要求，应为相关设备预留合理的安装位置。

(10) 住宅设计应在满足近期使用要求的同时，兼顾今后改造的可能。

4. 技术经济指标计算

住宅设计应计算的技术经济指标有各功能空间使用面积、套内使用面积、套型阳台面积、套型总建筑面积、住宅楼总建筑面积。

计算住宅的技术经济指标，应符合下列规定：

(1) 各功能空间使用面积等于各功能空间墙体内表面所围合的水平投影面积。

(2) 套内使用面积等于套内各功能空间使用面积之和。

(3) 套型阳台面积等于套内各阳台的面积之和；阳台的面积均按其结构底板投影净面积的一半计算。

(4) 套型总建筑面积等于套内使用面积、相应的建筑面积和套型阳台面积之和。

(5) 住宅楼总建筑面积等于全楼各套型总建筑面积之和。

套内使用面积计算，应符合下列规定：

(1) 套内使用面积包括卧室、起居室(厅)、餐厅、厨房、卫生间、过厅、过道、贮藏室、壁柜等使用面积的总和。

(2) 跃层住宅中的套内楼梯按自然层数的使用面积总和计入套内使用面积。

(3) 烟囱、通风道、管井等均不计入套内使用面积。

(4) 套内使用面积按结构墙体表面尺寸计算；有复合保温层时，按复合保温层表面尺寸计算。

(5) 利用坡屋顶内的空间时，屋面板下表面与楼板地面的净高低于 1.2 m 的空间不计算使用面积；净高在 1.2～2.1 m 的空间按 1/2 计算使用面积；净高超过 2.1 m 的空间全部计入套内使用面积；坡屋顶无结构顶层楼板，不能利用坡屋顶空间时不计算其使用面积。

(6) 坡屋顶内的使用面积应列入套内使用面积中。

套型总建筑面积计算，应符合下列规定：

(1) 按全楼各层外墙结构外表面及柱外沿所围合的水平投影面积之和求出住宅楼建筑面积，当外墙设外保温层时，按保温层外表面计算。

(2) 以全楼总套内使用面积除以住宅楼建筑面积得出计算比值。

(3) 套型总建筑面积等于套内使用面积除以计算比值所得面积,加上套型阳台面积。

住宅楼的层数计算应符合下列规定:

(1) 当住宅楼的所有楼层的层高不大于3.0 m时,层数应按自然层数计。

(2) 当住宅和其他功能空间处于同一建筑物内时,应将住宅部分的层数与其他功能空间的层数叠加计算建筑层数。当建筑中有一层或若干层的层高超过3.0 m时,应对这些超过3.0 m的楼层按其高度总和除以3.0 m进行层数折算,余数不足1.5 m时,多出部分不计入建筑层数,余数大于或等于1.5 m时,多出部分按1层计算。

(3) 层高小于2.20 m的架空层和设备层不计入自然层数。

(4) 高出室外设计地面小于2.2 m的半地下室,不计入地上自然层数。

5. 套型

住宅应按套型设计,每套住宅应设卧室、起居室(厅)、厨房和卫生间等基本功能空间。住宅套型的使用面积不应小于规定要求:由卧室、起居室(厅)、厨房和卫生间等组成的住宅套型,其使用面积不应小于30 m^2。由兼起居的卧室、厨房和卫生间等组成的住宅最小套型,其使用面积不应小于22 m^2。

6. 卧室、起居室(厅)

卧室的使用面积不应小于规定要求:双人卧室为9 m^2,单人卧室为5 m^2,兼起居的卧室为12 m^2。

起居室(厅)的使用面积不应小于10 m^2,应减少直接开向起居厅的门的数量。起居室(厅)内布置家具的墙面直线长度宜大于3 m。

无直接采光的餐厅、过厅等,其使用面积不宜大于10 m^2。

7. 厨房

厨房的使用面积不应小于规定要求:由卧室、起居室(厅)、厨房和卫生间等组成的住宅套型的厨房使用面积不应小于4.0 m^2;由兼起居的卧室、厨房和卫生间等组成的住宅最小套型的厨房使用面积不应小于3.5 m^2。

厨房宜布置在套内近入口处。厨房应设置洗涤池、案台、炉灶及排油烟机、热水器等设施或为其预留位置。厨房应按炊事操作流程布置。排油烟机的位置应与炉灶位置对应,并应与排气道直接连通。单排布置设备的厨房净宽不应小于1.50 m;双排布置设备的厨房其两排设备之间的净距不应小于0.90 m。

8. 卫生间

每套住宅应设卫生间,至少应配置便器、洗浴器、洗面器三件卫生设备或为其预留位置。三件卫生设备集中配置的卫生间的使用面积不应小于2.5 m^2。

卫生间可根据使用功能要求组合不同的设备。不同组合的空间使用面积不应小于规定要求:

设便器、洗面器的为1.8 m^2;设便器、洗浴器的为2.0 m^2;设洗面器、洗浴器的为2.0 m^2;设洗面器、洗衣机的为1.8 m^2;单设便器的为1.1 m^2。

无前室的卫生间的门不应直接开向起居室(厅)或厨房。卫生间不应直接布置在下层住户的卧室、起居室(厅)和厨房的上层。当卫生间布置在本套内的卧室、起居室(厅)、厨房和餐厅的上层时,均应有防水和便于检修的措施。套内应设置洗衣机的位置。

9. 层高和室内净高

住宅层高宜为2.80 m。

卧室、起居室(厅)的室内净高不应低于2.40 m,局部净高不应低于2.10 m,且其面积不应大于室内使用面积的1/3。

利用坡屋顶内空间作卧室、起居室(厅)时,其1/2面积的室内净高不应低于2.10 m。

厨房、卫生间的室内净高不应低于2.20 m。

厨房、卫生间内排水横管下表面与楼面、地面净距不得低于1.90 m,且不得影响门、窗扇开启。

10. 阳台

每套住宅宜设阳台或平台。阳台栏杆设计应采用防儿童攀登的构造,栏杆的垂直杆件间净距不应大于0.11 m,放置花盆处必须采取防坠落措施。

住宅的阳台栏板或栏杆净高,六层及六层以下的不应低于1.05 m;七层及七层以上的不应低于1.10 m。封闭阳台栏板或栏杆也应满足阳台栏板或栏杆净高要求。七层及七层以上住宅和寒冷、严寒地区住宅宜采用实体栏板。

顶层阳台应设雨罩,各套住宅之间毗连的阳台应设分户隔板。阳台、雨罩均应做有组织排水,雨罩及开敞阳台应做防水措施。

当阳台设有洗衣设备时应符合规定要求:应设置专用给、排水管线及专用地漏,阳台楼、地面均应做防水;严寒和寒冷地区应封闭阳台,并应采取保温措施。

当阳台或建筑外墙设置空调室外机时,其安装位置应符合要求:能通畅地向室外排放空气和自室外吸入空气;在排出空气一侧不应有遮挡物;可方便地对室外机进行维修和消扫换热器;安装位置不应对室外人员形成热污染。

11. 过道、贮藏空间和套内楼梯

套内入口过道净宽不宜小于1.20 m;通往卧室、起居室(厅)的过道净宽不应小于1 m;通往厨房、卫生间、贮藏室的过道净宽不应小于0.90 m。

套内设于底层或靠外墙、靠卫生间的壁柜内部应采取防潮措施。

套内楼梯当一边临空时,梯段净宽不应小于0.75 m;当两侧有墙时,墙面之间净宽不应小于0.90 m,并应在其中一侧墙面设置扶手。

套内楼梯的踏步宽度不应小于0.22 m;高度不应大于0.20 m,扇形踏步转角距扶手中心0.25 m处,宽度不应小于0.22 m。

12. 门窗

外窗窗台距楼面、地面的净高低于0.90 m时,应有防护设施,窗外有阳台或平台时可不受此限制。窗台的净高或防护栏杆的高度均应从可踏面起算,保证净高达到0.90 m。

当设置凸窗时应符合规定要求:窗台高度低于或等于0.45 m时,防护高度从窗台面起算不应低于0.90 m;可开启窗扇窗洞口底距窗台面的净高低于0.90 m时,窗洞口处应有防护措施,其防护高度从窗台面起算不应低于0.90 m;严寒和寒冷地区不宜设置凸窗。

底层外窗和阳台门、下沿低于2 m且紧邻走廊或共用上人屋面上的窗和门,应采取防卫措施。面临走廊、共用上人屋面或凹口的窗,应避免视线干扰,向走廊开启的窗扇不应妨碍交通。住宅户门应采用具备防盗、隔音功能的防护门。向外开启的户门不应妨碍公共交通及相邻户门开启。厨房和卫生间的门应在下部设有效截面积不小于0.02 m^2 的固定百叶,或距地面留出不小于30 mm的缝隙。各部位门洞的最小尺寸应符合表10.2的规定。

表10.2　门洞的最小尺寸

类 别	洞口宽度(m)	洞口高度(m)
共用外门	1.20	2.00
户(套)门	1.00	2.00
起居室(厅)门	0.90	2.00
卧室门	0.90	2.00
厨房门	0.80	2.00
卫生间门	0.70	2.00
阳台门(单扇)	0.70	2.00

注:表中门洞高度不包括门上亮子高度,宽度以平开门为准。洞口两侧地面有高低差时,以高地面为起算高度。

13．楼梯和电梯

楼梯梯段净宽不应小于1.10 m,不超过六层的住宅,一边设有栏杆的梯段净宽不应小于1.00 m。楼梯梯段净宽系指墙面装饰面至扶手中心之间的水平距离。

楼梯踏步宽度不应小于0.26 m,踏步高度不应大于0.175 m。扶手高度不应小于0.90 m。楼梯水平段栏杆长度大于0.50 m时,其扶手高度不应小于1.05 m。楼梯栏杆垂直杆件间净空不应大于0.11 m。

楼梯平台净宽不应小于楼梯梯段净宽,且不得小于1.20 m。楼梯平台的结构下缘至人行通道的垂直高度不应低于2.00 m。入口处地坪与室外地面应有高差,并不应小于0.10 m。楼梯平台净宽系指墙面装饰面至扶手中心之间的水平距离。楼梯平台的结构下缘至人行通道的垂直高度系指结构梁(板)的装饰面至地面装饰面的垂直距离。

住宅楼梯为剪刀梯时,楼梯平台的净宽不得小于1.30 m。楼梯井净宽大于0.11 m时,必须采取防止儿童攀滑的措施。

七层及七层以上住宅或住户入口层楼面距室外设计地面的高度超过16 m的住宅必须设置电梯。底层作为商店或其他用房的多层住宅,其住户入口层楼面距该建筑物的室外设计地面高度超过16 m时必须设置电梯。底层做架空层或贮存空间的多层住宅,其住户入口层楼面距该建筑物的室外设计地面高度超过16 m时必须设置电梯。顶层为两层一套的跃层住宅时,跃层部分不计层数,其顶层住户入口层楼面距该建筑物室外设计地面的高度不超过16 m时,可不设电梯。

十二层及十二层以上的住宅,每栋楼设置电梯不应少于两台,其中应设置一台可容纳担架的电梯。十二层及十二层以上的住宅由两个及两个以上的住宅单元组成,且其中有一个或一个以上住宅单元未设置可容纳担架的电梯时,应从第十二层起设置与可容纳担架的电梯联通的联系廊。联系廊可隔层设置,上下联系廊之间的间隔不应超过五层。联系廊的净宽不应小于1.10 m,局部净高不应低于2.00 m。

七层及七层以上住宅电梯应在设有户门或公共走廊的每层设站。住宅电梯宜成组集中布置。候梯厅深度不应小于多台电梯中最大轿箱的深度,且不应小于1.50 m。电梯不应紧邻卧室布置。

14．日照、天然采光、自然通风

每套住宅至少应有一个居住空间能获得日照,需要获得冬季日照的居住空间的窗洞开口宽度不应小于0.60 m。卧室、起居室(厅)、厨房应有天然采光。

住宅采光标准应符合表10.3采光系数最低值的规定,其窗地面积比可按表10.3的规定取值。

表10.3　住宅室内采光标准

房 间 名 称	侧 面 采 光	
	采用系数最低值	窗地比(Ac/Ad)
卧室、起居室(厅)、厨房	1	1/7
楼梯间	0.5	1/12

注:窗地面积比值为直接天然采光房间的侧窗洞口面积Ac与该房间地面面积Ad之比。

采光窗下沿离楼面或地面高度低于0.50 m的窗洞口面积不计入采光面积内,窗洞口上沿距地面高度不宜低于2.00 m。除严寒地区外,住宅的居住空间朝西外窗应采取外遮阳措施,住宅的居住空间朝东外窗宜采取外遮阳措施。当住宅采用天窗、斜屋顶窗采光时,应采取活动遮阳措施。

卧室、起居室(厅)、厨房应有自然通风。每套住宅的自然通风开口面积不应小于地面面积的5%。采用自然通风的房间,其直接或间接自然通风开口面积应符合规定要求:

卧室、起居室(厅)、明卫生间的直接自然通风开口面积不应小于该房间地板面积的1/20;当采用自然通风的房间外设置阳台时,阳台的自然通风开口面积不应小于采用自然通风的房间和阳台地板面积总和的1/20。

厨房的直接自然通风开口面积不应小于该房间地板面积的1/10,并不得小于0.60 m²。当厨房外设置阳台时,阳台的自然通风开口面积不应小于厨房和阳台地板面积总和的1/10,并不得小于0.60 m²。

10.2.1.2　中小学教学楼设计规范(摘要)

中小学校的教学及教学辅助用房应包括普通教室、专用教室、公共教学用房及其各自的辅助用房。中学专用教室应包括实验室、史地教室、计算机教室、语言教室、美术教室、书法教室、音乐教室、舞蹈教室、体育建筑设施及技术教室等。中小学校的公共教学用房应包括合班教室、图书室、学生活动室、体质测试室、心理咨询室、德育展览室及任课教师办公室等。

教学用房及学生公共活动区的墙面宜设置墙裙,墙裙高度应符合规定要求:各类中学的墙裙高度不宜低于1.40 m;舞蹈教室、风雨操场墙裙高度不应低于2.10 m。

教学用房内设置黑板或书写白板及讲台时,其材质及构造应符合规定要求:中学教室黑板的宽度不宜小于4.00 m;黑板的高度不应小于1.00 m;黑板下边缘与讲台面的垂直距离宜为1.00～1.10 m;黑板表面应采用耐磨且光泽度低的材料。讲台长度应大于黑板长度,宽度不应小于0.80 m,高度宜为0.20 m。其两端边缘与黑板两端边缘的水平距离分别不应小于0.40 m。

1. 普通教室

中小学校普通教室课桌椅的排距不宜小于0.90 m,独立的非完全小学可为0.85 m;最前排课桌的前沿与前方黑板的水平距离不宜小于2.20 m。

教室最后排座椅之后应设横向疏散走道;自最后排课桌后沿至后墙面或固定家具的净

距不应小于1.10 m;中小学校普通教室内纵向走道宽度不应小于0.60 m,独立的非完全小学可为0.55 m;沿墙布置的课桌端部与墙面或壁柱、管道等墙面突出物的净距不宜小于0.15 m;前排边座的学生与黑板远端形成的水平视角不应小于30°。

普通教室内应为每个学生设置一个专用的小型储物柜。

2. 科学教室、实验室

科学教室和实验室均应附设仪器室、实验员室、准备室。

科学教室和实验室的桌椅类型和排列布置应根据实验内容及教学模式确定,并应符合表10.4的规定要求。

表10.4 实验桌平面尺寸

类 别	长度(m)	宽度(m)
双人单侧实验桌	1.2	0.6
四人双侧实验桌	1.5	0.9
岛式实验桌(6人)	1.8	1.25
气垫导轨实验桌	1.5	0.6
教师演示桌	2.4	0.7

实验桌的布置应符合下列规定:

双人单侧操作时,两实验桌长边之间的净距不应小于0.60 m;四人双侧操作时,两实验桌长边之间的净距不应小于1.30 m;超过四人双侧操作时,两实验桌长边之间的净距不应小于1. 50 m。

最前排实验桌的前沿与前方黑板的水平距离不宜小于2.50 m;最后排实验桌的后沿与前方黑板之间的水平距离不宜大于11.00 m;最后排座椅之后应设横向疏散走道;自最后排实验桌后沿至后墙面或固定家具的净距不应小于1.20 m。

双人单侧操作时,中间纵向走道的宽度不应小于0.70 m;四人或多于四人双向操作时,中间纵向走道的宽度不应小于0.90 m。

沿墙布置的实验桌端部与墙面或壁柱、管道等墙面突出物间宜留出疏散走道,净宽不宜小于0.60 m;另一侧有纵向走道的实验桌端部与墙面或壁柱、管道等墙面突出物间可不留走道,但净距不宜小于0.15 m;前排边座座椅与黑板远端的最小水平视角不应小于30°。

3. 语言教室

语言教室应附设视听教学资料储藏室。中小学校设置进行情景对话表演训练的语言教室时,可采用普通教室的课桌椅,也可采用有书写功能的座椅。并应设置不小于20 m^2 的表演区。

语言教室宜采用架空地板。不架空时,应铺设可敷设电缆槽的地面垫层。

4. 计算机教室

计算机教室应附设一间辅助用房供管理员工作及存放资料。计算机教室的课桌椅布置应符合规定要求:单人计算机桌平面尺寸不应小于0.75 m×0.65 m。前后桌间距离不应小于0.70 m。

学生计算机桌椅可平行于黑板排列;也可顺侧墙及后墙向黑板成半围合式排列;课桌椅排距不应小于1.35 m;纵向走道净宽不应小于0.70 m。

沿墙布置计算机时，桌端部与墙面或壁柱、管道等墙面突出物间的净距不宜小于0.15 m。

计算机教室应设置书写白板。计算机教室宜设通信外网接口，并宜配置空调设施。计算机教室的室内装修应采取防潮、防静电措施，并宜采用防静电架空地板，不得采用无导出静电功能的木地板或塑料地板。当采用地板采暖系统时，楼地面需采用与之相适应的材料及构造做法。

5. 合班教室

各类中学宜配置能容纳一个年级或半个年级的合班教室。容纳3个班及以上的合班教室应设计为阶梯教室。阶梯教室梯级高度依据视线升高值确定。阶梯教室的设计视点应定位于黑板底边缘的中点处。前后排座位错位布置时，视线的隔排升高值宜为0.12 m。

合班教室宜附设1间辅助用房，储存常用教学器材。合班教室课桌椅的布置应符合下列规定：

(1) 每个座位的宽度不应小于0.55 m，小学座位排距不应小于0.85 m，中学座位排距不应小于0.90 m。

(2) 教室最前排座椅前沿与前方黑板间的水平距离不应小于2.50 m，最后排座椅的前沿与前方黑板间的水平距离不应大于18.00 m。

(3) 纵向、横向走道宽度均不应小于0. 90 m，当座位区内有贯通的纵向走道时，若设置靠墙纵向走道，靠墙走道宽度可小于0.90 m，但不应小于0.60 m。

(4) 最后排座位之后应设宽度不小于0.60 m的横向疏散走道。

(5) 前排边座座椅与黑板远端间的水平视角不应小于30°。

当合班教室内设置视听教学器材时，宜在前墙安装推拉黑板和投影屏幕(或数字化智能屏幕)，并应符合规定要求：当中学教室长度超过10 m时，宜在顶棚上或墙、柱上加设显示屏。学生的视线在水平方向上偏离屏幕中轴线的角度不应大于45°，垂直方向上的仰角不应大于30°。

当教室内，自前向后每6.00 m～8.00 m设1个显示屏时，最后排座位与黑板间的距离不应大于24.00 m。学生座椅前缘与显示屏的水平距离不应小于显示屏对角线尺寸的4～5倍，并不应大于显示屏对角线尺寸的10～11倍。显示屏宜加设遮光板。

教室内设置视听器材时，宜设置转暗设备，并宜设置座位局部照明设施。合班教室墙面及顶棚应采取吸声措施。

6. 卫生间

教学用建筑每层均应分设男、女学生卫生间及男、女教师卫生间。学校食堂宜设工作人员专用卫生间。当教学用建筑中每层学生少于3个班时，男、女生卫生间可隔层设置。

卫生间位置应方便使用且不影响其周边教学环境卫生。在中小学校内，当体育场地中心与最近的卫生间的距离超过90 m时，可设室外厕所。所建室外厕所的服务人数可依学生总人数的15%计算。室外厕所宜预留扩建的条件。

学生卫生间卫生洁具的数量应按下列规定计算：

(1) 男生应至少为每40人设1个大便器或1.20 m长大便槽；每20人设1个小便斗或0.60 m长小便槽。

(2) 女生应至少为每13人设1个大便器或1.20 m长大便槽。

(3) 每40～45人设1个洗手盆或0.60 m长盥洗槽。

(4) 卫生间内或卫生间附近应设污水池。

中小学校的卫生间内，厕位蹲位距后墙不应小于0.30 m。各类小学大便槽的蹲位宽度不应大于0.18 m。厕位间宜设隔板，隔板高度不应低于1.20 m。中小学校的卫生间应设前室。男、女生卫生间不得共用一个前室。

学生卫生间应具有天然采光、自然通风的条件，并应安置排气管道。中小学校的卫生间外窗距室内楼地面1.20 m以下部分应设视线遮挡措施。中小学校应采用水冲式卫生间。

7. 净高

中小学校主要教学用房的最小净高应符合表10.5的规定。

表10.5 主要教学用房的最小净高(m)

教 室	小学	初中	高中
普通教室、史地、美术、音乐教室	3.00	3.05	3.10
舞蹈教室	4.50		
科学教室、实验室、计算机教室、劳动教室、技术教室、合班教室	3.10		
阶梯教室	最后一排(楼地面最高处)距顶棚或上方突出物最小距离为2.20 m		

8. 建筑环境安全

中小学校应装设周界视频监控、报警系统。有条件的学校应接入当地的公安机关监控平台。中小学校安防设施的设置应符合现行国家标准《安全防范工程技术规范》(GB50348)的有关规定。

中小学校建筑设计应符合现行国家标准《建筑抗震设计规范》(GB50011)、《建筑设计防火规范》(GB50016)的有关规定。

教学用房的门窗设置应符合规定要求：

(1) 疏散通道上的门不得使用弹簧门、旋转门、推拉门、大玻璃门等不利于疏散通畅、安全的门。

(2) 各教学用房的门均应向疏散方向开启，开启的门扇不得挤占走道的疏散通道。

(3) 靠外廊及单内廊一侧教室内隔墙的窗开启后，不得挤占走道的疏散通道，不得影响安全疏散。

(4) 二层及二层以上的临空外窗的开启扇不得外开。

(5) 学校临空窗台的高度不应低于0.90 m。

上人屋面、外廊、楼梯、平台、阳台等临空部位必须设防护栏杆。防护栏杆必须牢固、安全，高度不应低于1.10 m。防护栏杆最薄弱处承受的最小水平推力应不小于1.5 kN/m。

9. 疏散通行宽度

中小学校内每股人流的宽度应按0.60 m计算。中小学校建筑的疏散通道宽度最少应为2股人流，并应按0.60 m的整数倍增加疏散通道宽度。

中小学校建筑的安全出口、疏散走道、疏散楼梯和房间疏散门等处每100人的净宽度应按表10.6计算。同时，教学用房的内走道净宽度不应小于2.401 m，单侧走道及外廊的净宽度不应小于1.80 m。房间疏散门开启后，每膛门净通行宽度不应小于0.90 m。

表 10.6　安全出口、疏散走道、疏散楼梯和房间疏散门每 100 人的净宽度(m)

所在楼层位置	耐火等级		
	一、二级	三级	四级
地上一、二层	0.70	0.80	1.05
地上三层	0.80	1.05	—
地上四、五层	1.05	1.30	—
地下一、二层	0.80	—	—

10. 建筑物出入口

校园内除建筑面积不大于 200 m^2，人数不超过 50 人的单层建筑外，每栋建筑应设置 2 个出入口。非完全小学内，单栋建筑面积不超过 500 m^2，且耐火等级为一、二级的低层建筑可只设 1 个出入口。教学用房在建筑的主要出入口处宜设门厅。教学用建筑物出入口净通行宽度不得小于 1.40 m，门内与门外各 1.50 m 范围内不宜设置台阶。

11. 走道

教学用建筑的走道宽度应符合下列规定：

(1) 应根据在该走道上各教学用房疏散的总人数，按照表 10.6 的规定计算走道的疏散宽度。

(2) 走道疏散宽度内不得有壁柱、消火栓、教室开启的门窗扇等设施。

(3) 中小学校的建筑物内，当走道有高差变化应设置台阶时，台阶处应有天然采光或照明，踏步级数不得少于 3 级，并不得采用扇形踏步。当高差不足 3 级踏步时，应设置坡道。坡道的坡度不应大于 1∶8，不宜大于 1∶12。

12. 楼梯

中小学校建筑中疏散楼梯的设置应符合现行国家标准《民用建筑设计通则》(GB50352)、《建筑设计防火规范》(GB50016)和《建筑抗震设计规范》(GB50011)的有关规定。

中小学校教学用房的楼梯梯段宽度应为人流股数的整数倍。梯段宽度不应小于 1.20 m，并应按 0.60 m 的整数倍增加梯段宽度。每个梯段可增加不超过 0.15 m 的摆幅宽度。

中小学校楼梯每个梯段的踏步级数不应少于 3 级，且不应多于 18 级，并应符合规定要求：各类小学楼梯踏步的宽度不得小于 0.26 m，高度不得大于 0.15 m；各类中学楼梯踏步的宽度不得小于 0.28 m，高度不得大于 0.16 m。

楼梯的坡度不得大于 30°。疏散楼梯不得采用螺旋楼梯和扇形踏步。

楼梯两梯段间楼梯井净宽不得大于 0.11 m。大于 0.11 m 时，应采取有效的安全防护措施，两梯段扶手间的水平净距宜为 0.10 m～0.20 m。

中小学校的楼梯扶手的设置应符合下列规定：

(1) 楼梯宽度为 2 股人流时，应至少在一侧设置扶手。

(2) 楼梯宽度达 3 股人流时，两侧均应设置扶手。

(3) 楼梯宽度达 4 股人流时，应加设中间扶手，中间扶手两侧的净宽均应满足规定要求。

(4) 中小学校室内楼梯扶手高度不应低于 0.90 m，室外楼梯扶手高度不应低于 1.10 m；

水平扶手高度不应低于1.10 m。

(5) 中小学校的楼梯栏杆不得采用易于攀登的构造和花饰；杆件或花饰的镂空处净距不得大于0.11 m。

(6) 中小学校的楼梯扶手上应加装防止学生溜滑的设施。

除首层及顶层外，教学楼疏散楼梯在中间层的楼层平台与梯段接口处宜设置缓冲空间，缓冲空间的宽度不宜小于梯段宽度。中小学校的楼梯两相邻梯段间不得设置遮挡视线的隔墙。教学用房的楼梯间应有天然采光和自然通风。

13. 教室疏散

每间教学用房的疏散门均不应少于2个，疏散门的宽度应通过计算；同时，每樘疏散门的通行净宽度不应小于0.90 m。

10.2.2 实战演练

综合实训项目一 住宅楼建筑设计

住宅是供家庭日常居住使用的建筑物，是人们为满足家庭生活需要。为保障人们基本的住房条件，提高住宅功能质量，应使住宅设计符合适用、安全、卫生、经济等要求。

1. 工作任务目标

通过本次课程设计实践技能训练，使学生系统巩固并扩大所学的理论知识与专业知识，使理论联系实际。在指导教师的指导下，使学生独立解决有关工程的建筑施工图设计问题，并能表现出一定的科学性与创造性，从而提高设计、绘图、综合分析问题和解决问题的能力。

要求学生应严格按照指导教师的安排有组织、有秩序地进行本次设计。在指导教师设计辅导、答疑以后，学生自行收集资料，完成初步设计方案，交指导教师修改后，学生对设计方案定稿后，再进行建筑施工图的设计。

2. 工作任务设计要求

(1) 住宅楼位于市内某生活区域，该处地势平坦，土质均匀，地基承载力较好，为单元式多层或小高层住宅。

(2) 布置形式。

按照生理分室标准和住宅设计要求。住宅楼应布置成三室二厅、三室一厅、二室二厅、二室一厅、一室一厅等形式。

(3) 布置特点。

住宅楼套型平面应以厅为中心组织各功能用房，布局设计应充分体现：交通线路简捷。在平面设计中应充分体现：大客厅、大厨房、大卫生间、小卧室、贮藏空间多（“三大一小一多”）的特点，还应力争做到：明卧、明厨、明卫（“三明”）；餐厅分离、厅寝分离、漱洗分离（“三分离”），以及厨卫管道集中（“一集中”）的特点。每户均设置宽敞实用的生活阳台，每户应设置贮藏设施。

(4) 面积指标。

城市示范小区住宅设计建议见表10.7。

表 10.7 城市示范小区住宅设计建议

类别	建筑面积(m^2)	功能建议
一类	55～65	一室一厅一厨一卫
二类	70～80	二室一厅一厨一卫
三类	85～90	三室一厅一厨一卫或二室二厅一厨一卫
四类	100～120	三室二厅一厨二卫

(5) 套型：套型不得少于四种类型。套型比：可以自行选定。

(6) 层高、层数：层高可选用 2.8 m、2.9 m、3.0 m；层数：四至六层。

(7) 建筑面积：2 500～3 500 m^2。

(8) 耐火等级、屋面防水等级：耐火等级为Ⅱ级；屋面防水等级为Ⅱ～Ⅲ级。

(9) 结构类型：砖混结构或框架结构。

(10) 房间组成及要求(功能空间低限面积)：① 客厅≥18 m^2。② 餐厅≥8 m^2。③ 主卧室 12～16 m^2。④ 双人次卧室 12～14 m^2。⑤ 单人次卧室 8～10 m^2。⑥ 厨房≥6 m^2。⑦ 卫生间≥4 m^2。⑧ 门厅 2～3 m^2。

3. 工作任务图纸内容

(1) 底层平面图比例为 1∶100。

(2) 标准层平面图(包括主要家具布置，厨房案台、灶具、水池的布置，卫生间主要器具的布置)比例为 1∶100。

(3) 屋顶平面图(画出排水分区、纵横坡坡度)比例为 1∶100。

(4) 建筑立面图：两个主立面图、一个侧立面图比例为 1∶100。

(5) 建筑剖面图(要求剖到楼梯)比例为 1∶100。

(6) 施工说明、门窗表。

(7) 采用 2＃图纸绘制。

(8) 设计总结。

应用稿纸书写设计总结，不得少于 1 500 字。在设计总结中，应对建筑的功能、布局进行分析，并写出自己在设计过程中的构思和感受。

4. 工作任务深度要求

认真修改草图后，在确定住宅楼设计方案的基础上，进行建筑施工图设计。具体内容有：

(1) 建筑施工图首页。

建筑施工图首页一般包括：图纸目录、设计说明、门窗表、装修做法表等。设计说明是对图样上无法标明的和未能详细注写的用料和做法等内容作具体文字说明。

(2) 建筑平面图。

应标注以下内容：

① 外部尺寸：如果平面图的上下、左右是对称的，一般外部尺寸标注在平面图的下方及左侧，如果平面图不对称，则四周都要标注尺寸。

外部尺寸一般分三道标注：最外面的一道是外包尺寸，表示房屋的总长度和总宽度；中间一道是定位轴线尺寸表示定位轴线间的距离；最里面一道是细部尺寸表示门窗洞口、窗间墙、墙端等长度尺寸。在底层平面图中还应标注室外台阶、花台、散水等细部尺寸。

② 内部尺寸:包括房间内的净尺寸,门窗洞口尺寸,墙厚、柱、墙垛和固定设备(如工作台、吊柜、搁板等)的尺寸。

③ 定位轴线的编号:竖向定位轴线的编号应按从下至上顺序采用大写拉丁字母编写,横向定位轴线的编号应从左至右顺序采用阿拉伯数字编写。定位轴线应用细点划线绘制,轴线编号应注写在轴线端部的圆圈内,圆圈应用细实线绘制,直径为 8 mm。

④ 门窗的编号:门窗在平面图中,只能反映出它们的位置、数量和洞口宽度尺寸,窗的开启方式和构造等情况是无法表达的。每个工程的门窗规格、型号、数量都应有门窗表说明,门的代号用 M 表示,窗的代号用 C 表示,并加注编号以便区分。

⑤ 在底层平面图中应表达出建筑剖面图的剖切位置、方向及编号。在底层平面图中还应绘制指北针。

⑥ 建筑平面图、立面图、剖面图的下方均应标注图名及比例。

⑦ 建筑平面图中应绘制室内家具的布置、厨房案台器具的布置、卫生间的布置等。

⑧ 从平面图中可以看出楼梯的位置、楼梯间的尺寸、起步方向、楼梯段宽度、平台宽度、栏杆位置、踏步级数、楼梯走向等内容。

⑨ 在平面图中还应标注房屋各组成部分的标高情况:如室内、外地面、楼面、楼梯平台面、室外台阶面、阳台面、厨房卫生间地面等处都应当分别标注标高。对于楼地面有坡度时,通常用箭头加坡度符号表明。

(3) 屋顶平面图。

应标示屋面排水分区、排水方向、坡度大小、檐沟、泛水、雨水管口、女儿墙等位置。

(4) 建筑立面图。

建筑立面图应反映出房屋的外貌和高度方向的尺寸。

① 立面图上的门窗可在同一类型的门窗中较详细地各画出一个作为代表,其余用简单的图例表示。

② 立面图中应有三种不同的线形:整幢房屋的外形轮廓线、较大的转折轮廓线用粗实线表示;墙上较小的凹凸(如门窗洞口、窗台等)以及勒脚、台阶、花池、阳台等轮廓线用中实线表示;门窗分格线、开启方向线、墙面装饰线等用细实线表示。

③ 立面图中外墙面的装饰做法应有引出线引出,并用文字简单说明此构造做法。

④ 应在立面图下方中间位置标注图名及比例。左右两端外墙均用定位轴线及编号标示,以便与平面图相对应。

⑤ 标明房屋立面各部分的尺寸情况:如雨篷、檐口挑出部分的宽度,勒脚的高度等局部尺寸;注写室外地坪、出入口地面、勒脚、窗台及檐口等处的标高。数字写在横线上的是标注构造部位顶面标高,数字写在横线下的是标注构造部位底面标高。标高符号位置要整齐、三角形大小应该标准、一致。

⑥ 立面图中有的部位要画详图索引符合,局部构造另有详图标示。

(5) 建筑剖面图。

要求用两个全剖面图或一个阶梯剖面图来表示房屋内部的结构形式、分层及高度、构造做法等情况。

① 外部尺寸应标注三道:第一道是窗(或门)、窗间墙、窗台、室内外高差等细部尺寸;第二道是各层的层高尺寸;第三道是总高度尺寸。承重墙要画定位轴线,并应与平面图中的定

位轴线编号相一致。

② 内部尺寸:应在地坪、楼面、楼梯平台、屋面等处标注标高尺寸;必要时应注写地面、楼面及屋面等的构造层次及做法。

③ 表达清楚房屋内墙面、顶棚、踢脚线、墙裙的构造做法。

④ 剖面图的图名应与底层平面图上剖切符合的编号一致。

(6) 其他构造详图。

其他构造详图可视具体要求绘出。

5. 工作任务设计步骤

一般是先平面,再立面,最后剖面和详图;绘图时先用2H铅笔打底稿,检查无误后,再用2B铅笔加深;绘图时同一方向或同一线型的线条相继绘出,先画水平线(从上到下),再画铅直线或斜线(从左到右);先画图,再注写尺寸和说明,一律采用工程字体书写,以增强图面效果。

综合实训项目二 中学教学楼建筑设计

学校是培养人才的特定环境,学校建筑设计是影响全面培养人才质量的重要因素。学校的建筑设计,除了要遵守国家有关规范和标准外,在总体环境的规划布置、教学楼的平面与空间组合形式,以及材料、结构、构造、施工技术和设备的选用等方面,要恰当地处理好功能、技术与艺术三者的关系,同时要考虑青少年好奇、好动和缺乏经验的特点,充分保证安全。

1. 工作任务设计条件

(1) 建筑面积3 500 m^2,设24个班,每班按45人计算。

(2) 拟建建筑物位于中小城市内,地段平坦,满足要求。

(3) 教学楼房间组成及参考面积见表10.8。

表10.8 教学楼房间组成及参考面积一览表

房间名称	数量(间)	参考面积(m^2/间)	备注
普通教室	24	54～60	
实验室	3	75～85	物理、化学、生物
仪器准备室	3	45	
合班教室	2	90	供两个班使用
音乐教室	2	54～60	
语音教室	2	73～80	
计算机房	1	140	
教学办公室	7～9	15～20	
行政办公室	6～8	15～20	
教师休息室		15～20	每层均设
体育器材室及办公室	3	20	
卫生间		按男女比例各半	每层均设

2. 工作任务设计内容

(1) 各层建筑平面图,比例为1∶100。

(2) 建筑立面图:主要立面图及侧立面图,比例为1∶100。

(3) 建筑剖面图:1～2个,必须剖切到楼梯、教室,比例为1∶100。

(4) 屋面平面图:比例为1∶100。

(5) 各构造详图:墙身节点详图,楼梯详图,比例自定。

(6) 设计结束后学生应按照设计任务书的要求,对设计的全过程进行分析总结。在设计总结中,应对建筑的功能、布局进行分析,并写出自己在设计过程中的构思和感受。

3. 工作任务设计深度

(1) 建筑平面图。

① 标注建筑纵、横向定位轴线及其编号。

② 标注建筑各部分尺寸,外墙尺寸分三道尺寸线,表达总尺寸、轴线尺寸及窗间墙尺寸;标注内墙厚度,标注洞口位置及大小、洞顶标高,底层室外踏步、台阶、散水等。

③ 标注各层标高及室外地坪标高;标注门窗编号。

④ 绘制各教室、实验室黑板、讲台的位置。

⑤ 标注剖切位置及详图索引符号(只在底层平面图上标注)。

⑥ 标注房间名称、图名、比例。

(2) 立面图。

① 标明建筑外形、门窗、雨篷、外廊或阳台及雨水管的形式与位置。

② 标注各必要部位的标高和尺寸。

③ 注明外墙材料及作法、饰面分格线、立面细部详图索引符号。

④ 标注立面名称及比例,立面名称可用所表示立面的边轴线表示。

(3) 剖面图。

① 标明建筑内各部位的高度关系,标三道尺寸,表示建筑总高、层间尺寸及门窗洞及窗下墙尺寸。

② 标注楼地面、室外地坪、走廊地面、门窗洞口、雨篷及楼梯平台等处的标高。

③ 标注节点详图索引号。

④ 标注楼地面、屋顶构造作法。

⑤ 标注内、外墙或框架柱的轴线及其间距。

⑥ 标注剖面图名称、比例。

(4) 屋顶平面图。

本次设计可作平屋顶,防水方案为柔性防水屋面或刚性防水屋面,并根据当地气候条件考虑作保温或隔热处理,设计内容及深度如下:

① 标注各转角部位定位轴线及其间距。

② 标注四周的出檐尺寸及屋面各部分的标高(屋面标高一律标注结构层标高)。

③ 标注屋面排水方向、坡度及各坡面交线、檐沟、泛水、出水口、水斗等的位置;如果屋面防水屋上有隔热或保温覆盖层,屋顶平面仍应主要表现防水层构造,而覆盖层只给出局部图形即可。

④ 标注屋面上人孔、女儿墙等的位置尺寸。

⑤ 标注图名及比例。

(5) 各构造详图。

可参阅墙身构造设计及楼梯构造设计的内容等。

4. 工作任务设计方法

在进行建筑设计时，通常从平面设计、剖面设计、立面设计三个不同的方面来综合考虑。平面设计是关键，所以在进行方案设计时，总是先从平面入手。同时认真考虑剖面及立面的可能性与合理性及对平面设计的影响。只有综合考虑平、立、剖三者的关系，按完整的三维空间概念进行设计，才能做好一个建筑设计。

中小学教学楼一般是由以下四部分组成：

教学部分：普通教室、实验室、音乐教室、语音教室、计算机房等，是教学楼的主体部分。各主要房间面积指标见表10.9。

表10.9 主要房间面积指标

房间名称	按使用人数计算每人所占面积(m^2)			
	小学	普通中学	中等师范	幼儿师范
普通教室	1.10	1.12	1.37	1.37
实验室	—	1.80	2.00	2.00
美术教室	1.57	1.80	2.84	2.84
书法教室	1.57	1.50	1.94	1.94
音乐教室	1.57	1.50	1.94	1.94
语音教室	—	—	2.00	2.00
计算机房	1.57	1.80	2.00	2.00
合班教室	1.00	1.00	1.00	1.00

办公部分：行政、社团办公室及教师办公室。

辅助部分：卫生间、传达室。

交通部分：楼梯、走道、门厅、过厅等。

5. 工作任务设计步骤

(1) 平面设计。

建筑平面设计包括单个房间的平面设计及平面组合设计，单个房间组合设计是在整体建筑合理而适用的基础上，确定房间的面积、形状、尺寸以及门窗的大小和位置。平面组合设计是根据各类建筑功能要求，抓住主要使用房间、辅助房间、交通联系部分的相互关系，结合基地环境及其条件，采用不同的组合方式将各个房间合理地组合起来。

普通教室的设计要求为大小合适、视听良好、采光均匀、空气流通、结构简单和施工方便等。

教室尺寸的确定取决于教室容纳的人数，课桌椅的尺寸和排列方式，以及采光通风，设备及施工等。教室形状与尺寸的确定除应满足普通教室设计的基本要求及课桌的有关规定外，尚应综合考虑：教室为左侧采光，控制规定的使用面积，教学楼结构体系经济合理，有利于施工建造，便于教学楼的空间组合，经分析比较确定合理的教室平面形式、规格尺寸。通常用采用矩形教室。

普通教室门的设计主要考虑门的数量、宽度及位置应满足出入便捷、疏散迅速、便于搬运室内家具设备的要求。通常在教室前后各设一个门，门宽约1 000 mm，门洞高为2 400～2 700 mm，一般为内开，以免影响走道中行人的通行。教室窗的设计主要考虑窗的位置及大小，其受采光标准与结构的制约。

在专用教室的设计中，应根据学科内容，教学方式，教学中所需器材、设施、教具以及桌椅规格及布置方式等，确定该专用教室的特殊要求。根据使用的班级及人数，确定其合理尺寸及面积。根据其使用功能要求，确定其适宜的楼层及朝向。为充分满足其使用要求，应合理地安排其辅助用房的位置、尺寸规格、数量及联系方式。在设计时，可参阅《中小学校建筑设计规范》及《中小学校建筑设计手册》等。

办公室包括党政办公室、教学办公室和社团办公室等，办公室要有良好的采光和通风，数量按学校规模和实际需要而定。

厕所及取水点设计时应注意：学生使用厕所多集中在课间休息时，因此必须有足够的数量。厕所位置应比较隐蔽，并便于使用，通风要良好，位置上多设在教学楼端部，转弯处或次要楼梯间附近。厕所应尽量放在一起，以利于集中管线。厕所内应设水龙头、水槽、污水池，也可将取水点设在楼梯间。

门厅是教学楼组织分配人流的交通枢纽及供学生活动的地方，应有足够的面积，通常按0.06～0.08 m^2/生来确定其面积大小。

楼梯是上下楼层联系的通道，位置要明显，疏散要方便，宽度和数量要满足疏散和防火要求。

走道分为内走道和外走道，一般内廊时其宽度为2.4～3 m，单面走道宽度为1.8～2.1 m，办公区走道宽度为1.5～1.8 m。走道要有很好的采光通风，可在两侧墙上设高窗或门上设亮子满足内廊照度要求。外廊地面应低于室内或坡向外，做有组织排水。

平面组合设计的基本原则是结合地形，因地制宜。各部分功能分区明确、合理，既要联系方便，又要避免相互干扰。建筑空间布置紧凑，各个体部组合得当。交通联系要简捷。结构合理，施工安全。设备管线要尽量集中。

教学楼的各组成部分，应构成一个有机的整体，各个部分之间既有联系又有相对的独立性，以免互相交叉干扰。教室与教师办公室同层布置，联系方便，易于学生管理，但可能形成干扰。教室与办公室分层布置，保持了办公区的独立性，环境安静，但与学生联系较差，交通路线较长，且办公室尺度受教室开间、进深尺度的限制，有时不尽适用。教室和办公室分别放在独立的建筑中，办公环境较好，但相互联系不便。实验室做成一个单元，放在教学楼的端部、后部或联系体中，分区明确，便于管理，通风采光较好，在综合教学楼中多采用。

教学楼的组合方式有多种，形式也各异，归纳起来，主要有以下几种方式：走廊式（内廊式、外廊式、内外结合式）、厅式、天井式、单元式等，其中走廊式应用最为广泛。

（2）剖面设计。

确定好剖面形状、层数、层高后，还要处理好各部分的功能关系，注意各部分的高差关系和空间的合理利用。

（3）教学楼的体形，立面和细部设计。

中小学建筑的体型及立面设计要反映学校的性格与特征，通过成组的教室，明快的窗户，开敞通透的出入口以及明亮的色彩，可给人开朗、活泼、亲切和愉快的感觉。首先要主次分明，教学用房是主要的使用空间，应布置在主要部位。办公室及辅助用房宜放在次要部位。其次还必须使各部分相互呼应、协调、统一，从而达到整体完美，形象生动的艺术效果。

综合实训项目三　某学院现代教育中心实验楼建筑设计

1. 工作任务设计条件

(1) 建筑面积。

建筑面积为 4 000～5 000 m²

(2) 工程概况。

某学院拟在学校内建造一幢现代教育中心实验楼，建筑层数在六层左右，采用框架结构，建筑体型组合可为单一型或组合型(可根据各部分功能具体情况灵活安排)，室外有停车场及绿化布置。

(3) 基地平面。

用地范围内地表基本平坦，基地东、西、南三侧均有校园现状道路。其中东、西侧为校园主干道，南侧为一次要干道。基地南侧为已建教学楼，北侧为学校生态园，环境颇佳，如图 10.1 建筑用地图所示。

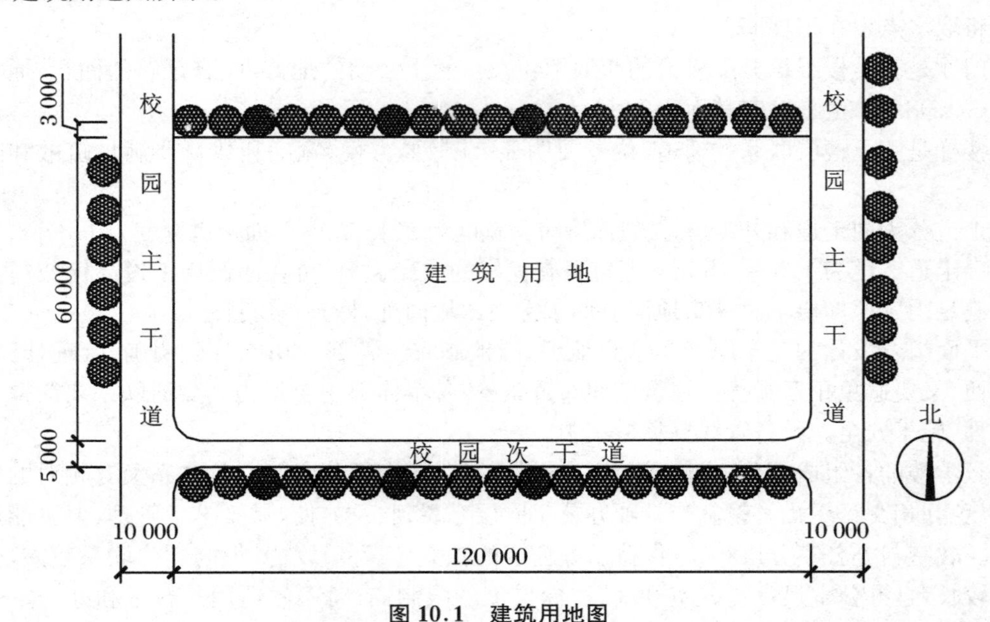

图 10.1　建筑用地图

2. 建筑组成及面积分配(面积上下浮动在 10%以内)

(1) 门厅：150 m²。

① 门厅：120 m²。② 门卫：15 m²。③ 值班室：15 m²。

(2) 软件实验室：255 m²。

① 汇编语言室：45 m²。② 数据库原理实验室：45 m²。③ 软件工程实验室：45 m²。④ 操作系统实验室：45 m²。⑤ 程序设计实验室：45 m²。⑥ 储备室：30 m²。

(3) 系统实验室：390 m²。

① 编译原理实验：45 m²×2。② 数据结构实验室：45 m²×2。③ C 语言程序设计实验室：45 m²×2。④ 汇编语言实验室：45 m²×2。⑤ 储备室：30 m²。

(4) 数字逻辑实验室:270 m^2。

① 数字逻辑实验室:120 m^2。② 模拟电路实验室:120 m^2。③ 储备室:30 m^2。

(5) 计算机原理与接口实验室:120 m^2。

① 计算机原理实验室:45 m^2。② 微型计算机及接口技术实验室:45 m^2。③ 储备室:30 m^2。

(6) 网络技术实验室:210 m^2。

① 网络技术:90 m^2。② 通讯原理:90 m^2。③ 储备室:30 m^2。

(7) 计算机公共课程实验室:510 m^2。

① 计算机公共课实验室:90 $m^2\times5$。② 储备室:30 $m^2\times2$。

(8) 电视系统实验室:570 m^2。

① 教育电视系统:90 $m^2\times2$。② 电视教材设计与制作:90 $m^2\times2$。③ 教育电声系统:90 $m^2\times2$。④ 储备室:30 m^2。

(9) 教育传播实验室:165 m^2。

① 教育系统设计:45 m^2。② 教育传播学:45 m^2。③ 教学法:45 m^2。④ 储备室:30 m^2。

(10) 远程教育:210 m^2。

① 远程教育:90 m^2。② 卫星电视:45 m^2。③ 多媒体技术及应用:45 m^2。④ 储备室:30 m^2。

(11) 电子信息工程专业实验室:390 m^2。

① 通信原理实验室:120 m^2。② 信号与系统实验室:120 m^2。③ 电磁与微波实验室:120 m^2。④ 储备室:30 m^2。

(12) 心理学实验室:120 m^2。

(13) 办公室:45 $m^2\times8$(可每层布置几间)。

(14) 会议报告厅:360 m^2。

(15) 辅助房间。

① 男卫生间:30 $m^2\times6$。② 女卫生间:25 $m^2\times6$。

(16) 交通部分:楼梯、走道、过厅等。

3. 建筑标准

(1) 层数、层高。

层数:五至六层(可以五层,局部六层)。

层高:底层、会议报告厅 3.9 m。其余 3.6 m。

(2) 装修。

外墙:干粘石、外墙乳胶漆或贴面砖。

内墙和顶棚:门厅、会议报告厅为较高级装修和吊顶棚;其余房间为中等装修。

(3) 楼地面。

门厅、会议报告厅为较高级地板或石材面层;公共走廊为水磨石地面;卫生间为防滑地板砖;其余为水泥砂浆地面。

(4) 门窗。

内外窗为塑钢窗;内外门为木门。

(5) 建筑平面形式:内廊式。

（6）结构类型：钢筋混凝土框架。

4．工作任务设计要求

本设计位于某学院新校区，以电视电话教学和计算机实验需要为基本原则，以计算机现代化、网络化、数字化、信息化为建设目的，体现教学、实验操作一体化的现代管理理念，融开放性、便捷性、实用性、安全性、舒适性为一体。

设计应该符合校园建筑的特点，与教学楼及周边环境相协调，建成布局合理，功能齐全的现代化教育中心。

（1）认真分析任务书中确定的环境特征，从环境入手进行单体布置，合理安排主要入口和辅助入口，注意处理好主体裙房、停车场、绿化之间的关系。同时了解城市规划部门对建筑设计的要求。

（2）实验室要有与学科相适应的学术水平以及以人为本的人文环境，实验室房间地面防滑、耐磨，地面和墙面有特殊需要的要耐腐蚀。

（3）结合《建筑构造与识图》课程所学知识，在单体设计时明确主要使用部分、辅助使用部分、交通联系部分之间的关系。做到功能分区明确，流线组织合理，空间尺寸恰当。房间开间、进深符合建筑模数，楼梯间、电梯间的数量及布置形式满足《建筑设计防火规范》的要求。

（4）根据建筑物各使用部分的组合情况，分析适合该建筑结构形式的受力特征和应用范围，确定合理的结构形式，注意各种变形缝处的建筑、结构处理方法。

（5）建筑体型及立面造型应有统一感，注意比例尺度、节奏和韵律，建筑形象和结构形式辩证统一。在此基础上，重点处理入口及檐口等细节部分，做到严谨活泼，体现建筑美学。

（6）建筑方案设计完成后，应进行构造方案设计，合理确定屋面、楼地面、墙面、门窗等部位的构造方案。正确进行楼梯设计及踏步、扶手工作选型，对特殊部位的构造处理（檐口、雨篷、隔墙、玻璃幕墙等）应有清晰概念。

5．图纸及内容要求

（1）底层平面图（包括家具及空间划分、卫生间布置），比例为1∶100。

（2）标准层平面图（包括家具及空间划分、卫生间布置），比例为1∶100。

（3）顶层平面图（画出排水分区、纵横坡坡度），比例为1∶100。

（4）建筑立面图（两个主立面图），比例为1∶100。

（5）建筑剖面图（要求剖到楼梯），比例为1∶50。

（6）《图纸应按建筑制图标准》（GB/T50104—2010）图纸幅面，采用2♯或1♯图纸。用铅笔按比例绘制于白色绘图纸上。采用建筑工程制图教材中学生用图标。

6．图纸标注要求

（1）建筑平面图。

标注建筑纵横轴线（点划线）及轴线编号。

标注建筑各部分尺寸：外墙分三道尺寸，即总尺寸（外包尺寸表示总长度和总进深）；轴线尺寸、门窗洞口尺寸及墙段尺寸。内墙要标注墙厚尺寸（表明墙与轴线的关系）、洞口位置及大小。

标注墙上预留孔洞位置，孔底标高等。底层室外踏步、台阶、散水等尺寸。

标注各层标高及室外地坪标高，一般标在入口处或公共走道上，若房间或外廊地面低于同层标高时，要在该处注明高差尺寸。

标注门窗编号，凡高、宽与形式均相同者为同一编号，不同者另编一号。门用 M-1、M-2……表示，窗用 C-1、C-2……表示。画出门的开启方式或方向。家具及设备布置。

标注剖面图、详图的位置，剖切线只能绘在底层平面图中。

标注房间名称、图名及比例。

楼梯间要求绘出踏步数、平台、栏杆扶手及上下行箭头方向。

(2) 建筑立面图。

标明建筑外形、门窗、雨篷、外廊或阳台及雨水管等形式与位置。

标注尺寸：门窗标高；必要部位的标高，如门廊、雨篷等的标高。

标明外墙材料及做法，饰面分格线。

立面名称及比例，立面名称用所标示的立面的边轴线表示。

(3) 剖面图(应剖在门厅、楼梯间位置)。

要标明建筑内外部位的高度关系，标三道尺寸：第一道：建筑总高；第二道：层间高度尺寸。楼地层标在面层表面；屋顶标在屋面表面，要标出屋面坡度；第三道：门窗洞及窗间尺寸。

标注标高：包括楼地面、层高、室外地坪、门窗洞口、雨篷底及楼梯平台等处的标高。

楼地面、屋顶构造做法。剖面图名称及比例。

(4) 屋顶平面图。

屋顶平面图是假设由天上俯视所得的平面图，因而所有线条均为可见线(细实线)。

标注各转角部位定位轴线及其间距。标注四周围的出檐尺寸及屋面各部分标高(指结构层表面标高)。屋面排水方向，坡度及各坡面交线、天沟、檐沟、泛水、出水口、水斗等位置。屋面上人口或出入口，女儿墙等的位置尺寸。图名及比例。

10.3　任务2：建筑施工图识读

请根据《建筑工程实训图册》中对应的建筑施工图，完成任务工单。

任务工单1:文化站综合楼

<table>
<tr><td>工作任务</td><td colspan="3">文化站综合楼</td><td>学时</td><td></td><td colspan="2">指导教师</td><td colspan="2"></td></tr>
<tr><td>班　级</td><td></td><td>学号</td><td></td><td>姓名</td><td></td><td>日期</td><td></td><td>成绩</td><td></td></tr>
<tr><td>学习任务描述</td><td colspan="9">通过建筑施工图任务训练帮助学生掌握民用建筑设计的一般知识,建立与相关专业及设计人员交流的基础;掌握建筑平面设计、立面设计、剖面设计的规则和方法。使学生能够熟练识读框架结构综合楼建筑施工图,分析建筑设计特点,提出自己的建议及看法。</td></tr>
<tr><td colspan="10">任务1(建筑设计总说明、建筑节能设计说明)</td></tr>
<tr><td colspan="10">【识读建筑设计总说明、建筑节能设计说明任务引导】
1. 建筑设计总说明中工程概况的内容包括哪些项目?各说明了什么问题?
2. 建筑设计总说明中设计的主要依据有哪些?除依据的主要标准规范外还有哪些内容是主要的?
3. 该建筑墙体是否为承重墙?墙体采用的材料是什么?墙身防潮层如何处理?
4. 屋面防水等级为____级,防水合理使用年限为______年。
5. 外墙装修采用__________,分格缝间距为___________。
6. 外墙保温层的做法是_______________________________。
7. 为防止外墙砌体与框架梁柱连接处产生裂缝,应如何处理?
8. 内墙阳角线均做___________护角。
9. 两种材料的墙体交接处,为防止出现裂缝,应如何处理?
10. 室内外各项露明金属件如何处理?
11. 建筑节能设计依据有哪些?
12. 建筑节能设计执行标准与节能目标是什么?
13. 本工程所在区域属于______地区,建筑类型为__________。
14. 建筑节能设计项目包括哪些?</td></tr>
<tr><td colspan="10">任务2(建筑平面图)</td></tr>
<tr><td colspan="10">【识读建筑平面图任务引导】
1. 建筑平面图包括哪些图示?
2. 指北针在哪个图示中表达?指北针的绘制直径是多少?箭尾宽度是多少?
3. 墙体厚度为______,门垛宽为______。
4. 除注明外,外廊地面低于同层楼地面___________。
5. 识读建筑平面图中轴线与墙、柱、门窗、洞口的相互关系及各层标高。
6. 对应识读剖面图的剖切位置和相应剖面图,说明剖切符号由哪三个部分组成的。
7. 细部索引与其详图相应识读。
8. 对照底层平面图分别阐述以下3个图示各表示什么含义。
皖01J307 4/1 净宽1 200　　M1　　上3步 $b\times h$=300×166.67
9. 阐述底层、二层、三层、夹层楼梯间平面图的异同点。
10. 二层平面图走廊宽度为__________。走廊应如何处理?
11. C4表示________,其宽度为__________。
12. M2表示________,其宽度为__________。
13. 二层楼梯间处设置卫生间,该卫生间地面标高为________。</td></tr>
</table>

14. 三层平面图标高为________。该层楼梯间左侧办公室开间尺寸为________，进深尺寸为________。该层资料室开间尺寸为________，进深尺寸为________。
15. 屋面平面图：该屋顶为________屋顶，屋面坡度为________，设置该坡度的目的是__________。屋顶采用________排水方式，设置_______个雨水管。设置屋顶上人孔的目的是______________。
16. 对照屋顶平面图分别阐述以下两个图示各表示什么含义。

任务3（建筑立面图）

【识读建筑立面图任务引导】
1. 建筑立面图包括哪些图示？
2. 阐述以下两个图标各具体表示什么立面图。

①～⑧轴立面图　　Ⓒ～Ⓐ轴立面图

3. 该建筑层数为___层，层高为_____，总高度为_____。
4. M5表示_____，其宽度为________，高度为________。
5. 室内外高差为________，窗台高度为________。
6. 侧立面外墙面上设置20 mm宽黑色塑胶条的目的是什么？
7. 楼梯栏杆高度为________，立杆净间距为________，扶手材料采用____________。楼梯栏杆与踏面采用______________方式连接。

任务4（建筑剖面图）

【识读建筑剖面图任务引导】
1. 该工程图纸其建筑剖面图包括哪些图示？
2. Ⅰ-Ⅰ剖面图的主要剖切内容是什么？Ⅱ-Ⅱ剖面图的主要剖切内容是什么？
3. Ⅰ-Ⅰ剖面图剖切到的楼梯梯段在图示上如何表示？剖切到的梯段为_______梯段。
4. 该楼梯形式为_______楼梯。楼梯间室内首层地面标高为_______。第一梯段的踏步数为_____，第二梯段的踏步数为_____，第三、四梯段的踏步数为_____，第五梯段的踏步数为_____。
5. 该楼梯的荷载传递路线为____。

任务5（绘制建筑施工图）

【绘制建筑施工图】
1. 绘制建筑底层平面图、三层平面图、屋顶平面图。
2. 绘制南立面图、北立面图、西立面图。
3. 绘制Ⅰ-Ⅰ剖面图、Ⅱ-Ⅱ剖面图。
4. 比例为1∶100。
5. 采用2＃图纸绘制。

任务工单2：社区办公楼

任务1(建筑设计总说明、建筑节能设计说明)

【识读建筑设计总说明、建筑节能设计说明任务引导】

1. 本工程的结构类型为________，层数为________，耐火等级为________，建筑面积为________，基础形式为________，建筑檐高为______。抗震设防烈度为________。主体结构合理使用年限为________。
2. 图注尺寸以________为单位，标高以________为单位。
3. 屋面防水等级为________，设防做法________________，防水层耐用年限为________。
4. 墙体材料为____________________，墙、柱边遇门洞口，门垛做法为________________________。
5. 楼梯平台水平段大于500 mm时，扶手高度为____________。楼梯栏杆的净间距为______________。教室、办公室内墙裙高度为________。
6. 窗框材料采用________________________，中空玻璃为______________。
7. 窗框在安装时，窗框与墙体连接处必须填塞______________材料，外口与粉刷相接处，留__________，缝内填________________________。
8. 外墙以及出挑构件、附墙配件的保温做法为____。
9. 屋面保温做法为____________________________________。
10. 该建筑朝向为__________，建筑类型为______________。

任务2(建筑平面图)

【识读建筑平面图任务引导】

1. 该工程建筑平面图包括哪些图示？
2. 该建筑物办公室开间尺寸为________，进深尺寸为________。
3. 该建筑物室内外高差为__________，层高为__________。
4. 该建筑物墙体厚度为__________，走廊宽度为________。
5. 室外地面标高为______________，室外台阶的标高为________________，卫生间地面均低于同层楼地面______________。
6. 识读建筑平面图中轴线与墙、柱、门窗、洞口的相互关系及各层标高。
7. 对应识读剖面图的剖切位置和相应剖面图。
8. 该建筑物空调机搁板尺寸为__________________，空调预留洞为________________。
9. 入口处雨篷长度为____________，宽度为__________。
10. 对照底层平面图阐述以下两个图示各代表什么含义。

皖01J307 (4/1) 净宽1 000　　　　皖01J307 (11/10)

11. 对照屋顶平面图，屋面为________(平/坡屋面)，屋脊标高为__________，屋面材料是__________________。
12. 屋顶采用____________排水方式，檐沟宽度为__________，屋檐标高为__________，天沟纵坡为__________。构造层次分别为____________，______________，______________。设置________个雨水管。
13. 对照屋面平面图：在7～8定位轴线处，屋面上人孔设置的尺寸为____________，设置上人孔的目的是__________________。

任务3(建筑立面图)

【识读建筑立面图任务引导】

1. 该工程建筑立面图包括哪些图示?
2. 对照1~8轴立面图,入口处柱的装修做法为____________________。
3. 该建筑层数为______层,层高为________,总高度为________。
4. 下图中的构件为__________,作用为______________。
5. 室内外高差为__________,窗下墙高度为__________。
6. 外墙面窗套如何处理__________________。
7. 窗台做法为________________。南向门窗的遮阳方式为________________。

任务4(建筑剖面图)

【识读建筑剖面图任务引导】

1. 该工程剖面图有几个?各剖切的主要内容是什么?
2. 该楼梯形式为_________楼梯。第一梯段的踏步数为_________,第二梯段的踏步数为_________。
3. 该楼梯一层休息平台梁下是否过人?
4. 楼梯井的宽度为__________。
5. 楼梯踏步宽度为__________,高度为__________。
6. 楼梯栏杆高度为__________,立杆净间距为__________。
7. 楼梯竖杆到踏口边缘距离为__________,楼梯踏面与竖杆连接方法为__________。竖杆采用_________材料,横杆采用_________材料,扶手采用_________材料。

任务5(绘制建筑施工图)

【绘制建筑施工图】

1. 绘制建筑底层平面图、二层平面图、屋顶平面图。
2. 绘制南立面图、北立面图、东立面图。
3. 绘制Ⅰ-Ⅰ剖面图、Ⅱ-Ⅱ剖面图。
4. 比例为1:100。
5. 采用1#图纸绘制。

任务工单3:阳光小区住宅楼

任务1(建筑设计总说明、建筑节能设计说明)

【识读建筑设计总说明、建筑节能设计说明任务引导】

1. 本工程的主要设计依据有哪些?
2. 本工程结构类型为______,层数为______,耐火等级为____。建筑面积为________,建筑檐口高度为______,屋面防水等级为______,使用年限为______。建筑结构安全等级为______,抗震设防烈度为________。主体结构合理使用年限为________。
3. 建筑朝向为________,体型系数为________。门窗气密性等级为________。
4. 外墙保温措施为____________________________。屋顶保温层材料为______________。
5. 墙面分格缝做法为____。
6. 顶棚保温层做法为__________________,阳台、厨房、卫生间防水层做法为______________。

7. 预埋木砖的防腐处理为____________________。
8. 雨篷上口做法为____________。檐口雨篷出线下应做__________。

任务2(建筑平面图)

【识读建筑平面图任务引导】
1. 该工程建筑平面图包括哪些图示?
2. 该建筑物一层为__________用房,该建筑物住宅部分为一梯______户,________单元,该楼梯形式为____________楼梯。
3. 对照底层平面图,室外地面标高为______,室外台阶踏步数____,踏步宽____。墙体厚度为______。
4. 二层建筑楼面标高为______。三层建筑楼面标高为______。
5. 厨房、卫生间、阳台地面均低于同层楼地面________,楼地面坡度_____,坡向地漏。
6. 空调预留洞均为_____,客厅洞中距楼面_____,孔边距墙边或柱边_____。其余洞做法________。
7. 对照二层平面图:该层有几种户型?试分别阐述各户型的特点。
8. 对照二层平面图:雨篷的排水做法为_______,找坡为________。
9. 对照二层平面图,下图分别表示______________________________。

皖2005J112　　φ50钢管水舌
A−1型　　伸出150(余同)

10. 对照三至五层平面图,空调机板尺寸为_________。阳台晒衣架的做法为_________。
11. 跃层平面图中露台标高为________,上人孔的尺寸为____________。
12. 屋面平面图:该屋顶为___屋顶。屋顶最高处标高为_____,檐口标高为_____。屋顶采用______排水方式,设置___个雨水管。

任务3(建筑立面图)

【识读建筑立面图任务引导】
1. 该工程建筑立面图包括哪些图示?
2. 该建筑物主立面图是_____立面图、_____立面图,侧立面图是_____立面图。
3. 该建筑层数为_____层,住宅部分层高为______,建筑总高度为______。
4. 阳台栏杆高度为______,材料为____________________,立杆净间距为______。
5. 屋顶瓦材采用_______,窗台高度为_______,窗套做法为________________。

任务4(建筑剖面图、楼梯详图)

【识读建筑剖面图任务引导】
1. 该工程Ⅰ-Ⅰ剖面图主要剖切内容是什么?Ⅱ-Ⅱ剖面图主要剖切内容是什么?
2. Ⅱ-Ⅱ剖面图没有剖切到的楼梯梯段在图示上如何表示?没有剖切到的梯段为____________梯段。
3. 1#楼梯形式为______楼梯。第一梯段的踏步数为______,第二、三梯段的踏步数总和为______,2#楼梯梯段数量为______,第一梯段的踏步数为________。
4. 1#楼梯的梯段宽度为_________,楼梯井宽度为________,休息平台宽度为________,楼层平台宽度为________。
5. 2#楼梯的踏步宽度为______,踏步高度为______,开间为________,进深为________。

任务5(绘制建筑施工图)

【绘制建筑施工图】

1. 绘制建筑底层平面图、三层平面图、六层平面图、跃层平面图。
2. 绘制西立面图、东立面图、北立面图。
3. 绘制Ⅰ-Ⅰ剖面图、Ⅱ-Ⅱ剖面图。
4. 比例为1∶100。
5. 采用1#图纸绘制。

任务工单4:办公研发综合楼

任务1(建筑设计总说明、建筑节能设计说明)

【识读建筑设计总说明、建筑节能设计说明任务引导】

1. 建筑设计总说明中,工程概况的内容有哪些项目?各说明了什么问题?
2. 建筑设计总说明中,设计的主要依据有哪些?
3. 该建筑的建筑面积为__________,结构类型为______________,基础形式为__________,耐火等级为________,抗震设防烈度为__________。
4. 本工程的室内地面标高±0.000相当于勘测报告的标高__________。
5. 建筑图所注楼地面、吊顶标高均为________,洞口、屋面标高为________。
6. 门膀角、墙身阳角如何处理?
7. 所有砖墙与混凝土墙柱连接处如何处理?
8. 卫生间防水材料为________,厚度为____,墙身处做素混凝土翻边,高度为_______,厚度为_____,防水层沿墙上翻_______。
9. 所有外门窗均采用节能塑钢框料,其中卫生间玻璃为________,窗台高度低于900 mm的窗的下部固定部分所用材料为________。
10. 室内外装修中底层门厅、走廊、台阶的地砖材料为__________。
11. 卫生间吊顶材料为________,面层为________。吊顶距地高度为____________。

任务2(建筑平面图)

【识读建筑平面图任务引导】

1. 建筑平面图包括哪些图示?
2. 本工程入口____个,入口处设置室外台阶的踏步数为_______,宽度为____________。
3. 该建筑物无障碍坡道的宽度为_______,长度为_______,坡度为_____。
4. 除注明外,外廊地面卫生间前室地面低于同层楼地面__________。
5. 对照二层平面图,该建筑主入口处雨篷排水方式为_________,雨篷天沟宽度为_______,天沟坡度为_______,雨篷板标高为_______。过水孔材料为__________。
6. 楼梯间入口处雨篷尺寸为______________。标高为________。
7. 对照三层平面图,空调机搁板尺寸为______________,栏杆高度为_______,材料为________。空调预留洞_______,高度距楼地面_________。
8. 对照二层平面图,下图示表示________________

建施 1/5
窗护栏

9. 该建筑物楼梯间为________(开敞式/封闭式),楼梯平面形式为____________。一、二梯段踏步数之和为_____,三、四梯段踏步数之和为_____。
10. 三层平面图走廊宽度为_______。卫生间入口门M1所在的墙厚为_______。其余墙体厚度为_______。

11. 对照屋顶平面图,该屋顶为________屋顶,屋面排水方式为______________,女儿墙高度为______,上人孔尺寸为__________。

任务3(建筑立面图、门窗表)

【识读建筑立面图任务引导】

1. 建筑立面图包括哪些图示?
2. 主立面图外墙面装修材料为________。
3. 该建筑层数为___层,层高为_____,总高度为_____。
4. 室内外高差为________,一层窗台标高为________,窗顶标高为________。
5. 外墙窗套材料采用______________。
6. 屋面女儿墙高度为________。

任务4(建筑剖面图、楼梯详图)

【识读建筑剖面图任务引导】

1. Ⅰ-Ⅰ剖面图的主要剖切内容是什么?Ⅱ-Ⅱ剖面图的主要剖切内容是什么?
2. 楼梯栏杆高度为________,不锈钢立杆材料为________,立杆间距为________,立杆与楼梯踏步面的连接方法是________。
3. A-A剖面图剖切到的楼梯梯段在图示上应如何表示?剖切到的梯段为______梯段。
4. 该楼梯形式为______楼梯。楼梯间室内首层地面标高为_____。第一梯段的踏步数为_____,第二梯段的踏步数为_____,第四、五梯段踏步数和______。一层休息平台梁下是否需要考虑过人?
5. 该楼梯共___个梯段,第一梯段的踏步宽度为______,高度为______。第五梯段踏步宽度为_____,高度为______。
6. Ⅱ-Ⅱ剖面图中一层层高为______,二层层高为________。

任务5(绘制建筑施工图)

【绘制建筑施工图】

1. 绘制建筑底层平面图、三层平面图、屋顶平面图。
2. 绘制南立面图、北立面图、西立面图。
3. 绘制Ⅰ-Ⅰ剖面图、Ⅱ-Ⅱ剖面图。
4. 比例为1∶100。
5. 采用1#图纸绘制。

任务工单5:皋城小区住宅楼

任务1(建筑设计总说明、建筑节能设计说明)

【识读建筑设计总说明、建筑节能设计说明任务引导】

1. 本工程的主要设计依据有哪些?
2. 本工程结构类型为_____,层数为_____,___类建筑,耐火等级为___,建筑面积为______,建筑基底面积为______,建筑檐口高度为_____,屋面防水等级为_____,使用年限为_____。抗震设防烈度为_____,主体结构合理使用年限为______。
3. 楼面找平层上的防水材料为______________,墙身处做素混凝土翻边,高为_____,厚度同墙厚。卫生间防水层沿墙上翻_____,阳台、厨房防水层沿墙上翻_____。
4. 卫生间采用_____玻璃,窗台高度低于900 mm的窗的下部固定部分采用_____玻璃。屋面工程、雨篷防水层为______________________。

5. 瓦屋面保温层采用________________；防水层材料为____________________。平屋面保温层采用____________，防水层材料为__________，找坡层材料为__________。
6. 塑料外门窗与空心砖填充墙的连接方式为________________________________，所有门窗与混凝土、柱、墙连接时，均用________固定。
7. 凡窗台低于900 mm的低窗台或落地窗均加______________，六层及六层以下阳台栏杆的净高不低于________。
8. 所有预埋木砖，防腐处理剂为________。
9. 顶层楼梯水平段栏杆底部挡板材料为__________。
10. 该建筑底层为________，二至六层均为__________，建筑耐火等级为____级。主楼与相邻的多层建筑的防火间距为________，裙楼与相邻的多层防火间距为________。
11. 建筑节能设计执行标准与节能目标是什么？
12. 本工程所在区域属于____地区，建筑类型为________。
13. 建设节能设计中体型系数如何计算？
14. 外墙保温材料为__________________，厚度为______，传热系数为______。
15. 楼地面保温层材料为____________________。

任务2(建筑平面图)

【识读建筑平面图任务引导】

1. 该建筑物为一梯____户，____单元。
2. 试对照二层平面图计算A型户型的建筑面积。
3. 对照底层平面图，该建筑物室内外高差为________。底层楼梯间室内地坪标高为______，散水坡宽度为________。
4. 内外墙体厚度为____，材料为______________。
5. 厨房、卫生间、阳台地面均低于同层楼地面________。
6. 识读建筑平面图中轴线与墙、柱、门窗、洞口的相互关系及各层标高。
7. 剖面图的剖切位置和相应剖面图对应识读。
8. 12～13号定位轴线之间的变形缝的做法是______________。
9. 对照二层平面图以上第一个图例在墙角转折处涂黑部分为______，煤气灶左侧绘制的图示是______。对照二层平面图以上第二个图例在阳台面绘制箭线，表示______。M4按门的开启方式分为______。

C3

厨房

M4 C2

阳台

10. 对照二层平面图阐述C型户型建筑室内功能划分情况。
11. 空调机板长度为____，宽度为____，厚度为____。空调预留洞直径及位置为______。
12. 楼梯间雨篷板标高为______，板面纵坡坡度为______，坡向落水口。
13. 对照二层平面图，C4为____窗。该楼面标高为____。该层楼梯间开间尺寸为____，进深尺寸为____。
14. 屋面平面图：该屋顶为____屋顶。屋顶最高处设置为____屋面，排水方式为________，设置____个雨水管。
15. 该屋面屋檐处标高为______，屋脊处标高为________。上人孔尺寸为__________。
16. 对照屋顶平面图，阳台上部的雨篷出挑宽度为______，檐沟宽度为________。
17. 对照屋顶平面图1,2,4号详图，阐述它们的相同点与不同点，并阐述它们分别设置在屋顶的什么位置。

任务3(建筑立面图)

【识读建筑立面图任务引导】

1. 该工程建筑立面图包括哪些图示?
2. 该建筑层数为____层,储藏室层高为______,住宅层高为________,总高度为________。
3. C4表示________,其宽度为__________,高度为__________。栏杆高度为________,竖杆材料为______,横杆材料为__________。
4. 水平分格缝的做法为____。
5. 阐述建筑主立面的装修情况。
6. 屋面采用什么材料?

任务4(建筑剖面图、楼梯详图)

【识读建筑剖面图任务引导】

1. 该工程Ⅰ-Ⅰ剖面图主要剖切内容是什么?Ⅱ-Ⅱ剖面图主要剖切内容是什么?
2. Ⅰ-Ⅰ剖面图没有剖切到的楼梯梯段在图示上如何表示?没有剖切到的梯段为______________梯段。
3. 该楼梯形式为________楼梯。第一梯段的踏步数为______,第二梯段的踏步数为______,第三梯段的踏步数为________。
4. 该楼梯如何处理满足一层休息平台梁下是否过人?处理方式为________________。
5. 该楼梯第一梯段踏步宽度为________,高度为________。第二梯段踏步宽度为________,高度为________。楼梯井宽度为_____,梯段宽为________,休息平台宽为__________。
6. Ⅰ-Ⅰ剖面图中C号定位轴线左侧的门,为M__。其门的宽度为______,高度为______。
7. 阅读楼梯详图,阐述一层、二层、标准层、六层平面图的异同点。
8. 阅读门窗表,阐述编制门窗表的作用。

任务5(绘制建筑施工图)

【绘制建筑施工图】

1. 绘制建筑底层平面图、二层平面图、屋顶平面图。
2. 绘制南立面图、北立面图、东立面图。
3. 绘制Ⅰ-Ⅰ剖面图、Ⅱ-Ⅱ剖面图。
4. 比例为1∶100。
5. 采用2#图纸绘制。

练习与提高部分答案

1.3

1. 500
2. ≤5　>5
3. 基础　地基
4. 天然地基　人工地基
5. 冻胀层
6. B　7. B　8. B　9. D

2.2

1. C　2. C　3. C　4. A　5. D　6. B
7. 错缝
8. 水平防潮层　垂直防潮层
9. 变形缝
10. 纵　横
11. 防水

2.3

1. 墙厚　120 mm　C15
2. 屋顶檐口处(檐口圈梁)　楼板处(楼层圈梁)
3. 壁柱和门垛　圈梁　构造柱
4. B
5. B

2.4

1. 块材式隔墙　立筋式隔墙　板材式隔墙
2. 骨架　面板
3. 一铲灰　一块砖　一挤揉
4. 2/3
5. 直槎　斜槎
6. C　7. C　8. D　9. B

2.5

1. 底层　中层　面层　中　面
2. 抹灰类、贴面类、涂刷类、裱糊类
3. 刷涂　喷涂　弹涂　滚涂
4. 干挂法　湿挂法
5. 明框玻璃幕墙　半隐框玻璃幕墙
6. 坐落式全玻璃幕墙　吊挂式全玻璃幕墙
7. 后置式　骑缝式　平齐式　突出式

8. 干式嵌固　湿式嵌固　混合式嵌固

3.2

1. D　2. D　3. C
4. 短向　主梁
5. 板式楼板　肋形楼板　井字楼板　无梁楼板
6. 面层　结构层　顶棚
7. 单向板　双向板

3.3

1. C　2. A　3. B　4. C　5. D　6. C　7. C

3.4

1. B　2. A
3. 0.9～1.5 m　1/12　250 mm　无组织排水　有组织排水
4. 直接式顶棚　吊顶棚
5. 结构式顶棚
6. 吊筋　龙骨　面板
7. 凸阳台　凹阳台　半凸半凹阳台
8. 承担人的侧推力　装饰
9. 1.05 m　1.10 m　0.11 m

4.2

1. 梯段　楼梯平台　栏杆和扶手
2. 18　3
3. 木楼梯　钢楼梯　钢筋混凝土楼梯
4. 楼层平台　中间休息平台
5. 楼梯段的转折　楼梯段的连接
6. 2.0 m　2.2 m　300 mm
7. B　8. A　9. A　10. D　11. B　12. C　13. A　14. B

4.3

1. 板式楼梯　梁板式楼梯
2. 防滑
3. 铆接、焊接、栓接
4. 井道　机房 轿箱
5. 正梁　上翻梁
6. 荷载→梯段→平台梁→柱
7. 梁承式　墙承式　悬臂式
8. C　9. C　10. B　11. B　12. C　13. C

5.2

1. A　2. C　3. B　4. C　5. A　6. C
7. 材料找坡　结构找坡
8. 有组织排水　无组织排水
9. 平屋顶　坡屋顶　曲面屋顶

10.屋面　承重结构　保温隔热层

5.3

1. A　2. C　3. A　4. C　5. C　6. D

7. 屋面与垂直面相交处的防水处理　不小于250 mm

8. 结构层　找平层　结合层　防水层　找坡层　保温层　隔热层　蒸汽扩散层

9. 5～30 mm　保护层

10. 结构层

5.4

1. A　2. C

3. 横墙承重　屋架承重　梁架承重

4. 三角形　上弦杆　下弦杆竖杆　斜杆

5. 屋架→檩条→屋面板→油毡→顺水条→挂瓦条→铺瓦

6. 下　上　屋脊

7. 50～70 mm　封檐板

8. 80 mm　40 mm

6.2

1. A　2. A　3. C　4. D　5. C　6. A　7. B　8. A　9. C

10. 立口　塞口

11. 交通联系　采光　通风　采光　通风　眺望

12. 窗地比

13. 木窗　钢窗　铝合金

14. 推拉门　转门　弹簧门　折叠门

15. 门框　门扇　亮子　建筑五金

16. 裁口

17. 边梃　上冒头　中冒头

18. 窗框　窗扇　建筑五金

19. 具有强度好、耐冲击、保温隔热、节约能源、隔音好、气密性水密性好、耐腐蚀性强、防火、耐老化、使用寿命长、外观精美、清洗容易

20.水平遮阳板　垂直遮阳板　综合式遮阳板　挡板式遮阳

7.2

1. B　2. D

3. 基础顶面以上　基础底面以上　防震缝

4. 伸缩缝　沉降缝　防震缝

5. 沉降缝

6. 20～40 mm　50～70 mm　50～100 mm

7. 6度　6度

8. 平缝　企口缝

9. 双柱偏心基础　挑梁基础　交叉式基础

10. 伸缩缝　错口缝　企口缝

8.2

1. 受力钢筋
2. 叠合楼板　全预制楼板
3. 60 mm　60 mm
4. 剪刀梯　双跑梯
5. 叠合梁　全预制梁
6. 外墙外叶板的高度为:3 000 + 50 − 20 = 3 030（mm）

8.3

1. 核对施工图　绘制构件俯视图
2. 企口
3. 锚固式　搁置式
4. 预制梁与其他节点搭接关系　特殊节点构造

参 考 文 献

[1] 胡敏.建筑构造与识图[M].合肥:中国科学技术大学出版社.2016.

[2] 赵研.房屋建筑学[M].北京:高等教育出版社,2013.

[3] 郭学明.装配式混凝土结构建筑的设计、制作与施工[M].北京:机械工业出版社,2017.

[4] 徐其功.装配式混凝土结构设计[M].北京:中国建筑工业出版社,2017.

[5] 李祯祥.房屋建筑学[M].北京:中国建筑工业出版社,2011.

[6] 盛平.建筑识图与构造[M].武汉:华中科学技术大学出版社,2013.

[7] 胡敏.建筑工程实训图册[M].合肥:中国科学技术大学出版社,2014.

[8] 房屋建筑制图统一标准 GB/T 50001—2017.

[9] 总图制图标准 GB/T 50103—2010.

[10] 建筑制图标准 GB/T 50104—2010.

[11] 建筑结构制图标准 GB/T50105-2010.

[12] 建筑设计防火规范 GB50016—2014.

[13] 建筑抗震设计规范 GB50011—2010(2016 版).

[14] 砌体结构设计规范 GB50003—2011.

[15] 民用建筑设计统一标准 GB 50352—2019.

[16] 混凝土结构设计规范 GB50010—2010.

[17] 建筑地基基础设计规范 GB50007—2011.

[18] 高层建筑混凝土结构技术规程 JGJ3—2010.

[19] 住宅设计规范 GB50096—2011.

[20] 中小学校设计规范 GB50099—2011.

[21] 城市居住区规划设计标准 GB50180—2010.

[22] 装配式混凝土结构技术规程 JGJ 1—2014.

[23] 装配式混凝土结构表示方法及示例(剪力墙结构) 15G107—1.

[24] 装配式混凝土结构连接节点构造 G310—1～2.

[25] 预制混凝土剪力墙外墙板 15G365—1.

[26] 预制混凝土剪力墙内墙板 15G365—2.

[27] 桁架钢筋混凝土叠合板(60mm 厚底板) 15G366—1.

[28] 预制钢筋混凝土板式楼梯 15G367—1.

[29] 预制钢筋混凝土阳台板、空调板及女儿墙 15G368—1.